Thonet

Agile Meetings und Workshops

Agile Meetings und Workshops

Das Arbeitsbuch für Kick-offs, Team Setups, All Hands, Plannings, Reviews, Retros, Lean Cafés Barcamps und mehr

von

Claudia Thonet

unter Mitwirkung von

Marc Schmetkamp

Verlag Franz Vahlen München

Teamdenken und Agilität zu fördern, ist das Bestreben von Claudia Thonet – als Beraterin, Trainerin und Autorin. Immer wieder erstaunt und beeindruckt sie, wie viel Schaffenskraft entsteht, wenn möglichst diverse Menschen aus unterschiedlichen Bereichen oder Lebenswelten in einem offenen, kreativen Raum gemeinsam neu denken. Claudia Thonet verfügt über jahrelange praktische Erfahrungen in der Organisations- und Teamentwicklung. Sie bildet Trainer und Moderator:innen aus und ist Expertin für agilen Kulturwandel.

www.claudiathonet.de

vahlen.de

ISBN Print 978 3 8006 6510 5
ISBN E-Book (ePDF) 978 3 8006 6511 2

Wilhelmstr. 9, 80801 München
Druck und Bindung: Friedrich Pustet GmbH & Co. KG
Gutenbergstraße 8, 93051 Regensburg
Grafik & Illustration: Claudia Thonet und Kati Meden, goYippi design
Satz: Fotosatz Buck
Zweikirchener Str. 7, 84036 Kumhausen
Produktion: Sieveking Agentur, München
Umschlag: Nadine Bernhardt – Grafische Angelegenheiten
Umschlaggestaltung: Nadine Bernhardt – Grafische Angelegenheiten

vahlen.de/nachhaltig

Gedruckt auf säurefreiem, alterungsbeständigem Papier
(hergestellt aus chlorfrei gebleichtem Zellstoff)

Vorwort

Agilität lässt sich mit Wendigkeit übersetzen und ist somit das Gegenteil von Stagnation. Gerade Kommunikation sollte niemals starr sein oder stagnieren, denn dann findet sie schlichtweg nicht mehr statt, und wenn doch, dann nur noch als Pseudokommunikation, bei der niemand mehr ausdrückt, was ihn bewegt. Wirksame Kommunikation entsteht jedoch genau dann, wenn wir uns authentisch mitteilen, damit gemeinsam etwas in Bewegung gerät. Schon der erste Grundsatz des Agilen Manifests lautet: Individuen und Interaktionen haben Vorrang vor Prozessen und Methoden. Wie der Volksmund sagt: „A fool with a tool is still a fool." Auch mit den besten Methoden und Werkzeugen kommt man nicht weiter ohne tiefes Verständnis der Zusammenhänge und eine gehörige Portion Einfühlungsvermögen. Erst durch gute Interaktionen und sinnvolle Austauschstrukturen entwickeln sich Teams und jeder Einzelne darin weiter, damit jeder auf seine Weise in dieselbe Richtung steuert und sich bewegt. Doch genau unter dem Phänomen der starren Kommunikation leiden viele Meetings in Unternehmen: Sie sind stecken geblieben, eingefahren und bereiten mehr Leid als Freud. Eben dieser Frage widme ich mich in diesem Workbook: Wie bewegt die Kommunikation in Organisationen nicht nur jeden Beteiligten, sondern darüber hinaus das gesamte Team oder besser noch die Welt der Arbeit an sich? Wie schaffen wir es, die wirklich wichtigen und brisanten Themen auf den Tisch zu bringen und mit jeder Besprechung echten Mehrwert zu schaffen?

Der Auftrag jeder guten Kommunikation ist, Austausch, gemeinsames Lernen und Perspektivenvielfalt zu fördern, um gemeinsam besser zu werden. Reine Infoveranstaltungen sind heute obsolet, betreutes Vorlesen braucht niemand und Folienschlachten sind schlichtweg langweilig.

Dabei sind Besprechungen, Kick-offs und Workshops innerhalb und außerhalb der Teams, die das Herzstück jeder Agilitätssteigerung verkörpern, die entscheidenden Kriterien, anhand derer man den Grad der Reife und Transformationsfähigkeit einer Organisation bestimmen kann. In Meetings werden unter anderem neue Projekte zur Verbesserung der Kundenanforderungen initiiert, Informationen und Bearbeitungsstände transparent gemacht, Aufgaben priorisiert, Entscheidungen getroffen, Stärken und Ressourcen effektiv verteilt und Hindernisse angesprochen und beseitigt. Kick-offs dienen der gemeinsamen Zukunftsgestaltung und Inspiration. Workshops sind Orte des gegenseitigen Lernens und der Steigerung der Transformationsfähigkeit.

Insofern ist die kontinuierliche Verbesserung der Interaktion bei solchen Zusammenkünften dringend und wichtig, denn so wie bisher sind sie vielmehr ein Schmerzpunkt in den Unternehmen. Teilnehmer von nach Schema F ablaufenden Workshops und Kick-offs sind gelangweilt von den immer gleichen Kartenabfragen oder Folienschlachten.

Dieses Buch zeigt anhand des agilen Kreislaufs einen Blumenstrauß agiler Frameworks und Methoden, mit denen die Kommunikation und das Lernen in Workshops, Kick-offs, Plannings, Reviews, Entscheidungs- und Störungsmeetings und Retrospektiven anlassbezogen strukturiert und designt werden können. Alle Methoden habe ich entweder selbst entwickelt oder von anderen gelernt und erweitert. In jedem Fall sind sie von uns ausprobiert und für praxistauglich befunden worden.

Ein besonders großer Dank geht an meinen Kollegen und Trainer Marc Schmetkamp. Ohne dich, lieber Marc hätte das Workbook nicht die Qualität und Methodenvielfalt wie jetzt zu bieten. Du hast mich sowohl in der Online-Umsetzung wie auch in der Methodenvielfalt bei den diversen Meeting-Tools hervorragend unterstützt und tatkräftig mitgeschrieben.

Inhaltsverzeichnis

Die alte Meetingwelt und ihre Schmerzpunkte: das Dilemma von flachen Hierarchien – oder, wenn viele mitreden und entscheiden sollen

Seit Jahrzehnten sind Meetings in Organisationen ein existenzieller Bestandteil der Zusammenarbeit. Sie sind dazu da, den Austausch zwischen Führungskräften, Teams, Abteilungen und Stakeholdern zu strukturieren und die Zusammenarbeit zu gestalten. Je flacher die Hierarchien, desto mehr Besprechungen sind notwendig, um zu informieren, Meinungen zu hören, verschiedene Interessen und Perspektiven abzuwägen und Entscheidungen zu treffen oder Handlungen zu planen. In einer Diktatur reicht es, das Volk oder im Falle einer Organisation die Belegschaft zu informieren und Entscheidungen von oben zu verkünden. Je flacher die Hierarchie und je mehr Menschen mitdiskutieren und entscheiden, desto mehr Meetings sind erforderlich. Wobei wir während des Schreibens den ketzerischen Gedanken hegten, ob die modernen Townhall Meetings, in denen die Geschäftsführung der Belegschaft Entscheidungen verkündet, nicht sehr stark an einen Monarchen erinnern, der seinem Volk etwas vom Balkon herab verkündet. Doch auch wenn Townhall Meetings gewisse Ähnlichkeiten mit königlichen Verkündungen haben, empfehlen wir jedem CEO eines großen Konzerns, sie abzuhalten, denn trotz der Analogie zu einem Monarchen vermittelt eine solch direkte Mitteilung aus dem Mund des Entscheiders den Mitarbeitern mehr Respekt und Wertschätzung als die typischen Mitteilungskaskaden: Der Geschäftsführer oder Vorstand kommuniziert seine Entscheidungen an den Abteilungsleiter, der seine Deutung der Botschaft an die Teamleitung weitergibt und diese wiederum ihre Version an die Teams. Die ursprüngliche Nachricht der Führung wird demnach mindestens dreimal interpretiert, bevor sie beim Empfänger ankommt. Wenn diese stille Post auch noch an Kunden oder Geschäftspartner weitergetragen wird, fragen wir uns, wie viel von der ursprünglichen Nachricht noch übrig bleibt.

So betrachtet sind monarchieähnliche Townhall Meetings, in denen dem CEO direkt Fragen zu seinen Botschaften gestellt werden und er diese beantworten kann, eine klarere, wertschätzendere und effektivere Kommunikation.

Zurück zum Thema der flachen Hierarchie: Je mehr Teams selbst entscheiden, desto höher ist die sowieso schon hohe Meetingfrequenz. Manche Führungskräfte sind mehr als 60 Prozent ihrer Arbeitszeit in Besprechungen. Stellen Sie sich vor, ganze Teams wären zu über 50 Prozent mit Meetings beschäftigt: Wie soll da noch effektiv gearbeitet werden? Ich kenne einige selbst organisierte Teams, die genau darüber stöhnen und denen die vielen Sitzungen wertvolle Zeit für die Umsetzung ihrer Aufgaben rauben. Der Schrei nach Lösungen ist laut, der Bedarf an einer neuen Art des Austauschs hoch. Wir sind demnach gefordert, unsere gesamte Meetingkultur zu überdenken und infrage zu stellen. Die Teams brauchen mehr Entscheidungskompetenzen, um schneller zu sein und selbst organisiert für die Kunden zu handeln. Gleichzeitig brauchen sie mehr statt weniger Zeit für die Umsetzung und Zusammenarbeit mit den Kunden und den anderen Bereichen, um flexibel und vorausschauend zu handeln. Zusammenfassend brauchen wir demnach weniger Meetings, in denen aber ein stärkerer Fokus auf die relevanten Inhalte und Entscheidungen gelegt wird.

Das übliche Wollmilchsau-Meeting

Lasst uns einen Moment ein typisches Meeting betrachten: das Wollmilchsau-Meeting. In einer Besprechung sollen alle relevanten Themen, die ein Team oder einen Fachbereich betreffen, ausgetauscht, synchronisiert, diskutiert und entschieden werden. Kommen uns folgende Szenarien nicht bekannt vor? Stellen wir uns eine typische Sitzung dieser Art vor. Wir sitzen im wöchentlichen Meeting und wissen schon vorher, wie es ablaufen wird: Herr Müller kommt wie immer zu spät, Frau Schmidt führt endlose Monologe und Herr Kunz bringt keinen Ton heraus. Die eigentlich wichtigen Themen spricht keiner an und die Arbeit bleibt immer an denselben Kollegen hängen. Oftmals gibt es gar keine Agenda, geschweige denn einen Moderator. Meistens fragen wir uns, warum wir hier unsere wertvolle Zeit absitzen, und versuchen, unauffällig auf dem Laptop oder Smartphone nebenher wichtige Arbeiten zu erledigen.

Übertriebende Darstellung? Nein, das ist die übliche Realität.

Meeting Journey aus Teamsicht

Wir betrachten dazu exemplarisch eine typische Situation im Mittelstand:

Jan ist seit sechs Monaten neu im Vertriebsteam der Pikus AG. Pikus stellt seit 100 Jahren Werkzeuge her und wird in vierter Generation von der Familie Pikus geführt. Jan hat sich im Unternehmen beworben, da Pikus mit agilem Vertrieb wirbt und ihn die Aussicht, ein moderneres Unternehmen kennenzulernen, angesprochen hat. Er ist im Team Key Account und betreut Großkunden wie die Automobilbranche. Jede Woche findet ein 60-Minuten-Meeting statt, das der Teamleiter plant und durchführt. Er selbst freut sich auf den Austausch und wartet gespannt auf den Termin.

Folgende Journey erlebt Jan daraufhin von Meeting zu Meeting:

1. Touchpoint: Einladung
   Einen Tag vor dem ersten Meeting erhält Jan eine Einladung. Die Agenda ist für die 60 Minuten in zehn Unterpunkte unterteilt. Die Punkte eins bis neun enthalten verschiedene Fachinformationen und Entscheidungen der Geschäftsführung. Punkt zehn ist für offene Fragen vorgesehen.
2. Touchpoint: Meetingraum
   Die Kollegen machen sich ein paar Minuten vor Beginn des Meetings auf den Weg. Die genervten Blicke und das zögerliche Aufbrechen vermitteln einen unmotivierten Eindruck. Die meisten haben ihren Laptop unter dem Arm.
3. Touchpoint: Sitzordnung
   Jeder hat anscheinend einen festgelegten Sitzplatz. Jedenfalls setzen sich alle zehn Kollegen jeweils auf einen Stuhl. Jan freut sich über einen Stuhl, der für ihn übrig bleibt. Der Teamleiter Markus kommt als Letzter in den Raum und setzt sich ans Kopfende des ovalen Tischs.

Acht von zehn Kollegen klappen den Laptop auf und vertiefen sich in den Bildschirm.

4. Touchpoint: Ablauf
Es folgt ein 50-Minuten-Monolog. Markus zeigt dabei mindestens 20 PowerPoint-Folien mit vielen Zahlen, Daten und Fakten. Von Zeit zu Zeit blicken die Mitglieder von ihren Rechnern auf, einige haben sogar dieselbe Präsentation auf dem Monitor. In den letzten zehn Minuten werden zwei fachliche Fragen von einer Person gestellt. Auf die Frage des Teamleiters, wer die Review mit den Stakeholdern vorbereiten möchte, folgt betretenes Schweigen. Jan überlegt einen Moment, sich dafür zu melden, doch er hat den Eindruck, sich damit bei seinen neuen Kollegen unbeliebt zu machen, und lässt es lieber bleiben. „Kein guter Start", denkt er sich. Mit einem Seufzen übernimmt der Teamleiter selbst die Aufgabe und damit ist die Sitzung beendet.
5. Touchpoint: Kaffeeküche anschließend
Was im Konferenzraum an Beteiligung gefehlt hat, wird in der Kaffeeküche nachgeholt. Alle unterhalten sich laufstark über den Druck von oben durch die neuen Ziele und beklagen sich über die vergeudete Zeit, da

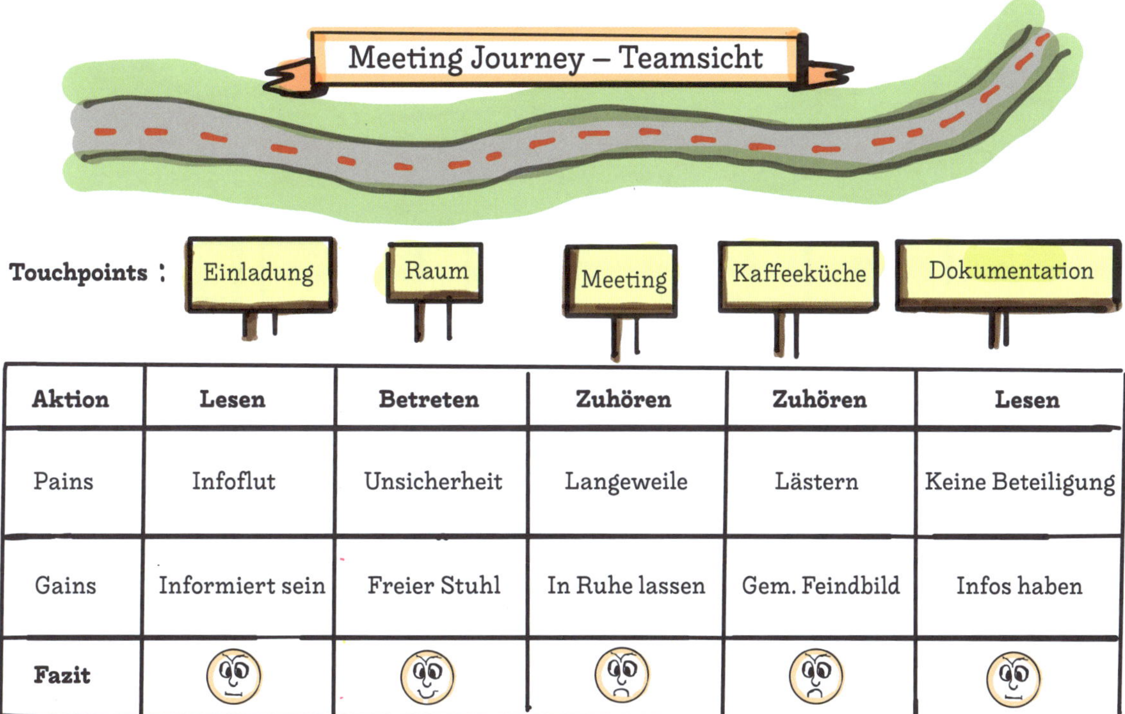

Aktion	Lesen	Betreten	Zuhören	Zuhören	Lesen
Pains	Infoflut	Unsicherheit	Langeweile	Lästern	Keine Beteiligung
Gains	Informiert sein	Freier Stuhl	In Ruhe lassen	Gem. Feindbild	Infos haben
Fazit					

die Informationen den meisten schon vorher zugespielt worden sind. Viele Kollegen haben konkrete Vorschläge zur Verbesserung einiger Entscheidungen. Auf Jans Frage, wieso das keiner im Meeting geäußert hat, murren die Kollegen nur: „Das interessiert doch keinen und verursacht nur Mehrarbeit."

6. Touchpoint: Dokumentation und Nachhaltung
   Als Dokumentation bekommt jeder die PowerPoint, die der Teamleiter gezeigt hat. Jan speichert sie vorsorglich ab, ohne zu wissen, was genau er damit tun soll.

Meeting-Journey aus Führungssicht

1. Touchpoint: Einladung
   Markus hat sich vorgenommen, die Relevanz und Effektivität seiner Meetings im Team zu optimieren. In einem Moderationsworkshop hat er gelernt, wie wichtig die Agenda und die Visualisierung sind. Seitdem nimmt er sich die Zeit, eine detaillierte Agenda zu erstellen, damit sich sein Team vorbereiten kann und im Vorfeld genau weiß, welche Themen besprochen werden. Er ist von den Resultaten bisher enttäuscht: Es kommen

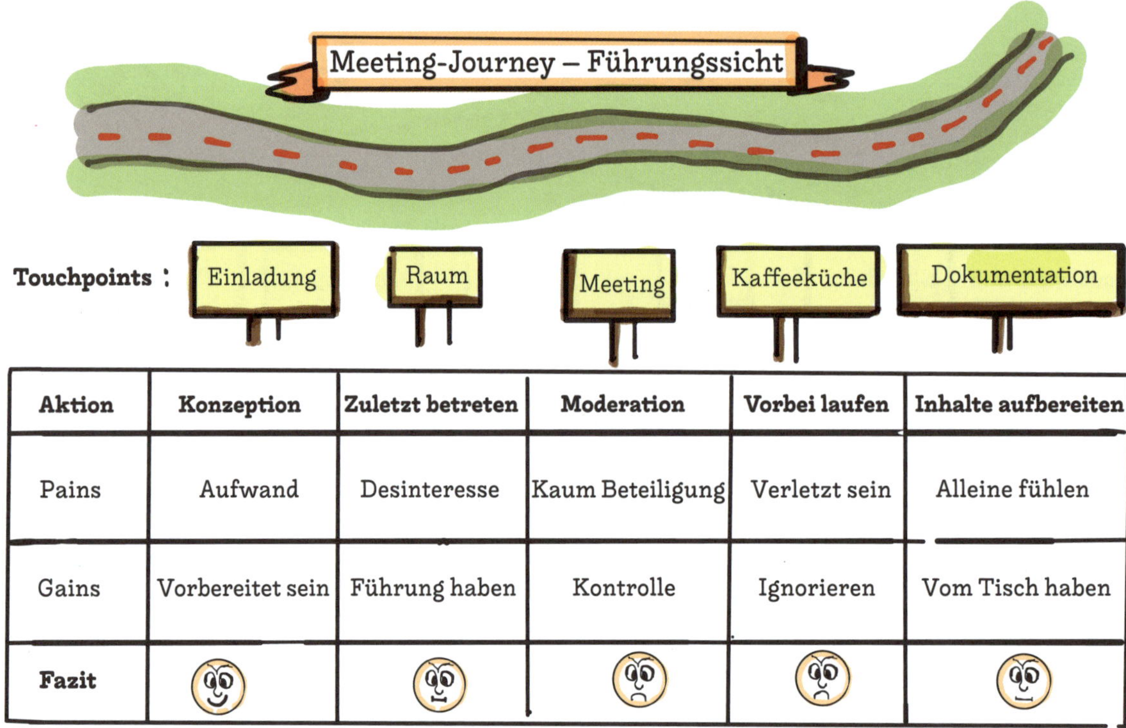

trotzdem weder Nachfragen vor dem Meeting noch fachliche Beiträge innerhalb der Sitzung. Markus hat den Eindruck, trotz der propagierten Selbstbestimmung des Teams immer alles allein durchdenken und verantworten zu müssen.

2. Touchpoint: Meetingraum
   Markus betritt absichtlich als Letzter den Konferenzraum, um dem Team Zeit zu geben, in Ruhe anzukommen und auch schon das eine oder andere Thema miteinander zu erörtern. Leider herrscht Schweigen im Raum und die meisten sind mit ihren Rechnern beschäftigt, statt sich zu unterhalten. Er hofft auf den neuen Mitarbeiter Jan: Vielleicht bringt er neuen Schwung ins Team.
3. Touchpoint: Sitzordnung
   Markus setzt sich an das freie Kopfende des Tischs. Gern hätte er einmal einen anderen Platz eingenommen, doch so ist er direkt mit dem Bildschirm verbunden und kann seine Präsentation zeigen.
4. Touchpoint: Ablauf
   Er startet seine Themen und hofft inständig auf mehr Beteiligung seines Teams. Immer wieder lässt er den Blick in die Runde schweifen und macht betont Pausen, damit sich die Kollegen einbringen können. Keiner meldet sich. Die meisten schauen nur auf ihren Bildschirm. Zum Schluss hofft er auf die Übernahmen der Review-Vorbereitung aus dem Team heraus. Für einen kurzen Moment sieht es so aus, als wenn sich der neue Mitarbeiter melden würde, aber dann reagiert doch wieder keiner und er seufzt und resümiert: „Gut, dann mache ich das eben selbst."
5. Touchpoint: Kaffeeküche anschließend
   Nachdem er als Letzter den Raum verlassen hat, läuft er in Richtung Kaffeeküche und hört schon von Weitem, wie sich die Kollegen über das Meeting beklagen. Sehr verletzt ignoriert er die Gespräche und geht einen anderen Weg, um nicht gesehen zu werden.
6. Touchpoint: Dokumentation
   Er sendet seine Präsentation an alle mit der Bitte um Nachhaltung der Themen. Er ahnt schon, dass nichts dergleichen passieren wird.

Sowohl unser neuer Teamkollege Jan wie auch der Teamleiter Markus ist voller guter Absichten. Aus ihrer Perspektive betrachtet lässt sich nachvollziehen, wie aus der Dynamik ein Teufelskreis wird, der Meetings für beide Seiten schmerzlich macht. So kann man sich vorstellen, warum Patrick Lencioni seinem Bestseller den Titel „Tod durch Meeting" gegeben hat. Es gibt viele gute Bücher, die einen Ausweg aus der Misere durch effektivere Moderation versprechen. Das hilft natürlich enorm, doch der wahre Kern des Problems wird dadurch nicht beseitigt. Solange alle anstehenden Themen eines Teams, von der reinen Information bis zur Problembewältigung, Ideenfindung, Entscheidung und Planung, in einer Besprechung bewältigt werden sollen, wird auch die beste Moderation keine Abhilfe schaffen. Nur wenn die gesamte Meetingkultur und -strategie in einer Organisation transformiert wird, werden Zusammenkünfte echten Mehrwert für alle Beteiligten schaffen. Dazu braucht jedes Meeting einen klaren Fokus mit passgenauer Struktur und professioneller Moderation.

Meeting-Pains und -Gains: So verwandeln wir die acht typischen Schmerzen in Gewinne

Lasst uns acht typische Hürden und daraus resultierende Schmerzpunkte in Meetings betrachten und zu Gewinnen umwandeln.

❶ Pain: fehlende oder eintönige Moderation

Wer moderiert das Meeting? In klassischen Teams ist das oft die Führungskraft. In agilen Kontexten übernimmt es in der Regel der agile Coach oder Scrum Master. Ein guter Moderator hat eine neutrale Haltung und lässt die Gruppe die für sie beste Entscheidung finden. Demnach ist die Führungskraft im Grunde genommen nicht der richtige Moderator für Meetings, da sie zu viele Eigeninteressen vertritt. Viele Besprechungen erinnern dadurch eher an Monologe und Verkaufsveranstaltungen, in denen Entscheider ihre Teams manipulieren oder von ihren bereits gefällten Entscheidungen überzeugen wollen.

Gain: professionelle und abwechslungsreiche Moderation

Bildet in den Unternehmen Moderatoren aus! Eine professionelle Moderation wird Meetings beflügeln und sie effektiv für alle Beteiligten machen. Ein agiler Coach oder Scrum Master hat schon allein durch seine Rolle bessere Voraussetzungen, um professionell zu moderieren. Er ist weder disziplinarisch Vorgesetzter noch hat er so viele Eigeninteressen wie ein Teamleiter. Außerdem hat er die Kunst der Moderation gelernt. Sowohl die professionelle Konzeption, wie in Kapitel 2 beschrieben, als auch die Methodenvielfalt während der Moderation braucht Wissen und Erfahrung, ganz zu schweigen von der neutralen und flexiblen Haltung. Ein guter Moderator ist ein Vorbild für Werte und Prinzipien. Perspektivisch raten wir allerdings auch hier von einseitigen Rollen ab und empfehlen, bei selbst organisierten Teams die Rolle der Moderation zu wechseln. Jede Veränderung bringt Abwechslung, neue Dynamik und andere Blickwinkel mit sich. Das ist sehr wichtig, um flexibel zu bleiben und nicht zu viele Routinen zu pflegen. Routinen sind zwar wichtig und in einem gewissen Maß auch in der agilen Welt hilfreich, doch zu viele Routinen verengen den Blick und die Möglichkeiten. Gerade in der Kommunikation ist es deswegen ratsam, eingefahrene Muster zu durchbrechen und lieb gewonnene Routinen immer wieder zu verlassen, um Raum für Neues zu schaffen.

Sorgt in jedem Fall für Know-how, bezogen auf die Haltung und Konzeption von Meetings! Moderieren will gelernt sein und braucht Übung.

❷ Pain: viele unterschiedliche Themen

Klassische Meetings sind ein Sammelsurium an Themen, die dem Moderator dringlich erscheinen. Meist soll informiert, diskutiert, überzeugt, gebrainstormt, entschieden und geplant werden. „Von allem ein bisschen und nichts richtig gemacht“, ist oftmals der Eindruck bei den Beteiligten. Das schafft Frustration und Verwirrung.

Gain: Fokus auf ein Thema und Ziel

Flow bedeutet, sich voll und ganz auf etwas konzentrieren zu können. Wenn wir im „Flow“ sind, werden wir effektiv und haben Freude daran. Das funktioniert nur mit klarem Fokus auf ein Thema und Ziel: Eine Frage wird betrachtet, hinterfragt, erörtert und entschieden. Wenn wir fokussiert sind, können wir effektiv und zielgerichtet denken und handeln. Außerdem gibt es allen Beteiligten ein gutes Gefühl, ein Thema Schritt für Schritt abzuschließen. Wir brauchen Erfolge, um motiviert zu sein.

③ Pain: fehlende oder zu engmaschige Agenda und Priorisierung

Wir kennen zwei Extreme in Unternehmen: Bei der einen Variante gibt es keine Agenda oder sie ist nur mit Buzzwords betitelt, ohne relevanten Inhalt. Bei der anderen ist die Agenda bis ins Detail vorgegeben und erinnert an das Inhaltsverzeichnis eines Buches – und lässt wenig Spielraum für eigene Interessen oder Beiträge, geschweige denn für Interaktionen im Team. Durch die unzureichende Agenda im Vorfeld des Meetings können Eingeladene auch nicht entscheiden, wie relevant ihre Teilnehme an dem Meeting ist. Die „aussagekräftigste" Agenda einer solchen Besprechung, der ich beiwohnen durfte, lautete folgendermaßen:

Meeting-AGENDA

1. Informationen
2. Sonstige Themen
3. Allgemeine Fragen

Wie sollen Anwesende da entscheiden, ob ihre Beteiligung relevant ist und ob sie für dieses Meeting ihre dringenden Tätigkeiten beiseitelegen sollen, um dabei zu sein?

Gain: Agenda mit Spielraum

Eine gute Agenda spiegelt meiner Meinung nach den Reifegrad eines Teams wider: Bei einem neuen Team sollte die Agenda detailliert und vorgeplant sein und gleichzeitig Raum für Interaktionen und Meinungsbildung im Team geben. Ein reifes Team braucht nur noch einen Rahmen und einen Fokus für das Meeting. Jeder beteiligt sich und kann eigene Agendapunkte vorab einstellen und vorbereiten. Die Priorisierung und Zeiteinteilung erfolgen optimalerweise zu Beginn des Meetings im Team. Dadurch sind die Themen im Vorfeld klar und die Beteiligten wissen, wofür sie sich die Zeit nehmen. Gleichzeitig ist das Team reif genug, die Abfolge und Relevanz der Themen an den tagessaktuellen Bedarf flexibel anzupassen.

④ Pain: mangelndes Commitment

Selbstverpflichtung und Zustimmung zu einem Thema sind die Voraussetzungen für Anteilnahme und die Beteiligung an Aufgaben, die aus der Besprechung entstehen. Ohne die Zustimmung der Teilnehmer zu den Themen und Inhalten wird auch die Motivation fehlen, To-dos und Verpflichtungen einzugehen. Je sinnvoller die selbst gewählten Inhalte gestaltet werden, desto motivierter und engagierter sind die Beteiligten. Eine Zusammenkunft ohne direkten Mehrwert ist Zeitverschwendung. Das klingt brutal, ist aber eine zielführende und wichtige Erkenntnis.

Gain: Dringlichkeit und Betroffenheit

Frage dich als jemand, der zu einem Meeting einlädt, immer, ob das Meeting wirklich erforderlich ist oder ob eine Mail/ein Anruf genügt. Überdenke konsequent aus Nutzersicht, welchen Mehrwert es für jeden Einzelnen bietet. Lade ausschließlich ein, wenn die Besprechung zwingend erforderlich und für jeden Beteiligten einen Nutzen bringt. Hier hilft das Gesetz der Füße: Jeder, der in einem Meeting, zu dem er eingeladen worden ist, keinen Mehrwert für sich oder die Teilnehmenden sieht, kann die Besprechung nach kurzer Begründung verlassen.

5 Pain: fehlendes Timeboxing

Eine Zeitverknappung sorgt für Fokussierung und gleichmäßige Beteiligung. Ohne Zeitangaben werden Beiträge oftmals zerredet und die Sprechzeiten der Meetingteilnehmer gestalten sich sehr unterschiedlich. Einige reden scheinbar endlos, andere verlieren die Lust, sich überhaupt zu äußern. Schnell entwickeln sich dadurch negative Dynamiken: die Vielredner, informellen Führer und die Mitläufer oder Boykottierer, die dann nach dem Meeting in der Kaffeeküche ihre Meinung lautstark äußern.

Gain: Zeitverknappung und Gleichverteilung

Ein gleich verteilter Redeanteil ist das A und O jeder guten Besprechung. Dazu eignen sich Sanduhren oder digitale Uhren, bei denen sichtbar ist, wie die Zeit verrinnt. Jeder bekommt gleich viel Redeanteil: Wenn einer seine Redezeit nicht benötigt, kommt der Nächste dran.

Zeitverknappung birgt einen wichtigen psychologischen Aspekt: Wenn wir unter Zeitdruck über Ideen und etwas Neues nachdenken, dann kann sich der innere Kritiker nicht genug Raum nehmen, um die schönen Einfälle infrage zu stellen. Kreative Menschen arbeiten unter Zeitdruck und erschaffen unzählige Ideen in großer Variation, bevor zensiert und bewertet wird.

6 Pain: unzureichende Visualisierung

Da in vielen Meetings eine PowerPoint-Präsentation über den Beamer oder das TV gezeigt wird, sind zwar die zuvor erarbeiteten Themen visualisiert, nicht jedoch die Beiträge der Teilnehmer. Das erzeugt noch mehr den Eindruck eines Monologs und einer Infoveranstaltung statt eines Meetings, in dem gemeinsam etwas Neues entstehen soll. Wir sind immer wieder erschrocken, wie schnell wir bei Präsentationen mit den Gedanken abschweifen. Das ist bei Präsenzveranstaltungen nach rund zehn Minuten der Fall. Bei Onlinemeetings oder -workshops halte ich nicht länger als fünf Minuten die Aufmerksamkeit in einer passiven Zuhörerrolle aufrecht – außer ich erlebe eine Geschichte oder einen Spannungsbogen in der Darstellung. Dann höre ich auch gern länger konzentriert zu.

Das ist natürlich eine Typfrage: Ich bin ein visueller Typ mit starker kinästhetischer Ausprägung. Ich brauche demnach nicht nur Bilder, sondern möchte selbst aktiv werden, um zu lernen. Auditive Typen können viel länger und besser zuhören.

Gain: Alle Beiträge werden visualisiert

Ein Moderator visualisiert alle Beiträge gleichermaßen. Das sorgt zum einen für Gleichberechtigung und verringert zum anderen Wiederholungen. Die Visualisierung kann dabei stichwortartig sein oder mit Bildern oder Symbolen angereichert werden, um die emotionale Komponente festzuhalten.

7 Pain: mangelnde Interaktion und Beteiligung

80 Prozent Redeanteil desjenigen, der das Meeting einberufen hat, 15 Prozent Anteil des Vielredners, der immer

gern redet, und 5 Prozent der anderen Teammitglieder – so oder ähnlich ist die Verteilung der Redeanteile in Sitzungen. Das ist nicht nur langweilig, sondern auch einseitig und wenig förderlich. Meist entsteht bei weniger durchsetzungskräftigen Teammitgliedern Resignation und sie ziehen sich zurück. „Lass die anderen machen. Für meine Meinung interessiert sich eh keiner." Das Engagement bei der Umsetzung ist dann entsprechend lau.

Gain: Jeder ist beteiligt und bringt sich ein
Wirklich gute Ergebnisse werden durch Perspektivenvielfalt erzielt. Wenn jeder im Team Teil der Lösung ist und sich damit identifiziert, wird die Umsetzung um ein Vielfaches leichter und schneller gehen.

8 Pain: geringe Nachhaltung
Unzählige Anfragen an uns als Trainer lauteten: Wie können wir die Nachhaltung von Workshops oder Meetings erhöhen? Hier wird sozusagen das Pferd von hinten aufgezäumt.

Gain: Effektivität und Umsetzungsgrad
Die Nachhaltung und Umsetzungskraft einer Zusammenkunft ist das Resultat der gesamten Veranstaltung. Anders ausgedrückt: Wenn Meetings und Workshops effektiv und interaktiv gestaltet und durchgeführt werden, ist die Nachhaltung ein Ergebnis davon.

1 Agilität im Kontext von Meetings und Workshops?

1.1 Was ist Agilität?

Wenn wir im Duden Agilität nachschlagen, steht dort: „Von großer Beweglichkeit zeugend; regsam und wendig.“ Viele Organisationen machen aus Agilität Schnelligkeit. Doch das hat teilweise fatale Folgen, die wir bei einigen „Zwangstransformationen“ vorfinden. Der Unterschied zwischen Schnelligkeit und Wendigkeit lässt sich sehr gut mit folgendem Bild verdeutlichen:

- Der bewegliche und wendige Läufer – der Crossläufer – ist nicht unbedingt derjenige, der am schnellsten im Ziel ist, sondern derjenige, der sich wendig in seiner Bewegung an die Umgebung anpasst und seinen Kurs stetig korrigieren kann.

Vom Sprinter zum Crossläufer

Nicht nur mit Tempo, sondern mit wendiger Beweglichkeit kommt der Vertrieb in Zukunft voran.

- Der klassische Sprinter ist nur auf seiner eingeübten, geradlinigen und vorhersehbaren Tartanbahn schnell. Mit der gleichen Art zu laufen wäre er querfeldein auf einem Gelände voller wechselnder Untergründe und Hindernisse voraussichtlich nicht besonders erfolgreich. Um dort voranzukommen, müsste er seine Art des Laufens extrem verändern und an den jeweiligen Untergrund anpassen.

Mit wendiger Beweglichkeit unterwegs zu sein ist also eine schöne Definition für Agilität. Genau das brauchen Unternehmen und Teams, um auf dem unsicheren Gelände der Gegenwart und Zukunft voranzukommen. Gerade in Krisen wird uns allen die Bedeutung von irritierenden Veränderungen besonders vor Augen geführt. Vorbei ist es mit Planungen für die nächsten Monate, maximal für einen Zeitraum von zwei Wochen sind Entscheidungen tragfähig und konsistent. Umso wichtiger sind eine gemeinsame Ausrichtung und Orientierung an dem Sinn und Nutzen jedes Handelns und jeder Entscheidung.

Die alte und die neue Organisationswelt

Nicht nur die Bewegungsart und das Gelände haben sich verändert, auch die Struktur und die Form von Unternehmen müssen sich anpassen und verändern. Das betrifft die gesamte Organisation oder zumindest die agilen Teilbereiche, in denen Innovationen und komplexe Abläufe gefordert sind. Doch wie bleiben Unternehmen dabei auf Kurs? Wie schaffen wir es trotzdem, unseren Mitarbeitern und

Kunden Vertrauen und Verlässlichkeit und einen sicheren Rahmen zu vermitteln?

Agilität ist sozusagen der Gegenpol zu Stabilität. Das mag zunächst ein wenig irritieren, es bedeutet jedoch nichts anderes, als dass ein Unternehmen flexibel und schnell auf Anforderungen des Markts und der Kunden eingehen kann. Agiles Arbeiten im Unternehmen kann in unterschiedlichen Formen daherkommen. Überall, wo schnelle Anpassungen und neue Denkweisen gefragt sind, ist die alte Pyramidenstruktur, in der ganz oben entschieden wird und ganz unten die dafür erforderliche Fachkompetenz und Kundenbindung sitzt, einfach zu langsam und eindimensional. Für einfache und stabile Märkte mit Routineaufgaben ist diese Struktur passend, für unbeständige, wechselhafte und komplexe Anforderungen hingegen sind crossfunktionale, selbst organisierte Kreise die richtige Antwort.

Die alte Organisationswelt ist oftmals wie ein Tanker, sie ist vertraut und gibt den Mitarbeitern und Kunden Stabilität. Deswegen wird in Krisen häufig die alte Hierarchiestruktur eingefordert: Sie vermittelt vielen Sicherheit durch die unbeweglichere Form. Schnellboote hingegen sind für die Exploration neuer Märkte und die Ausweitung der Angebote viel effektiver. Viele Organisationen brauchen beides: Tanker und Schnellboote, die nach ihren Erkundungsfahrten das Wissen immer wieder an Bord des Tankers bringen und dort implementieren.

Wichtig ist und bleibt, dass die alte Tankermentalität und -kultur nicht die agilen Schnellbootbereiche schluckt.

Womit hängt Agilität zusammen?

Die Zusammenhänge erklären wir gern anhand der Metapher des agilen Baums: Das agile Mindset bildet die Wurzeln des Baums, also die Denk- und Handlungslogik,

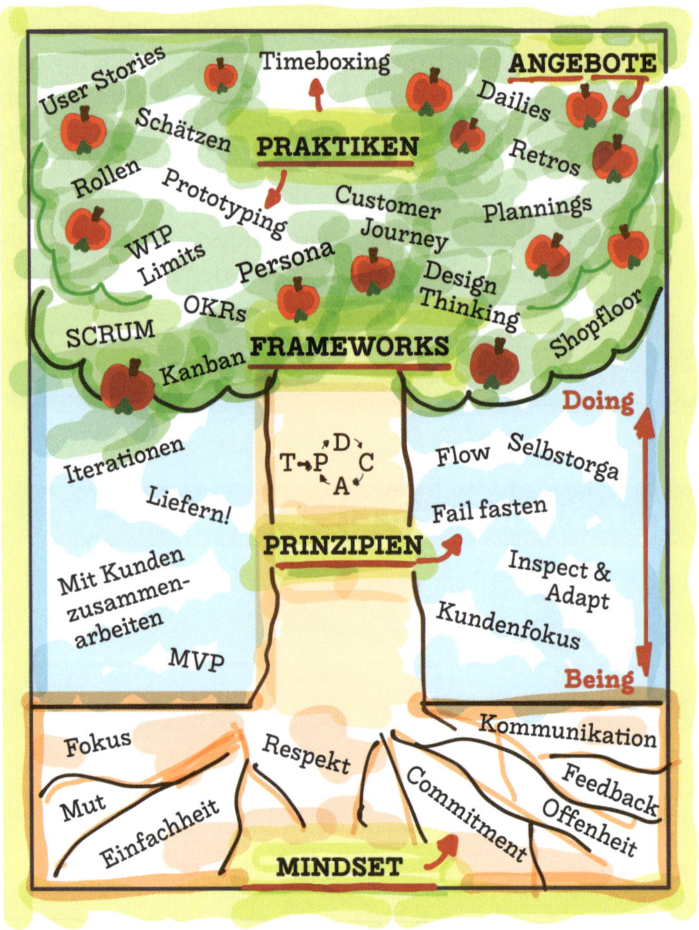

aus der heraus wir Prinzipien und Handlungen bilden und nähren. Der Stamm des Baums sind die Prinzipien, die uns einen Entscheidungsrahmen geben und Prioritäten setzen, die Äste und Zweige sind die Frameworks, innerhalb deren wir die Arbeitsweisen gestalten, und die Blätter sind die Praktiken und Methoden. Der Mehrwert für den Kunden, die Produkte und Dienstleistungen, sind die Früchte des Baums.

Agiles Mindset

Mitarbeiter in agilen Unternehmen brauchen ein bestimmtes Mindset, eine Denk- und Handlungslogik, um selbst organisiert arbeiten und die Agilität steigern zu können. Es ist gemäß der Stanford-Professorin Carol Dweck ein „Growth Mindset", das sowohl am eigenen Wachstum orientiert ist als auch daran, andere zum persönlichen Wachstum zu inspirieren. Ein dynamisches Mindset zeigt sich an folgenden typischen Denk- und Handlungslogiken:

- **Welt- und Selbstsicht:** Der Charakter und die Eigenschaften bzw. Verhaltensweisen jedes Menschen sind zum großen Teil veränderbar. Menschen mit dynamischem Mindset entwickeln sich und ihre Eigenschaften stetig weiter, unabhängig von äußeren Umständen.
- **Umgang mit Herausforderungen:** Dynamisches Denken sieht Herausforderungen als wahre Chancen, auch wenn der Weg zum Ziel unklar ist.
- **Schwierigkeiten, Anstrengung:** Für dynamisches Mindset charakteristisch ist, lange dranzubleiben trotz Schwierigkeiten und Anstrengungen, um effektivere Wege zu suchen.
- **Fehler und Feedback:** Fehler werden als Lernchancen genutzt, und kritisches Feedback wird aktiv eingefordert.

Folgende Selbsteinschätzung könnt ihr für euch und eure Teilnehmer nutzen, um die Anteile von statischem und dynamischem Mindset einzuschätzen. Ideal ist es, wenn ihr die Einschätzung selbst macht und dann einem guten Kollegen oder Freund gebt, um ein Fremdbild zu erhalten.

Schätzt euch selbst zu jedem der vier Themen auf der Skala zwischen statischem und dynamischem Mindset ein und notiert konkrete Situationen, in denen sich eure Einschätzung an Handlungen zeigt. Unsere Denk- und Handlungslogik zeigt sich mehr in unseren täglichen Handlungen als in unseren Überzeugungen.

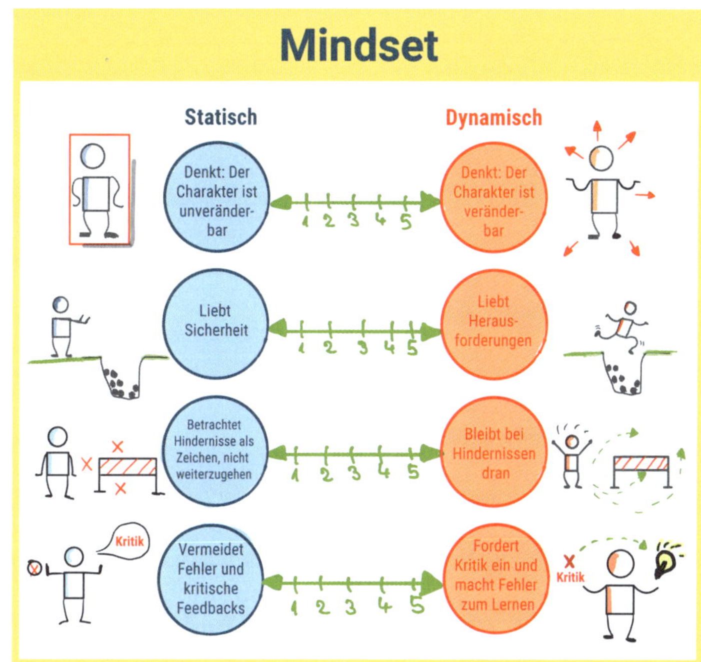

Agile Werte

Werte sind psychologisch betrachtet Handlungsimpulse. Agile Werte geben die Richtung vor, in der Agilität gelebt wird. Sind Werte gelebt, richten sich Handlungen an ihnen aus. Diese agilen Werte gibt es:

- Selbstverpflichtung (Commitment)
- Rückmeldung (Feedback)
- Fokus (Focus)
- Kommunikation (Communication)
- Mut (Courage)
- Respekt (Respect)
- Einfachheit (Simplicity)
- Offenheit (Openness)

Agile Prinzipien

Aus den agilen Werten leiten sich Prinzipien der Agilität ab. Diese konkreten, handlungsorientierten Ableitungen können auch definiert werden als Regeln, die eine Entscheidungsgrundlage bilden. Prinzipien helfen auch bei der Rahmengestaltung, denn sie leiten zu einer Handlung an.

Agile Frameworks

Frameworks sind Rahmenwerke oder Gerüste, die komplexen Anforderungen eine klare Struktur geben. Jedes Framework ist so aufgebaut, dass es innerhalb des Rahmens schnelle Anpassungen ermöglicht. Im Grunde basiert jedes Framework auf dem TPDCA-Zyklus (Think New – Plan – Do – Check – Act). Wie in der Übersicht dargestellt kann man die Frameworks und Methoden dem TPDCA-Zyklus

Zwölf agile Prinzipien

1. Höchste Priorität ist, den Kunden durch frühe und kontinuierliche Auslieferung wertvoller Produkte/Dienstleistungen zufriedenzustellen.
2. Harte Anforderungsänderungen sind selbst spät in der Entwicklung willkommen. Agile Prozesse nutzen Veränderungen zum Wettbewerbsvorteil des Kunden.
3. Liefere funktionierende Produkte/Dienstleistungen regelmäßig innerhalb weniger Wochen oder Monate und bevorzuge dabei die kürzere Zeitspanne.
4. Fachleute aus verschiedenen Bereichen müssen während des Projekts täglich zusammenarbeiten.
5. Errichte Projekte rund um motivierte Individuen. Gib ihnen das Umfeld und die Unterstützung, die sie benötigen, und vertraue darauf, dass sie die Aufgabe erledigen.
6. Die effizienteste und effektivste Methode, Informationen einem Team und innerhalb eines Teams zu übermitteln, ist das Gespräch von Angesicht zu Angesicht.
7. Funktionierende Dienstleistungen/Produkte sind das wichtigste Fortschrittsmaß.
8. Agile Prozesse fördern nachhaltige Entwicklung. Die Auftraggeber, das Team und die Nutzer sollten ein gleichmäßiges Tempo auf unbegrenzte Zeit halten können.
9. Ständiges Augenmerk auf fachliche Exzellenz und gute Gestaltung der Arbeitsabläufe fördert Agilität.
10. Einfachheit – die Kunst, die Menge nicht getaner Arbeit zu maximieren – ist essenziell.
11. Die besten Architekturen, Anforderungen und Entwürfe entstehen durch selbst organisierte Teams.
12. In regelmäßigen Abständen reflektiert das Team, wie es effektiver werden kann, und passt sein Verhalten entsprechend an.

zuordnen. Das hilft unserer Erfahrung nach, sich in dem Dschungel der Methoden und Frameworks zurechtzufinden. Frameworks sind mehr als Methoden – sie bieten eine Prozessstruktur, die aus mehreren Methoden besteht. Frameworks sind beispielsweise Design Thinking, OKRs (Objectives & Key Results), Scrum und Kanban.

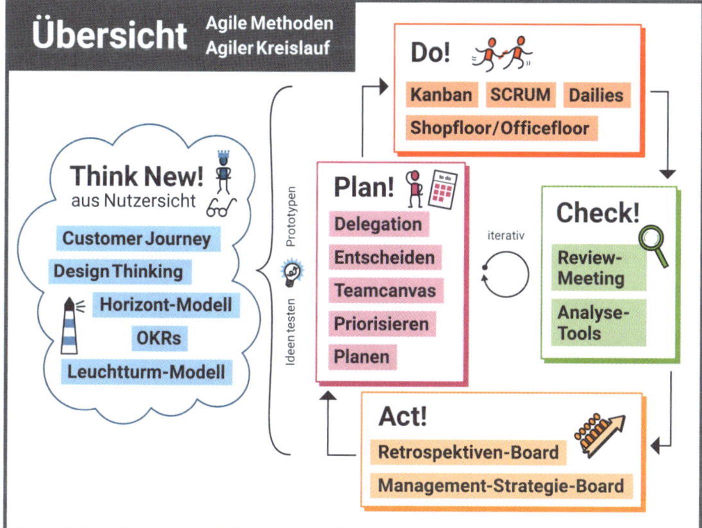

Agile Praktiken

Zum guten Schluss müssen die agilen Werte und Prinzipien in Form agiler Praktiken umgesetzt werden. Werden verschiedene solcher Praktiken miteinander verknüpft, spricht man von einer agilen Methode oder einem Framework (z. B. Scrum). Beispiele für agile Praktiken:

- **Rollen:** Statt Positionen werden Rollen wie agiler Coach, Scrum Master oder Product Owner zur lateralen Führung auf Augenhöhe eingesetzt.
- **Reviews:** Nach jeder Iteration wird das Teilprodukt dem Kunden lebendig präsentiert und sein Feedback dazu eingeholt und umgesetzt.
- **Plannings:** Das Team plant und priorisiert die Arbeitspakete/Tasks für die nächste Iteration mit dem Product Owner.
- **Daily:** Dies ist ein täglicher kurzer Austausch über die Bearbeitungsstände und Hindernisse.
- **Customer Journey:** Das ist eine Kundenreise durch alle Touchpoints/Kontaktpunkte mit dem Kunden.
- **User Stories:** Dies sind Anforderungen an Angebote aus Nutzersicht.
- **Persona:** Dabei handelt es sich um eine fiktive Person als Vertreter von Kundengruppen.
- **Timeboxing:** Dies bedeutet eine Zeitverknappung zur Bewältigung von Aufgaben oder zum Gestalten von Ideen.

1.2 Was ist eine agile Kommunikation?

Agilität bedeutet Beweglichkeit und das flexible und proaktive Handeln von Unternehmen auf einem sich ständig verändernden Markt. Dazu sind die alten Hierarchien und Entscheidungsstrukturen schlichtweg zu langsam. Selbst organisierte Teams mit interdisziplinären Kompetenzen und autonomem Entscheidungsvermögen sind die Antwort auf die Frage nach schneller und innovativer Anpassung. Das alleine birgt schon immense Anforderungen an eine völlig neue Art der Kommunikation und Interaktion. Nicht von ungefähr hat man jahrzehntelang eine Überzeugung gepflegt und sich durch diverse Gruppenexperimente immer wieder bestätigt: Menschen und Teams brauchen Führung und eine Ordnung – sprich Hierarchie. Damit sind sämtliche Autonomiebemühungen und flachen Hierarchien als unrealistische hippe Ideen oder sogar als gefährliche Anarchiebestrebungen in Unternehmen ad acta gelegt und als nicht funktional abgetan worden. In unserer Demokratie werden die Machthabenden (zumindest die offiziellen) gewählt und auch wieder abgewählt. In Unternehmen tickt die Welt immer noch wie zu Zeiten der Monarchie. Geschäftsführer und Vorstände werden weder gewählt noch können sie von den Mitarbeitern abgewählt werden. Macht, definiert durch die Höhe des Kästchens im Organigramm, ist immer noch der entscheidende Einflussfaktor für die Art und Weise der Kommunikation. Wir erinnern uns an viele Meetings oder Workshops, die wir als Externe moderieren durften, in denen jedes leichte Zucken des CEO zur kompletten Aufmerksamkeitsfokussierung der Teilnehmer führte. Da helfen weder neue Meetingstrukturen noch holokratische Entscheidungsworkshops: Solange die Entscheidungskraft nicht anders verteilt wird und Einflussnahme von Positionen abhängt, werden Teams nicht selbst organisiert und beweglich – sprich agil – kommunizieren und interagieren können. Dann verpuffen Innovationen und Retrospektiven sprichwörtlich durch jedes Zucken der Geschäftsführung. Doch nicht nur die Führenden haben mit Innovation, Transformation, Selbstorganisation und Teamentscheidungen große Schwierigkeiten. Auch Mitarbeiter sind, je nach Bereich und Aufgabe, darauf konditioniert, zumindest weitreichende Entscheidungen von oben zu empfangen und die Verantwortungsübernahme von der Höhe ihres Gehalts abhängig zu machen. Dadurch werden zurzeit in vielen klassischen Organisationen zwar agile Methoden und Prinzipien eingesetzt, die Macht- und Entscheidungsstrukturen aber beibehalten. So kann keine Transformation in Richtung flexible, schnelle und kundenzentrierte Anpassungsfähigkeit gelingen.

Agile Kommunikation ist Austausch und Interaktion auf Augenhöhe zwischen Vertretern unterschiedlicher Perspektiven und Rollen mit dem Ziel, die beste Lösung für die Kunden zu finden. Dabei ist die erste Prämisse der Kunde/Markt, die zweite die Organisation und die dritte das Team. An letzter Stelle stehen die persönlichen Befindlichkeiten wie Ego- und Statusbedürfnisse.

Entscheidungsprämissen in agilen Organisationen:

1. Priorität: Kunde, Kundin/Markt und dessen Anforderungen
2. Priorität: Entwicklung und Wachstum der gesamten Organisation
3. Priorität: Team und dessen Anforderungen
4. Priorität: Individuum und Einzelbedürfnisse

In Wasserfallorganisationen scheint es oftmals genau umgekehrt zu sein.

Entscheidungsprämissen in klassischen Machtstrukturen:

1. Priorität: Ego und Status, Individuum
2. Priorität: Team bzw. Gruppenzugehörigkeit, Dienstalter
3. Priorität: Organisation
4. Priorität: Kunde, Kundin/Markt

Die Prämissen sind oftmals umgekehrt priorisiert. Das verändert die gesamte Kommunikation und Entscheidungsfindung.

Veranschaulichen wir uns das Ausmaß dieses Unterschieds der Entscheidungsprämissen an einem typischen Beispiel aus der vielfach erlebten Praxis.

1.3 Impulse und Methoden, die agile Werte fördern

Nicht nur die Entscheidungsprämissen, auch die Werte und Prinzipien, nach denen Unternehmen handeln, haben direkten Einfluss auf Interaktionen. Werte sind wie innere Motivatoren, aus denen wir heraus unsere Handlungsimpulse generieren. Als Moderatoren von Meetings oder Workshops sind die agilen Werte handlungsleitend, damit wir als Botschafter unserer Vorbildfunktion gerecht werden. Mit den folgenden Handlungen und Methoden fördern wir die acht Werte und Prinzipien des Agilen Manifests:

Themen-Kanban für den Wert „Selbstverpflichtung" (Commitment)

Zustimmung und Identifikation sind der Treibstoff der Selbstverpflichtung und diese wiederum ist das Herzstück selbst organisierter, agiler Teams. Gerade in Meetings und Workshops ist das die Basis einer adäquaten Übernahme von Verantwortung für Inhalte und Entscheidungen. Ich nutze als Agenda ein einfaches Themen-Kanban zur Visualisierung der Inhalte im Workflow. Über Kanban gibt es

Beispiel: Das Unternehmen Tritur möchte sein Marketing mit dem Vertrieb und Service vernetzen und crossfunktionale Teams bilden, um seine Kunden umfassender, flexibler und schneller zu betreuen. Die Kick-off-Veranstaltung mit einem Work and Travel (Kapitel 2.4) an sechs Stationen kommt bei allen 100 Mitarbeitern aus den Bereichen sehr gut an. Alle committen sich für die neue Teamstruktur und freuen sich auf eine interdisziplinäre und selbst organisierte Kollaboration. Es gibt nur einen entscheidenden Haken: Die ehemaligen Teamleiter haben keine Position in der neuen Struktur. Um die Statusbedürfnisse einiger Teamleiter zu befriedigen, entscheidet Tritur, den Teamleitern Vorrang bei der Ausbildung der neuen agilen Coachs zu gewähren. Die Entscheidungsprämisse ist hier das Individuum bzw. sollen Positionen bewahrt und umgewandelt werden. In den sechs agilen Teams übernehmen dadurch vier ehemalige Teamleiter die Rolle des agilen Coachs sowie zwei Mitarbeiter, die vorher keine Führungsrolle innehatten. Bei allen vier Teams gibt es in den darauffolgenden Monaten große Spannungen und Rollenkonflikte, nur die beiden Teams, die nicht von ehemaligen Teamleitern gecoacht werden, funktionieren wirklich selbst organisiert und intrinsisch motiviert. Das liegt zum einen an der Konditionierung der Teamleiter, die schwerlich von ihrer jahrelang trainierten „Command and Control"-Verhaltensweise loslassen können, und zum anderen an den Mitarbeitern, die bei Schwierigkeiten die Entscheidung beim ehemaligen Vorgesetzen belassen wollen. Wäre die Entscheidungsprämisse der Kunde/Markt gewesen, dann hätte es keinen Statusvorrang gegeben. An erster Stelle hätten die Selbstorganisation und die Flexibilität der crossfunktionalen Teams zugunsten der Kunden gestanden. Bei der Zusammensetzung der Teams wäre auf Kompetenz und Augenhöhe geachtet worden, die Rollen wären stärkenorientiert besetzt worden. Ob dann die ehemaligen Teamleiter die Rolle agiler Coachs bekommen hätten, ist fragwürdig.

sehr viel Literatur, da es sehr effektiv und vielseitig angewendet werden kann. Ich will in diesem Kontext nur einen kurzen Überblick geben, damit Sie die Herkunft verstehen:

Kanban kommt aus dem Lean Management und hat sich schon in den 1970er-Jahren bei Toyota bewährt. Es eignet sich hervorragend für alle Bereiche, in denen Abläufe und Prozesse sichtbar gemacht werden können. Kanban richtig eingesetzt, erzeugt mehr Transparenz, Effizienz, klarere Zuständigkeiten, höhere Beteiligung, weniger „Social Loafing" (soziales Faulenzen in Teams) und eine bessere Kommunikation über Status und Hindernisse hinweg. Der Begriff kommt aus dem Japanischen und bedeutet sinngemäß „Signalkarte". Bei Kanban geht es um die Visualisierung und Transparenz von Arbeitsprozessen. Das Team unterteilt dazu Aufgaben in kleine Pakete, schreibt diese auf Karten und verteilt eigenverantwortlich die Zuständigkeiten. Das Kanban-Board zur Visualisierung wird in Spalten unterteilt, die den Wertschöpfungsprozess visualisieren. Je nach Tätigkeit des Teams werden die Spalten des Workflows beschriftet:

Beispiel A: Entwicklerteam: Waiting – Analyse – Entwicklung – Test – Installation

Beispiel B: Serviceteam: Waiting – Bedarfsanalyse – Lösung – Feedback

Beispiel C: Verkauf: Waiting – Bedarf – Angebot – Abschluss – Feedback

Jede Karte wandert im Laufe des Workflows durch die Spalten. Jeder sieht, wo sich gerade welche Karte im Prozess befindet. Ziel ist es, die Lead Time, also die Zeit, die ein Arbeitspaket durch den Prozess wandert, zu verkürzen. Die Anzahl der Arbeiten, die pro Mitarbeiter im „Doing" sind, wird begrenzt (WIP-Limit), um Überforderung und Ineffizienz vorzubeugen (siehe Abbildung Kanban).

Kanban

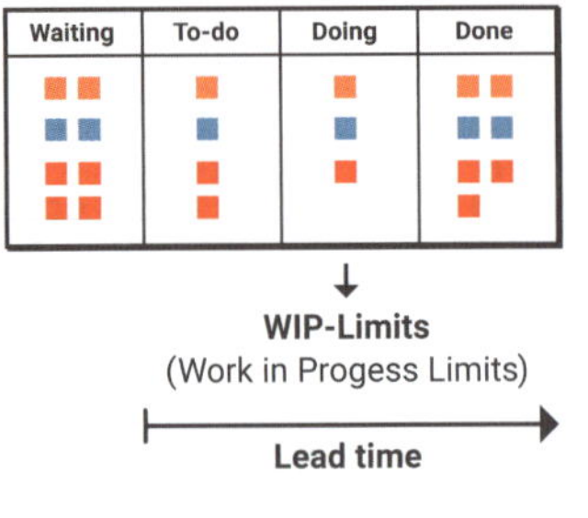

Pull: Jeder zieht Arbeitspakete

Meetings: Planning, Daily, Review, Retro

- Visualisiere den Arbeitsprozess (Prozess-Flow).
- Unterteile Arbeiten in Teilpakete und schreibe jeden Teil auf eine Karte.
- Visualisiere dieses auf einem **Board** (White Board, Meta, Trello, ...).
- Zeige, wo sich jedes Teilpaket im Workflow befindet.
- Beschränke die Auslastung und miss die Durchlaufzeit (so kurz und vorhersehbar wie möglich).

Prinzipien zur Arbeit mit Kanban

- Visualisiere den Arbeitsprozess (Prozess-Flow), die einfachste Form ist die Dreiteilung.
- Unterteile Arbeiten in Teilpakete und schreibe diese auf Karten (Post-its, Sticky Notes ...).
- Visualisiere dieses auf einem Board (Whiteboard, Folie, Metaplanwand ...).
- Zeige, wo sich jedes Teilpaket im Workflow befindet.
- Beschränke die Arbeitsauslastung (Work-in-Progress-Limits).
- Miss die Durchlaufzeit (so kurz und vorhersehbar wie möglich).
- Pull-Prinzip: Jeder zieht sich eigenverantwortlich Arbeitspakete.

Leider sehen wir immer wieder eingestaubte Boards in einigen Unternehmen. Das richtet dann mehr Schaden an, als es nutzt. Meist werden nach den ersten Hindernissen die Boards fallen gelassen oder so schnell angepasst, dass sie den Effekt verlieren, denn den wirklichen Nutzen konnten die Teams nie erfahren. Viele Teams, aber auch Trainer, machen den nachvollziehbaren Fehler, neue Methoden zu früh anzupassen. Schon beim ersten Widerstand oder Hindernis wird die Methode adaptiert. Prinzipiell ist Anpassung natürlich absolut zielführend und sinnvoll, doch der Zeitpunkt muss stimmen. Wenn wir Methoden direkt verändern, dann geben wir ihnen keine Chance, ihre Wirkung zu entfalten und neue Erfahrungen zu ermöglichen. Beim zu frühen Adaptieren landen wir im Endeffekt wieder beim alten Wein in neuen Schläuchen.

Ein einfaches Kanban-Board für agile Moderation in Workshops oder Meetings

Kanban lässt sich als Methode sehr schön zur Themenbearbeitung anstelle der üblichen Agenda nutzen. Wir visualisieren mit einem Board die geplanten Themen und priorisieren diese gemeinsam mit den Teilnehmern. Die Themen wandern dann im Laufe der Moderation durch den Prozess, bis sie für die Teilnehmenden abgeschlossen sind.

- Zeichnet auf einem Whiteboard/Flipchart/Folie vier Spalten mit den Überschriften
  - Backlog/Waiting
  - To-do
  - In Progress/Doing
  - Done
- Visualisiert die geplanten Themen auf Karten (große Post-its, Karten, Stutties …)

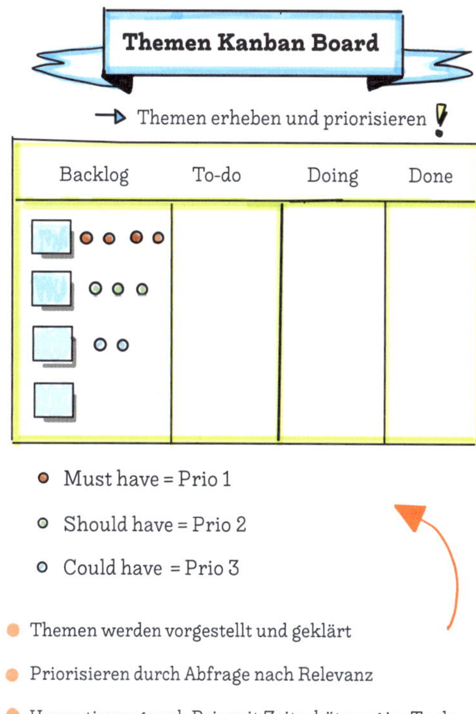

- Optimal ist es, die Themen als User Story zu beschreiben: Anstelle des Themas „Agiles Manifest“ schreibt den Nutzen für den User (= Teilnehmer) auf die Themenkarte: „Jeder kennt das Agile Manifest und versteht dessen Bedeutung.“
- Die Themen kommen in die Backlog-Spalte.
- Anschließend wählen die Teilnehmenden die Relevanz beispielsweise anhand folgender Kriterien:
  - Must have = Das Thema muss behandelt werden.
  - Should have = Das Thema sollte behandelt werden.
  - Could have = Das Thema könnte behandelt werden.

- Die „Must have"-Themen kommen zuerst in die To-do-Spalte, dann die „Should have"-Themen, die „Could have"-Themen kommen ins Backlog.
- Alle Themen, die während des Workshops auftreten, werden ins Backlog getan und, sobald die wichtigen Themen im „Done" sind, nach Zustimmung der Gruppe entsprechend ins „To-do" gezogen.

Durch diese Form der Visualisierung ist der Verlauf der Inhalte jederzeit nachvollziehbar und gemeinsam mit der Gruppe steuerbar.

Plus-Plus und Retros für den Wert „Rückmeldung" (Feedback)

Die Feedback-Debatte ist seit vielen Jahren ein beliebtes und heiß umstrittenes Thema. Die einen schwören auf direkte und kritische Rückmeldungen, um beim Gegenüber die Entwicklung anzustoßen und blinde Flecken bewusst zu machen. Die anderen warnen vor negativem Feedback und betonen den Schaden, der angerichtet werden kann. Beide Thesen sind unseres Erachtens wichtig und beachtenswert. Gerade die agile Moderation braucht eine Variante, die beide Ansätze auf gute Weise integriert, denn wir wollen im agilen Kontext schnell und konstruktiv auf den Punkt kommen. Schon in den 1960er-Jahren haben die Psychologen Joseph Luft und Harry Ingham mit ihrem JOHARI-Fenster die Bedeutung von blinden Flecken eindrücklich illustriert. Blinde Flecken sind eigene Verhaltensweisen und Eigenschaften, die allen um uns herum bekannt sind außer uns selbst. Der Hinweis unseres Umfelds auf diese blinden Flecken ist für unsere Entwicklung absolut wertvoll und wichtig. Sowohl um uns selbst besser kennenzulernen als auch um Reaktionen zu verstehen, die wir in unserer Umwelt durch unser Verhalten auslösen. Wichtig dabei ist die Art der Botschaft, denn sobald Rückmeldungen als Kritik oder Vorwurf ankommen, bewirken sie Schaden statt Nutzen.

Um solche Rückmeldungen in agilen Teams konstruktiv zu formulieren und die Projektionen des Feedback-Gebers offenzulegen, helfen Ich-Botschaften (Ich nehme x wahr …, das löst y bei mir aus …, ich wünsche mir z …). Doch leider führen diese erlernten Formulierungsstrategien zum Gegenteil. Statt positiv zu wirken und das Gegenüber zu ermutigen, passiert das Gegenteil: Statt Ich-Botschaften werden verklausulierte Vorwürfe und Du-Botschaften gesendet. In unzähligen Teamentwicklungen haben wir solche verunglückten Ich-Botschaften gehört, die eher Frustration und Rechtfertigung auslösen, als dass sie für den Empfänger hilfreich sind.

Beispiele verunglückter Ich-Botschaften

Coach zur Mitarbeiterin: „Schon seit geraumer Zeit habe ich den Eindruck, Sie engagieren sich nicht für die gemeinsamen Ziele. Das frustriert auch die Kollegen und verhagelt die Stimmung im Team."

Moderator zum Teilnehmer: „Ich habe das Gefühl, du beteiligst dich nicht an unseren Meetings und Teamaufgaben. Ich erwarte mehr Engagement von dir."

Hand aufs Herz: Denkst du, solche Botschaften führen zu Lust auf Entwicklung und zur Stärkung der Zusammenarbeit? Natürlich sind das keine wahren Ich-Botschaften, sondern versteckte Du-Botschaften. Doch so läuft Feedback in der Realität leider sehr oft ab. Damit so etwas wie in den Beispielen nicht passiert, hilft die Forschung von

John Gottman. Der amerikanische Paartherapeut beobachtete über viele Jahre die Streitkultur von Ehepaaren. Dabei trieb ihn die Frage um: Was machen stabile und glückliche Ehen anders? So entwickelte er unter anderem die 5:1-Regel: Glückliche Paare geben einander sehr wohl kritische Hinweise, doch sie verknüpfen jede Kritik mit fünf positiven Botschaften. Das können Komplimente sein oder auch nur ein Augenzwinkern oder ein Lächeln.

In Teams erscheint diese Regel allerdings schwierig umsetzbar. Was bei Paaren gut funktioniert, führt zwischen Führungskräften und Mitarbeitern oder unter Kollegen meist zu weichgespültem und wenig authentischem Feedback. Der Empfänger bemerkt dabei die Mühen des Gebers, erst einmal drei bis fünf positive Dinge zu benennen, bevor er zu der für ihn eigentlich relevanten Botschaft kommt (die ihm wichtig ist). Das kann gekünstelt und vorhersehbar wirken und dadurch auch nicht die gewünschte Entwicklung anstoßen.

Im letzten Jahr haben wir eine Variante gefunden, die Feedback wirklich konstruktiv macht und beim Gegenüber Resonanz erzeugt. Dadurch werden tatsächlich zielgerichtete und wirksame Impulse gesetzt, die einen Menschen in seiner Selbsterkenntnis und Entwicklung weiterbringen können. Der Dreh beim PLUS-PLUS-Feedback besteht im Reframing, sprich der Umdeutung der Kritikpunkte oder Wünsche des Feedback-Gebers in eine zielgerichtete Botschaft. Statt Kritik zu verpacken, wird das „Stattdessen"-Verhalten verbalisiert.

Statt „Du interessierst dich nicht für uns als Team und schaust nur auf unsere Arbeitsperformance", wäre das Plus-Plus-Feedback so:

„Ich finde es stark, wie fokussiert du auf unsere Aufgabenbewältigung und Performance achtest. Wenn du dich zusätzlich auch noch ab und zu nach unserem Befinden erkundigst (einmal pro Woche) oder unsere Sorgen anhörst, dann würde ich mich als Teammitglied von dir noch mehr gesehen und verstanden fühlen."

So einfach? Ja, genau! So einfach und wirkungsvoll. Doch VORSICHT: Auch das einfache Plus-Plus will geübt sein. Ein Umdeuten der wahrgenommenen Schwächen und ein „Stattdessen"-Verhalten bedürfen konsequenten Umdenkens!

Timeboxing für den Wert „Fokus" (Focus)

Verschwendung zu vermeiden und auf das Wesentliche zu fokussieren ist gerade in komplexen Kontexten wichtig. Agile Meetings und Workshops beschäftigen sich naturgemäß mit komplexen Themen und brauchen daher einen klaren Fokus. Schon durch die Priorisierung im oben beschriebenen Themen-Kanban und die Transparenz der In-

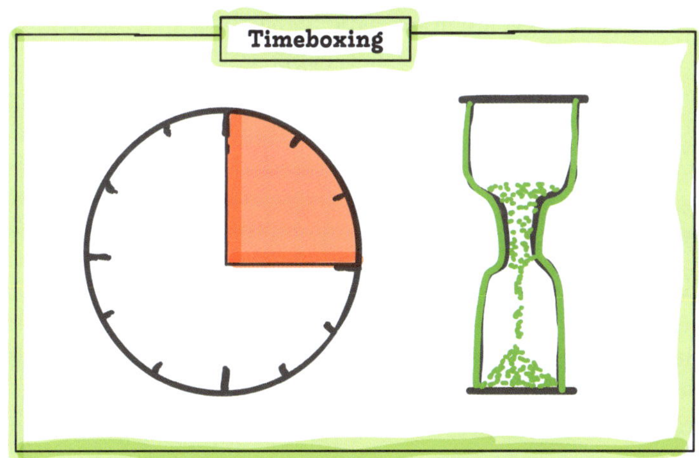

halte ist für eine bessere Orientierung gesorgt. Eine weitere wirksame Methode zur Fokussierung ist das Timeboxing. Damit ist im Gegensatz zu dem herkömmlichen Zeiteinhalten klassischer Schulungen eine starke Zeitverknappung gemeint. Wenn Teilnehmer genau eine Minute bekommen, um Antworten auf drei Fragen zu formulieren, werden Vielredner effektiv ausgebremst und Nebenschauplätze vermieden. Jeder konzentriert sich auf eine kurze Antwort und versucht, alle drei Fragen in der angegebenen Zeit zu beantworten. Es ist nicht verwunderlich, wie viel Spannung und Widerstand so eine strikte Zeiteinteilung erzeugen kann. Wir nötigen Menschen dadurch zu einer Verhaltensänderung und das ist unbequem, jedoch wichtig. Oftmals sind das Erste, das Teams danach anschaffen, entsprechende Sanduhren oder Apps, um den Zeitverlauf transparent zu machen. Gerade bei Verknappung ist die Transparenz des Zeitverlaufs extrem hilfreich zur Steuerung. Ich nutze dazu Sanduhren oder Design-Thinking-Uhren oder Apps.

Auch komplexe Gruppenarbeiten lassen wir gern in 15 bis 20 Minuten erledigen: Weder Perfektionisten noch Zweifler haben dann genug Raum, die Ideen zu blockieren. Automatisch fokussiert die Übungsgruppe auf ein Ergebnis statt auf Diskussionen. Auch hier ernten wir vielfach Widerstand. Doch genau der ist gewünscht und willkommen: Verhaltensänderungen ohne Widerstand sind wirkungslos.

Personas für den Wert „Kommunikation" (Communication)

Beim Wert „Kommunikation" steht die aktive Einbindung der Stakeholder im Vordergrund, wobei der Kunde immer an erster Stelle steht. Deswegen wird beispielsweise bei Scrum nach jeder Iteration das Feedback des Kunden eingeholt und für die nächste Iteration entsprechend umgesetzt. Auch in Meetings und Workshops ist die Einbindung der Kundensicht nicht nur erhellend, sondern auch wirksam auf unterschiedlichen Ebenen: Statt sich zu stark um eigene Befindlichkeiten des Einzelnen oder des Teams zu drehen, ist automatisch der eigentliche Auftraggeber (Kunde) im Raum. Lass die Persona „Kunde" zunächst konkret beschreiben. Das Team wählt dazu einen typischen repräsentativen Kunden und beschreibt ihn als fiktive und greifbare Person. Dann wählt ein Teilnehmer die Rolle des Kunden und wird gebeten, dessen Sichtweise kontinuierlich einzubringen. Alternativ kannst du auch einen Stuhl für diese Persona in den Raum stellen und abwechselnd Teilnehmer bitten, auf dem Stuhl Platz zu nehmen und aus der Kundensicht zu sprechen.

Bei internen Meetings ist es außerdem empfehlenswert, konsequent sowohl Vertreter aus anderen Teams einzuladen und deren Hinweise einzufordern als auch hier tatsächliche Kunden und Partner einzubinden. Achte als Moderator oder Coach darauf, Hypothesen über Teams und Einzelne außerhalb der Gruppe immer wieder zu validieren.

Aufgabe: Nimm während des Meetings/des Workshops immer wieder die Kundensicht ein und betrachte die Entscheidungen aus dessen Brille.

To-do: Heb deine Rollenkarte (vgl. S. 256 f.) hoch und gib der Gruppe ein Signal, sobald du den Eindruck hast, dass die Kundensichtweise und der Kundennutzen nicht mehr im Fokus sind.Gib der Gruppe bei wichtigen Beschlüssen Feedback aus Kundensicht.

Stretchingzone für den Wert „Mut" (Courage)

Beim Lernen unterscheiden wir drei Zonen: die Komfortzone, die Stretchingzone und die Panikzone.

Die Komfortzone beschreibt das Verhalten, das uns vertraut ist, in der wir unsere Fähigkeiten und Kompetenzen gut einschätzen können. In unserer Komfortzone fühlen wir uns wie in der inneren Hängematte. Entspannt und geschmeidig können wir hier Kompetenzen abrufen. Für Routineaufgaben und die alltäglichen Handlungen ist es hilfreich, eine möglichst weit gefasste Komfortzone zu haben. Es kostet uns wenig Energie und läuft sozusagen wie von selbst. Das ist gut und wichtig für die Bewältigung von Routinen. Doch je mehr Routine, desto weniger Veränderungsbereitschaft. Wir verlernen das Lernen und Entwickeln. Voranbringen kannst du deine Teams weder in der Komfortzone noch in der Panikzone. In beiden Zonen findet keine gesunde Weiterentwicklung statt.

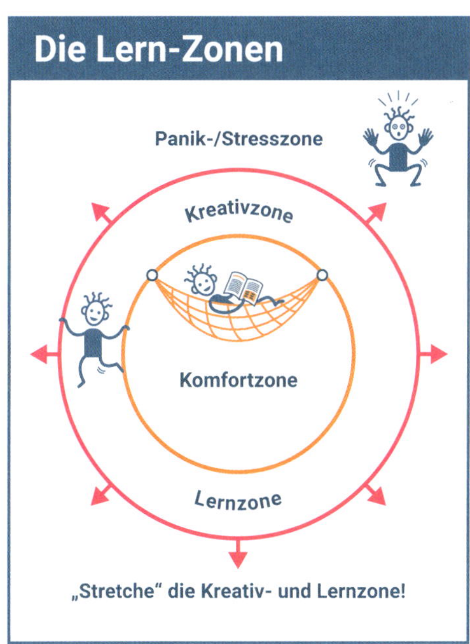

Außerhalb der Komfortzone geraten viele Menschen sofort in ihre Panikzone. In dieser Zone fühlen wir uns bedroht und schlichtweg nicht mehr in der Lage, die Anforderungen umzusetzen. Je nach Verhaltenstyp löst das Angst, Ärger oder innere Erstarrung aus. Angst und Panik machen uns eng und das Gehirn schaltet auf Überlebensmodus um, egal wie realistisch die Bedrohung tatsächlich ist. Auch hier ist Lernen blockiert.

Nur in der Kreativzone entwickeln wir uns und lernen Neues. Je mehr das Stretching vermieden wird, aus Unsicherheit oder der Angst, Fehler zu machen, desto weniger wird diese Zone erweitert und trainiert. Wie ein Muskel, der nicht benutzt oder gestretcht wird, verkümmert sie und schrumpft bildlich gesprochen. Wir landen dann sozusagen außerhalb unserer Komfortzone bei der kleinsten Veränderung sofort in der Panikzone.

Wenn wir in unseren Ausbildungen oder Trainings mit Menschen arbeiten, bringen wir sie immer wieder aus ihrer Komfortzone in die Stretchingzone. Dort findet Lernen und Entwicklung statt. Wie funktioniert das? Wir geben Menschen einen sicheren Rahmen, innerhalb dessen sie Neues entwickeln und lernen. Auch ein weißes Blatt, auf dem etwas Neues entstehen soll, hat eine klare Begrenzung und damit einen sicheren Rahmen. Begrenzungen innerhalb des Neuen geben Sicherheit und Struktur.

Das Interessante dabei ist: Je öfter Mitarbeiter die Komfortzone verlassen und neue Herausforderungen annehmen und bewältigen, desto schneller und besser lernen sie und entwickeln sich weiter. Die Komfort- und die Stretchingzone wachsen und breiten sich aus – und die Panikzone schrumpft auf ein angemessenes Maß.

Wertschätzende Erkundung für den Wert „Respekt" (Respect)

Abgeleitet von Appreciative Inquiry führen wir mit Teams gern eine rein wertschätzende Betrachtung durch. Das stärkt den Respekt gegenüber dem Unternehmen, dem Team, den Kunden und jedem einzelnen Individuum. Bei Appreciative Inquiry, kurz AI, handelt es sich um eine Methode, welche die beiden US-Amerikaner David Cooperrider und Diana Whitney in den 1980er-Jahren entwickelt haben. Das zentrale Element der Methode ist das sogenannte wertschätzende Interview. Im Unterschied zu den meisten anderen Ansätzen konzentriert sich die Methode auf die positiven Aspekte, die Stärken und das vorhandene Potenzial. Probleme werden in formulierte Änderungswünsche umgewandelt und konsequent auf die positiven Aspekte fokussiert. Transformationen lösen bei jedem Menschen Spannungen aus und belasten mehr oder weniger stark die Psyche. Durch wertschätzende Erkundung erzeugen wir Entspannung und eine wohltuende Entlastung.

Eine Beschreibung der Methode als Retrospektive findest du in Kapitel 6.

Prototyping für den Wert „Einfachheit" (Simplicity)

Einfachheit steht für kleine Schritte und mehrfache Wiederholungen, bei denen schnell angepasst werden kann. In Workshops eignet sich das Prototyping von Ideen, um sie erlebbar zu machen und die Wirkung zu testen und zu optimieren. Wenn die Teilnehmenden beispielsweise ein neues Meetingkonzept für eine Retrospektive erarbeiten, bekommen sie für den Prototypen 20 Minuten Zeit. Danach stellen sie den anderen nicht nur das Konzept mit der Agenda und den gewählten Methoden vor, sondern sie moderieren eine konkrete Sequenz aus der Retrospektive mit den anderen Teilnehmern. Dadurch bekommen sowohl die Übenden wie auch die Zuschauer einen guten Eindruck von der Wirkung und können treffende Rückmeldungen geben. Außerdem hat die Übungsgruppe die Freiheit, Fehler

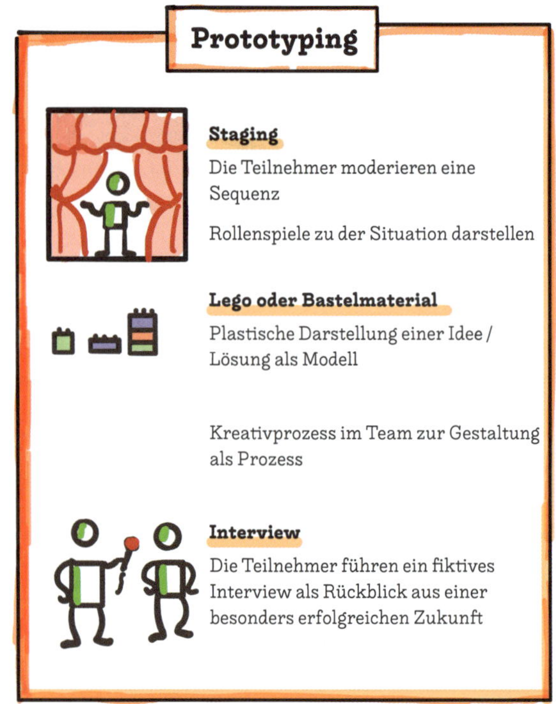

und Unfertiges zu präsentieren. Damit tricksen wir den inneren Perfektionisten und Zweifler aus. Ein Rohentwurf oder eine erste Variante impliziert Unvollkommenheit und die Freiheit des Experiments. Unsere Seminarteilnehmer sind immer wieder erstaunt, wie viel ein Team in nur 15 oder 20 Minuten erschaffen kann, wenn es fokussiert und experimentierfreudig die ersten einfachen Schritte umsetzt. Dabei ist das Ergebnis entscheidend: Wie kann man für den Kunden ein Minimum Viabel Product (minimal lebensfähiges Produkt), also ein erstes Angebot mit einem sichtbaren Nutzen, schaffen und dieses lebendig präsentieren. Es gibt verschiedene Varianten von Prototypen für Workshops und Meetings:

- **Lego oder Bastelmaterial:** Mit Lego oder diversem Bastelmaterial wird die Lösung dreidimensional gebaut. Dabei kann eine vorher skizzierte Lösung gebaut werden oder die Lösung entsteht erst „Hands-on" während des gemeinsamen Gestaltungsprozesses.
- **Staging:** Auf einer imaginären Bühne wird eine Sequenz der Lösung oder Zukunftsvision vorgespielt und damit für die Zuschauer lebendig inszeniert.
- **Interview aus der Zukunft:** Wir lassen die Teilnehmenden ein Interview vorbereiten und darstellen, bei dem die umgesetzte Lösung als Erfolgsstory aus der Zukunft vorgestellt wird.

Line-ups und Widerstandsabfragen für den Wert „Offenheit" (Openness)

Offenheit meint im agilen Kontext neben der offenen Haltung gegenüber Neuem auch die Transparenz von Workflows und von Meinungen. Für Transparenz braucht es die psychologische Sicherheit in der Gruppe, anderer Meinung

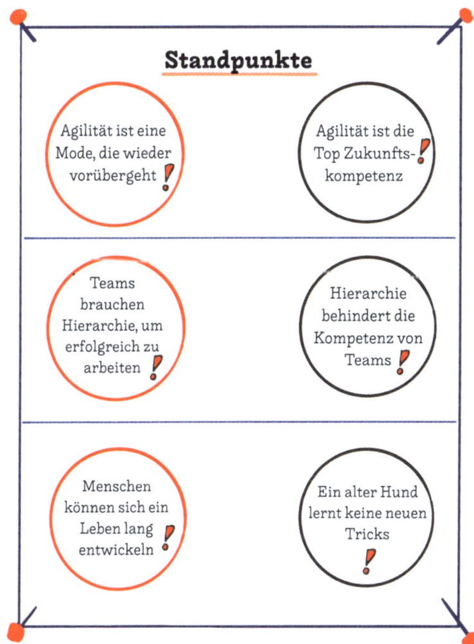

sein zu dürfen oder kritisches Feedback zu äußern, ohne Bewertungen oder gar Repressalien befürchten zu müssen. Solange eine Gruppe Konsens anstrebt, werden sich alle mehr oder weniger stark dem Gruppendruck zugunsten der Harmonie unterwerfen. Das ist für gute Arbeitsergebnisse und Multiperspektiven toxisch. Damit Teams wirklich divers denken und handeln können, brauchen sie die Sicherheit, anders handeln und querdenken zu dürfen. Als Moderator ermutige ich Teams, konträre Standpunkte einzunehmen. Wir positionieren im Raum dazu unterschiedliche Standpunkte oder Eigenschaften und ermutigen die Teilnehmenden, Stellung zu beziehen:

Line-ups zu Standpunkten:
A: Agilität ist eine Mode, die wieder vorübergeht.
B: Agilität ist die Top-Zukunftskompetenz.

A: Teams brauchen Hierarchie, um erfolgreich zu arbeiten.
B: Hierarchien behindern die Verantwortlichkeit und Kompetenz von Teams.

A: Menschen können sich entwickeln, ein Leben lang.
B: Ein alter Hund lernt keine neuen Tricks.

Wenn Teams offen sind, werden sie voraussichtlich unterschiedliche Standpunkte einnehmen und diese auch vertreten. Das ist ein wichtiger Hinweis für den Moderator. Wenn sich bei solchen Abfragen alle in der Mitte einordnen oder denselben Standpunkt vertreten wie der formelle oder informelle Richtungsgeber im Team, dann ist das ein möglicher Hinweis auf fehlende Offenheit und Divergenz im Team.

Line-ups zu Eigenschaften:
Auch ohne Verhaltensprofile wie DiSG® oder Persönlichkeitstests wie den MBTIs (Myers-Briggs-Typenindikatoren) bieten Line-ups schöne Varianten zu einem Selbst- und Fremdbildabgleich in Teams. Auch hier sehen wir als Moderatoren, wie reflektiert und offen das Team mit Unterschieden und Feedback umgeht.

Dazu platzieren wir an unterschiedlichen Orten jeweils möglichst konträre Eigenschaften und bitten die Teammitglieder, sich dahingehend einzuordnen, welche Eigenschaft ihnen eher entspricht:

Eigenschaft A: Tendenz zum Bewahren: Menschen, Prozesse, Routinen beibehalten und pflegen
Eigenschaft B: Tendenz zum Erneuern: neue Ideen, Impulse, Menschen suchen und optimieren

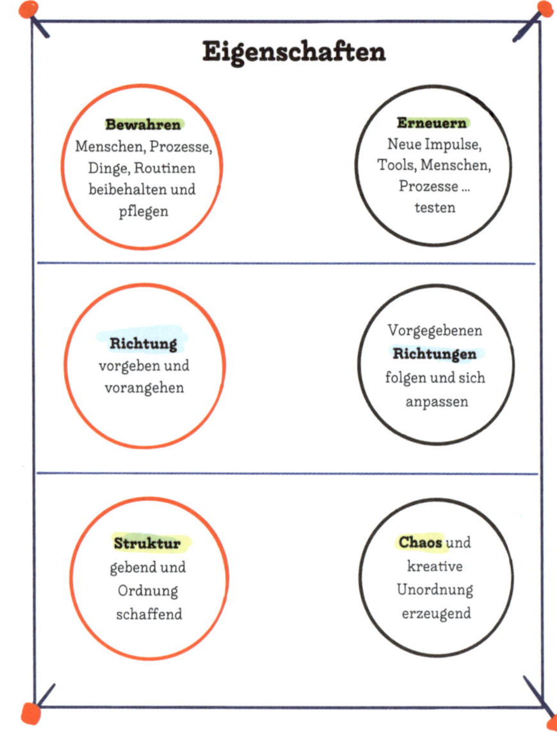

Eigenschaft A: Tendenz zum Richtung vorgeben und Vorangehen in Gruppen
Eigenschaft B: Tendenz zum Anpassen, anderen folgen bzw. unterstützen

Eigenschaft A: Tendenz, Struktur zu geben und Ordnung zu schaffen
Eigenschaft B: Tendenz, Chaos zu verbreiten und kreative Unordnung zu schaffen

Widerstandsabfragen

Eine weitere effektive Möglichkeit, Offenheit zu fördern, sind die einfachen Widerstandsabfragen. Zu Vorschlägen, Ideen oder Entscheidungen lassen wir die Teilnehmenden von Zusammenkünften dabei ihren Widerstand ausdrücken und transparent machen: entweder indem sie eine Fingeranzahl zum Widerstand heben oder sich im Raum zu einer Skala positionieren, die am Boden liegt. Kein Widerstand bedeutet die Null auf der Skala oder keine Finger zeigen (Faust heben), die Zahl Fünf signalisiert höchsten Widerstand.

Werte, Prinzipien und Handlungen als Trainer und Moderator

Aus den agilen Werten leiten sich Prinzipien ab. Prinzipien sind konkrete, handlungsorientierte Ableitungen aus Werten. Sie konkretisieren sozusagen die Werte. Sie sind offener als Regeln und lassen Freiraum, bieten aber Entscheidungsgrundlagen: Wonach handle ich? Prinzipien stärken die Selbstverantwortung und geben mir in den 1.000 kleinen Entscheidungen, die ich tagtäglich zu treffen habe, Orientierung: Was ist wichtiger? „Menschen und Interaktionen haben Vorrang vor Werkzeugen und Tools", sagt etwa das Agile Manifest aus dem Jahr 2001. Das hilft dem Coach, lieber ein kurzes Meeting einzuberufen oder einen Slot in der Retro zu planen, um ein Thema von Angesicht zu Angesicht zu besprechen, anstatt eine Mail zu schreiben. Man kann diese auch als Regeln, die eine Entscheidungsgrundlage bilden, definieren. Aus den Prinzipien leiten wir nicht nur Entscheidungen, sondern vor allem konkrete Handlungen ab. Die Wirkungskette lautet demnach: Wert – Prinzip – Handlung. Aus den Werten resultieren Entscheidungs- und Handlungsprinzipien, die durch konkrete Handlungen und Praktiken sichtbar werden.

Wir haben zu den agilen Werten die Prinzipien und Handlungen für Trainer und Moderatoren wie folgt abgeleitet:

Wert	Prinzipien	Handlungen
Commitment; Selbstverpflichtung	Selbstorganisation, Sinnhaftigkeit, Ergebnisorientierung	Fördere stärkenorientierte Autonomie. Verteile (Pull-Prinzip) rollengebundene Selbstorganisation. Kläre den Purpose und den Nutzen für das Gemeinwohl und jeden Einzelnen.
Fokus	Maximiere die Menge nicht getaner Arbeit (da nicht notwendig). Iteratives Arbeiten mit Timeboxing	Vermeide Verschwendung und fokussiere auf Wertschöpfung durch Kundenfokus. Priorisiere den Workflow und fördere schnelle Ergebnisse.
Offenheit	Transparenz, Neues lernen, sagen statt fragen	Mach im Team Workflow transparent. Fördere das stete Lernen und den Wissensaustausch. Sorge dafür, neue Praktiken auszuprobieren. Schaffe ein Teamklima, in dem jeder seine Meinung direkt sagt.
Mut	Experimente, Fehlerfreude	Fördere Fehlerfreude im Team und empowere Experimente und Risikofreude.

Wert	Prinzipien	Handlungen
Respekt	Vielfalt, Diversitiy, Growth Mindset	Führe und entwickle das Team in seiner Unterschiedlichkeit. Sorge für Vielfalt durch konvergente und divergente Denker, Alter, Kultur, Fachrichtung etc.
Kommunikation/Kollaboration	Netzwerken, aktive Einbindung, Review	Binde Kunden und Stakeholder aktiv ein. Gestalte Reviews mit Kunden. Netzwerke innerhalb und außerhalb der Organisation.
Rückmeldung, Reflexion	Feedback, Retrospektive, Vertrauen und Konfliktbereitschaft	Entwickle eine Feedbackkultur, Sorge für Lösungen statt Schuldfragen. Gestalte Retrospektiven im regelmäßigen Turnus und fördere Reflexion.
Einfachheit	Babyschritte, Anpassung, Inkremente	In kleine Arbeitspakete runterbrechen. Fordere Wiederholungen mit Anpassung. Lass Teilprodukte (Inkremente) bewerten.

1.4 Unterschiede zwischen Trainer, Moderator, Facilitator und Coach

Gerade im Kulturwandel hin zu mehr Selbstorganisation, Innovation und Wendigkeit ist es wichtig, schon die Art und Weise der Wissensvermittlung und des gemeinsamen Lernens anders – sprich agiler – zu gestalten. Das betrifft nicht nur die Vermittlung agiler Methoden und Frameworks, sondern auch alle Themen rund um die Interaktionen und die Unternehmenskultur wie Teamentwicklung, Führung, Schnittstellenkommunikation, Arbeitsweisen, Meetings etc.

Was ist ein agiler Trainer?

Was macht ein agiler Trainer anders als ein herkömmlicher Trainer – und wie unterscheidet er sich vom agilen Coach? Zurzeit gibt es viele Verwirrungen zu den Begriffen und Definitionen. Ein Trainer hat im herkömmlichen Sinn die Aufgabe, Wissen zu vermitteln und für ein förderliches Lernumfeld seiner Teilnehmer zu sorgen. Er lehrt Methoden, Techniken und Handlungskompetenzen und schafft einen Rahmen, in dem Menschen voneinander und miteinander lernen und Neues entwickeln. Durch die gekonnte Kombination aus Inhalten, Übungen, Experimenten und Methoden erweitert er die mentale, methodische und fachliche Kompetenz der Teilnehmer. Es werden Erkenntnisse gewonnen, Verhaltensweisen erprobt, Wissen erweitert und angewendet. Dabei gestaltet der Trainer das Lerndesign, ist Experte in Inhalten und Methoden und sorgt für einen hohen Lerntransfer. Unterstützend gibt er individuelles Feedback, berät und setzt praxisorientierte Übungen ein, anhand derer die Umsetzung der Lernziele nachhaltiger gelingt.

Zusätzlich zu den beschriebenen Kompetenzen hat ein agiler Trainer die Aufgabe, Wissen, Erfahrungen und Methoden zu vermitteln, die zu mehr Selbstorganisation, Innovation und Wendigkeit – sprich mehr Agilität – führen.

Er trainiert nicht nur Führungskräfte und Teams in agilen Methoden und Frameworks, sondern konzipiert und moderiert Transformationsthemen wie Teamentwicklung, Führung, Schnittstellenkommunikation, Arbeitsweisen, Meetings etc.

Die verschiedenen Rollen des Trainers

Ein professioneller Trainer kann viele Rollen einnehmen. Mal ist er mehr der Entertainer, der auf unterhaltsame Art und Weise die Teilnehmenden motiviert, spielerisch Neues auszuprobieren und damit ihre Komfortzone zu verlassen. Mal ist er der Fachexperte, der nicht nur Wissen vermittelt, sondern dafür sorgt, dass Teilnehmer gut lernen können und neue Kompetenzen erwerben. Immer ist er auch ein Moderator, der Methoden vorschlägt, mit denen Gruppen gemeinsam Themen bearbeiten und Lösungen finden. Oftmals ist er auch als Facilitator (rahmengebender Beobachter) bei Barcamps, Lean Coffee oder Open-Space-Formaten im Einsatz.

Coach

- fördert Teilnehmer.
- stärkt Teams.
- fördert Teamgeist.
- gleicht aus zwischen Positionen und Rollen.
- kann Konflikte moderieren.

Entertainer

- kann bei Laune halten.
- bringt Spannung in Inhalte.
- unterhält die Teilnehmer.
- erzählt Stories.
- motiviert zum Spielen.
- kann schauspielern.

Fachexperte

- hat hohes Fachwissen.
- kann Wissen didaktisch aufbereiten.
- kennt aktuellen Stand der Wissenschaft zum Thema.
- kennt Quellen.
- beantwortet Fragen.

Facilitator

- klärt die Regeln.
- stellt Material zur Verfügung.
- gestaltet Räume.
- beobachtet.
- gibt Feedback.
- fördert und fordert Selbstorganisation.

Moderator

- lenkt durch Fragen.
- fokussiert die Meinungen der Teilnehmer auf ein Thema.
- lässt alle Teilnehmer zu Wort kommen.
- visualisiert alle Beiträge.
- schlägt Methoden zur Bearbeitung vor.

Präsentator

- veranschaulicht Themen.
- präsentiert Inhalte.
- beherrscht viele Präsentationsformen.
- kann verbal und nonverbal überzeugen.

Wie unterscheiden sich agiler Trainer und agiler Coach?
Wenn wir bei Google den Suchbegriff „agiler Trainer“ eingeben, bekommen wir jede Menge Ergebnisse zum „agilen Coach“ angezeigt. Nicht nur Google kennt den Unterschied zwischen agilem Trainer und agilem Coach nicht, auch in vielen Unternehmen werden die Rollen und Kompetenzen weder eindeutig noch trennscharf verwendet. Coachs und Trainer haben einige Überschneidungen, spielen jedoch gänzlich unterschiedliche Rollen mit verschiedenen Kompetenzen und Handlungen. Ein Coach im herkömmlichen Sinn unterstützt seine Kunden dabei, eigene Lösungen zu finden. Er bietet im wahrsten Sinn des Wortes „Hilfe zur Selbsthilfe“ und stärkt die vorhandenen Ressourcen.

Der agile Coach fungiert vorwiegend als Teamcoach, der die Entwicklung der Zusammenarbeit agiler Teams stärkt und das richtige Anwenden agiler Praktiken fördert. Die Kompetenzen des Coachs sind, neben dem Zuhören und Fragenstellen, vorwiegend darauf ausgerichtet, Entwicklung zu begleiten. Dazu schöpft der agile Coach ebenso wie der Trainer aus einem breit gefächerten Wissen rund um das Thema Agilität. Weder die Wissensvermittlung noch das Design von Workshops und Trainings sind im Gegensatz zum Trainer das originäre Aufgabenfeld eines Coachs. Sowohl Trainer wie Coach brauchen eine reife, menschenliebende Persönlichkeit mit hoher Selbstreflexionsfähigkeit.

Der agile Coach als zentrale Rolle im Wandel

Agiles Coaching als verhaltens- und lösungsorientierte Form der Team- und Mitarbeiterentwicklung nimmt auf dem Weg zur agilen Transformation eine zentrale, aber nicht im klassischen Sinn „führende“ Rolle ein. Kompetente Gestaltungsfähigkeiten und gemeinsame Verantwortung sind in Zeiten der Digitalisierung und des schnellen Wandels wichtiger denn je. Für Unternehmer bedeutet dies nicht nur, Mitarbeiter zu befähigen und Teams im Selbstmanagement zu fördern, sondern auch Führung und Management neu zu denken. Nur so lassen sich Innovations- und Entwicklungsstärke in Organisationen aufbauen und weiterentwickeln. Gerade der agile Coach bringt passgenaue und praxisrelevante Handlungskompetenzen in Organisationen ein, um Unwegsamkeit aufzufangen und innovative Visionen umzusetzen.

Organisationen im Wandel
Ständige Veränderungen im öffentlichen wie privaten Miteinander durchziehen auch das berufliche Leben und provozieren so das Eintreten von Veränderungsprozessen und iterativem Umdenken. Es entstehen gefühlt täglich neue Herausforderungen – ständige Neuerungen und Änderungen erfordern unsere Aufmerksamkeit und Anpassungsfähigkeit. Durch die einhergehende Unsicherheit mit Blick auf die Zukunft werden Unternehmen dazu gezwungen, flexibler und agiler zu operieren. Statt auf Planungssicherheit wird auf gesteigerten internen wie externen Austausch gesetzt, denn Aktualität erfährt durch die herrschende Ausnahmesituation eine enorme Aufwertung. Nur so lassen sich neue Anforderungen erkennen, einplanen und bewältigen. Es gilt also nicht, die anrollende Veränderungs-

welle zu brechen, sondern sie möglichst kontrolliert zu reiten.

Im Zuge der Digitalisierung, welche die Verbreitung von Informationen massiv beschleunigt, sind Organisationen dazu gezwungen, schneller und flexibler zu arbeiten. Das Thema „Agilität" im Allgemeinen, aber speziell im Zusammenhang mit agilem Projektmanagement, verspricht hier Lösungsansätze. Design Thinking, Scrum oder Kanban sind als neue und agile Arbeitsmethoden seitdem mehr und mehr gefragt, doch lange noch nicht überall tatsächlich angekommen. Drohende Umstrukturierungen schrecken nach wie vor so manche Führungsverantwortliche ab, wobei gerade sie als Vorbild im Veränderungsprozess vorausgehen sollten – denn Agilität ist wie Führung eine Form der Haltung.

> **Tipp:** Besonders die Variante des intern aufgebauten agilen Kernteams verspricht, den Veränderungsprozess selbst steuern und somit, an die aktuellen Anforderungen angepasst, vollziehen zu können.

Die Rolle des agilen Coachs als Antwort

Hierbei bedeutet Coaching in erster Linie, die Mitarbeiter bei der Weiterentwicklung ihrer Fertigkeiten zu unterstützen und den Prozess als Vermittler und Moderator zu begleiten – nicht unbedingt zu führen. Darüber hinaus werden die erforderlichen Schritte und vorhandenen Ressourcen ermittelt, um die Beweglichkeit und Anpassungsfähigkeit der Einzelnen zu stärken und die Teams in ihrer Selbstorganisation zu fördern: Der agile Coach begleitet und beobachtet die Arbeitsweisen, Strukturen sowie die Kommunikation und gibt Hinweise zur Agilitätssteigerung.

Typische Einsatzbereiche agiler Coachs

Agile Coachs haben vielfältige Einsatzbereiche. Folgende vier Bereiche erleben wir als externe agile Coachs häufig:

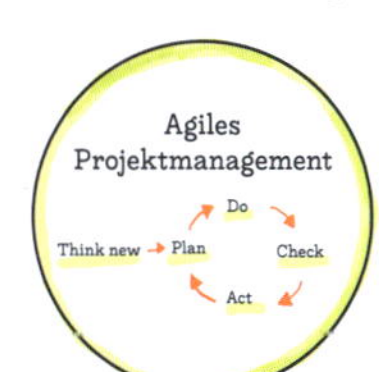

Agiles Projektmanagement: Der agile Coach begleitet ein Projekt durch alle Phasen: Vom „Neu Denken" mithilfe von Design Thinking oder von strategischer Ausrichtung durch OKRs bis zum Umsetzen mit Kanban oder Scrum werden Projekte begleitet und das crossfunktionale Team gecoacht.

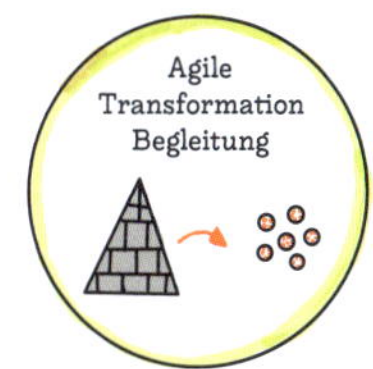

Agile Transformationsbegleitung: Der agile Coach berät und begleitet die Organisation bzw. ein Kernteam durch die Phasen der Transformation. Dabei ist er je nach Flughöhe der Transformation als Berater, Coach und Teamentwickler gefragt.

Agile Teamentwicklung: Der agile Coach entwickelt Teams durch die Phasen vom Forming über das Storming hin zum Norming und Performing. Erst in der Performing-Phase kann ein Team wirklich eigenständig und selbst organisiert arbeiten.

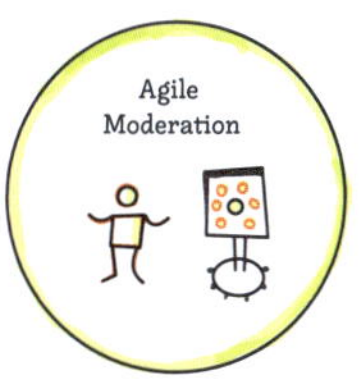

Agile Moderation: Der agile Coach moderiert die Workshops und Meetings, um die Kommunikation und das gemeinsame Lernen im Unternehmen zu gestalten.

Wie wird man zum agilen Coach?
Der agile Coach fungiert letztendlich sowohl als Weichensteller für die Schaffung und Erhaltung der agilen Kultur wie auch für die Einhaltung der agilen Frameworks. Er lebt die agilen Werte und Prinzipien vor

und sorgt für die Befähigung des Teams. Er ist sozusagen die Seele des Prozesses und sorgt – mit der entsprechenden Haltung – für die Einhaltung des Rahmenwerks und die Disziplin in der Methode. Dazu sind die eigene Haltung und die Reife der Persönlichkeit entscheidend, die allerdings nur teilweise in einer Ausbildung erlernbar sind.

In der agilen Coachausbildung sind neben der Coachingkompetenz auch Frameworks ein wichtiger Bestandteil, denn sie geben selbst organisierten Teams den notwendigen Rahmen und die begleitende Führung. Scrum beispielsweise ist das Rahmenwerk, das am stärksten auf alle agilen Werte einzahlt. Wenn es korrekt, also gemäß seinen Prinzipen und Regeln, umgesetzt wird, führt es automatisch zu einer agileren Arbeitsweise. Durch die lateralen und gleichberechtigten Managementrollen des Product Owner, Scrum Master und des Teams ist die klassische Hierarchie aufgehoben. Die Scrum-Meetingformate Daily, Review und Retrospektive schaffen hier gute Interaktionsgrundlagen und führen zur Anpassung der Angebote an die Kundenwünsche sowie zur kontinuierlichen Weiterentwicklung der Teamreife. Der agile Coach kann allerdings wesentlich mehr als der Scrum Master und kennt darüber hinaus weitere wichtige Frameworks wie Kanban, Design Thinking, OKRs etc. Idealerweise kann er die Frameworks passgenau für die Bereiche und Teams auslegen. Vor allem aber ist er ein Impulsgeber und Lernbegleiter auf dem Weg des agilen Kulturwandels.

Einsatzbereiche agiler Trainer/Facilitatoren

Der agile Trainer hat Überschneidungen mit dem Facilitator in seinen typischen Einsatzbereichen und dennoch hat er einen anderen Fokus und Auftrag. Er ist Lernbegleiter und Lerngestalter und verantwortlich für die Planung, Konzeption und Durchführung der Workshops und Schulungen, wie hier in dem Buch beschrieben. Die Learning Journey in der Organisation wird von ihm gestaltet und anhand des Bedarfs der Teams und der Einzelnen passgenau umgesetzt. Auch die entscheidenden Transformation-Kick-offs, um Bereiche, Teams oder Projekte voranzubringen, werden vom agilen Facilitator begleitet. Zusätzlich moderiert er die Meetings oder unterstützt Coachs oder Führungskräfte in der Meetinggestaltung und -durchführung.

1. **Kick-offs zur Transformation:** Jede Veränderung sollte mit einer guten Kick-off-Veranstaltung starten, um die Menschen von Anfang an mitzunehmen und zu Beteiligten zu machen. Immer wieder sehen wir negative Folgen, wenn dieser Schritt übersprungen wird. Die meisten Menschen wenden sich natürlicherweise ab oder wehren sich sogar dagegen, wenn über ihre Köpfe hinweg etwas entschieden oder initiiert wird, das ihren Arbeitsbereich betrifft. Machen wir hingegen jeden Betroffenen zu einem Verbündeten, dann multiplizieren wir die Wirkung jeder Veränderung und reduzieren drastisch die Widerstände.

2. **Agile Workshops und Schulungen:** Trainer gestalten sowohl die Learning Journey wie auch die einzelnen Schulungen und Workshops. Schulungen sind im Vergleich zu Workshops auf Wissensvermittlung ausgerichtet.

Workshops beinhalten auch Wissensvermittlung, haben aber immer den Fokus auf der gemeinsamen Erarbeitung der Themen und der Interaktion mit den Teilnehmern.

3. **Agile Moderationen von Meetings:** Sowohl die Konzeption der Meetings wie auch die professionelle Durchführung ist ein beliebter Einsatzbereich. So, wie im ersten Grundsatz des Agilen Manifests beschrieben, sind die Interaktionen und Individuen entscheidender als die Werkzeuge und Methoden. Meetings stellen den Raum für Interaktionen dar und entscheiden darüber, wie zielführend und konstruktiv diese ablaufen. Deswegen sollte jede Organisation ein hohes Augenmerk auf ihre Besprechungen legen. Sie sind die Achillesferse der meisten Unternehmen.

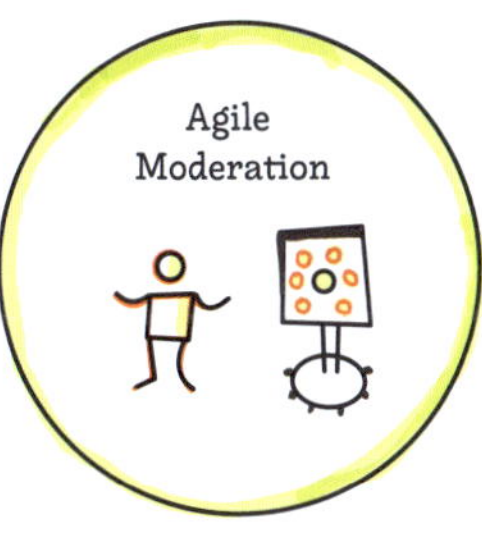

4. **Lernbegleitung von Teams und Einzelnen:** Ähnlich wie der Coach kann der Trainer auch durch „Training on the Job" Teams und Einzelne bei der Umsetzung des Gelernten begleiten und den Transfer nachhaltig sichern.

1.5 Die acht Kompetenzen agiler Trainer

Wir unterscheiden zwischen acht Kompetenzen im Gegensatz zum klassischen Training und Lernen.

1. Selbstorganisation: Gestalte als Trainer von Anfang an den Rahmen für die Selbstorganisation der Lerngruppe. Definiere dazu in der Rolle des Facilitator die Regeln und sonstigen Rahmenbedingungen und lasse die Teilnehmenden dann selbst das Spielfeld des Lernens gestalten. Damit fördern wir die unterschiedlichen Perspektiven und Talente und schaffen Raum für gegenseitiges Lernen. Die Selbstführung des Teilnehmerteams wird immens durch Rollen gefördert. Wir lassen die Teilnehmenden gern den Andersdenker, Fokusbeschleuniger, Prinzipienwächter etc. als Rolle und wichtigen Beitrag im Workshop übernehmen.

2. Commitment: Schluss mit den vergifteten Aufträgen und den top-down vorgegebenen Inhalten. Als Trainer machen wir die vorbereiteten Inhalte und Ziele transparent und lassen das Team über die Anforderungen an die Themen entscheiden. Ohne Zustimmung werden keine Inhalte transportiert. Wir klären das von Beginn an mit dem Auftraggeber: Das Team bzw. die Teilnehmenden bestimmen die Inhalte und Prioritäten. Wenn der Auftraggeber oder Trainer einen Inhalt relevant findet, dann muss er das Team davon überzeugen können. Wenn nicht, ist das Thema aus dem Spiel. Wir können die Themen beispielsweise nach Anforderungskriterien priorisieren: „Must have" = müssen wir machen;

„Should have" = sollten wir machen, und „Could have" = könnten wir machen. Dadurch entscheiden nicht nur alle gemeinsam über die Themen, sondern auch über deren Relevanz.

3. Timeboxing: Wir arbeiten mit Zeitverknappung – und das sowohl bei den eigenen Beiträgen und Impulsen als Trainer wie auch bei denen der Teilnehmer. Dadurch schlagen wir gleich mehrere Fliegen mit einer Klappe: Wir verringern ineffektive Diskussionen, erhöhen den Fokus und bringen mehr Schwung in die Runde.

4. Iteratives Lernen: Insbesondere bei Wissensvermittlung oder dem Erproben neuer Arbeitsweisen sind Lernschleifen wirksam für die schrittweise Umsetzung und Optimierung. Wir lassen Kleingruppen Prototypen mithilfe von Bastelmaterial oder durch Staging präsentieren und nutzen das Feedback der anderen zur Optimierung in der nächsten Iteration.

5. Innovation: Wir geben den Raum für Kreativität und fördern Innovation. Wir denken mit den Teilnehmern immer konsequent aus Stakeholder-Sicht. Dazu nutzen wir die passenden Methoden aus dem Design Thinking, die auch als kurze Sequenzen in Trainings gut integrierbar sind.

6. Gaming: Lernen über Spiele ist neurobiologisch am effektivsten, wir nutzen dabei alle Lernkanäle und integrieren das Wissen nachhaltig. Relevant für diesen positiven Effekt sind die Auswahl und das Design der Spiele. Nur wenn sowohl Transfer wie Lerninhalte passgenau aufeinander abgestimmt sind und die Teilnehmenden gleichzeitig in die Stretchingzone gebracht werden, ernten wir den Lernerfolg.

7. Flexibilität: Im Flug umbauen lautet die Devise agiler Workshops. Wir lassen die lieb gewordene Kontrolle und den Wissensvorsprung als Trainer los und begeben uns hinein in den Prozess. Exzellente Vorbereitung bleibt weiterhin die Basis, doch das Navigieren im Prozess ist die Kür.

8. Frameworks/Strukturen: Struktur schafft Verhalten. Eine klare und transparente Struktur führt durch den Prozess und gibt uns und den Teilnehmern klare Leitplanken, innerhalb derer frei experimentiert und gelernt werden kann. Wir nutzen die besten Formate, Frameworks und Designs und machen somit jedes Seminar zu einem Erlebnis. Es gibt einige Methoden aus Design Thinking, Kanban oder Scrum, die sich sehr gut für den Seminarkontext eignen.

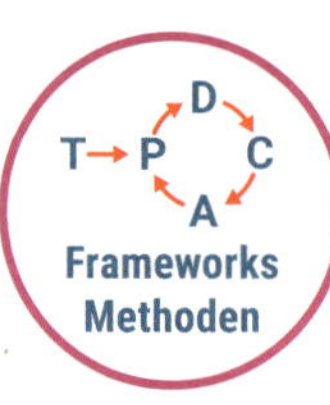

2 Die neue Meeting- und Workshopwelt

In seinem Buch „Tod durch Meeting“ bringt es Patrick Lencioni gut auf den Punkt: Viele Führungskräfte jagen von einem Meeting zum nächsten und glänzen mehr durch Abwesenheit als durch Präsenz in ihren Teams oder Bereichen. Je höher die Führungsebene, desto stärker ausgeprägt ist diese *Un*-Kultur – manche verbringen mehr als 60 Prozent ihrer Arbeitszeit in Meetings.

Die meisten Meetings bestehen immer noch aus Informationsfluten und PowerPoint-Schlachten. Die Zeit für solche Zusammenkünfte wird regelmäßig überzogen, die Relevanz der Inhalte ist für alle Beteiligten fragwürdig. Die Leidtragenden kompensieren das oft und verständlicherweise durch den permanenten Blick auf ihr Mobiltelefon. Darüber hinaus reden meistens die Gleichen und es kommen immer die Gleichen zu spät. Die leisen Teilnehmer beschweren sich hinterher lautstark über das Meeting, heikle Themen kommen erst gar nicht auf den Tisch. Der Ablauf ist vorhersehbar und langweilig. Doch ist deshalb ein Verzicht auf Meetings eine Option? Natürlich nicht. *Gute* Meetings fördern nämlich das gemeinsame Lernen – und ohne Lernprozesse gibt es keine Anpassung und Veränderung.

2.1 Meetingrevolution

Struktur schafft Verhalten. Fangt also genau dort an und revolutioniert die Struktur eurer Meetings: Verkürzt jene Besprechungen, die der reinen Information dienen, drastisch – denn lesen kann jeder selbst. Dafür braucht es nun wirklich kein Meeting! Gestaltet jedes Treffen unterschiedlich. Das macht Meetings interessant, abwechslungsreich und beschert euch die volle Aufmerksamkeit und Beteiligung des Teilnehmerkreises.

Meetinganalyse und Meetinganlässe

Analysiert die bisherigen Meetings und erstellt, wie oben beschrieben, eine Meeting Journey aus Team- und aus Moderatorensicht. Hierbei geht darum, die Gains eines Meetings zu erhöhen und die Pains zu lindern. Dazu könnt ihr auch Interviews durchführen und einen neutralen Beobachter zu den Meetings einladen. Erstellt am besten eine Tabelle über alle Meetings (Anlass, Beteiligte, Zeit, Moderator) und überprüft regelmäßig die Notwendigkeit und Wirksamkeit jedes einzelnen Meetings.

Typische Meetinganlässe:

- Informationsweitergabe
- Innovation und Ideenentwicklung aus Stakeholder-Perspektive
- Planung, Verteilung von Aufgaben
- Ziele festlegen, verteilen und nachhalten
- Austausch über Bearbeitungsstände
- Hindernisse erkennen und beseitigen
- Ergebnisse bzw. Produkte vorstellen und optimieren
- Kontinuierlicher Verbesserungsprozess
- Gemeinsames Lernen
- Optimierung der Zusammenarbeit
- Systemische Müllabfuhr/Ausmisten

Schaut euch Meetings genau an und unterscheidet die Anlässe und die Ziele voneinander. Welchen Zweck haben die Besprechungen? Ist beispielsweise Präsenz erforderlich oder genügt eine Videokonferenz? Verändert eure Meetings iterativ und nutzt dabei den agilen Kreislauf:

Think New – Plan – Do – Check – Act

Denkt Besprechungen neu – plant die ersten wichtigen Schritte – setzt Quick Wins um – analysiert die Ergebnisse und holt euch Feedback – lernt daraus und passt den nächsten Schritt an.

Die Strukturen von Meetings revolutionieren

Schaut euch dazu Meetingstrukturen aus agilen Frameworks an und adaptiert sie für eure Meetinganlässe. Ein 10- bis 15-minütiger täglicher Austausch (Daily) hilft, Bearbeitungsstände und Hindernisse schnell zu identifizieren. Komprimiert die Informationsweitergabe in einem Meeting auf fünf Minuten und fordert jeden Teilnehmer auf, die Informationen bereits vorab zu lesen und zu reflektieren. Schon durch konsequentes Timeboxing (Zeitverknappung) werden Meetings auf beeindruckende Weise fokussierter. Nehmt euch im Gegensatz dazu für Innovation mit dem Team eine Auszeit und schafft in entsprechender Arbeitsatmosphäre Raum für die Ideenentwicklung. Dafür gibt es jede Menge Kreativitätstechniken und -formate (z. B. Design Thinking). Ein Review-Meeting beispielsweise, in dem das Team gemeinsam mit Stakeholdern auf Ergebnisse schaut, müsst ihr anders strukturieren und gestalten als eine Retrospektive. Entscheidend für jede Entwicklung und Veränderung ist, sich in größeren Abständen genügend Zeit für eine Retrospektive zu nehmen, damit das Team sowohl Werte und Prinzipien weiterentwickeln als auch die Zusammenarbeit optimieren kann.

Neue Vereinbarungen für ein agiles Mindset

Um die Kommunikation und Interaktionen nachhaltig zu verändern, ist die Einstellung und innere Haltung entscheidend. Deshalb ist es sinnvoll, gerade am Anfang einer neuen Meetingära auch neue Vereinbarungen mit dem Team zu treffen. Vereinbarungen zeigen nur in einer Konsensentscheidung die gewünschte Wirkung. Wurden Einwände behandelt und im Konsens entschieden, dann übernehmen die Teilnehmenden untereinander die Verantwortung und erinnern sich gegenseitig an die Einhaltung. Ab und zu stellen wir als Moderatoren Vorschläge für neue Vereinbarungen in die Runde mit dem Hinweis: „Diese Vereinbarungen haben sich als besonders wertvoll für die Wirksamkeit der Meetings erwiesen." Weitere Vereinbarungen können sein:

- **Gesetz der Füße:** Das Gesetz der Füße kommt aus dem Open-Space-Format. Die Teilnehmenden eines Meetings bewegen sich frei zwischen den Sessions und können sie ohne Rechtfertigung verlassen, wenn diese keinen Mehrwert für sie bieten oder sie als Person für das Meeting nicht (mehr) relevant sind. Im Gegensatz dazu empfehle ich bei Meetings allerdings, eine kurze Begründung vor dem Verlassen abzugeben, sodass der Moderator Erkenntnisse daraus ziehen oder diese Person auf einen relevanten Punkt auf der Meetingagenda hinweisen kann.
- **Agenda und Commitment:** Durch die gemeinsame Priorisierung und Visualisierung der Agenda (siehe Kapitel 1.3, S. 27) kann eine Vereinbarung lauten: Jeder ist mitverantwortlich für die Ergebnisse eines

Meetings. Es gibt keine „Konsumhaltung" mehr. Für den Moderator gilt der Leitsatz: Arbeite niemals mehr als die Teilnehmenden.

- **Beteiligung:** Nicht nur der Moderator der Sitzung achtet auf die Beteiligung aller Anwesenden – und das möglichst zu gleichen Anteilen. Die Gruppe selbst steuert und reguliert die Beiträge untereinander.
- **Schuldfrage ade:** Schuldfragen bringen uns nicht nur nicht weiter, sie blockieren Lösungsenergien und erzeugen eine innere Stagnation. Ich habe beispielsweise mit meinen Kindern eine Vereinbarung getroffen, um das Schuldthema ad absurdum zu führen: Jede Woche ist jemand anders schuld. Kommt also die Schuldfrage auf, fragt jeder: „Wer ist diese Woche dran?" Schon ist das Thema erledigt. Probiere das mal im Team aus: Mit Humor lässt sich Schuld am besten bändigen.
- **Mut und Experiment:** Menschen bewegen sich zu gern in ihrer Komfortzone. Gerade in hektischen Zeiten neigen Gruppen dazu, Neues abzulehnen aus Angst vor Überforderung oder Fehlern. Die Vereinbarung „Wir probieren Neues aus, bevor wir es verurteilen" wirkt dieser Tendenz entgegen und gibt Verbesserungen eine Chance. In Transformationen ist die Ermutigung zu Experimenten und Fehlern sehr wichtig.
- **Einwände:** Sie sind wichtig, müssen beachtet und geklärt werden. Um Vorwände (ich bin kategorisch dagegen und lehne es ab) zu minimieren, eignet sich die Vereinbarung, zu jedem Vorwand einen Lösungsvorschlag formulieren zu müssen. Damit wird die Diskussion in konstruktive Bahnen gelenkt und Entscheidungen werden schneller getroffen.
- **Vertrauensfrage:** Vertrauen hat viele Facetten. Es muss sich erst bilden und kann auch wieder entzogen werden. Eine wichtige Vereinbarung, damit Vertrauen in Zusammenkünften gedeihen kann, ist die VEGAS-Regel: „Was in Vegas passiert, bleibt in Vegas." Damit sind Vertraulichkeit und Schweigepflicht gemeint, die alle Beteiligten gegenüber Außenstehenden haben. Gerade persönliche Beiträge und Diskussionen dürfen danach nicht weitergetragen werden, sonst kann Vertrauen nur schlecht wachsen.

Die ersten Schritte

Bestandsaufnahme der aktuellen Besprechungskultur und -struktur:

1. Welche Besprechungen werden zu welchem Zweck und Anlass durchgeführt?
2. Welcher Teilnehmerkreis wird eingeladen?
3. Wie sind der Outcome und die Zufriedenheit der Teilnehmer?
4. Wie können wir die Inhalte und den Ablauf anlassbezogen optimieren?
5. Welche Meetings können wir weglassen oder zumindest kondensieren und kürzen?
6. Welche Meetings fehlen, um zukunftsfähig und anpassungsfähig zu sein?
7. Von welchen Meetings/Inhalten/Strukturen brauchen wir weniger?
8. Wovon brauchen wir mehr?
9. Womit wollen wir aufhören?

Fertigt eine Meetingstruktur an mit Anlass, Arbeitstitel, Teilnehmern, Zyklus und Zeiten, wie sie in der Abbildung dargestellt ist.

Plant mit einem Team aus Moderatoren gemeinsam die nächsten Schritte:

- Welche Meetings werden als Erstes wie verändert?
- Wer moderiert was und wie?
- Was wird entsorgt (drop), was wird beibehalten (keep) und was wird ausprobiert (try)?

Befähigt Mitarbeiter zu agilen Moderatoren, die sowohl Facilitator-Kompetenzen erwerben wie auch jede Menge Methoden und Strukturen für unterschiedliche Meetings beherrschen. Wir bilden gern inhouse agile Moderatoren aus und nutzen das gleichzeitig, um mit den Teilnehmern die Meetings zu analysieren und während der Ausbildung im Unternehmen bereits iterativ zu verändern. So können die Moderatoren sich gegenseitig unterstützen. Insbesondere bei Rollenkonflikten, wenn beispielsweise der Moderator selbst in einen Konflikt involviert ist oder durch andere Einflüsse seine Neutralität verloren hat, ist es erforderlich, auf einen Kollegen aus einem anderen Bereich zurückgreifen zu können, der die Moderation übernimmt.

Rollen in Meetings

Wer moderiert die verschiedenen Meetings? Selbstverständlich ein Moderator, in klassischen Organisationen ist das meist die Führungskraft oder der Projektleiter. Oder etwa nicht? Besser ist, konsequent und regelmäßig die Moderatorenrolle zu wechseln, sodass jedes Teammitglied von Zeit zu Zeit die Verantwortung übernimmt.

Nutzt darüber hinaus eine weitere, überaus effiziente Spielart: Vergebt Meetingrollen an die Teilnehmenden. Das sorgt nicht nur für jede Menge Abwechslung und Entlastung des Moderators, die Perspektiven führen automatisch zu einer konstruktiven Beteiligung und Verantwortungsübernahme der Rolleninhaber. Die Meetingrollen werden ausführlich in Kapitel 2.3, S. 109, beschrieben:

- **Fokusbeschleuniger:** … hat die Aufgabe, den Fokus im Meeting zu verfolgen.
- **Persona:** … hat die Aufgabe, die Kunden-/Stakeholder-Sicht konsequent einzunehmen.
- **Prinzipienwächter:** … sorgt für die Einhaltung der Prinzipien (z. B. agile Arbeitsprinzipien).
- **Protokoll-Leader:** … achtet auf Visualisierung und Zusammenfassung der Ergebnisse.
- **Andersdenker:** … hinterfragt und bringt neue Perspektiven ein.

Meetinganlässe und -designs

Anlass des Meetings	Name/Arbeitstitel	Grobe Struktur/Inhalte	Zeit/Turnus
1. Kick-offs	· Kick-off · Barcamps · Strategie/OKRs	· Sinn und Notwendigkeit der Veränderung/4 W-Fragen · Alle Beteiligten involvieren, neue Wege zu erkunden · Experimente vereinbaren · Freiwillige mobilisieren	1 Tag Je nach Bedarf
2. Innovation und Ideenentwicklung aus Stakeholder-Perspektive	· Ideen-Meeting · Design Thinking	· DT-Phasen zu Ideengenerierung · Personas integrieren · Customer Journey und Prototyping	Bei unerfahrenen Teams: 1 Tag Bei geübten Teams: 3–4 Stunden 2–3 Mal pro Jahr
3. Agiles Team zusammenstellen	· Team Set-up	· Auftrag des Teams, Rollen, Vereinbarungen, Ziele, Prinzipien etc. werden gemeinsam erarbeitet	Neues Team: 4–8 Stunden
4. Planen der Ideen Umsetzung im Team	· Planning-Meeting	· Backlog füllen · Zeitraum der Iteration planen · Arbeitspakete schnüren und To dos entscheiden · Pull: Arbeitspakete ziehen	4–8 Stunden Zu Beginn jeder Iteration
5. Delegationsstufen und Entscheidungsprozesse	· Delegation und Decision Meetings	· Entscheidungsthemen wählen · Delegationsstufe für regelmäßige Entscheidungen zwischen Team und Führung pokern/festlegen · Entscheidungsprozess für Beschlüsse wählen und durchführen (Konsens, Konsent, konsultativer …)	Je nach Anzahl und Relevanz der Entscheidungsthemen Bedarfsabhängig
6. Austausch über Bearbeitungsstände und Hindernisse	· Daily · Weekly · All Hands	· Einloggen · Bearbeitungsstände · Hindernisse und Unterstützungsbedarf · Nächste Schritte, Wrap up bei All Hands	15 Minuten Täglich oder wöchentlich All Hands: 30 Min wöchentlich oder monatlich
7. Ergebnisse bzw. Produkte vorstellen, bewerten und optimieren	· Review	· Ergebnisse der Iteration den Stakeholdern (Product Owner, Kunde, …) präsentieren und Optimierungen besprechen	2–4 Stunden Am Ende jeder Iteration
8. Kontinuierlicher Verbesserungsprozess und gemeinsames Lernen zur Entwicklung und Optimierung der Zusammenarbeit	· Retrospektive	· Einloggen · Bearbeitungsstände und Teamzustand · Hintergründe beleuchten · Ideen generieren und entscheiden · Ausloggen	3–4 Stunden Nach jeder Iteration
9. Systemsiche Müllabfuhr, Ausmisten	· Drop-its	· Routinen, Ablagen, Prozesse und Aufgaben betrachten und bewerten: Was wollen wir entsorgen?	0,5 bis 1 Tage 1 Mal im Jahr

- **Konsensfinder:** ... sucht bei scheinbar unvereinbaren Standpunkten die gemeinsame Basis.
- **Time Keeper:** ... achtet auf Timeboxing.
- **Moderator:** ... leitet das Meeting und schlägt Methoden zur Themenbearbeitung vor.
- **Ideengeber:** ... sorgt für neue und innovative Ideen und ermutigt andere dazu, neu zu denken.

2.2 Meetingdesign mit dem Meetingboard

Für die Konzeption von Meetings nutzen wir das Meetingboard mit seinen fünf Phasen „Vorbereitung", „Check-in", „Themen bearbeiten", „Entscheiden und planen" und „Check-out". Einzige Ausnahme bilden die Retrospektiven: Diese haben sechs Phasen. Selbst ein Daily folgt den fünf Phasen, wenn auch in sehr verkürzter Form.

Phase 1: Vorbereitung

Die sechs entscheidenden Fragen
Gerade die Vorbereitung von Meetings wird immer wichtiger. Je klarer die Teilnehmenden ausgewählt und die Themen aufbereitet sind, desto effektiver läuft jedes Meeting ab.

1. **Anlass und Ziele:** Welches Ziel wird mit dem Meeting verfolgt? Ist die Notwendigkeit für das Meeting klar kommuniziert? Welche Entscheidungen müssen getroffen werden und was haben die Teilnehmenden für einen Nutzen durch die Teilnahme?
2. **Teilnehmer:** Wer ist für das Ziel relevant und für wen ist das Thema wichtig?
3. **Rollen:** Welche Rollen und Perspektiven brauchen wir, um gute Entscheidungen zu treffen oder wichtige Sichtweisen zu integrieren?
4. **Zeit:** Wie lange soll das Meeting dauern? (Hinterfragt die üblichen 60-Minuten-Meetings und setzt lieber kürzere Zeiten an.)
5. **Ort:** Was ist ein geeigneter Ort für die Art der Zusammenkunft? Online oder Präsenz? Wählt auch einmal ungewöhnliche Orte oder geht bei manchen Themen mit den Teilnehmern spazieren. Das alleine bewirkt oft schon andere Ergebnisse. Bei Onlinemeetings ist die Plattform ebenso entscheidend wie ein Ort. Alleine schon, ob die Kamera an ist, bewirkt große Unterschiede. So wie in einem Meetingraum vermummte Teilnehmer störend wirken, so irritierend sind schwarze Bildschirme ohne Gesicht. Auch die Plattform und deren Möglichkeiten der Interaktion sind ganz entscheidend für den Verlauf und die Wirkung der Besprechung.
6. **Ausstattung:** Wann brauche ich einen Beamer? Wann ist ein Flipchart oder auch Lego- oder Bastelmaterial zielführender?

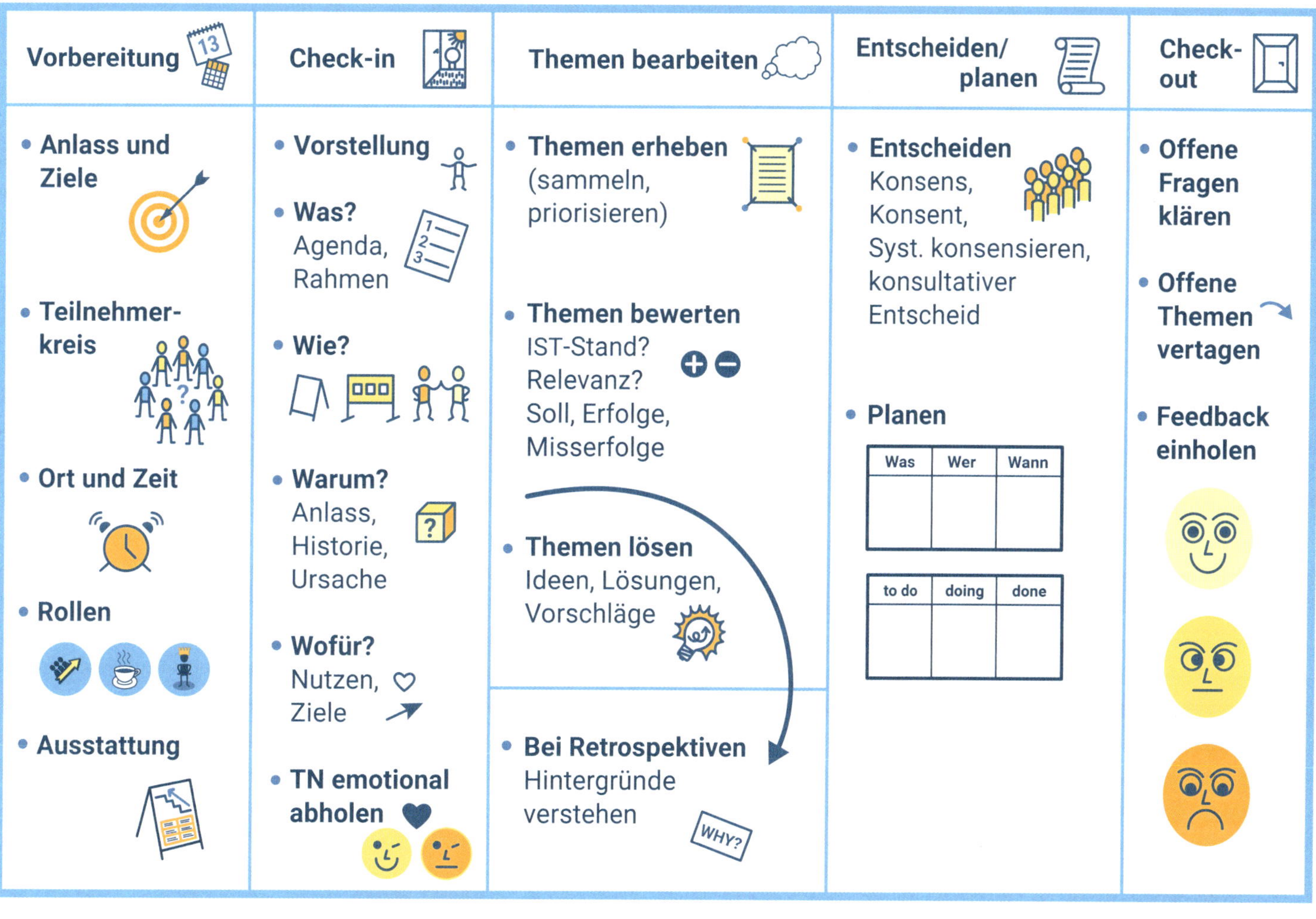
Meeting Board
Vorbereitung
13
Check-in
Themen bearbeiten
Entscheiden/ planen
Check-out
• Anlass und Ziele
• Teilnehmer-kreis
?
• Ort und Zeit
• Rollen
• Ausstattung
• Vorstellung
• Was? Agenda, Rahmen
1
2
3
• Wie?
• Warum? Anlass, Historie, Ursache
?
• Wofür? Nutzen, Ziele
• TN emotional abholen
• Themen erheben (sammeln, priorisieren)
• Themen bewerten IST-Stand? Relevanz? Soll, Erfolge, Misserfolge
• Themen lösen Ideen, Lösungen, Vorschläge
• Bei Retrospektiven Hintergründe verstehen
WHY?
• Entscheiden Konsens, Konsent, Syst. konsensieren, konsultativer Entscheid
• Planen
Was
Wer
Wann
to do
doing
done
• Offene Fragen klären
• Offene Themen vertagen
• Feedback einholen

Meetingcheckliste zur Planung und Vorbereitung

Die Checkliste ist sehr hilfreich für die Vorbereitung des Moderators. Sie hilft, sich nicht nur organisatorisch, sondern auch inhaltlich auf die Ziele, Inhalte und Hintergründe einzustimmen.

MEETING Planungs-Checkliste

1. Daten und Fakten

Datum: ____________________

Teilnehmer:innen: ____________________

____

Ort: ____________________

Dauer: ____________________

Ausstattung: ____________________

2. Teamphase

Forming ____________________

Storming ____________________

Norming ____________________

Performing ____________________

Adjourning ____________________

3. Meeting-Anlass (siehe Tabelle)

- ☐ 1. Informationsweitergabe
- ☐ 2. Innovation und Ideenentwicklung aus Stakeholder-Perspektive
- ☐ 3. Planung, Verteilung von Aufgaben
- ☐ 4. Ziele festlegen, verteilen und nachhalten
- ☐ 5. Austausch über Bearbeitungsstände
- ☐ 6. Hindernisse erkennen und beseitigen
- ☐ 7. Ergebnisse bzw. Produkte vorstellen und optimieren
- ☐ 8. Kontinuierlicher Verbesserungsprozess
- ☐ 9. Gemeinsames Lernen
- ☐ 10. Optimierung der Zusammenarbeit

4. Moderations-Planung

Rollen:

Fokus-Beschleuniger: Hat die Aufgabe den Fokus im Meeting zu verfolgen
Persona: Hat die Aufgabe, die Kunden-/Stakeholder-Sicht konsequent einzunehmen
Prinzipien-Wächter: Sorgt für die Einhaltung der Prinzipien (z. Bsp.: agile Arbeitsprinzipien)
Protokoll-Leader: Achtet auf Visualisierung und Zusammenfassung der Ergebnisse
Andersdenker: Hinterfragt und bringt neue Perspektiven ein
Konsensfinder: Sucht bei scheinbar unvereinbaren Standpunkten die gemeinsame Basis
Time Keeper: Achtet auf Timeboxing
Moderator: Leitet das Meeting und schlägt Methoden zur Themenbearbeitung vor

Phasen der Moderation (je nach Anlass variabel):

Einloggen: ____________________

____

Regeln, Prinzipien: ____________________

____

Agenda: ____________________

____

Daten und Fakten erörtern: ____________________

____

Themen bearbeiten: ____________________

____

(Nur bei Retrospektiven) Hintergründe beleuchten: ____________________

____

Lösungen und Entscheidungen: ____________________

____

Ausloggen: ____________________

____

5. Feedback der Teilnehmer:innen

- Abfrage Skalierungen
- Abfrage Daumencheck
- Amazon Sterne Vergabe
- Wetterbericht
- 5 Finger Retro

Plattformen für Onlinemeetings

Es gibt unendlich viele Plattformen für Meetings und seit der Corona-Pandemie entwickeln sich die Möglichkeiten rasant weiter. Bis du das Buch in den Händen hältst, gibt es vermutlich jede Menge weiterer Optionen. Unser Ratschlag hier lautet: ausprobieren und das Tool für dich finden, mit dem du dich am besten identifizieren kannst. Wenn es nicht immer in deinem Einflussbereich liegt, da deine Organisation Vorgaben hat, dann freunde dich am besten mit mehreren Varianten an. Lasst uns trotzdem einige Plattformen exemplarisch vergleichen:

Bei der Auswahl der Online-Kollaborationstools sind wir in unseren Testszenarien auf einen Dreiklang gestoßen, den wir als sehr hilfreich ansehen. Beim Ausprobieren haben wir besonderen Fokus darauf gesetzt, welche Tools am intuitivsten zu verstehen sind und wo der Nutzer, den wir einladen, den einfachsten und installationsfreiesten Zugang bekommen kann. Wir haben uns für unsere Arbeit auf die webbasierten Varianten von Mural, Miro und Conceptboard fokussiert: Alle drei Tools folgen einer ähnlichen Logik und sind nahezu gleich zu bedienen, da sie alle den Anspruch haben, virtuelle Situationen der Realität nachzuempfinden. Wir sind inzwischen dazu übergegangen, unsere Workshop- und Meetingworkspaces nach der Struktur des schon erwähnten Meetingboards aufzubauen und auf den sogenannten Templates so etwas wie einen Trainingsraum online nachzubilden. Es gibt einen Bereich zum Einloggen, einen weiteren für Agenda und Vereinbarungen (komplett mit Konferenztisch), eine Area für „Themen in Aktion“ und eine Ecke für ein Ausloggen-Feedback. Farblich abgesetzt und voll bestückt mit Flipcharts, Canvases und Free-Flow-Areas kannst du in all diesen Boardsystemen eine riesige Auswahl an Tools und Visualisierungen nachbilden. Die Teilnehmenden in der Runde fühlen sich wertgeschätzt und haben Spaß am kollaborativen Arbeiten. Unterscheiden kannst du die Tools eigentlich nur in Kleinigkeiten: Während du bei Miro den architektonisch anspruchsvollsten Workspace bekommen kannst, der neben den typischen Tools, wie Texteditoren, Sticky Notes, Zeichnen und Bild-Uploads, auch noch so einiges an professionellen Apps zur Einbindung im Angebot hat (z. B. eine Planning-Poker-App), findest du in Mural eher die verspielte Version eines Kollaborationstools. Dieser spielerische Ansatz hat natürlich gerade in Kreativprozessen seinen besonderen Charme, denn wer kann schon von sich behaupten, einmal virtuell Konfetti geworfen zu haben? Conceptboard hat für uns eher einen nüchternen Charme und kommt ohne Apps und Spielerei ganz gut aus. Dafür bietet es dir eine ordentliche Auswahl vorgefertigter Boards für viele agile Anlässe sowie eine deutschsprachige Nutzerführung. Damit du dich für das richtige Tool entscheiden kannst, gibt es bei allen Anbietern einen kostenlosen Testzeitraum, also einfach mal reinklicken und testen. Wir haben es genauso gemacht:

Mural – www.mural.co

Miro – www.miro.com

Conceptboard – www.conceptboard.com

Damit ein Meeting oder ein Workshop gelingt, braucht es aber noch eine Plattform, die für die Kommunikation untereinander sorgt. Auf diesem Gebiet haben uns die letzten Jahre auch so einiges an Systemen beschert und die Auswahl nicht gerade leicht gemacht. Denkt euch hier gern einmal in eine ganz normale Meetingsituation in der „echten“ Welt. Was braucht es, damit sie funktioniert? Wir müssen uns sehen und hören können, wir müssen uns austauschen können und manchmal (gar nicht mal selten) brauchen wir auch kleinere Gruppen, um schnell und fokussiert zu Ergebnissen zu gelangen. Nebenbei ist es in der virtuellen Welt wichtig, immer wieder zwischendurch eine kleine aktivierende Runde machen zu können, damit ihr sicher seid, dass die Veranstaltung nicht langweilig wird und sich die Menschen auf dem zweiten Monitor nicht mit anderen Dingen beschäftigen. Auch hier sind wir auf drei Lieblingstools gestoßen, nachdem wir uns mehr oder minder freiwillig mit dem Thema beschäftigt haben: Zoom, Webex-Meetings und Microsoft Teams. Tatsächlich sind inzwischen die Unterschiede auch in diesen Tools nicht mehr so groß, sodass es nicht leicht ist, einen klaren Favoriten zu definieren. Als Videokonferenz bieten alle sehr ähnliche Funktionalitäten an: Neben der Bildübertragung der Teilnehmer und der auditiven Verständigung gibt es eine Chatfunktion, die es erlaubt, auch Dateien zu teilen. Es gibt die Möglichkeit, den eigenen Bildschirm zu teilen, um etwas zu präsentieren oder um im Notfall die Steuerung über den Bildschirm eines Teilnehmers zu übernehmen. Ihr findet ein Whiteboard, um schnell mal ein paar Gedanken zusammenzuschreiben, und ihr könnt die Gruppe in kleinere Arbeitsgrüppchen in separaten Räumen arbeiten lassen, sodass ihr eine offene Diskussion oder Teilergebnisse erzielen könnt. Je nach Tool werden diese kleineren Arbeitsgruppen als Breakout Session oder Teilgruppen-Sitzungen bezeichnet. Die Administration ist denkbar einfach. Einzig die Rechtevergabe muss gewährleistet sein. Wir erleben hier oftmals Situationen, in denen die Videokonferenz vom Auftraggeber gestellt wird. Achtet hier bitte darauf, dass ihr Moderatoren-Rechte erhaltet. Ohne diese ist die Einrichtung von Teilgruppen nur durch Mithilfe des Lizenzgebers möglich. Nebenbei lassen sich mal eben schnelle Abfragen mit Reaktionen wie Handzeichen, Winken und Daumencheck realisieren. Außerdem ist MS-Teams noch die „Wollmilchsau" unter den Kollaborationstools, da es den Microsoft-Entwicklern nicht nur um den Videokanal geht, sondern um die Einbindung unterschiedlicher Applikationen und Programme, die in der Zusammenarbeit sinnvoll und nützlich sein können. Darauf legt Microsoft auch den größten Fokus. Teams ist in vielen aktuellen Office-Paketen enthalten und bietet die Möglichkeit, gemeinsam an Dokumenten zu arbeiten oder eine Vielzahl von Apps zur Zusammenarbeit zu nutzen.

Unser Fazit: Für lebendige Trainings und Workshops sind alle Tools als Videokanal gut nutzbar. Letztlich kommt es auf die Kombination aus verschiedenen Anwendungen an.

Wer ohne viel Planungsarbeit online ein Barcamp oder einen Open Space realisieren möchte, der ist mit wonder.me auf einem guten Pfad unterwegs. Ohne viel technisches Hintergrundwissen können sich eure Teilnehmer mit ihrem Avatar in einer kleinen virtuellen Welt bewegen. Kaum in der Nähe eines Mitstreiters öffnet das Tool einen Videokanal zwischen den Beteiligten und ihr könnt an Lösungen und Ideen gemeinsam arbeiten. Wenn einem das Gespräch nicht gefällt – Gesetz der Füße –, weiter zur nächsten Gruppe! Eine tolle Variante, die nebenbei auch noch Spaß macht.

Unser letzter Favorit in der Onlinewelt ist padlet.com, das wir in erster Linie zum Kennenlernen vor und zur Dokumentation nach den Workshops nutzen. Padlet tritt ein wenig wie eine Social-Media-Plattform auf. Ohne Anmeldung könnt ihr euren Teilnehmern ein sogenanntes Padlet zur Verfügung stellen, auf dem jeder seine Gedanken ganz leicht teilen kann: Fotos, Links, eigene Texte, Kommentare und Liken anderer Inhalte, alles leicht gemacht und ohne Vorwissen! Wir nutzen padlet.com auch sehr gern zur Workshopdokumentation, da jeder sich die Teile genauer anschauen kann, die ihn interessieren oder betreffen.

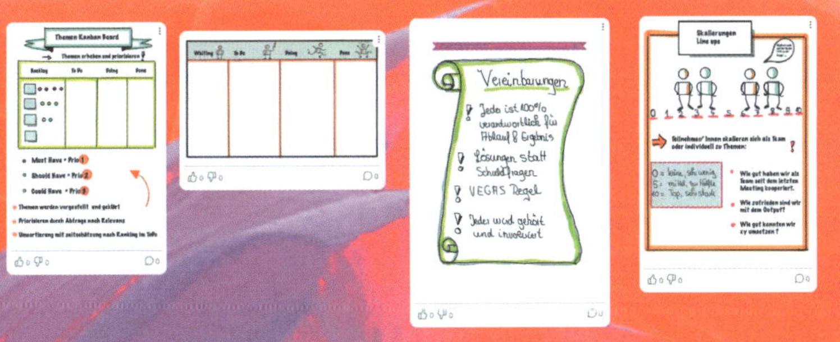

Besonderheiten bei agilen Onlinemeetings

Plötzlich sind alle Meetings remote – und das noch in einer Zeit, in der die Aufmerksamkeit von so vielen anderen Themen beansprucht wird! Gerade in selbstorganisierten Kontexten ist die Beteiligung des Teams in agilen Onlinemeetings entscheidend. Doch wie gelingt das im virtuellen Raum, in dem die Menschen viel mehr abgelenkt sind und die physische Nähe fehlt?

Folgende sechs goldene Regeln für agile Onlinemeetings helfen, damit der Fokus und die Beteiligung auch remote funktionieren:

Sechs goldene Regeln, um Onlinemeetings effektiv zu moderieren

1. Konzipiere und visualisiere Agenda und Struktur

Noch wichtiger als bei Präsenzmeetings ist ein effektives Design des Onlinemeetings. Nutze dazu das Meetingboard mit den vier Phasen: Einloggen, Themen erheben + bearbeiten, Entscheiden + planen und Ausloggen. Visualisiere die Themen und Phasen auf einem virtuellen Whiteboard wie beispielsweise Miro, Conceptboard oder Mural.

2. Pull-Rollen für geteilte Verantwortung

Agile Onlinemeetings leben von der Beteiligung der Teilnehmer. Lass das Team die wichtigen Verhaltensrollen ziehen. Bereite dazu Rollenkarten mit den Dos and Don'ts jeder wichtigen Rolle vor und notiere den Namen des Rolleninhabers. Gerade für Onlinemeetings sind neben dem Moderator ein Time Keeper, Fokusbeschleuniger, Visualisierer, Andersdenker oder auch eine Kunden-Persona-Rolle relevant.

3. Betroffenheit

Schaffe emotionale Betroffenheit für das Thema, für das du Lösungen oder Entscheidungen brauchst. Erzähle dazu Geschichten oder bringe Beispiele aus dem Alltag: Du kannst Erlebnisse mit den Kunden beschreiben oder aus Kundensicht deren Herausforderungen und Schmerzpunkte klarmachen. Mach es plastisch und bunt für das Team.

4. Gesetz der Füße

Je nach Reifegrad des Teams empfehle ich das Gesetz der Füße. Je selbstorganisierter und reflektierter Teams miteinander arbeiten, desto mehr kannst du die Verantwortung bei jedem Einzelnen belassen. Auch wenn du zu Meetings nur die Betroffenen und Beteiligten einlädst, kann es immer passieren, dass für einen Teilnehmer die Themen nicht relevant sind oder er dringlichere parallele Aufgaben hat. Wir verbringen sehr viel Zeit in Meetings. Deswegen ist die Relevanz für jeden Einzelnen und das Team genau zu prüfen. Sollte ein Teilnehmer die Themen also nicht als relevant für sich finden, kann er das Meeting jederzeit verlassen, vorausgesetzt das Team braucht ihn nicht für eine Frage oder Entscheidung.

5. Die Fünf-Minuten-Regel

Gerade bei Onlinemeetings ist die Aufmerksamkeitsspanne viel geringer, als wir glauben. Gib maximal fünf Minuten lang Input zu Zahlen, Daten, Fakten oder zur Wissensvermittlung. Baue spätestens nach dieser Zeit eine aktive Arbeit des Teams ein. Das können Gruppenarbeiten in verschiedenen virtuellen Räumen (Breakout Sessions), Votings, Post-it-Abfragen auf Whiteboards oder strukturierte Gesprächsrunden (jeder eine Minute) sein. In jedem Fall solltest du jedes Meeting mit überwiegend aktiver Teambeteiligung planen.

6. Visualisiere

In jedem Meeting ist Visualisierung ein Schlüssel zur Zufriedenheit und Ergebnisorientierung. In Remote-Meetings umso mehr! Ohne Visualisierung und Fokussierung der Teilnehmer gehen die besprochenen Themen unter und sorgen für Verwirrung und ein Gefühl der Verlorenheit. Halte jeden Beitrag fest und veranschauliche den Prozess idealerweise mit Icons und Bildern oder Grafik-Recording. Dabei geht es nicht um Perfektion oder künstlerisches Talent, sondern nur um das lebendige Erlebnis durch Bildsprache.

Eine weitere Besonderheit in Onlinemeetings ist die Herausforderung, Redeanteile zu bestimmen oder eine Redereihenfolge festzulegen. Die uns bekannten Videokonferenztools lassen kaum eine Möglichkeit zu, eine Reihenfolge festzulegen. Um diese aber zu definieren und damit zu vermeiden, dass sich keiner der Teilnehmer zu einer Frage äußert, könnt ihr auf folgende Methoden zurückgreifen:

- **Redner aufrufen:** Der Moderator ruft den nächsten Redner namentlich auf. Wir verwenden diese Methode in erster Linie dann, wenn wir unterschiedliche Aspekte erfragen oder Ergebnisse aus Gruppen- oder Einzelübungen im Plenum teilen möchten.

- **Staffelstab weitergeben:** Der Moderator bestimmt den ersten Teilnehmer. Danach gibt dieser den Rede-Staffelstab weiter, indem er den nächsten Namen benennt.
- **Seminartisch:** Wir lassen die Teilnehmenden an einem virtuellen Seminartisch Platz nehmen. Hierfür haben wir Tische für unterschiedliche Gruppengrößen zur Verfügung. Mithilfe von Avataren oder virtuellen Sticky Notes entscheiden sich die Teilnehmenden in einer frühen Phase des Meetings für einen Platz am Tisch und damit auch wie in der echten Welt für einen Sitznachbar rechts und links von sich. Es entsteht automatisch eine Rede-Reihenfolge, indem ihr als Moderatoren entscheidet, in welche Richtung moderiert wird, im Uhrzeigersinn oder entgegen. Nebenbei bemerkt regt diese Variante auch gleich noch ein wenig den Spaßfaktor an, denn viele eurer Teilnehmer beschäftigen sich ganz automatisch mit dem Tool, mit dem ihr arbeitet.

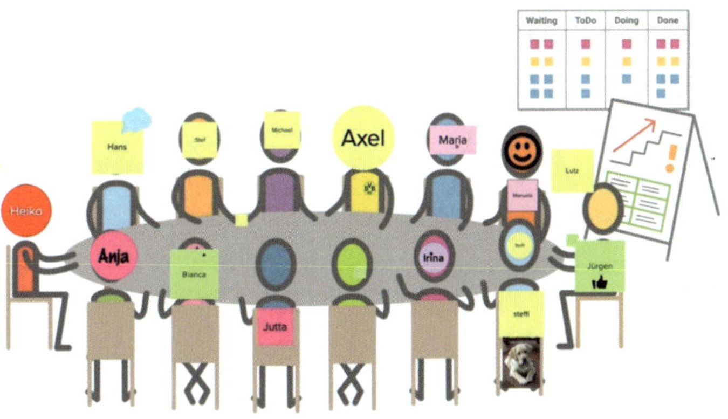

Phase 2: Check-in

Ablauf

Jede Besprechung beginnt mit dem Einloggen, auch Check-in genannt. Wie wir unseren Computer hochfahren und uns einloggen oder in einem Hotel einchecken, so brauchen wir auch in Meetings eine Art Aufwärmphase, bevor wir startklar sind für die Inhalte.

- Vorstellung:
  Dazu gehört die Vorstellung des Moderators inklusive seines Selbstverständnisses (Was ist meine Rolle und wie möchte ich sie heute ausführen?) sowie die Vorstellung der Teilnehmer (sofern diese sich noch nicht kennen oder nicht klar ist, wer in welcher Funktion anwesend ist). Die Rollenklärung gibt Orientierung und schafft Klarheit über Zuständigkeiten.
- Universal Opener:
  Danach folgt der Blick auf die Inhalte des Meetings. Dazu nutzen wir die vier W-Fragen und beantworten (wie in Kapitel 3, S. 147, ausführlich beschrieben) die häufig unausgesprochenen Fragen, welche die Teilnehmenden mehr oder weniger bewusst beschäftigen, wenn sie einer Veranstaltung beiwohnen:

Was ist der Universal Opener?
Der Universal Opener ist ein einfaches Format und eine klare Struktur, mit der ihr eine Veranstaltung leicht und zugänglich eröffnen oder eine Methode zielgerichtet einführen könnt. Dabei geben wir einen kurzen Überblick über den Inhalt des Meetings. Nebenbei ist er auch noch ein schöner Cliffhanger, der den Beginn eines Treffens leichter macht.

Wozu dient er?
Auch wenn Inhalt und Thema der Veranstaltung schon im Vorfeld kommuniziert worden sind, gibt es doch bei den

Teilnehmern oftmals Unklarheiten, warum wir uns zu einem bestimmten Thema zusammensetzen.

Um diese zu beseitigen, nutzen wir eine Struktur aus vier W-Fragen und beantworten damit die häufig unausgesprochenen Fragen, welche die Teilnehmenden mehr oder weniger bewusst beschäftigen, wenn sie einer Veranstaltung beiwohnen. Auf diese Art und Weise können wir jeden Teilnehmer emotional abholen und ihn dank seiner persönlichen Bevorzugung auf das Thema des Tages vorbereiten.

Warum wird er eingesetzt?

Zum einen gibt der Universal-Opener Antworten auf die wesentlichen Fragen, zum zweiten können wir bei unseren Zuhörern ganz unterschiedliche Wahrnehmungs- und Motivationskanäle ansprechen. Genau darauf zielen die vier Fragen ab, nämlich Menschen dort abzuholen, wo ihre wesentlichen Motivatoren zu finden sind. Die vier Fragen gehen auf ein in den 1970er-Jahren entwickeltes Konzept der Lernpsychologie zurück, das davon ausgeht, dass die meisten Menschen einige individuelle Methoden bevorzugen, um mit Informationen umzugehen.

Wie läuft es ab?

Wenn wir eine Veranstaltung beginnen und uns bei Bedarf kurz den Teilnehmern vorgestellt haben, ist der nächste Teil in aller Regel der Universal-Opener. Wir folgen dieser Struktur in unserem Vortrag:

- *Was* werden wir behandeln? – Themen und Inhalte
- *Warum* beschäftigen wir uns damit? – Auslöser und Hintergründe
- *Wie* werden wir vorgehen? – Interaktionen, Beteiligung
- *Wozu* ist das wichtig? – Sinn und Mehrwert

Hinweis: Die ersten Minuten einer jeden Veranstaltung gehören immer dem Moderator. In dieser Zeit habt ihr die besten Chancen, dass jeder euch zuhört. Diese Gelegenheit solltet ihr nicht verpassen.

Welche typischen Hürden gibt es und welche Tipps aus der Praxis helfen?

Die wesentliche Herausforderung beim Universal-Opener besteht darin, die vier Fragen kurz und knapp zu beantworten und hier nicht schon in Inhalte und Kleinteiligkeit abzudriften. Tatsächlich ist dies noch nicht die Phase einer Veranstaltung, in der ihr detailliert Agenda und Vereinbarungen besprecht, die kommt später noch zum Tragen. Vielmehr ist das Ziel, einen ganz schnellen Überblick zu geben.

Tipp: Formuliert euren Universal-Opener am besten schon vor der Veranstaltung und lernt ihn auswendig. Dann fühlt es sich für euch und für die Teilnehmenden gut an und er ist kurz und knapp. Ruhig beim Einüben auf die Uhr schauen und nicht mehr als zwei bis drei Minuten für den gesamten Teil planen, damit ihr die Aufmerksamkeit der Zuhörer auch behaltet.

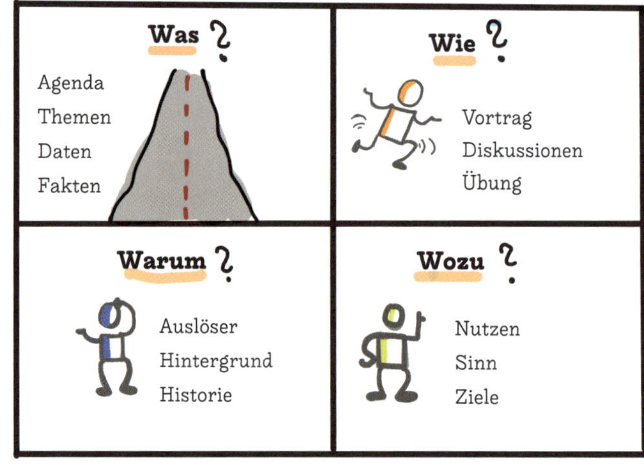

Wie funktioniert es in der Onlinevariante?
Online oder in Präsenz gibt es kaum Unterschiede. Wir haben uns das Format entsprechend visualisiert, ob als Flipchart oder als Bild auf unserem Kollaborationstool, sodass wir den Opener auch visuell unterstützen können (siehe die folgende Abbildung). Oft genügen auch einfach nur die vier Fragen auf einem Chart, die ihr dann an Wand, Boden oder Whiteboard erscheinen lasst.

Befindlichkeiten kurz wahrnehmen

Neben der Vorstellung der Personen und Inhalte gilt es, die Teilnehmenden emotional abzuholen. Bei diesem Punkt gibt es immer wieder Diskussionen darüber, ob dieser Schritt überhaupt wichtig oder zielführend ist. Das liegt oftmals an der Hypothese, dass persönliche Befindlichkeiten in beruflichen Meetings nichts zu suchen hätten – oder schlimmer noch: Emotionen lenkten vom eigentlichen Thema ab. Dagegen stellen wir eine zentrale These des Agilen Manifests: *Individuen und Interaktionen haben Vorrang vor Prozessen und Tools.* Nur selten gelingt es Menschen, ihre Emotionen an der Eingangstür zum Meeting abzugeben. Hier geht es nicht darum, Befindlichkeiten zu diskutieren, sondern sie einen kurzen Moment wahrzunehmen und auszudrücken. Wenig überraschend ist, dass die Teilnehmenden dadurch präsenter sind und sich dann besser auf die sachlichen Themen einlassen können.

Check-in-Tools

Einloggen mit Fragen

Einloggen mit Fragen ist eine strukturierte und timeboxed Variante der Wunsch- und Bedürfnisabfrage, bei der jeder gehört wird und Raum bekommt, seine Befindlichkeiten auszusprechen, einen kurzen Moment auch einmal Erfolge zu feiern und seine Ziele, Wünsche und Bedürfnisse (vielleicht auch seine „NO-GOs“) für die Veranstaltung auszusprechen.

Wozu dient es?
Das Einloggen dient primär dazu, einen kurzen Moment lang jedem Teilnehmer die Chance zu geben, gehört zu werden und sich gemeinsam auf das bevorstehende Meeting einzustimmen. Dabei ist es wichtig, dass auch wirklich jeder gehört wird und dass die Inhalte aufeinander abgestimmt sind.

Warum wird es eingesetzt?
Abhängig vom Inhalt und Thema des Meetings dient das Einloggen dazu, entweder Bearbeitungsstände und Ziele für den nächsten Zyklus abzugleichen, Hindernisse anzusprechen oder die eben erwähnten Wünsche und Bedürfnisse in den Raum zu stellen. Ebenso ist hier Platz für eigene Gefühle und das persönliche Wohlbefinden, denn das Wissen über Hindernisse und Widerstände in der Gruppe hilft dabei, sie zu beseitigen.

Wie läuft es ab?
Macht euch im Vorfeld darüber Gedanken, welche drei bis vier Fragen am besten zum Thema passen und zielführend sind, und formuliert diese aus. Visualisiert sie auf einem Flipchart oder einer Moderationswand und trefft euch mit den Teilnehmern vor dieser. Gebt jedem ein Zeitfenster von ein bis eineinhalb Minuten Redezeit, um die Fragen zu beantworten. Das trainiert den Umgang mit Zeitverknappung und bringt die Teilnehmenden dazu, sich auf das Wesentliche zu konzentrieren.

Welche typischen Hürden gibt es und welche Tipps aus der Praxis helfen?
Typisch, insbesondere für „nicht trainierte" Teilnehmer, ist, gern auszuholen, wenn es um Gefühle und Wünsche geht. Dies bringt zweierlei Gefahren mit sich, nämlich dass wir uns zum einen nicht auf das Wesentliche beschränken und zum anderen die anderen in der Runde sehr schnell gedanklich abschweifen.

Tipp: Wir nutzen Sanduhren mit einer Laufzeit von ein bis zwei Minuten, um die Zeit klar zu definieren. Ist der Sand durchgelaufen, geht der Rede-Staffelstab an den nächsten weiter und am besten auch gleich die Sanduhr, denn wer die Uhr in der Hand hat, hat seine eigene Redezeit in der Hand. Achtet darauf, dass wirklich jeder die Fragen beantwortet. Das typische „Ich schließe mich meinem Vorredner an" lassen wir nicht durchgehen.

Wie funktioniert es in der Onlinevariante?
Anstelle des Flipcharts nutzen wir online einfach dieselbe Visualisierung, die wir auf unserem Arbeitsboard vorbereitet haben. Die Sanduhr wird durch einen Timer ersetzt, der in jedem Tool zu finden ist, und die Reihenfolge der Redner bestimmt unser Seminartisch, der im übernächsten Absatz beschrieben werden soll.

Gefühls-Check

Der Gefühls-Check ist eine Spielart des Einloggens mit Fragen. Zusätzlich zu den Fragen, aber auch alleinstehend, unterbreiten wir ein niederschwelliges Angebot, um einen Gesprächsanker für die Teilnehmenden zu bieten.

Wozu dient der Gefühls-Check?
Ihr könnt den Gefühls-Check nutzen, um die Stimmung oder Gefühlslage zu Beginn des Meetings abzufragen oder im Raum befindliche Emotionen sichtbar zu machen oder sie zumindest einmal ausgesprochen zu haben.

Warum wird der Gefühls-Check eingesetzt?
Emotionen bzw. Gefühle sind für uns handlungsleitend und haben einen nicht gerade geringen Einfluss auf Erfolg oder Misserfolg der Veranstaltung. Einmal ausgesprochen, ist eine gewisse Klarheit vorhanden, sodass das Meeting erfolgreich werden kann. Unterschwellige Emotionen und nicht besprochene Gefühle führen zu Hemmungen. Die Tatsache, dass jeder seine Gedanken einmal im Raum geteilt hat, macht klar, wie wir uns fühlen. Das führt zu Rücksichtnahme, manchmal auch zur Bearbeitung der Thematik und damit zu einer Klarheit und einem gemeinsamen Verständnis.

Wir setzen sehr gern für den Emotions-Check unterschiedliche niederschwellige Angebote ein, wie beispielsweise Gefühlsmonster-Karten, Wegekarten, laminierte Bilder oder Emojis. Alles, das hilft, das Bild auf die eigene Art zu interpretieren. Mit einem Bild als Anker und einer passenden Metapher lässt sich leichter über Gefühle sprechen.

Wie läuft der Gefühls-Check ab?
Alle Teilnehmer wählen aus den angebotenen Bildern das aus, mit dem sie am meisten in Resonanz gehen oder das am ehesten zum Thema und zur aktuellen Stimmung passt. Der Reihe nach zeigt jeder sein Bild oder seine Karte und sagt zwei, drei Worte dazu, ohne sich zu rechtfertigen oder sich zu erklären. Dann ist auch schon der Nächste dran.

Welche typischen Hürden gibt es und welche Tipps aus der Praxis helfen?
Typische Hürden sind Vielredner oder solche Teilnehmer, die sich gar nicht äußern wollen.

> **Tipp:** Macht die Anweisung ganz deutlich, visualisiert die Aufgabe auf einem Flipchart, „kontrolliert" die Redezeit durch Timeboxing und weist immer wieder darauf hin, dass Rechtfertigungen und Entschuldigungen nicht gewünscht sind.

Wie funktioniert der Gefühls-Check in der Onlinevariante?
In der Onlinevariante haben wir die entsprechenden Bilder abfotografiert und kopieren sie in unser Workshoptool. Anstatt Bilder oder Karten zu ziehen, bittet eure Teilnehmer, einen Avatar oder alternativ ein Sticky Note mit dem eigenen Namen auf das Bild zu legen, damit klar ist, welches Bild sie sich ausgesucht haben. Dann legt wieder die Reihenfolge fest, stellt den Timer und achtet auf Fokus und Regeln.

Skalierungen der Teilnehmer

Skalierungen kommen aus der Aufstellungsarbeit. Bei Skalierungen visualisieren wir für die Teilnehmenden eine Skala, auf der sie sich positionieren können.

Wozu dienen die Skalierungen?
Skalierungen machen Tendenzen sichtbar oder zeigen an, welche Meinung oder welches Wissen bei den Teilnehmern manifestiert ist. Wir nutzen sie in verschiedenen Kontexten, teils zum Kennenlernen oder zum Einloggen, teils um unterschiedliche Ansichten und Positionen deutlich zu machen.

Warum werden die Skalierungen eingesetzt?
Oft herrschen in Gruppen unausgesprochene Meinungen vor, sehr häufig ist der Wissensstand der Teilnehmer unterschiedlich, manchmal sind auch unterschiedliche Positionen vorhanden. Damit ihr schnell ein Bild über die Zusammensetzung bekommt, könnt ihr die Teilnehmenden nach ihrer Position aufstellen lassen. Die Hemmung, sich selbst zu positionieren, ist meist geringer, als wenn ihr jeden Einzelnen nach seiner Meinung oder Einschätzung abfragen würdet. Dann würdet ihr wahrscheinlich eher angepasste Meinungen hören. Auch lassen sich Positionen, die einmal im Raum aufgestellt sind, sehr leicht hinterfragen.

Wie laufen die Skalierungen ab?
Im Präsenzmeeting bauen wir gern eine Skala von eins bis zehn auf dem Boden auf, indem wir Moderationskarten entsprechend beschriften und auslegen. Alternativ genügt aber auch eine Linie aus Kreppband oder eine klare Definition der Positionen im Raum. Im nächsten Schritt stellen wir eine Frage, verbunden mit der Bitte, sich auf der Skala nach eigener Einschätzung aufzustellen, wobei wir genau definieren, welche Bedeutung jeweils die Zahl auf dem Boden haben kann. Haben sich die Teilnehmenden entsprechend ihrer Einschätzung skaliert, hinterfragen wir wertschätzend, was zur Position geführt hat, loben auch gern die jeweilige Einschätzung. Dann gehen wir zur nächsten Frage über. Möchten wir mehrere Aspekte gleichzeitig beleuchten, nutzen wir Klebepunkte an einer Metaplanwand.

Eine kleine Spielart der Skalierung sind Line-ups, in denen wir lediglich eine chronologische Aufeinanderfolge aufstellen lassen, beispielsweise nach Dienstjahren oder Erfahrungen mit Agilität.

Welche typischen Hürden gibt es und welche Tipps aus der Praxis helfen?
Eine typische Hürde bei Skalierungen ist oftmals, dass sich Teilnehmer gern umschauen, welche Position andere in der Gruppe einnehmen, sich manchmal gehemmt fühlen oder es ihnen peinlich ist, Position zu beziehen. Dem könnt ihr entsprechend wertschätzend begegnen. So erklären wir niedrige Positionierungen gern damit, dass wir es hier mit Menschen zu tun haben, die frischen Wind und neue Ideen in das Thema bringen können, Teilnehmer mit höherer Positionierung dagegen über Erfahrung und Tiefenwissen verfügen.

Wie funktionieren die Skalierungen in der Onlinevariante?
Die Onlinevariante sieht sehr ähnlich aus. Auch hier bauen wir eine Skala auf unserem Arbeitsboard auf. Es empfiehlt sich hier, eine ähnliche Visualisierung zu nutzen wie im Meetingraum, also einfach eine Skala von eins bis zehn zu zeichnen und diese in einem festen Bereich zu hinterlegen. Die Gruppe nutzt dann einfach Sticky Notes oder Avatare zur Positionierung.

Chronologische Line-ups

Chronologische Line-ups sind eine Spielart von Skalierungen. Sie laufen nach einem ähnlichen Muster ab.

Warum werden sie eingesetzt?
Ihr könnt chronologische Line-ups wunderbar in der Startphase des Meetings oder Workshops einsetzen, um die Teilnehmenden ein wenig einzustimmen. Neben der Tatsache, dass ihr dadurch ein ganz gutes Bild von der Gruppenzusammensetzung bekommen könnt, regt die Methode auch die Dialogbereitschaft der Gruppe an. Es geht darum, Hypothesen als Antwort auf die Ausgangsfrage zu bilden und diese dann in der Gruppe zu überprüfen. Jeder kann so mit jedem in einen kurzen Dialog treten und seine eigene Einschätzung bestätigen. Automatisch entsteht Bewegung in der Gruppe und die Atmosphäre wird aufgelockert.

Wie laufen sie ab?
Bittet alle Teilnehmer, aufzustehen und sich im Raum in chronologischer Reihenfolge zu den Fragen zum Thema aufzustellen:

- Dienstalter im Thema?
- Anzahl Projekte zum Thema?
- Erfahrungen dazu?

Welche typischen Hürden gibt es und welche Tipps aus der Praxis helfen?
Die Hürden sind denen der Skalierungen sehr ähnlich, denn auch hier kann es zu Hemmungen kommen oder dazu, dass die eigene Position weniger wert ist als die der anderen.

> **Tipp:** Hinterfragt immer wertschätzend. Fangt mit einer „unverfänglichen" Frage an, um die Atmosphäre aufzulockern. Unterstützt, indem ihr deutlich macht, dass es kein Richtig oder Falsch gibt.

Wie funktionieren sie in der Onlinevariante?
Auch die chronologischen Line-ups lassen sich online durchführen, indem wir die Teilnehmenden bitten, sich der Reihenfolge nach mit Avataren oder Sticky Notes auf einer Fläche im Arbeitsboard zu positionieren.

Vereinbarungen

Jedes Zusammentreffen braucht Regeln, an die sich alle halten, damit das Meeting gelingt. Die Vereinbarung ist das Regelwerk, dem das Meeting folgen soll. Es sind sozusagen die gemeinsamen Gesetze, auf die wir uns für die Zeit der Zusammenarbeit verständigen.

Wozu dienen Vereinbarungen?
Vereinbarungen dienen dazu, dem Meeting einen Rahmen zu geben, nach dem wir alle handeln und dem wir uns verschreiben. Hierbei ist es besonders wichtig, dass die Vereinbarungen gemeinsam in der Gruppe beschlossen und aufgeschrieben werden, damit auch alle Beteiligten damit einverstanden sind und sich darauf verständigen. Mit Vereinbarungen stellen wir sicher, dass das Meeting im Fokus bleibt und unnötige Diskussionen abgefangen werden können.

Warum werden Vereinbarungen eingesetzt?
Der Vorzug der Vereinbarungen gegenüber den bisherigen Meetingregeln ist, dass sich die Teilnehmenden gemeinsam auf eine Arbeitsweise verständigen und sich auch in der Gruppe auf das jeweilige Regelwerk einigen. Damit entsteht so etwas wie eine Selbstverpflichtung, sich an die gemeinsamen Vereinbarungen zu halten, die auf ein Flipchart im Raum geschrieben und von allen Anwesenden bestätigt worden sind. Vereinbarungen entstehen also in einer Konsensentscheidung.

Wie laufen Vereinbarungen ab?
Als Moderator könnt ihr entweder den Rahmen freigeben und die Gruppe über die Vereinbarungen entscheiden, also diese selbst formulieren lassen, oder ihr bringt bereits eine grundsätzliche Vereinbarung mit in das Meeting, welche die Teilnehmenden ergänzen und priorisieren. Wichtig ist nur, dass alles, was vereinbart wird, auch gemeinsam abgenickt wird, damit ihr einen Konsens habt. Wir lassen unsere Vereinbarungen gern in Kleingruppen zeitverknappt erarbeiten, um möglichst schnell zu einem Ergebnis zu kommen, und stimmen dann im Plenum über die wichtigsten Vorschläge ab.

Welche typischen Hürden gibt es und welche Tipps aus der Praxis helfen?
Typisch für die Abfrage von Vereinbarungen ist, dass die Teilnehmenden gern auch Wünsche und Bedürfnisse einbringen, die eher inhaltlicher Natur sind.

> **Tipp:** Achtet bei der Abfrage in der Gruppe darauf, dass die Frage klar definiert ist. Es geht darum, das „Wie" unserer Zusammenarbeit zu klären und nicht das „Was".

Wie funktionieren Vereinbarungen in der Onlinevariante?
In der Onlinevariante nutzen wir gern die 1-2-4-All-Methode oder ein Think-Pair-Share (siehe Kapitel 2.2, S. 72 f.), um in kurzen Timeboxen gemeinsame Vereinbarungen zu treffen. Schnelle Breakout Sessions mit zunächst zwei und dann mehr Teilnehmern von maximal zwei Minuten sorgen für den Fokus und bringen Top-Ergebnisse. Anschließend stellen wir alles im Plenum vor oder lassen es in den Chat schreiben, visualisieren es auf dem Arbeitsboard und lassen es mit Daumen-Check bestätigen. Manche Tools bieten auch eine Voting-Variante an, dann könnt ihr auch gleich noch priorisieren.

Interviews oder Murmelgruppen

Beide Methoden sind ein schneller Abgleich von Meinungen in Partner- oder Kleingruppenkonstellationen. Ihr könnt fokussiert in kurzer Zeit Meinungen und Statements abfragen, sie aber auch für Vereinbarungen oder Stimmungsabfragen nutzen.

Wozu dienen Interviews?
Zu Beginn eines Meetings gibt es, wie bereits erwähnt, immer unterschiedliche Meinungen, unausgesprochene Wünsche oder Zusammenhänge, die zum Thema des Meetings gehören. Interviews und Murmelgruppen helfen, die Teilnehmenden emotional abzuholen und zu einem gemeinsamen Verständnis zu bringen.

Warum werden Interviews eingesetzt?
Wie auch schon andere Methoden des Einloggens ist die Hemmschwelle, seine Position in der Gruppe öffentlich zu machen, recht groß. Anstelle einer Meinungsabfrage im Plenum empfehlen wir die fokussierte Kleingruppe. In der geschützten Atmosphäre mit dem Sitznachbarn lässt es sich ungezwungener „murmeln“, so kommen Themen in die Gruppe, die sonst unausgesprochen geblieben wären.

Wie laufen Interviews ab?
Definiert drei, vier klare Fragen, die ihr nacheinander in die Kleingruppe stellen könnt. Alternativ könnt ihr aber auch alle Fragen auf einem Flipchart oder einer Moderationswand formulieren und die Teilnehmenden in Kleingruppen alle Frage auf einmal beantworten lassen. Wir nutzen hierfür gern das Format „Impromptu Network“ aus den „Liberating Structures“, da wir hier wechselnde Kleingruppen zusammenstellen und für Diversität sorgen können. In kleinen Zeiteinheiten mit klarem Fokus lasst ihr die Kleingruppen die Fragen beantworten und anschließend in Stichworten im Plenum vorstellen. Das bringt euch ein gemeinsames Verständnis und ermöglicht euch bei neuen

Gruppen auch ein kurzes gegenseitiges Kennenlernen. Fragen, die sich dafür eignen, sind zum Beispiel:

- Welches waren meine Highlights und Lowlights letzte Woche?
- Welche drei gemeinsamen Anliegen haben wir an das Meeting?
- Was soll heute unter keinen Umständen passieren?

Welche typischen Hürden gibt es und welche Tipps aus der Praxis helfen?
Gerade wenn Teilnehmer sich kennen, kommt es in Murmelgruppen sehr häufig vor, dass sich die Leute nicht themenbezogen unterhalten. Sie werden darin noch bestärkt, wenn genügend Zeit ist, um sich auch anderweitig zu unterhalten. Nutzt daher klares Timeboxing und verknappt die Zeit so weit wie möglich. Auch wenn zwei Minuten sich nach sehr wenig Zeit anhören, sie genügen, um schnelle Antworten zu bekommen. Hier ist weniger eindeutig mehr. Seid außerdem konsequent, wenn die Zeit abgelaufen ist.

Wie funktionieren Interviews in der Onlinevariante?
In der Onlinevariante machen wir uns den erzwungenen Wechsel leicht. Bildet Breakout Sessions für jede Frage und verknappt die Zeit konsequent. Die Tools, mit denen wir arbeiten, bieten ein automatisches Beenden der Session, sodass die Teilnehmenden gezwungenermaßen ins Plenum zurückgeholt werden. Lasst dann die Ergebnisse in einen Chat schreiben oder benennt ein Gruppenmitglied je Session, um die Kernaussage zu erzählen.

Speeddating

Das Speeddating ist ein Format, das wir gern bei verschiedenen Methoden als Grundlage verwenden. Ihr kennt es bereits aus den vorherigen Workhacks.

Wozu dient Speeddating?
Speeddating zu Beginn eines Meetings eingesetzt, lockert einerseits die Atmosphäre auf und schafft andererseits eine produktive Arbeitsumgebung. Jeder Teilnehmer ist im Thema etabliert, es werden Gemeinsamkeiten entdeckt und individuelle Lösungsansätze angedacht. Nebenbei ist es auch wunderbar dazu geeignet, schnelle Verbindungen zwischen den Teilnehmern herzustellen, die sich gegebenenfalls noch nicht kennen.

Warum wird Speeddating eingesetzt?
Wir haben die Erfahrung gemacht, dass wir durch das Speeddating bereits Themen etablieren können, die im weiteren Kontext sinnvoll eingesetzt werden können. Gerade die Tatsache, dass der Zufall darüber entscheidet, wer in der Übung mit wem zusammenkommt, hat den Charme, dass Menschen zueinandergeführt werden, die sonst nicht miteinander arbeiten würden. Aus der Erfahrung werdet ihr wissen, dass sich oftmals Gruppen aus Menschen bilden, die sich bereits kennen oder schon in anderen Situationen eine Verbindung haben. Eben diesem Aspekt wirkt das Speeddating entgegen.

Wie läuft Speeddating ab?
Stellt einen offenen Raum zur Verfügung, in dem die Teilnehmenden ungehindert und ungezwungen umherlaufen und sich in Zweiergruppen zusammenfinden können. Ladet alle dazu ein, auf fremde Personen zuzugehen oder auf Kollegen, mit denen sie nicht tagtäglich zusammenarbeiten. Stellt eine Frage, die richtungsweisend für den Tag ist, nicht zu offen, aber mit genug Freiraum für individuelle Antworten. Gebt den Paaren ein kurzes Zeitlimit zur Beantwortung der Frage und beendet dieses Zeitfenster durch ein akustisches Signal. Dann ladet alle ein, sich einen neuen Gesprächspartner zu suchen, mit dem die Frage erneut er-

örtert wird. Führt den Wechsel mindestens dreimal durch, sodass alle Teilnehmer drei verschiedene Gesprächspartner hatten. Die ganze Interaktion sollte nicht mehr als 15 Minuten Zeit in Anspruch nehmen.

Varianten: Ihr könnt nach jedem Wechsel eine andere Frage stellen, sodass mehrere Themen aus unterschiedlichen Blickwinkeln beantwortet werden.

Ihr könnt Themen im Plenum teilen oder visualisieren, wenn sie für den Erfolg des Meetings relevant sind.

Welche typischen Hürden gibt es und welche Tipps aus der Praxis helfen?

Relevant für das Gelingen der Methode ist das klare Timeboxing. Dies stellt sich in der realen Seminarwelt meistens schwierig dar, weil Menschen nun mal gern zusammenstehen und sich unterhalten. Seid konsequent im Beenden des Zeitfensters. Nutzt also optimal ein lautes akustisches Signal, das die Teilnehmenden deutlich zum Wechseln auffordert.

Eine weitere Hürde ist das Zugehen auf Fremde. Ihr könnt kaum vermeiden, dass sich bekannte Personen zusammenfinden.

Tipp: Wir gehen gern spielerisch vor, um dem Zufall auf die Sprünge zu helfen, und schlagen Konstellationen vor, die beispielsweise die Haarfarbe, Körpergröße oder Ähnliches als Grundlage haben.

Wie funktioniert Speeddating in der Onlinevariante?

Online hilft uns das Videotool bei der Umsetzung des Speeddatings. Die Werkzeuge, mit denen wir arbeiten, verfügen alle über Breakout Sessions, die per Zufall zusammengestellt werden können. Öffnet so viele Gruppenräume, wie ihr braucht, um die Teilnehmenden zu zweit oder dritt zusammenzubringen, und lasst den Zufall entscheiden. Erstellt sie bei der nächsten Runde einfach neu und schon habt ihr eine andere Kleingruppe. Achtet bei den Sessions immer auf die richtige Zeiteinstellung, damit ihr nicht in die Verlegenheit kommt, die Session zu lange laufen zu lassen.

Tipp: Das erste Breakout im Speeddating darf ruhig eine Minute länger dauern, denn die Gruppe kennt noch nicht alle Funktionen des Programms.

Phase 3: Themen bearbeiten

Ablauf

Jetzt sind die Teilnehmenden aufnahmebereit für die Themen und Inhalte. Wir unterscheiden bei der Themenbearbeitung folgende Schritte:

1. Themen erheben
Auch wenn mit der Einladung zum Meeting eine Agenda verschickt worden ist, startet die dritte Phase mit der Zustimmung und Priorisierung der Themen, die bearbeitet werden. Wir nutzen dazu am liebsten ein Themen-Kanban. Zunächst visualisiert der Moderator die Themen, die auch in der Agenda der Einladung stehen. Dann fragt er, welche weiteren wichtigen Themen zu dem Anlass besprochen werden sollen, und visualisiert diese im Backlog. Anschließend werden die Themen gemeinsam mit den Teilnehmern priorisiert und die Bearbeitungszeiten pro Thema vereinbart. Weniger wichtige Themen bleiben im Backlog und werden auf das nächste Meeting vertagt. Die wichtigsten Themen werden nacheinander ins „Doing" verschoben und bearbeitet:

2. Themen bewerten
Zunächst wird das aktuelle Thema von der Spalte „Doing" ins Themen-Kanban versetzt, um es dann zu betrachten und aus unterschiedlichen Perspektiven heraus zu bewerten:

- Wie ist der Soll- und Ist-Abgleich?
- Was ist gut gelaufen und was kann verbessert werden?
- Wie ist es bei unterschiedlichen Stakeholdern angekommen?
- Was ist erledigt und was ist noch offen?

Dazu können Einschätzungen der Teilnehmer oder Feedbacks gesammelt und reflektiert oder konkrete Ergebnisse anhand entsprechender Analysetools herangezogen werden, wie beispielsweise:

- Burn-down-Chart (wie wurden die Aufgaben im Sprint abgearbeitet)
- Lead Time = Durchlaufzeit der Arbeitspakete im Kanban
- Zielerreichungsquote
- KPIs (Key Performance Indicators) oder OKRs

Bei einer Retrospektive gibt es, nachdem die Themen erhoben worden sind, noch eine weitere Phase: das Verstehen der Hintergründe (siehe Kapitel 6.2, S. 238 ff.).

3. Lösungen entwickeln
Nach der Betrachtung werden Lösungsvorschläge gemacht, Ideen gesammelt und Lösungen entwickelt. Hierbei nutzen wir gern Methoden aus dem Design Thinking und laden die Teilnehmenden ein, kreativ und neu zu denken. Viele sind erstaunt, wie schnell innovative Ideen entstehen, wenn wir mit Kreativtechniken und Perspektivenwechsel arbeiten (Kapitel 2.4, S. 121 f.). Doch auch andere Moderationstechniken, um Ideen und Vorschläge zu erarbeiten, sind hier zielführend.

Tools zum Bearbeiten von Themen

Themen-Kanban-Board

Wir nutzen das Themen-Kanban-Board als eine offene Agenda für das Meeting. Wie oben beschrieben hat das Meeting ja schon in sich eine Agenda, die es zu besprechen gilt. Das ist umso wichtiger, als wir versuchen, die Meetings fokussiert und themenbezogen abzuhalten, damit wir keine Wollmilchsau-Treffen veranstalten. Dennoch gibt es immer ungeplante Inhalte, die für das Gelingen von Relevanz sind.

Wozu dient Themen-Kanban?
Das Themen-Kanban dient in selbstorganisierten Teams als eine Art flexible Agenda, ähnlich der Methode Kanban, bei der alle Arbeitspakete, die sich im Backlog befinden, am Ende des Sprints als erledigt abgelegt werden. Auch im Themen-Kanban folgen wir diesem Ablauf und sorgen für Transparenz und einen roten Faden im Meeting. Dabei ist es wichtig, dass zu Beginn des Meetings die Teilnehmenden die Gelegenheit haben, über die Inhalte mitzuentscheiden, die wichtig für das Thema sind, und diese auch zu priorisieren.

Warum wird Themen-Kanban eingesetzt?
Ein Themen-Kanban dient der Übersichtlichkeit. Jeder im Meeting kann zu jedem Zeitpunkt nachvollziehen, ob ein Bestandteil der Agenda bereits bearbeitet wird, der schlimmstenfalls noch gar nicht angefasst worden ist. Ähnlich dem Task- oder Kanban-Board übernehmen alle Teilnehmer die Verantwortung für die Erledigung der Themen, auch für deren Vollständigkeit. So kann jeder Einzelne seinen Beitrag leisten und die Gruppe bestimmt gemeinsam über die Wichtigkeit.

Wie läuft Themen-Kanban ab?
Vonseiten der Moderatoren oder Initiatoren des Meetings gibt es Themenbestandteile, die integral wichtig für die Veranstaltung sind. Diese solltet ihr schon im Vorfeld definiert haben. Ihr visualisiert eine Canvas, bestehend aus vier Spalten, Backlog – To-do – Doing – Done, und schreibt die relevanten Themen schon vor dem Meeting auf Moderationskarten. Wir nutzen selbstklebende oder elektrostatische. Dann kommen die Teilnehmenden mit ins Spiel. Stellt die bisherigen Themen vor und fragt nach, was noch fehlt, damit das Meeting erfolgreich wird und vollständig ist. Lasst ihnen ruhig ein paar Minuten Zeit, um zu überlegen und zu ergänzen. Lasst die Themen als nutzerzentrierte User Stories formulieren. Ist alles, was der Gruppe wichtig erscheint, im Backlog aufgeschrieben, lassen wir die Themen noch einmal priorisieren. Hier kann das Format „Must have – Should have – Could have“ nützlich sein:

- Must have: Das Thema ist integral wichtig und muss unbedingt behandelt werden.
- Should have: Das Thema ist wichtig und sollte besprochen werden.
- Could have: Das Thema könnte behandelt werden.

Zum Schluss wandert alles, was die Gruppe als wichtig einstuft, in die Spalte „To-do“ und wird auch als Erstes angefasst.

> **Tipp:** Als Moderatoren solltet ihr wissen, was ihr unbedingt im Meeting behandelt haben wollt. Diese User Stories sollten am besten schon vorher im „To-do" stehen, damit sie nicht untergehen.

Alles, was während des Meetings an weiteren Themen auftaucht, kommt natürlich ins Backlog und wird von der Gruppe bearbeitet, sobald die wichtigsten Themen im „Done“ sind. Achtet darauf, dass nicht mehr als ein bis zwei Themen gleichzeitig im „Doing“ sind, sonst entsteht ein Engpass, der nur schwer aufzulösen ist.

Welche typischen Hürden gibt es und welche Tipps aus der Praxis helfen?
Gelegentlich stellen wir fest, dass die Gruppe bei einer freien Agenda Themen ins Spiel bringt, die nicht in das Meeting gehören, oder hier Vereinbarungen unterbringen will. Dem könnt ihr nur entgegenwirken, indem ihr klar und verständlich moderiert. Achtet auf den korrekten Arbeitsauftrag. Falls Teilnehmer den Auftrag nicht vollständig er-

fassen und der Moderator ein Thema entfernen muss, weil es nicht ins Meeting gehört, kann dies zu Widerständen und Konflikten führen. Darum ist es hier, wie fast immer, von größter Wichtigkeit, darauf zu achten, dass auch jeder den Auftrag in der Themensuche richtig versteht.

Wie funktioniert Themen-Kanban in der Onlinevariante? Online nutzen wir dieselbe Variante, nämlich ein Themen-Kanban, das entweder im Workshoptool als Template zur Verfügung steht oder das wir als Tabelle oder Zeichnung visualisieren. Zur Priorisierung nutzt am besten die Voting-Funktionen eures Tools, damit ihr die wichtigen Themen von den weniger wichtigen differenzieren könnt. User Stories mit hohem Stimmanteil sind demnach höher priorisiert als solche mit weniger Stimmen.

Faustregel für Votings: Votes pro Teilnehmer = Anzahl der Alternativen / drei

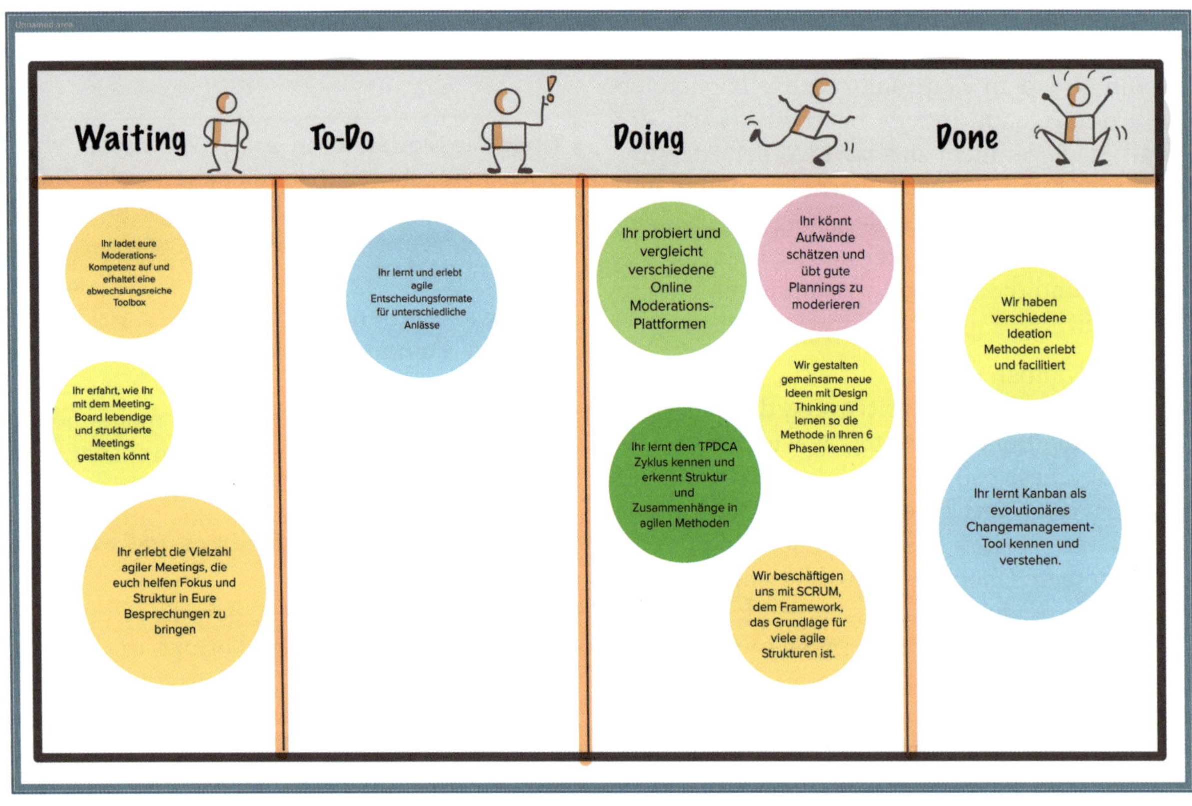

Analyse-Tools bzw. Auswertungen aus den Frameworks

Zahlen bestimmen unser Handeln und brauchen eine Plattform, um sie sichtbar zu machen. Hierfür nutzen wir unterschiedliche Analyseverfahren:

- Burn-down-Chart
- Kanban-Lead-Time
- KPIs
- OKRs

Wozu dienen Analyse-Tools?

Um Bearbeitungsstände und Ergebnisse erkennbar zu machen, braucht es Analyse- und Auswertungstools. Jede Organisation, jedes Team und jedes einzelne Teammitglied misst seine Produktivität anhand verschiedener Verfahren und hat sich für unterschiedliche Messkriterien entschieden bzw. Zielsysteme etabliert.

Im Scrum zum Beispiel macht ihr die Produktivität des Development-Teams im Burn-down-Chart sichtbar. Wenn eine Organisation als Zielsystem OKRs (Objektives & Key Results) verwendet, dann ist der kleinste messbare Nenner des Visionsbeitrags das sogenannte Key Result, dessen Zielerreichung das Team in einer OKR-Liste erkennbar macht.

KPIs finden sich meistens in einer Balanced-Scorecard wieder und die Durchlaufzeit eines Arbeitspakets misst man mittels der Kanban-Lead-Time.

Unabhängig davon, welches Messinstrument genutzt wird, haben alle eines gemeinsam: die entsprechende und regelmäßig gepflegte Visualisierung.

Warum werden sie eingesetzt?

Agiles Arbeiten bedeutet, den Wert „Transparenz" zu leben, das heißt, immer und zu jedem Zeitpunkt Bewusstsein im Team zu schaffen, wo wir in Bezug auf unsere Ziele und Ergebnisse stehen. Eine optimale Möglichkeit, Transparenz zu schaffen, ist die Nutzung von öffentlich gemachten Analysen und Auswertungen. Alle Charts und Verfahren haben gemeinsam, dass jeder in der Organisation seinen Beitrag leistet und seine Bearbeitungsstände den anderen Mitgliedern des Teams sichtbar macht. In regelmäßigen Meetings, manchmal täglich, in manchen Frameworks wöchentlich, treffen wir uns gemeinsam vor den Charts und besprechen unsere Ergebnisse bzw. gleichen unsere Bearbeitungsstände ab und am Ende eines Sprints oder Zyklus geht es in den Review und die Retrospektive. So kann das Team jederzeit lernen, mit Arbeitspaketen sinnvoll umzugehen, und darüber hinaus auch seine Erfolge entsprechend würdigen und feiern.

Wie laufen Reviews mit Analyse-Tools ab?

Alle Analysen haben gemeinsam, dass sie sich mit den Zielen des Teams oder der Organisation auseinandersetzen. Agile Zielsysteme gehen vom Grundsatz aus, dass Teams selbstorganisiert und eigenverantwortlich handeln. Das bedeutet auch, dass das Team seine Ziele selbst definiert und sich dafür verantwortlich erklärt, diese auch zu erreichen. Im Planning-Meeting setzen sich also alle Teammitglieder zusammen und besprechen für den kommenden Zyklus die Ziele, die erreicht werden sollen, um einen maximalen Erfolg des Projekts zu erzielen bzw. eine „Definition of Done" zu erreichen. Alles, was im Planning besprochen wird, wird in einem Tool oder in einer Visualisierung festgehalten und während des gesamten Zyklus stetig nachgeführt. Damit jeder im Team seinen Beitrag optimal leisten kann und will, ist die ständige Visualisierung ein wertvoller Bestandteil. Wenn ich weiß, dass ich in der Mitte des Zyklus erst 25 Prozent des Backlog erreicht habe, dann kann ich entsprechend nachfassen.

Welche typischen Hürden gibt es und welche Tipps aus der Praxis helfen?
Oftmals ist das Bewusstsein für Größe und Umfang eines Arbeitspakets oder eines Backlog die größte Hürde. Wir haben in unserer Praxis sehr häufig das Phänomen erlebt, dass Teams sich gern extrem große Arbeitspakete in den Backlog legen, weil sie es gewohnt sind. So haben wir ein Vertriebsteam begleitet, das die Quartalsvorgaben als User Story definiert und am Ende des Sprints festgestellt hat, dass die Arbeitspakete schlichtweg nicht erledigt worden sind. Das frustriert natürlich. Im Verlauf der Teambegleitung haben wir viel Zeit investiert, die Definition der Arbeitspakete und die damit verbundene Zielerreichung verständlich zu machen. Erst wenn ein Ziel realisierbar und erreichbar ist, macht es auch Spaß, sich im Meeting die Analyse-Tools gemeinsam anzuschauen und zu feiern.

Eine weitere Herausforderung besteht darin, dass Analyse-Tools nur dann einen wirklichen Outcome haben, wenn die entsprechenden Ziele auch aus dem Team heraus entwickelt und nicht von der „Führungskraft" vorgegeben werden. Schaut mal auf euren eigenen Arbeitsalltag: Wie motivierend ist es, jedes Jahr Zielvereinbarungen vorgesetzt zu bekommen?

> **Tipp:** Fördert die Autonomie und Selbstorganisation der Teams, indem ihr jeden motiviert, seinen eigenen Beitrag zu leisten.

Wie funktionieren Reviews mit Analyse-Tools in der Onlinevariante?
Für das Onlinemeeting eignen sich alle Programme und Plattformen, die ein kollaboratives Arbeiten ermöglichen. Sei es die simple gemeinsame Nutzung eines geteilten Excel-Dokuments oder Applikationen, die in bekannten Tools wie Jira oder Confluence enthalten sind. Auch unsere Arbeitsboards in Mural, Miro & Co. bieten genügend Möglichkeiten. Wichtig ist nur, dass ihr euch in festen Zyklen zur Analyse trefft und euch den Themen konstruktiv widmet.

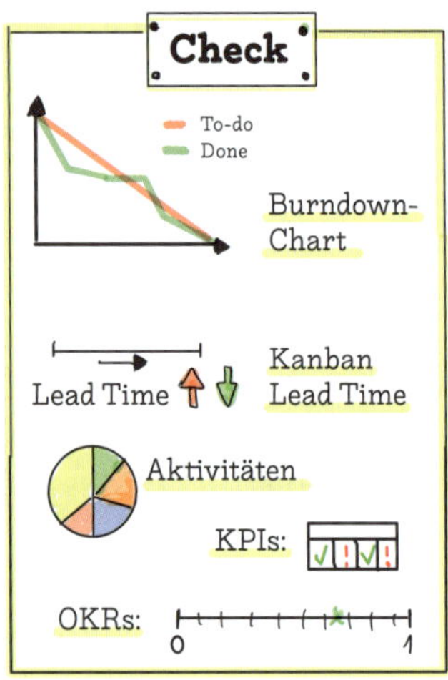

Think-Pair-Share

Think-Pair-Share ist ein weiteres Format aus den Liberating Structures, hier wird es 1-2-4-All genannt. Wir nutzen das Format gern, um einen strukturierten Austausch zu fördern.

Wozu dient es?
Die Methode ist hervorragend dazu geeignet, ein gemeinsames Verständnis in einer Gruppe zu erzielen, Probleme zu besprechen, Lösungen zu erarbeiten oder Entscheidungen herbeizuführen. Jeder kann sich einbringen, und jede Meinung wird gehört. Dabei gehen wir nicht den Umweg über

eine Plenumsdiskussion, sondern tragen die Meinungen aller strukturiert zusammen.

Warum wird es eingesetzt?
Das Besondere an der Methode ist der Zugang zu den Gedanken eines jeden Teilnehmers, wobei jegliches Machtgefüge oder Gleichreden ausgeschlossen wird. Think-Pair-Share fördert durch die Nutzung geschützter Räume die freie Entfaltungsmöglichkeit und die Mitwirkung aller Beteiligten. Wenn im Plenum eine Meinungsabfrage stattfindet, wird spätestens der dritte oder vierte Angesprochene etwas sagen wie: „Ich schließe mich meinem Vorredner an." Genau dies wird hier vermieden, indem wir die Gedanken aus ganz verschiedenen Blickwinkeln zusammensetzen und nach und nach zu einem gemeinsamen Verständnis führen.

Wie läuft Think-Pair-Share ab?
Zunächst denken alle Teilnehmer für einen Moment lang alleine über die Frage nach. Nach ca. zwei bis vier Minuten finden sich im Raum Paare zusammen, die sich jeweils über die Gedanken des Einzelnen austauschen und diese ergänzen. Nach weiteren zwei bis vier Minuten vergrößert der Moderator entweder die Kleingruppe, indem zwei Paare wieder eine Gruppe aus vier Personen bilden, die sich nochmals austauschen und kondensieren, oder er synchronisiert die Ergebnisse im Plenum. Macht das von der Gruppengröße und der Komplexität der Aufgabe abhängig. Ziel ist aber immer, ein gemeinsames Verständnis des Themas zu bekommen.

Welche typischen Hürden gibt es und welche Tipps aus der Praxis helfen?
Bei Think-Pair-Share ist ein typischer Fallstrick, dass Teilnehmer in der Phase, in der sie allein denken sollen, mit den Gedanken ganz woanders sind. Schlimmstenfalls wird die ruhige Minute mit dem Smartphone überbrückt.

> **Tipp:** Lasst immer alle Gedanken auf Moderationskarten schreiben, um den Fokus auf das Thema zu lenken.

Auch stellen wir fest, dass es aus den Kleingruppen zu Mehrfachnennungen kommen kann. Das kann langweilig werden und eventuell gehen neue Gedanken dadurch verloren. Bittet beim Sammeln der Erkenntnisse in der großen Runde darum, nur noch zu ergänzen und nicht zu wiederholen.

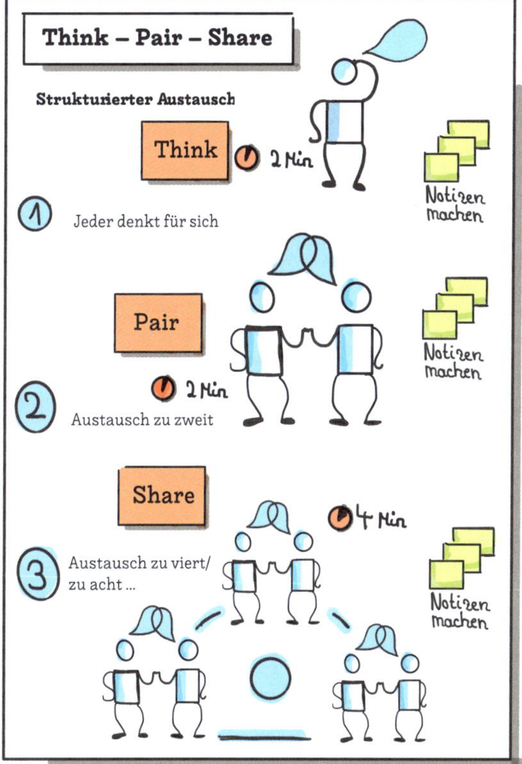

Gespräche können ins Stocken geraten. Es ist als Moderator daher nützlich, zwischendurch unterstützend zu wirken und ruhig einmal eine leise Zusatzfrage in den Raum zu stellen, um die Gedanken der Teilnehmer nochmals zu fokussieren.

Wie funktioniert Think-Pair-Share in der Onlinevariante?
Online hilft uns wieder einmal das Breakout-Tool. Zunächst lassen wir die Teilnehmenden durch den Zufall in Zweierteams zusammenkommen. Timeboxed wird der Breakout nach zwei bis vier Minuten beendet. Dann führen wir einfach zwei der Teams zusammen und öffnen einen neuen Breakout. Sorgt dafür, dass auf der Arbeitsunterlage genug Fläche vorhanden ist, um alles, das besprochen wird, auch zu notieren und den anderen zugänglich zu machen.

Keep-Drop-Try

Das Format Keep-Drop-Try (KDT) kann in zweierlei Hinsicht genutzt werden. Einerseits dient es als schnelles Retrospektivenformat, anderseits aber auch als effektives Entscheidungsformat, welche Fragen innerhalb eines Themas bearbeitet werden.

Wozu dient Keep-Drop-Try?
Ziel in vielen Meetings ist, Entscheidungen zu finden oder herbeizuführen, sei es, welche Themen in Zusammenhang mit dem Meeting angegangen werden sollen, welche Herangehensweise sich im letzten Sprint als geeignet erwiesen oder wie sich die Zusammenarbeit gestaltet hat.

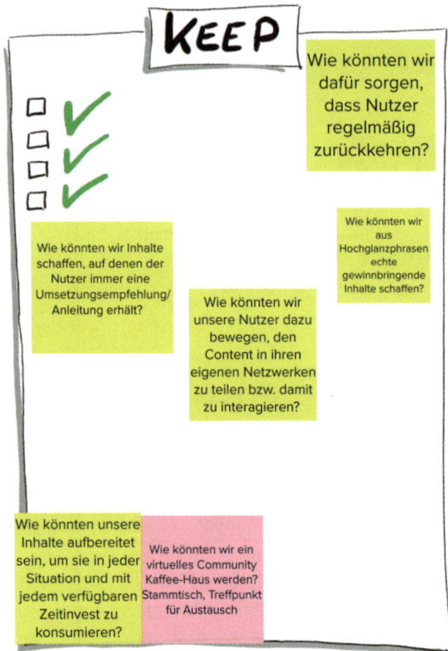

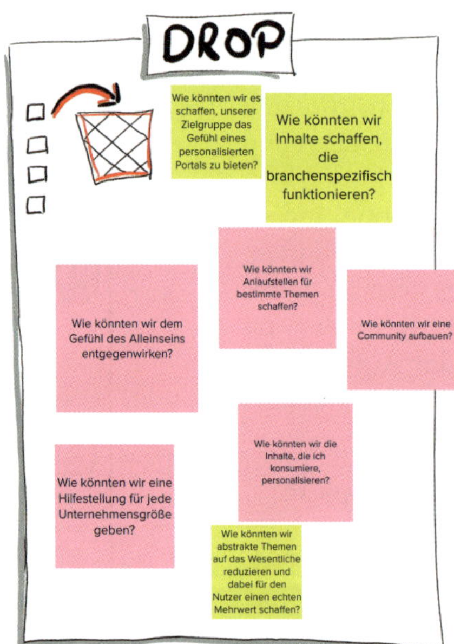

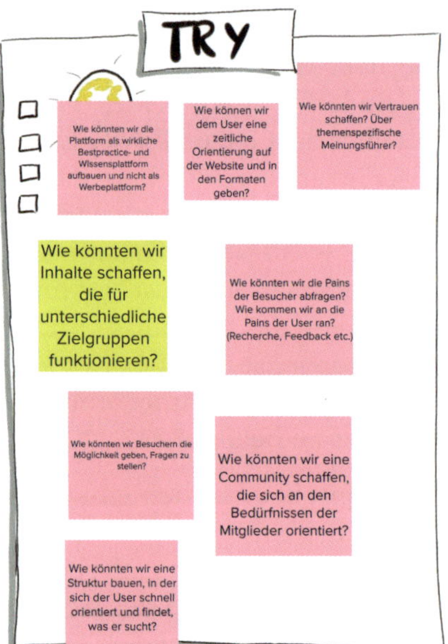

Wenn ihr hierzu schnell ein paar Antworten haben wollt, die auch aus dem Team kommen und somit selbstorganisiert und eigenverantwortlich herbeigeführt werden, bewährt sich der KDT-Walk.

Warum wird Keep-Drop-Try eingesetzt?
Im KDT-Walk wird die Meinung jedes Teilnehmers mit hoher Wahrscheinlichkeit gehört und ein gemeinsames Verständnis der weiteren Herangehensweise geschaffen. Es ist ein Format, das zwar keine 100 Prozent Garantie auf anonymisierte Meinungen gibt, aber es bietet dennoch den Rahmen, dass alle im Team ihre Entscheidung mitteilen können.

Dank Zeitverknappung und klarer Struktur könnt ihr mit dem KDT-Walk schnelle Entscheidungen herbeiführen.

Wie läuft es ab?
Egal, ob Entscheidungsfindung oder Retrospektive, bereitet im Raum entsprechend drei Flipcharts vor, die jeweils mit „Keep“, „Drop“ und „Try“ beschriftet sind. Diese dienen als Stationen im Raum. Jetzt bildet ihr zwei bis drei kleinere Teams aus der Gruppe.

Gebt den Kleingruppen jeweils drei bis fünf Minuten Zeit, um ihre Themen auf Post-its zu schreiben und diese den Stationen zuzuordnen. Jedes Team arbeitet jeweils nur an einem Flipchart.

Alle Teams wechseln gleichzeitig die Station nach einer festgelegten Zeit, sodass nach 12 bis 15 Minuten jeder Teilnehmer einmal an jeder Station gewesen ist.

Fördert Gespräche innerhalb der Gruppe und weist darauf hin, dass Bestehendes jederzeit ergänzt werden darf.

Ist die Runde vollständig durchlaufen, machen wir mit allen Teilnehmern zusammen einen Gallery Walk und schauen uns die Charts gemeinsam an. Ein Galerie-Spaziergang ist ähnlich wie ein Bummel durch eine schöne Bilder-Galerie, bei der die Teilnehmenden alle visualisierten Ideen betrachten und reflektieren.

Welche typischen Hürden gibt es und welche Tipps aus der Praxis helfen?
Wir erleben immer wieder, dass es beim KDT-Walk zu unterschiedlichen Meinungen kommen kann oder dass Meinungen nicht ausgesprochen werden.

Tipp: Macht zu Beginn unbedingt Vereinbarungen klar! Eine VEGAS-Regel sowie Respekt und Wertschätzung in der Vereinbarung stehen zu haben, können ungemein hilfreich sein, damit jeder sich wahrgenommen fühlt.

Genauso vermeidet ihr durch gute Vereinbarungen Diskussionen und Schuldzuweisungen.

Sorgt dafür, dass nicht immer die gleichen Personen in der Kleingruppe zusammenarbeiten, sondern mischt ruhig einmal gut durch. Das fördert neue Denkweisen und bringt andere Ideen aufs Papier.

Wie funktioniert Keep-Drop-Try in der Onlinevariante?
In der Onlinevariante haben wir uns dazu entschieden, ebenfalls mit vorbereiteten Feldern im Arbeitsboard vorzugehen. Die Teameinteilung nehmen wir über die automatischen Breakouts im Videotool vor, indem wir die Entscheidung über die Gruppenzuordnung dem Zufall überlassen. Gebt den Teams eine Gesamtzeit vor, die sie haben, um einmal an jedem Chart gewesen zu sein, und stellt unterstützend gern immer wieder einen Timer. Wie auch immer ihr vorgeht, gebt klare und unmissverständliche Anweisungen.

Starfish

Eine Erweiterung des KDT-Walk ist das Format des Starfish, bei dem wir die Fragen um zwei Perspektiven erweitern.

Wozu dient der Starfish?
Genauso wie KDT ist auch Starfish ein nützliches Format, um Entscheidungen herbeizuführen, ein weiteres Vorgehen im Team zu besprechen, ein Feedback zu Ergebnissen zu geben oder einfach einen Blick auf die Zusammenarbeit zu werfen. Gerade in der Feedback-Variante des Starfish haben sich die weiteren Kategorien sehr bewährt, da nicht nur ein Augenmerk darauf gelegt wird, was geht und was nicht, sondern auch Stärken und Schwächen wertschätzend besprochen werden können.

Warum wird der Starfish eingesetzt?
Starfish ist sowohl als Review-Format für ein konstruktives Feedback der Stakeholder im Einsatz wie auch als Struktur zum Nachdenken über ein Thema. Wie beim KDT be-

kommen bei diesem Format alle Anwesenden eine Chance, sich zu einem Thema strukturiert zu äußern. Wir kennen das zur Genüge, dass sich in Feedback-Runden nicht jeder zu einem Themengebiet äußert, geschweige denn seine Meinung offen kundtun will. Dank des Struktur gebenden Ablaufs und der klar definierten Felder bietet das Format einfach den passenden Rahmen und nebenbei sind die Fragen und Antworten auch schon im Vorfeld deutlich voneinander getrennt. Das schafft Transparenz, was wiederum sinnvolle Ergebnisse zutage fördert. Wir nutzen Starfish sehr gern, da wir hier schnell zu weiteren Vorgehensweisen hinführen können und Handlungsoptionen ableiten.

Wie läuft der Starfish ab?
Das Format hat eine recht eingängige Struktur. Alle Teilnehmer des Meetings erhalten ein Zeitfenster von ein bis zwei Minuten zu jedem Fragefeld, schreiben ihre Anmerkungen auf Notizzettel und kleben diese auf den am Flipchart vorbereiteten Seestern. Das Sammeln der Hinweise und Feedbacks erfolgt gleichzeitig und ohne Kommentare oder Rechtfertigungen.

Nacheinander bearbeitet die Gruppe die Themenfelder:

- More: Wovon wollen wir mehr haben/erreichen/erledigen?
- Less: Worauf sollten wir weniger/leichter/entspannter eingehen?
- Start: Was haben wir im Zyklus bemerkt, das dringend begonnen werden muss?
- Stop: Was sollten wir einfach lassen?
- Keep: Welche Erfahrung haben wir gemacht, die unbedingt beachtet werden muss?

Sind alle Felder nach und nach beschriftet, empfiehlt sich eine kurze Reflexion, ein Durchlesen der Antworten, gegebenenfalls ein Nachfragen oder Erklären. Schaut aber unbedingt auf die bekannten Feedback-Regeln: „Lösungen statt Schuldzuweisungen; keine Kritik, keine Rechtfertigung."

Welche typischen Hürden gibt es und welche Tipps aus der Praxis helfen?
Ganz typisch für alle Feedback-Formate ist der menschliche Drang danach, sich zu erklären oder zu rechtfertigen. Wir erleben auch oft ein betretenes Schweigen, vielleicht sogar bedingt durch die Angst, dass Fehler zu Stellungnahmen führen können.

Tipp: Auf jeden Fall erst einmal das Mindset klären und Vereinbarungen aufstellen. Eine klar definierte Timebox und die „Anweisung" an die Gruppe, „erst einmal schreiben und aufhängen", hilft ungemein dabei, Meinungen offenzulegen.

Wie funktioniert der Starfish in der Onlinevariante?
In der Onlinevariante nutzen wir Starfish auch sehr gern. Das Prinzip ist dasselbe. Als kleine Spielart hat es sich bewährt, das verbale Feedback nach der Verschriftlichung in einem ergänzenden 1-2-4-All zu vertiefen, um möglichst zu einem gemeinsamen Verständnis zu gelangen. Die dafür benötigten Breakouts im Videotool kennt ihr ja bereits aus Kapitel 2.2, S. 54.

Design-Thinking-Brainstorming

Brainstorming-Methoden gibt es viele und alle folgen einer klaren Struktur, so wie im Design Thinking in der dritten Phase (siehe Kapitel 3.10, S. 183). Denken wir einmal an den agilen Kreislauf, da steht vor jedem Zyklus ein „Think New" und genau hier setzen wir mit einem Brainstorming an. Es braucht eben manchmal neue Ideen.

Wozu dient Design-Thinking-Brainstorming?

Design Thinking wird gern als Innovationsmethode mit radikaler Kundenorientierung bezeichnet – und genau das ist es auch. Mit einem Brainstorming nach den Regeln von Design Thinking wird die Innovationskraft gefördert, Authentizität gestärkt und das Meeting bekommt neuen Schwung.

Warum wird es eingesetzt?

Manchmal merken wir, dass es Zeit ist, eine Methode, einen Arbeitsansatz oder auch einen Ablauf neu zu strukturieren oder einfach nur einen anderen Blick auf eine Sache zu werfen. Um nicht lang und breit über Eventualitäten, Machbarkeit und Kritik nachzudenken, empfiehlt es sich, ein Brainstorming anzusetzen. Design Thinking wird auch als die Kreativmethode bezeichnet, die schnelle und innovative Lösungen zutage fördert. Es geht eben nicht in der ersten Konsequenz darum, jede nur erdenkliche Einschränkung zu durchdenken, sondern lieber schnell und ohne zu überlegen Ideen aufs Papier zu bringen. Diese dann richtig und sinnvoll in Machbarkeit und Outcome zu sortieren und Handlungsoptionen zu definieren, bringt das Team oder das Meeting auf einen neuen Kurs mit Lösungsansätzen und einem anderen Kundenblickwinkel.

Wie läuft es ab?

1. Bereitet eine Arbeitsfläche auf einem Flipchart oder einer Metaplanwand vor, die möglichst keinen Rahmen und keine Beschränkung hat.
2. Erklärt und visualisiert die wichtigsten Regeln für das Brainstorming:
   - Alles ist erlaubt, alles ist richtig. Es gibt einfach keine schlechten Ideen.
   - Denke aus Nutzersicht. Das, was wir tun, hat immer eine Auswirkung auf den Kunden, sei er nun intern oder extern.
   - Schreibe alles auf oder zeichne alles (zeichnen fördert andere Denkareale).
   - Hol dir Inspiration von den anderen Teilnehmern, Abschauen ist ausdrücklich erlaubt.
   - Bleibe im Fokus auf das Thema bezogen, egal wie wild oder verrückt die Idee gerade zu sein scheint.
3. Wenn alle Regeln geklärt sind, gehts daran, das Gehirn zu fordern. Gebt der Gruppe vier bis fünf Minuten Zeit, alle Gedanken, die gerade im Kopf herumschwirren, auf Klebezettel zu bringen. Sorgt aber dafür, dass jeder Klebezettel sofort auf das Flipchart kommt. Am besten führt ihr das Brainstorming im Stehen durch. Nur so kann sichergestellt werden, dass die Ideen auch im Fokus aufeinander aufbauen.
4. Sortiert gemeinsam und priorisiert die Ideen danach am Flipchart. Gegebenenfalls nutzt ihr dazu auch ein Keep-Drop-Try oder eine Machbarkeitsmatrix. Hauptsache, ihr findet in der Masse der Zettel gangbare Ideen und bildet daraus Handlungsoptionen.

Welche typischen Hürden gibt es und welche Tipps aus der Praxis helfen?

Oft erleben wir in Kreativ- oder Brainstorming-Prozessen, dass nicht wirklich etwas passiert. Die Teilnehmenden sitzen vor ihren Klebezetteln und es kommen keine Ideen. Dafür gibt es viele Gründe. Schaut mal in Kapitel 3.13, S. 191 nach. Brainstorming braucht ein kleines Warm-up, also eine kleine Auflockerungsübung. Wir nutzen hierzu gern ein paar verrückte Fragen wie beispielsweise: „Wie kann man eine Kuh zu Geld machen?“

Außerdem ist es die besondere Herausforderung des Moderators, das Brainstorming zu fördern. In dieser Rolle solltet ihr immer wieder kleine Zwischenfragen in die Gruppe werfen, um eine neue Denkrichtung zu fördern. Heizt die

Gruppe ordentlich an, ihr dürft hier wirklich einmal richtig aus euch herausgehen.

Tipp: Lasst die Teilnehmenden nicht nur Zettel kleben, sondernd auch die Idee beim Ankleben aussprechen. Jeder andere hört den Gedanken und kann auf der Idee aufbauen.

Wie funktioniert Design-Thinking-Brainstorming in der Onlinevariante?
In der Onlineversion läuft alles sehr ähnlich ab. Auf unserem Arbeitsboard ist immer genug Platz, um schnell eine Brainstorming-Fläche aufzumachen. Alternativ könnt ihr auch Mindmaps eröffnen. Hier bietet „Miro" eine tolle Funktion zusätzlich an. Achtet auch hier peinlich auf Timeboxen, unterstützt durch Timer, oder nutzt knappe Breakouts, um unterschiedliche Perspektiven zu fördern.

Phase 4: Entscheiden und planen

Ablauf

Die vierte Phase jedes Meetings beinhaltet das Entscheiden und Planen.

- Zunächst werden allerdings die Ideen und Vorschläge, die in Phase 3 entstanden sind, priorisiert. Priorisierung schafft Klarheit, Fokus und Struktur. Durch die gemeinsame Gewichtung ist allen die Reihenfolge und Relevanz der Themen präsent.
- Wenn erforderlich, folgt auf die Priorisierung die Entscheidungsphase der zu bearbeitenden Themen und Vorschläge: Innerhalb eines Rahmens, den die Führung oder im Fall von Meetings der Moderator vorgibt, kann je nach Relevanz unterschiedlich entschieden werden. Selbstorganisation hängt sehr eng mit Entscheidungskompetenz zusammen. Wenn wir Agilität fördern wollen, brauchen wir neue Entscheidungsprozesse: Wir empfehlen, folgende fünf Varianten zu üben und zu nutzen.

Tools zum Entscheiden und Planen

Punkteabfragen

Wertungen und Wahlverfahren helfen uns bei Entscheidungsprozessen. Die Punkteabfrage ist ein gängiges Format hierfür.

Wozu dienen die Punkteabfragen?
Punkteabfragen dienen der Priorisierung, der Themenauswahl oder der Fokussierung auf das Wesentliche. Sie sind ein schnelles Format, bei dem jeder gehört wird und jede Meinung zählt. Erinnert euch an die „Wollmilchsau". In vielen Meetings kommen viel zu viele Themen auf die

Agenda. Jeder Teilnehmer hat seine eigenen Gedanken zu einem Aspekt und möchte gegebenenfalls auch noch einen kleinen Nebenschauplatz aufmachen. Wir haben in den vorangegangenen Kapiteln schon die offene Agenda und andere Themensammlungen besprochen. Wollen wir allerdings einen Fokus, ein gemeinsames Verständnis oder eine Prioritätenliste erstellen, dann haben sich Punkteabfragen immer bewährt. Sie sorgen letztlich für einen Mehrheitsentscheid, wenn es darum geht, im Thema weiterzukommen und weniger wichtige Punkte zwar nicht außer Acht zu lassen, aber zumindest für den Moment nach hinten zu stellen. Lasst sie schön im Backlog, denn sie wollen nicht vergessen werden!

Warum werden Punkteabfragen eingesetzt?
Wir nutzen Punkteabfragen als Auswahlformat oder Voting besonders dann, wenn im Meeting auch jede Meinung gehört werden soll und es nicht darauf hinauslaufen soll, dass sich der Stärkere mit den besten Argumenten durchsetzt. Wer Meetings erlebt hat, kennt das: Argumente über Argumente und daraus resultierende unendliche Diskussionen führen zu keinem Ergebnis. Lasst daher einfach wählen, dann entscheidet die Mehrheit!

Wie laufen sie ab?
Nachdem alle Themen auf ein Whiteboard, Flipchart oder im Themen-Kanban aufgeschrieben sind, verteilt der Moderator farbige Klebepunkte. Anzahl der Alternativen geteilt durch drei ergibt die Menge der Punkte pro Teilnehmer. Ihr definiert die Regeln: ein Punkt pro Auswahl oder auch zwei. Alle gehen gemeinsam zum Flipchart. Aus den geklebten Punkten ergibt sich die Priorisierung.

Welche typischen Hürden gibt es und welche Tipps aus der Praxis helfen?
Manchmal scheitern Punkteabfragen auch am Rollenverständnis oder an fehlender Offenheit und manchmal ist es der Gedanke, lieber mit dem Strom als gegen ihn zu schwimmen, oder es gibt die eine recht laute Persönlichkeit im Raum.

> **Tipp:** Dreht die Themensammlung einfach um und lasst die Punktevergabe anonym vornehmen, dann ist die Chance, dass jeder gehört und berücksichtigt wird, wesentlich größer. Wenn Themen sehr ähnlich sind oder sogar dasselbe meinen, kann die Auswahl Missverständnisse zutage fördern. Also fasst erst einmal zusammen und stellt eine gemeinsame Definition her!

Wie funktionieren die Punkteabfragen in der Onlinevariante?
Die von uns eingesetzten Arbeitsboards bieten alle eine sogenannte Voting-Funktion an. Hier gilt dasselbe Prinzip wie bei einer Punkteabfrage im realen Meetingraum. Ihr vergebt die Anzahl der Votings über das Programm, startet die Session und wartet auf die Ergebnisse.

Achtung: Nicht jede Plattform ist gleich komfortabel. Manches Voting landet im Hintergrund, wenn im Vorfeld nicht genau besprochen worden ist, wie die Technik funktioniert.

Aufwand-Wirkung-Diagramm

Eine weitere Variante, Themen zu priorisieren, ist das Aufwand-Wirkung-Diagramm. Hierbei entscheidet die Gruppe gemeinsam die To-dos nach dem Outcome.

Wozu dient das Aufwand-Wirkung-Diagramm?
Wie auch bei der Punkteabfrage ist das Ziel dieses Formats die Priorisierung einzelner Themen. Im Gegensatz zur Abfragetechnik betrachten wir aber den zu erwartenden Impact der Maßnahme oder des Themas. Wir schauen also auf die Sinnhaftigkeit anstatt auf die persönliche Präferenz.

Warum wird es eingesetzt?
Einige Themen, derentwegen wir ein Meeting veranstalten, sollen nach Möglichkeit unmittelbar Wirkung zeigen. Menschen mögen es, wenn am Ende einer jeden Veranstaltung Handlungsoptionen oder sinnhafte Ergebnisse erzielt werden. Das motiviert und bringt uns weiter und keiner hat das Gefühl, dass das Meeting Zeitverschwendung war. Um solche Themen herauszufiltern, die auch zu etwas führen, könnt ihr das Team einfach die einzelnen Punkte nach Aufwand und Wirkung filtern lassen.

Wie läuft es ab?
Wie in der Abbildung dargestellt werden zwei Achsen gezeichnet. Eine für die aufsteigende Wirkung des Themas und eine für den Aufwand bei der Umsetzung. Jedes Thema wird gemeinsam nach der erwarteten Wirkung und dem aufzuwendenden Aufwand bewertet. Alle Themen mit großer Wirkung werden weiterverfolgt, wobei die „Unaufwendigen" sofort umgesetzt werden.

Welche typischen Hürden gibt es und welche Tipps aus der Praxis helfen?
Häufig gibt es Meinungsverschiedenheiten, was einzelne Themen bringen und welchen Aufwand sie darstellen. Das kann an fehlendem Verständnis oder Wissen über das Thema liegen.

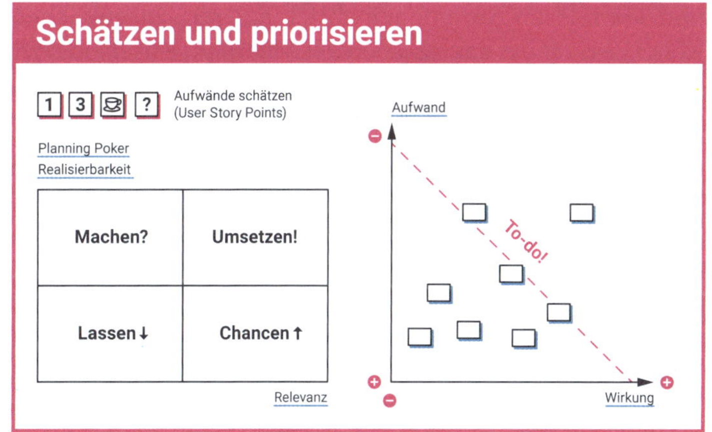

Tipp: Klärt die Zusammenhänge, macht aber auch klar, wer die Kompetenz für den jeweiligen Bereich hat, und schafft Raum für Nachfragen.

Wie funktioniert das Aufwand-Wirkung-Diagramm in der Onlinevariante?
Online wie offline kombinieren wir gern verschiedene Formate miteinander. Alles wird auf dem digitalen Whiteboard visualisiert und die Teilnehmenden beurteilen gemeinsam durch das Verschieben der einzelnen Punkte. Das funktioniert einfach und führt schnell zu Klarheit über die unterschiedlichen Einschätzungen. Das Format ist also online sowie analog durchführbar.

Weitere Entscheidungsformate

Unterschiedliche Situationen bedürfen ganz unterschiedlicher Entscheidungsformate. Wie aus der Entscheidungsmatrix (siehe S. 83) ersichtlich ist, können wir nach einfachen und komplexen Situationen differenzieren. In einfachen Kontexten genügt häufig schon der Mehrheitsentscheid oder der Konsens, in komplexeren Zusammenhängen braucht es einen Konsent oder konsultativen Einzelentscheid.

- Der **Mehrheitsentscheid** ist sicherlich die schnellste und einfachste Variante, um in einem Team oder einem Meeting eine Entscheidung herbeizuführen. Für die meisten unter uns ist dieser Prozess absolut vertraut, denn er folgt den Regeln, die wir beispielsweise aus der Politik kennen. Eine Frage wird in den Raum gestellt und durch Handheben wird entschieden. Die Nachteile sind offensichtlich: Es wird nicht jede Meinung gehört, Einwände bleiben bestehen und abweichende Meinungen werden überstimmt.

Tipp: Als Moderatoren solltet ihr gut abwägen, was ihr die Mehrheit entscheiden lassen wollt.

- Der **Konsens** ist da schon wesentlich mehr auf unterschiedliche Wünsche und Bedürfnisse ausgelegt, denn im Konsens sollen sich schlussendlich alle Beteiligten einig sein. Es soll eine einstimmige und von jedem Einzelnen akzeptierte Einigung erzielt werden. Dafür muss auch einmal länger und ausgiebiger debattiert werden, jede Meinung gehört und das Für und Wider abgewogen werden. Eine auf einem Konsens aufbauende Entscheidung hat dafür auch Tragweite und wird in der Regel von allen akzeptiert. Wir würden grundlegende Teambelange, gemeinsame Vereinbarungen zur Zusammenarbeit oder auch Teamziele im Konsens entscheiden lassen.
- Der **Konsent** kommt aus der Soziokratie und stellt eine effektive Variante für komplexe Entscheidungen dar. Wie Bernd Österreich (2015) beschreibt, wird beim Konsent im Gegensatz zu demokratischen Entscheidungen nicht „Wer ist dafür?“ gefragt, sondern die Frage lautet: „Welche Einwände gibt es?“ Die geäußerten Einwände werden dann besprochen und wenn möglich in eine neue Lösungsfindung integriert. Dadurch entstehen vielfach bessere Grundlagen für eine Entscheidung als vor der Frage. Die soziokratische Wahl besteht also darin, die Beteiligten sehr viel stärker in die inhaltliche Entwicklung der Entscheidungen einzubinden. Wer einen Einwand äußert, ist auch aufgefordert, daran mitzuwirken, diesen Einwand aufzulösen. Er wird mit der Frage konfrontiert: Wie kann die Lösung so verändert werden, dass dein Einwand entfällt oder schwächer wird? Oder wie müsste die Lösung aussehen, dass du keinen schwerwiegenden Einwand mehr hast? Die Entscheidung basiert außerdem auf Vetofreiheit, das heißt, solange auch nur eine Person ein Veto einlegt, ist die Entscheidung nicht akzeptiert. Typischerweise gibt es verschiedene Grade von Einwänden. Das Veto ist dabei der stärkste Einwand. Jeder Entschluss hat zum Ziel, die aktuelle Situation zu verbessern. Wird keine Verbesserung gefunden, bleibt die Ist-Situation bestehen, bis eine bessere Variante gefunden wird. Das soziokratische Prinzip erlaubt den Beteiligten darüber hinaus auch, sich im Konsent für andere Entscheidungsverfahren wie Münzwurf, relative Mehrheit, Diktatur und vor allem den konsultativen Einzelentscheid zu stimmen.
- Manche Unternehmen wählen auch den **konsultativen Einzelentscheid**, wenn kein Konsent nach einer bestimmten Zeit gefunden wird. Man kann beispielsweise zehn Minuten Timebox zum Finden eines Konsent vorgeben und anschließend einen Entscheidungsträger wählen, der den konsultativen Einzelentscheid über-

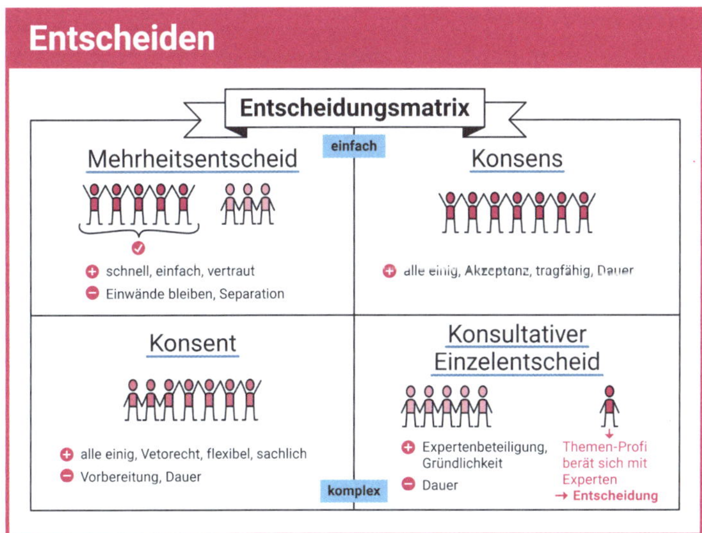

nimmt. Derjenige berät sich mit Experten und Stakeholdern, um möglichst viele relevante Informationen zu integrieren, und entscheidet dann stellvertretend für das Team. Besonders bei komplexen Themen, die das Team nicht in seiner Gänze erfassen kann, eignet sich diese Variante. Ablauf:

- Entscheidungsbedarf analysieren: Wer ist von der Entscheidung möglicherweise betroffen? Was soll entschieden werden? Welche Einzelperson soll die Entscheidung treffen und welche Personen sollen vor der Entscheidung konsultiert werden?
- Entscheider auswählen und bevollmächtigen: Derjenige muss über Kompetenz verfügen und braucht das Commitment des Teams.
- Entscheidungsprozess: Einarbeitung ins Thema, Konsultation, Ausarbeitung und Vergleich, Entscheidung.
- Bekanntgabe: Der Entscheider stellt seine Entscheidung vor und erläutert, welche Optionen er geprüft hat, wen er konsultiert hat und warum er so entschieden hat.

- Bei der **Widerstandsabfrage**, oft auch als systemisches Konsensieren bezeichnet, wird statt des Grads der Zustimmung der Grad des Widerstands gegen einen Vorschlag abgefragt und summiert. Der Vorschlag mit dem niedrigsten Widerstandswert wird umgesetzt. Damit können die Meetingteilnehmer ihren Widerstand offen ausdrücken und es wird trotz Widerständen eine gangbare Lösung gefunden. Die Lösung gilt dann immer so lange, bis ein besserer Vorschlag geäußert wird.

Phase 5: Check-out

Ablauf

Wie beim Einloggen erfolgt bei jedem Meeting auch ein Ausloggen zum Abrunden und Beenden der Runde und der Themen. Dazu werden nach der Entscheidungs- und Planungsphase alle offen gebliebenen Fragen gesammelt und beantwortet.

Dann wird das Themen-Kanban betrachtet und die erledigten und unerledigten Themen werden offen angesprochen und zugeordnet. Offene Themen aus dem Backlog werden entweder auf das nächste Meeting vertagt oder es wird eine anderweitige Form der Klärung gefunden.

Abgerundet wird das Meeting mit einem Feedback zur Moderation und zur inhaltlichen Bearbeitung. Das Feedback wird je nach Thema und Zeit unterschiedlich gestaltet und reicht von einer kurzen „Time geboxten" offenen Feedback-Runde bis zu Quick-Feedback-Strukturen.

Tools für den Check-out

Check-out-Tools dienen uns als Feedback-Schleifen, aus denen wir unsere weiteren Vorgehensweisen für kommende Meetings ableiten können und einen Einblick bekommen in das Erleben der Teilnehmer der jeweiligen Meetings.

Um den agilen Werten Transparenz und Feedback, Respekt und Kommunikation gerecht zu werden, kommen unterschiedliche, oft kreative Abschlusstools zum Einsatz. Ziel ist es immer, iterativ aus Fehlern und dem Vergangenen zu lernen und dem Moderator die Möglichkeit zu geben, sich kontinuierlich zu verbessern. Doch nicht nur der Moderator kann das Feedback nutzen, auch den Teilnehmenden wird eine Plattform geboten, das eigene Erleben zu reflektieren, um so beim nächsten Termin schon wieder ein klein wenig besser in der Umsetzung zu werden. Wenn wir ohne eine entsprechende Runde auseinandergehen, werden wir kaum erfahren, was in welcher Form verbessert werden kann.

Die Umsetzung von Ideen und Arbeitsprinzipien benötigt eine Visualisierung, ein Festhalten der Erkenntnisse und Ergebnisse. Wir möchten uns an das erinnern, was uns wichtig erschienen ist. Nutzt dazu den Check-out, und das am besten auch schnell und ohne Zeit für Rechtfertigungen, denn was einmal ausgesprochen und aufgeschrieben ist, kann jederzeit nachgelesen und reflektiert werden.

Es gibt eine große Zahl von Feedback-Formaten, die am Ende eines Meetings eingesetzt werden können.

1. **Feedback-Skalen**
   Je nach Thema beschriftet ihr unterschiedliche Skalen wie: „Relevanz der Themen", „Effizienz der Bearbeitung" und „Unsere Stimmung" und lasst diese durch die Teilnehmenden mit Punkten oder Kreuzchen einschätzen. Bittet nach der Einschätzung um kurzes mündliches Feedback dazu.
2. **Daumencheck**
   Beim Daumencheck zeigen die Teilnehmenden anhand Daumen oben, zur Seite oder unten, wie sie das Meeting gefunden haben, und geben eine kurze Begründung.
3. **Sternebewertung**
   In Anlehnung an das typische Rezensionsformat werden ein bis fünf Sterne mit kurzem Text vergeben, der die Einschätzung des Meetings beinhalten sollte.
4. **Wetterlage**
   Auch die Wetterlage ist eine schöne Metapher für die Gefühlslage der Teilnehmer in einem Meeting. Von „sonnig warm" über „heiter bis wolkig" bis hin zu „ge-

wittrig oder Unwetter“ könnt ihr schön die Empfindungen eurer Gruppe abfragen, gern auf einem Flipchart mit kurzer Erläuterung.

5. **I liked, I wished, I learned**
   Die folgenden Fragen eignen sich gut dafür, ganz unterschiedliche Reflexionsrichtungen bei den Teilnehmern abzufragen:
   - Was hat dir gefallen?
   - Was hättest du dir noch gewünscht?
   - Was hast du gelernt?
6. **Zweirichtungsfazit**
   Eine einfache und dennoch gute Reflexion ist die Frage nach der beruflichen und privaten Essenz aus der Besprechung:
   - Was setze ich ab morgen um?
   - Was erzähle ich heute Abend zu Hause?
7. **Gradmessung oder Barometer**
   Ähnlich wie die Feedback-Skalen ist die Gradmessung eine gute Metapher als Reflexion. Wichtig ist hierbei, die jeweiligen niedrigen und hohen Werte vorher zu definieren:
   - Gefühlsbarometer
   - Innovationsbarometer
   - Effektivitätsbarometer

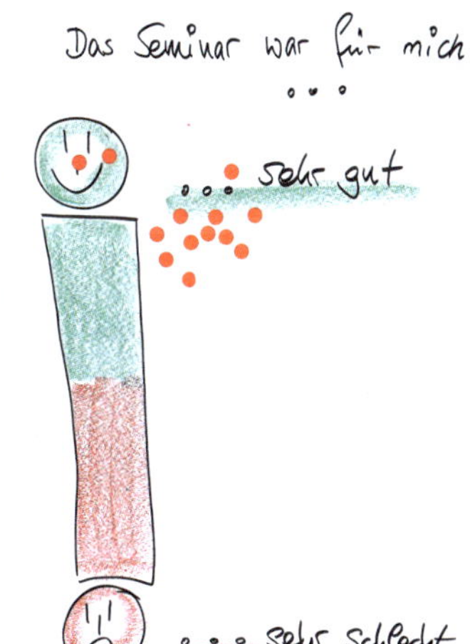

8. **Koffer**
   Auch die Koffermetapher eignet sich für unterschiedliche Reflexionsfragen:
   - Was nehme ich mit und packe ich in meinen Koffer?
   - Welchen Ballast aus meinem Koffer bin ich losgeworden?
   - Was hätte ich noch gern mitgenommen?
9. **Baum der Erkenntnis**
   Hier fügen wir gern zum Meeting passende Fragen hinzu, welche die Teilnehmenden erst einmal in einer stillen Runde für sich selbst beantworten:
   - Was ist der Gewinn des Meetings?
   - Was möchtest du gern für dich umsetzen?
   - Was würdest du beim nächsten Mal anders machen wollen?

Welche Hindernisse gibt es?

Feedback-Runden sind ein wenig prädestiniert dafür, dass die Teilnehmenden zu Rechtfertigungen und Erklärungsversuchen greifen oder eine kurze Antwort geben, die nichtssagend und wenig aussagekräftig ist. Das hilft nicht wirklich und trägt auch nicht dazu bei, etwas zu verändern.

Tipp: Unterstützt als Moderatoren die Gruppe darin, ehrliche und klare Aussagen zu machen, indem ihr nochmals auf die Vereinbarungen hinweist und die Frage so klar wie möglich formuliert. Am besten überlegt ihr euch schon vorher die passenden Fragen und schreibt sie auf ein Flipchart. Wir machen auch kurz vor der Feedback-Runde noch einen kleinen Rundgang durch die Erkenntnisse des Meetings und erinnern an alles, was erarbeitet worden ist.

Wie funktioniert es online?

Ob ihr nun online oder offline ein Feedback zu einem Meeting einfordert, ist von der Herangehensweise gleich. In der Videokonferenz stehen wir oft als Moderatoren vor der Herausforderung, dass alle Teilnehmer auch gehört werden und jeder seine Hinweise loswerden kann. Ein namentliches Aufrufen kann dem einen oder anderen ein wenig direktiv vorkommen, deshalb geht am besten für diese Runde nochmals an den Konferenztisch auf dem Arbeitsboard zurück. Dort ist ja die „Sitzreihenfolge" eigenverantwortlich festgelegt und ihr braucht nur noch einen Startpunkt zu setzen. Oder ihr gebt einfach den schon vorgestellten Rede-Staffelstab weiter.

2.3 Die Anforderungen an das Lernen der Zukunft

Gestaltung der Learning Journey

Wir empfehlen im agilen Umfeld eine Learning Journey anhand des Bedarfs der Organisation zu entwickeln und iterativ anzupassen. Auch hier ist der TPDCA-Zyklus das Mittel der Wahl:

1. **Think New: Lernen neu denken aus Nutzersicht** Welchen Bedarf hat die Organisation bezogen auf die typischen Entwicklungsfelder wie Mindset, Kompetenzen, Methoden, Teamentwicklungen und Retrospektiven? Durch welche Formate, wie beispielsweise Blended Learning, Schulungen, Workshops oder Barcamps, wird die erforderliche Entwicklung am besten ermöglicht? Welche Themen werden der passenden Zielgruppe anhand welcher Methoden vermittelt?
2. **Plan:** Planen der Learning Journey und der einzelnen Stationen wie Schulungen, Workshops, Barcamps, Lean Cafés etc. anhand der Erkenntnisse aus Think New.
3. **Umsetzen:** Die Stationen der Learning Journey werden umgesetzt. In der ersten Phase reicht es, Prototypen der einzelnen Stationen zu entwickeln, die dann mit Probanden ausprobiert werden.

4. **Check:** Die Prototypen der Workshops etc. werden mit unterschiedlichen Zielgruppen getestet und es wird ausführliches Feedback eingeholt.
5. **Act:** Nach dem Feedback werden die Prototypen angepasst und weiterentwickelt, bis die Stationen der Journey so weit fertiggestellt sind, um ausgerollt zu werden.

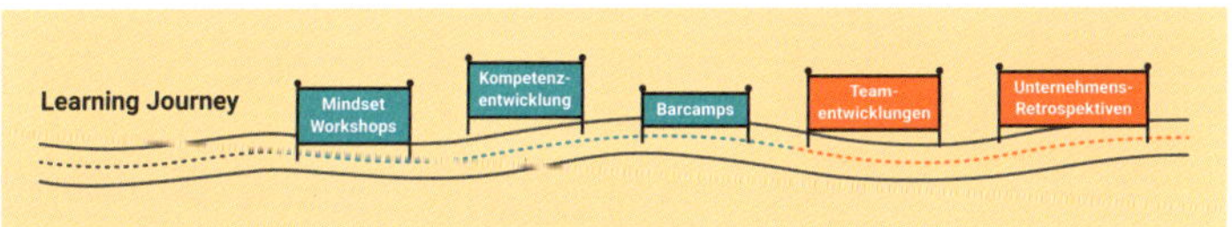

Lernphasen: Shu Ha Ri

Die japanische Kampfkunst unterscheidet drei Lernphasen, die ein Schüler von den Anfängen bis zur Meisterschaft durchläuft.

- **„Shu“** ist die erste Phase des Lernens. „Shu“ bedeutet übersetzt „gehorchen oder einhalten“. In dieser Phase befolgt der Schüler die gelernten Regeln und Schritte ausnahmslos. Er muss sich genau an den Prozess halten, darf nichts infrage stellen oder verändern. Strikte Disziplin ist die Devise. Egal welche Methode oder welches Framework ihr im Team einführt, haltet euch in der ersten Lernphase strikt an die Regeln und Abläufe: Wenn ihr beispielsweise ein Daily einführt, in dem ihr euch täglich 10 bis 15 Minuten über Bearbeitungsstände austauscht, dann ist es ganz entscheidend für dessen Wirksamkeit, das Meeting diszipliniert nach dem folgenden Schema durchzuführen:
  1. Am selben Ort und zur selben Zeit, maximal 15 Minuten.
  2. Jeder beteiligt sich gleichermaßen, indem er auf drei Fragen antwortet: Was habe ich gestern umgesetzt?

Welche Hindernisse sind aufgetreten? Was werde ich heute angehen und wo brauche ich Unterstützung?
3. Der Moderator oder Master räumt die Hindernisse im Anschluss aus dem Weg, damit das Team ungestört arbeiten kann.

Allzu oft coachen wir Teams, die bereits nach einer Woche die Frameworks an eigene Bedürfnisse anpassen. Dann wird beispielsweise im Daily – weil es praktisch erscheint – auch noch das eine oder andere Hindernis diskutiert oder die „Breaking News" aus dem Unternehmen werden besprochen. Im Handumdrehen wird aus den zehn Minuten eine halbe Stunde und der Fokus geht mehr und mehr verloren. Vier Wochen später hat die Hälfte des Teams schon keine Lust mehr auf das tägliche Zusammentreffen, da es schlichtweg zu viel Zeit frisst und die Themen nicht mehr allen als relevant erscheinen. Kurzum: Die verkürzte Form eines klassischen Teammeetings wird jetzt Daily genannt und der eigentliche Sinn und Nutzen haben sich in eine zusätzliche Belastung des Teams verwandelt. Fazit des Teams: „Das Daily bringt bei uns nix!" Viel sinnvoller ist, wenn ein Moderator die ersten Monate das Daily vorbildlich moderiert und die Struktur entschieden einhält. Erst wenn das sozusagen im Schlaf sitzt, kann auch ein anderer im Team die Moderation übernehmen. Der Ablauf bleibt immer noch derselbe. Nach ca. einem Jahr erst ist das Team frei, eine Änderung zu beschließen und die Auswirkung zu testen.

- **„Ha"** ist die zweite Phase des Lernens und lässt sich übersetzen mit „(auf)brechen, frei werden, abschweifen". Wenn der Schüler die Regeln und Schritte wirklich beherrscht, dann darf er anfangen, sie zu interpretieren und auf den Kontext abgestimmt zu variieren. Er hat in der ersten Phase den Nutzen kennengelernt und die Bedeutung der Regeln verinnerlicht. Im „Ha" hat er die Kompetenz erworben, sie für sich neu zu deuten. Um bei unserem Beispiel zu bleiben, kann es für ein Team emotional und mental sehr effektiv sein, die Frage „Was lief gestern gut?" an den Anfang des Meetings zu stellen. Das fokussiert jeden auf die positiven Themen und Betrachtungsweisen.
- **„Ri"** als dritte Phase des Lernens und höchste Stufe der Kunst bedeutet „verlassen, trennen, abschneiden". Hier ist der Schüler zum Meister geworden. Er kann die Muster und Strukturen verlassen und eigene Dinge entwickeln. Im „Ri" ist alles so verinnerlicht, dass man unabhängig von der Methode wird. Das Team ist so eingespielt und erfahren, dass es sich von der strikten Struktur löst und nur noch jeden dritten Tag ein Daily braucht, um sich vollständig abzustimmen. Es hilft uns nicht weiter und wir lernen nicht wirklich weiter, wenn wir zu früh anpassen. Ganz im Gegenteil: Wir verkau-

fen dann alten Wein in neuen Schläuchen, indem wir nur einen neuen Titel beibehalten und ihn mit alten Mustern füllen. Wir suchen unzählige neuen Impulse und sehnen ein Rezept für Veränderungen herbei. Weiterbringen wird uns nur konsequente Musterunterbrechung, das Loslassen von etwas Vertrautem, indem wir etwas wirklich Neues implementieren.

Weg vom Lehrer hin zum Facilitator

In der modernen Learning Journey sind wir eher der Rahmengestalter und ermöglichen Lernen, Wissenstransfer und Austausch, als dass wir anderen etwas beibringen. Wissen und Erfahrungen sind oftmals ausreichend vorhanden, wenn sich verschiedene Erwachsene treffen, um etwas zu lernen. Als Facilitator schaffen wir ein entsprechendes Umfeld und geben Impulse oder auch bei Bedarf Input, doch in erster Linie sorgen wir für einen guten Transfer und Austausch in der Gruppe, damit die Themen durchdrungen und in die Praxis transferiert werden. Je nach Thema sind Workshops manchmal wie Schutzräume, in denen Menschen gemeinsam denken und neue Perspektiven einnehmen.

2.4 Das Workshop-Board für flexible und prozessorientierte Workshops

Workshop-Phase 1: Vorbereitung

Auftragsklärung

Jeder Workshop, jedes Training, jede Schulung beginnt mit einer guten Auftragsklärung. Dazu führen wir mit dem Auftraggeber und auch mit weiteren Beteiligten Interviews und stellen folgende Fragen:

Frage	Persönliche Notiz	Wird geklärt bis
▪ Welches ist das Ziel? ▪ Was möchten die Auftraggeber idealerweise erreichen?		
▪ Wer ist noch beteiligt und wie sind deren Ziele?		
▪ In welchem Zeitraum wollen Sie das Ziel erreichen?		
▪ Woran werden Sie den Erfolg messen?		
▪ Wer ist dabei wofür verantwortlich?		
▪ Gibt es ein/e übergeordnetes Ziel/Vorstellung/Vision des Unternehmens, dem sich alle Beteiligten verpflichtet fühlen? Wenn ja: Welche/s?		

Frage	Persönliche Notiz	Wird geklärt bis
▪ Welche verdeckten Ziele oder Anliegen sind denkbar?		
▪ Welches sind die vorgegebenen und feststehenden Rahmenbedingungen, die in dem Workshop nicht verändert werden dürfen? Worüber soll nicht diskutiert werden?		
▪ Welchen Spielraum haben wir im Workshop? Was darf neu entschieden oder gestaltet werden? Was darf verändert werden? ▪ Wer darf einbezogen werden?		
▪ Wer unterstützt wen, wenn unterschiedliche Ansichten bestehen?		
▪ Welche Koalitionen sind sichtbar und gegen wen richten sie sich? ▪ Welche Koalitionen/Allianzen bestehen seit Längerem und welche sind neu oder wechseln häufig?		
▪ Was tun, wenn erhebliche Defizite festgestellt werden? ▪ Wie groß sind die Unterschiede innerhalb der Gruppe bzgl. Know-how und Haltung? ▪ Klärung der Vorgehensweisen bei unterschiedlichen Ist-Situationen		
▪ Wie wurde Lernen bisher gestaltet und welche Erfahrungen haben die Teilnehmenden?		
▪ Wer profitiert am meisten, wenn es so bleibt, wie es jetzt ist?		

Frage	Persönliche Notiz	Wird geklärt bis
▪ Welche Teilnehmer sind relevant für den Workshop? ▪ Wer macht das Intro oder hält Themen nach?		
▪ Welcher Lernort ist geeignet? ▪ Welche Materialien werden benötigt? Wie soll der Raum ausgestattet werden?		
▪ Wie sind die Zeiten und Anfahrten geplant?		
▪ Wer verliert am meisten? Wie wirkt sich das aus?		
▪ Klärung der Rolle als Trainer: Um welche Lernbereiche geht es (kognitiv -> Wissen, Denken, Verstehen; affektiv -> Werte, Gefühle, Einstellungen; Verhaltensbereich -> Handeln, Verhalten)? ▪ Welche Methoden sollen eingesetzt werden (darbietend oder aktivierend)? ▪ Unterlagen?		
▪ Welche Art der Dokumentation wird vereinbart? ▪ Wer erhält in welcher Form eine Dokumentation? (Wie können Lernergebnisse festgestellt, gesichert und fortgeführt werden?)		
▪ Kosten?? (Konzeption und Gesamtbudget?)		

Konzeption mit dem Storyboard

Nach der Auftragsklärung beginnt die Konzeption. Wir nutzen dazu das Workshop-Storyboard und verteilen unsere Ideen und die vorgegebenen Ziele und Inhalte auf die Phasen des Boards. Häufig verwenden wir dazu Klebenotizen, die sich einfach umverteilen lassen. Nachdem wir zu den Inhalten die passenden Methoden in der jeweiligen Phase zugeordnet haben, planen wir den Workshop im Detail anhand eines Trainerleitfadens.

Trainerleitfaden

Der Trainerleitfaden oder auch Zeit- und Themenplan dient der detaillierten Planung mit Zeiten, Inhalten, Methoden und Lernzielen. Auch wenn wir meistens von der Planung im Workshop abweichen und uns an aktuelle Konditionen anpassen, finden wir, eine gute Planung ist immer noch die halbe Miete. Gerade bei neuen Themen ist der Trainerleitfaden für uns die ideale Vorbereitung, um die vielen Themen und Methoden in eine gute Struktur zu bringen und zu überprüfen, wie realistisch unser Zeitplan umsetzbar ist.

Zeit	Thema/Inhalt/Lernstoff/Lernziel	Methode	Medien/Material	Bemerkungen
10:00	Vorstellung Story Claudia	Präsentation mit Story	Flip	
10:10	Hypothesen und Lernziele 3er-Teams bilden; Hypothesen Gespräch über: Hobbys, Beruf, Familie, Musik, Aversion, Heldenkraft Austausch und Headline auf Post-its Lernziele ergänzen: Ich – Wir – Aufgabe	Gruppenarbeit mit Unbekannten	Notizen und Metawand mit Spalten: Name, Hobby, Aversion, Heldenkraft, Lernziele für mich/uns und Individuum	
10:30	Einloggen: ▪ Geografische Aufstellung. Synchrone Teams: Anzahl Lebewesen früher und heute Letztes Getränk gestern, Letzter Kontinent, Reisen ▪ Skalierung: Berufsjahre Trainer/Präsentator… Kompetenz 1–10 Trainer, Kompetenz Agilität – was an Board? – was um einen Schritt höher?	Aufstellungen im Raum	Skalen 1–10	
10:50	Story Flip Agiler Themen Modul 1 ▪ Einloggen ▪ Standing vor Gruppen ▪ Intro: Story und 4 Ws ▪ Rollen agiler Trainer ▪ Mindset, Werte und Prinzipien ▪ 8 Kompetenzen ▪ Agilität erleben lassen Kaffeepause	Präsentation der Agenda und 4 Ws für den Tag	Flip und Kanban Board: TO DO – DOING – DONE	
11:00	▪ Must, should, could: Themen nach Relevanz voten lassen	3 Punkteabfragen Flip nutzen	Klebepunkte und Kanban	

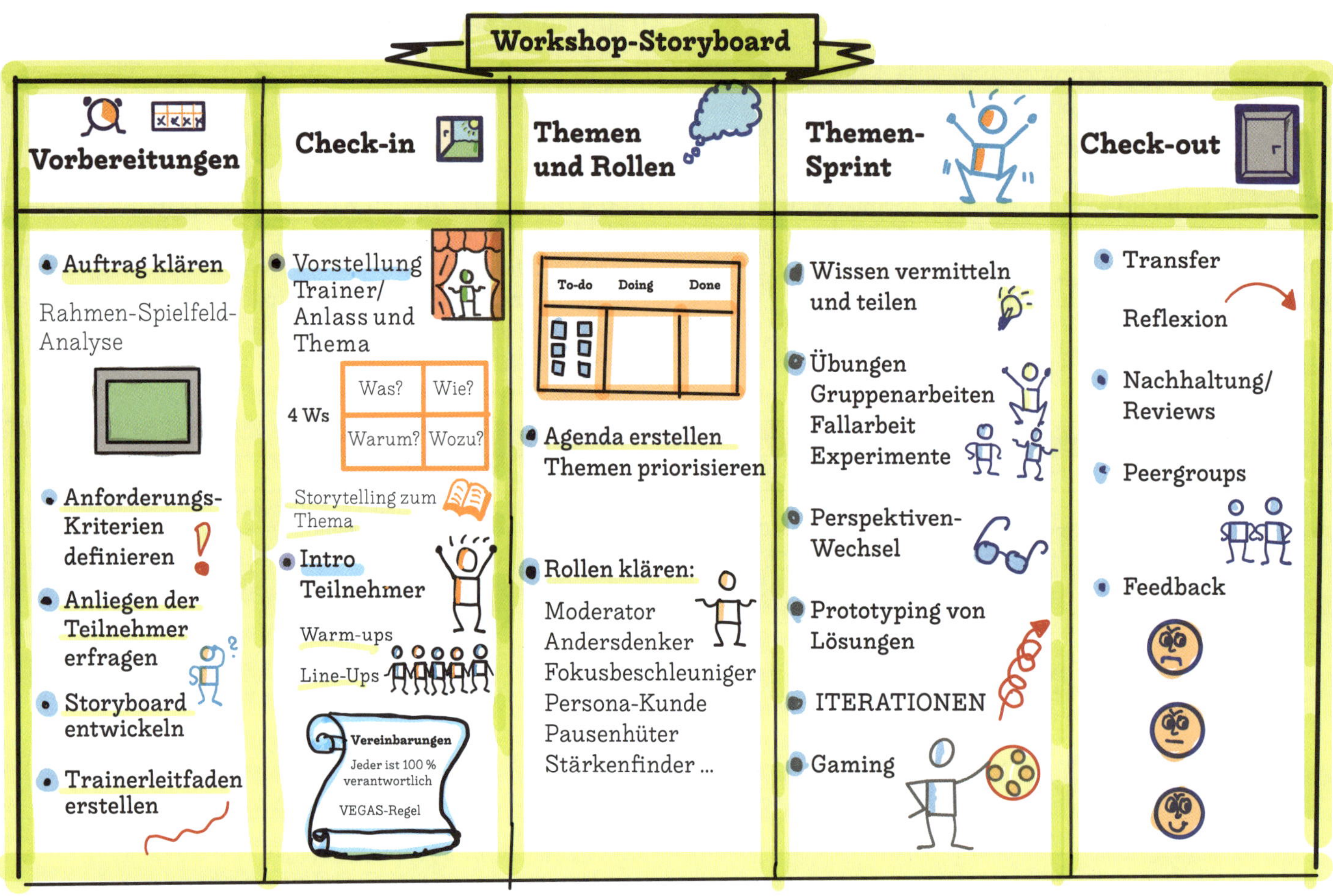
Workshop-Storyboard
Vorbereitungen
Auftrag klären
Rahmen-Spielfeld-Analyse
Anforderungs-Kriterien definieren
Anliegen der Teilnehmer erfragen
Storyboard entwickeln
Trainerleitfaden erstellen
Check-in
Vorstellung Trainer/ Anlass und Thema
4 Ws
Was?
Wie?
Warum?
Wozu?
Storytelling zum Thema
Intro Teilnehmer
Warm-ups
Line-Ups
Vereinbarungen
Jeder ist 100 % verantwortlich
VEGAS-Regel
Themen und Rollen
To-do
Doing
Done
Agenda erstellen
Themen priorisieren
Rollen klären:
Moderator
Andersdenker
Fokusbeschleuniger
Persona-Kunde
Pausenhüter
Stärkenfinder ...
Themen-Sprint
Wissen vermitteln und teilen
Übungen
Gruppenarbeiten
Fallarbeit
Experimente
Perspektiven-Wechsel
Prototyping von Lösungen
ITERATIONEN
Gaming
Check-out
Transfer
Reflexion
Nachhaltung/ Reviews
Peergroups
Feedback

Material vorbereiten in Präsenzworkshops

Je mehr wir im agilen Kontext unterwegs sind, desto größer ist unser Trainerkoffer. Das mag für einige merkwürdig sein, da wir doch im digitalen Umfeld trainieren und dadurch theoretisch alle Unterlagen online oder als digitale Präsentation verfügbar sind. Doch genau das Gegenteil ist der Fall. Je digitaler wir in den Organisationen arbeiten, desto analoger werden die Workshops. Das liegt an der Art des Lernens, denn es geht immer weniger um reine Wissensvermittlung, sondern, wie bereits erläutert, vielmehr um gemeinsame Gestaltung in Richtung Innovation und um die Entwicklung hin zu einem agileren Mindset. Den Rahmen dazu gestalten wir als Trainer mit kreativen Materialien und mit jeder Menge Visualisierung. Wir reisen meistens mit Bastelmaterial wie Lego, einer Rolle vorgezeichneter Flipcharts, einer Tasche mit Klebezetteln und Malstiften und diversen Stoffen, auf denen wir wichtige agile Methoden und Grundlagen aufgedruckt haben und die wir dadurch nachhaltig immer wieder verwenden können und die in jeden Koffer passen.

Vorbereitungen bei Live-Onlineworkshops

Live-Onlinetermine sind in der Vorbereitung fast noch aufwendiger als Präsenztermine. Egal auf welcher Kollaborationsplattform, wir nutzen nicht nur die Templates, die dort auswählbar sind, sondern zeichnen weiterhin unsere Flipcharts etc., nur eben digital. Das gibt den individuellen und kreativen Raum, in dem die Teilnehmenden angeregt und inspiriert werden wie in einem Präsenzworkshop durch gut gestaltete Flipcharts. Auch im Onlineraum sind Kreativthemen ähnlich wie Lego möglich. Alternativ könnt ihr euren Teilnehmern auch vorab eine kleine Tüte mit Bastelmaterial zusenden, dann kann jeder „hands-on“ basteln und die Teile werden anhand von Fotos zusammengefügt.

Workshop-Phase 2: Check-in

Jeder Workshop beginnt mit dem Einloggen oder auch Check-in genannt. Diese Phase dient der Vorstellung und dem Aufwärmen, bevor wir startklar sind für die Inhalte.

Trainerstory

Zur Trainerstory gehört die Vorstellung des Trainers inklusive seines Selbstverständnisses (Was ist meine Rolle und wie möchte ich sie heute ausführen?). Dazu nutzen wir gern die Trainerstory. Dabei visualisierst du als Trainer

deine Geschichte, wie du zu der Rolle gekommen bist und was dich dabei beeinflusst und geprägt hat, gern mit Stärken, Schwierigkeiten, Hürden etc. Das stiftet Vertrauen und bereitet den Boden dafür, dass sich die Teilnehmenden auch mit ihren Geschichten und in ihren Facetten zeigen.

Universal Opener

Als Hinleitung zum Thema und um alle Teilnehmer mitzunehmen, nutzen wir die vier W-Fragen und beantworten (wie in Kapitel 2.2, S. 57 f., ausführlich beschrieben) die häufig unausgesprochenen Fragen, welche die Teilnehmenden mehr oder weniger bewusst beschäftigen, wenn sie einer Veranstaltung beiwohnen:

1. Was werden wir behandeln? – Themen und Inhalte
2. Warum beschäftigen wir uns damit? – Auslöser und Hintergründe
3. Wie werden wir vorgehen? – Interaktionen, Beteiligung
4. Wozu ist das wichtig? – Sinn und Mehrwert

Vorstellung der Teilnehmer

Die Vorstellung der Anwesenden kombinieren wir meistens mit diversen Warm-ups. Anstatt der üblichen Vorstellungsrunden lassen wir die Teilnehmenden verschiedene aktive Sequenzen hintereinander durchlaufen:

- Geometrische Aufstellung: Wir bitten die Teilnehmenden, sich im Raum zu ihrem Geburtsort zu positionieren, und gebe dazu die Himmelrichtungen im Raum an.
- Dienstalteraufstellungen: Die Teilnehmenden bilden eine chronologische Reihe nach ihrem Dienstalter in dem Beruf oder in der Organisation.
- Die Teilnehmenden stellen sich auf einer Skala von eins bis zehn nach Erfahrung oder Kompetenz zu dem Thema auf. Gern verbinden wir die Skalierung der Kompetenz schon mit einer Abfrage zu den Lernzielen. Was muss passieren, damit du am Ende des Workshops mindestens einen Schritt weitergekommen bist?
- Häufig lassen wir die Teilnehmenden auch gegenseitig Interviews führen zu ihren Lernzielen, ihrer Helden-

kraft, ihren Hobbys und ihren Aversionen. Die Fragen sind je nach Kontext natürlich unterschiedlich.

- Oftmals nutzen wir zusätzlich „Einloggen"-Fragen, bei denen jeder Teilnehmer ein bis zwei Minuten Zeit hat, um sich anhand der Fragen vorzustellen und eine Karte für seinen Gefühlszustand zu ziehen.

Check-in-Tools

Trainerstory

Die Trainerstory ist schlicht die bildliche Darstellung der Vita des Moderators oder Trainers.

Wozu dient die Trainerstory?
Die Trainerstory dient der Vorstellung des Trainers und bietet Struktur und Rahmen, um die Person auf der Bühne besser kennenzulernen. Dabei ist es sinnvoll, auch auf die eigenen Stärken und Schwächen einzugehen, anstatt die Teilnehmenden mit den eigenen Kompetenzen und Ausbildungen zu langweilen. Jeder Teilnehmer sollte sich darüber im Klaren sein, dass die Person, die da vor ihm steht, wohl über ein gewisses Kompetenzspektrum verfügt, sonst würde sie wohl kaum da stehen. Macht euch mit der Trainerstory zu einem gleichberechtigten Menschen und gebt gern ein paar persönliche Informationen über euch bekannt. Das schafft Vertrauen und Wertschätzung. Schließlich möchten wir ja auch unsere Teilnehmer näher kennenlernen.

Warum wird die Trainerstory eingesetzt?
Neben Vertrauen und Wertschätzung ist die Trainerstory auch ganz nützlich, damit sich die Teilnehmenden jederzeit noch einmal ein Bild von der Person machen oder auch schnell den Namen nachlesen können. Wir sind dazu übergegangen, unsere eigene Vorstellung an der Wand im Raum zu platzieren und diese auch hängen zu lassen. Nichts ist unangenehmer, als sich am zweiten Tag nicht mehr an den Namen des Workshopleiters zu erinnern.

Wie läuft die Trainerstory ab?
Zeichnet eure Trainerstory auf ein Flipchart und hängt sie im Seminarraum auf. Wenn der Zeitpunkt in der Choreografie gekommen ist, dass ihr euch selbst vorstellt, dann nutzt das Chart, um die Stationen eures Lebens zu erzählen. Verzichtet dabei auf allzu viel Text auf dem Flipchart, erzählt stattdessen lieber etwas mehr über euch. Wie bei allen anderen Präsentationen brauchen wir die Inhalte nicht vorlesen. Das können unsere Teilnehmer auch ganz gut selbst. Erzählt lieber lebendig eine schöne Story, unterstützt durch ein paar nette kleine Bildchen, das macht mehr Spaß.

Für die Trainerstory sind folgende Überlegungen hilfreich:

- Was sind deine Motive für den Beruf und deine Erfahrungen in dem Thema im Speziellen?
- Welche Stärken und welche Lernfelder hast du bezogen auf das Thema?
- Welche Fehler, Schwächen oder Macken bringst du mit (die Macken sind besonders hilfreich, um menschlich und vertrauenswürdig zu wirken)? Nennt gern die Schwächen beim Namen, das macht euch sympathischer und menschlicher.

Welche typischen Hürden gibt es und welche Tipps aus der Praxis helfen?
Wir neigen sehr häufig dazu, dem Bedürfnis nachzugeben, Schwächen in Stärken umzuformulieren, um besser und kompetenter dazustehen. Das ist gar nicht nötig, denn keiner von uns ist perfekt. Da darf man auch gern einmal zugeben, dass man ein wenig chaotisch ist oder die ein oder andere Macke hat.

Wie funktioniert die Trainerstory in der Onlinevariante?
Die verschiedenen Onlineworkshop-Boards bieten eine wundervolle Auswahl an Möglichkeiten, mit denen ihr eure Trainerstory gestalten könnt. Ihr könnt zum Beispiel auf einen unendlichen Fundus an Bildern zurückgreifen, die ihr als Metaphern nutzen könnt. Natürlich könnt ihr auch alles andere, was sonst noch hilfreich ist, auf das Board hochladen und frei gestalten. Kreativität ist hier angesagt.

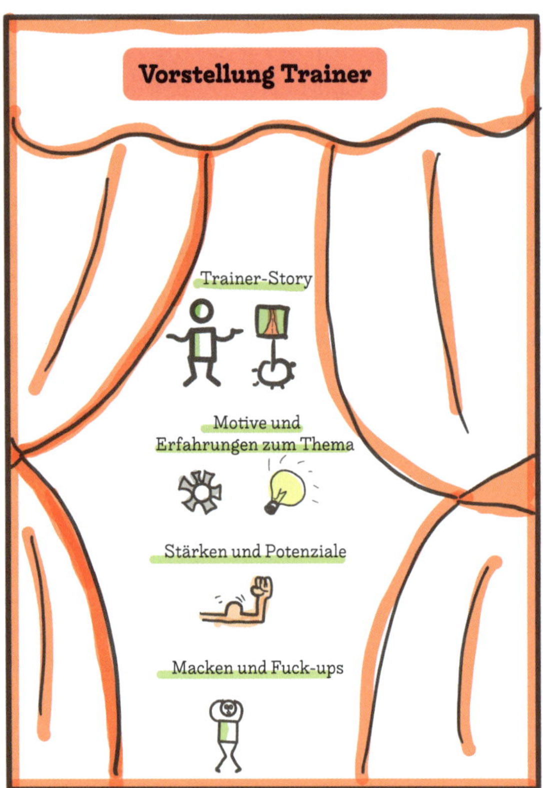

Einloggen-Fragen

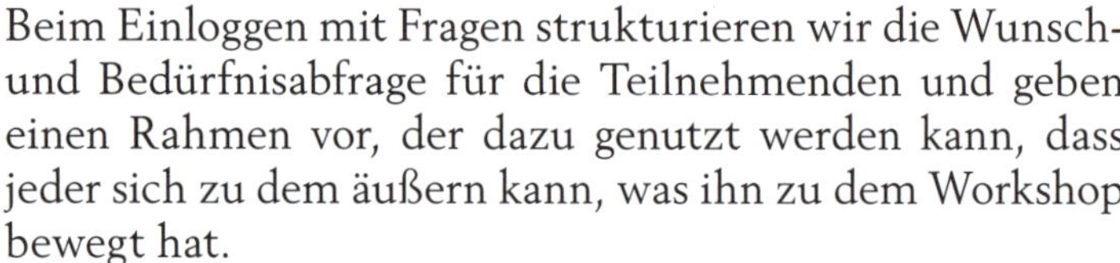

Beim Einloggen mit Fragen strukturieren wir die Wunsch- und Bedürfnisabfrage für die Teilnehmenden und geben einen Rahmen vor, der dazu genutzt werden kann, dass jeder sich zu dem äußern kann, was ihn zu dem Workshop bewegt hat.

Wozu dienen die Einloggen-Fragen?
Dieses Format ist ein Ankommen im Workshop, eine Gelegenheit des Kennenlernens, eine Möglichkeit, die eigenen Vorstellungen auszusprechen. Es erweckt Vertrauen und schafft Wertschätzung füreinander und ist besonders gut geeignet, ein paar Worte an jeden Einzelnen in der Gruppe zu richten, ohne dabei den Rahmen zu sehr auszudehnen.

Warum werden sie eingesetzt?
Abhängig von Inhalt und Thema des Workshops stellen wir ganz konkrete Fragen, die uns als Moderator helfen, uns einen Überblick über Motivationen und Vorkenntnisse der Gruppe zu verschaffen. Gleichzeitig lockern wir die zu Beginn der Veranstaltung oftmals vorhandenen Spannungen und Hemmungen, indem wir allen Teilnehmern durch eine klare Struktur die Möglichkeit geben, sich kurz vorzustellen. Man kennt das ja: Der Workshop beginnt und reihum darf sich jeder einmal vorstellen. Da hört man die Fachkompetenz heraus, mancher macht seinem Unmut Luft, überhaupt hier sein zu müssen, und ein anderer traut sich vielleicht gar nicht, etwas über sich zu sagen, sei es aus Peinlichkeit oder aufgrund seiner Rolle und hierarchischen Position im Unternehmen. Wenn ihr dem entgegenwirken wollt: Gebt einfach ein paar Fragen vor.

Wie laufen die Einloggen-Fragen ab?

- Formuliert drei bis vier Fragen, von denen ihr sicher seid, dass sie zum Thema passen und die Gruppe damit emotional abgeholt werden kann.

- Visualisiert die Fragen auf einem Flipchart.
- Haltet eine Sanduhr mit einer Minute Laufzeit bereit.
- Stellt die Methode in der Gruppe vor und erklärt die Regeln.
- Lasst die Sanduhr weitergeben. Das vermittelt das Gefühl, selbst entscheiden zu können.
- Startet die Einloggrunde, wenn ihr wollt, mit der Frage: „Wer möchte anfangen?“

Tipp: Konsequentes Timeboxing hilft dabei, im Fokus zu bleiben.

Welche typischen Hürden gibt es und welche Tipps aus der Praxis helfen?
Das Einloggen stellt uns vor die Herausforderung, dass nicht jeder Teilnehmer gleich von Anfang an hoch motiviert oder redselig ist. Das ist nicht ungewöhnlich und bedarf eines gewissen Einfühlungsvermögens der Moderatorenrolle. Respekt und Wertschätzung, Lob und Kommunikation sind hier die Schlüsselworte, die euch auch in schwierigem Fahrwasser nicht kentern lassen. Achtet darauf, jede Antwort ernst zu nehmen, nehmt Kritik und Ängste an, notiert euch die wesentlichen Aussagen und wiederholt sie gern wieder, insbesondere die, die sich auf Wünsche für den Workshop beziehen. Manchmal ist das Einloggen genau der richtige Zeitpunkt, um noch einmal kritisch über die Workshopplanung nachzudenken und den ein oder anderen Part gedanklich zu überarbeiten.

Ein Tipp für mehr Dynamik: Versammelt die Gruppe stehend vor dem Flipchart. Eine solch aufgelockerte Atmosphäre stellt schon am Anfang die Weichen für mehr Aktivität in der Veranstaltung.

Wie funktionieren die Einloggen-Fragen in der Onlinevariante?
Auch bei Onlineworkshops hat sich das Einloggen bewährt. Wir greifen hier gern auf die Visualisierungen in unseren Workshop-Boards zurück und schaffen einen ähnlichen Rahmen. Um den Teilnehmern keine Reihenfolge der Redebeiträge vorzugeben, nutzen wir entweder unseren Seminartisch (wie in Kapitel 2.2, S. 56 beschrieben) oder wir moderieren den ersten Teilnehmer an, der wiederum den nächsten bestimmt und so weiter, bis alle eingeloggt sind.

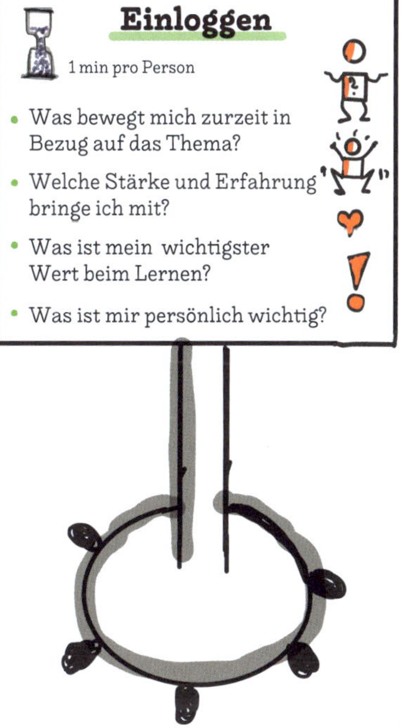

Workshop-Warm-ups

Warm-ups sind eine weitere wunderbare Methode, um mehr über die Menschen in der Gruppe zu erfahren, sie emotional abzuholen und die Atmosphäre aufzulockern.

Wozu dienen die Warm-ups?
Der Beginn eines Workshops ist der Moment, in dem ihr die Teilnehmenden auf eure Seite ziehen solltet, eine Basis für den Tag schaffen und Menschen neugierig machen könnt. Viele Teilnehmer sind am Anfang einer Veranstaltung von Natur aus erst einmal skeptisch eingestellt. Man kennt sich nicht untereinander, man kennt den Moderator

oder Trainer nicht und vor allem hat man keine Ahnung, was so alles mit einem angestellt werden wird. Vieles basiert auf Erfahrungen aus der Vergangenheit oder auf Hörensagen. Jeder hat seine eigenen Ängste: Muss ich etwas präsentieren? Werden wir Rollenspiele veranstalten? Und vieles mehr …

Dem wirken Warm-ups entgegen. Sie sorgen für eine neue Erfahrung, schaffen Raum, um sich zu positionieren, und sorgen auf schnelle und einfache Art dafür, dass Menschen sich untereinander ein wenig kennenlernen. Sie schaffen Vertrauen in uns als Trainer und in die anderen Teilnehmer.

Warum werden Warm-ups eingesetzt?

Menschen aus unterschiedlichen Kontexten zusammenzubringen und in eine arbeitsfähige Stimmung zu versetzen braucht gemeinsame Ideen und Ähnlichkeiten. Mit Warm-ups schafft ihr schnell einen solchen Austausch untereinander. Dank einer klaren Vorgabe müssen sich eure Teilnehmer nicht mühsam in der Pause näher kennenlernen, sondern finden hier in ganz kurzer Zeit Gemeinsamkeiten heraus, die Vertrauen wecken. Außerdem fördert das Format, dass eure Teilnehmer von Beginn an wagen, Hypothesen über andere zu bilden, ohne dabei missbilligend oder abschätzend über andere zu denken – eine Eigenschaft, die ihr bei den meisten agilen Methoden gut gebrauchen könnt. Die Gruppe hat Spaß am gemeinsamen Herausfinden, entdeckt ähnliche Interessen und traut sich, aufeinander zuzugehen.

Wie laufen Warm-ups ab?

- Warm-ups finden am besten in einem barrierefreien Raum auf offener Fläche statt. Schafft also einen Platz, auf dem sich die Gruppe frei bewegen kann. Wenn wir in einem kleineren Seminarraum arbeiten, bitten wir die Teilnehmenden darum, die Stühle so weit wie möglich an die Wand zu schieben, um möglichst viel Platz zu haben.
- Ladet die Gruppe zu einem Spiel ein, das die nächsten Minuten im Stehen stattfindet.
- Erklärt die Regeln: „Es geht darum, schnell Gemeinsamkeiten zu finden und sich spontan mit anderen zusammenzustellen, die ähnliche Vorstellungen haben."
- Stellt Fragen in die Gruppe, zum Beispiel:
  - Erstes Getränk am Morgen?
  - Fitteste Tageszeit?
  - Einschlafseite?
  - Lieblingsküche?
  - Liebstes Reiseziel?
  - Wichtigster Wert beim Lernen?
- Löst nach jeder Frage die Kleingruppe auf und ladet erneut zum Umschauen und Neuordnen ein.

Welche typischen Hürden gibt es und welche Tipps aus der Praxis helfen?

Gerade bei Workshops oder Seminaren, bei denen ihr nicht zwingend von der Freiwilligkeit der Teilnehmer ausgehen könnt, also solchen, die von Unternehmensseite bestimmt werden, kann es vorkommen, dass nicht jeder mit Begeisterung an spielerische Themen herangehen möchte. Für manche sind diese Spielchen eine Herausforderung und haben wenig mit den Inhalten der Veranstaltung zu tun.

> **Tipp:** Achtet immer bei der Einleitung der Methode darauf, einen entsprechenden Link zum Thema zu formulieren, also zu erklären, was die Übung mit dem Tag zu tun hat. Sorgt dafür, dass auch Fragen zum Inhalt berücksichtigt werden.

Wie funktionieren Warm-ups in der Onlinevariante?
In den Workshop-Boards, mit denen wir arbeiten, müsst ihr einen kleinen Umweg gehen, um solch spontane Warm-ups durchzuführen. Wir haben uns für die Nutzung von Avataren entschieden. Jeder Teilnehmer hat bereits vor Beginn eine eigene Spielfigur auf dem Board platziert bekommen, die auch mit seinem Namen versehen ist. Für das Format haben wir uns einen Platz auf dem Board geschaffen, auf dem jeder seine kleine Figur ganz leicht verschieben kann und sich kleine Gruppen bilden können.

Tipp: Es kann in Remote-Situationen hilfreich sein, schon im Vorfeld Antwortalternativen vorzugeben, denn je größer die Gruppe, umso schwieriger der Austausch.

Workshopskalierungen

In der Aufstellungsarbeit sind Skalierungen bestens geeignet, um Tendenzen oder Kompetenzen im Raum sichtbar zu machen und für Menschen einen Rahmen zu gestalten, um sich zu positionieren.

Wozu dienen die Workshopskalierungen?
Wie schon andere Formate zum Einloggen sind auch Skalierungen bestens geeignet, um zu Beginn eines Workshops Teilnehmer zu aktivieren, sich ein wenig näher kennenzulernen und spielerisch Gemeinsamkeiten zu finden. Das schafft eine vertrauensvolle Basis für die weitere Zusammenarbeit und sorgt gleichzeitig für eine aufgelockerte Atmosphäre.

Warum werden sie eingesetzt?
Es kann in einem Workshop, in dem unterschiedliche Menschen aus ganz verschiedenen Kontexten zusammenkommen, überaus hilfreich sein, schon früh etwas über die Gruppe zu erfahren und einzuschätzen, auf welchem Kompetenzniveau die Teilnehmenden unterwegs sind oder welche Erwartungen jeder Einzelne an die Veranstaltung hat. Um einen Rahmen zu schaffen, in dem sich die Teilnehmenden zu bestimmten Fragen positionieren können, nutzen wir die Skalierungen. Diese haben den Vorteil gegenüber einer Einzelabfrage, dass die Hemmungen, öffentlich Position zu beziehen, geringer sind, wenn sich die

komplette Gruppe entsprechend positioniert. Für uns als Moderatoren haben Skalierungen den Vorzug, schon in dieser frühen Phase einiges über die Gruppenzusammensetzung zu erfahren und angemessen reagieren zu können. Entsprechendes Eingehen auf Stärken und Schwächen schafft Authentizität und Vertrauen.

Wie laufen Workshopskalierungen ab?
Im besten Fall habt ihr in eurem Moderationskoffer immer für Skalierungen vorgesorgt, denn das Format könnt ihr jederzeit und ganz spontan zum Einsatz bringen. Bereitet einfach zehn runde Moderationskarten vor, die ihr fortlaufend mit eins bis zehn beschriftet habt.

- Legt die Karten in einer Reihe im Raum auf den Boden, wobei ihr darauf achten solltet, abhängig von eurer Gruppengröße genügend Platz zum Aufstellen zu haben. Es könnte ja mal passieren, dass sich alle Teilnehmer auf derselben Ebene sammeln.
- Ladet die Gruppe ein, aufzustehen und sich gemäß eurer Frage auf der Skala von eins bis zehn zu positionieren. Erklärt aber immer, welche Bedeutung die einzelnen Zahlen haben. Vermeidet dabei, niedrigere Positionen mit mangelnden Kenntnissen gleichzusetzen, sondern verwendet lieber Metaphern wie „frischen Wind in die Gruppe bringen“ oder „eine neue Perspektive geben“.
- Stellt der Gruppe Fragen:
  - Wie relevant auf der Skala sind die Inhalte des Workshops für dich?
  - Wie schätzt du deine Kompetenz in Bezug auf das Thema ein?
  - Welche Erfahrungen hast du mit dem Thema?
- Nachdem sich alle Teilnehmer aufgestellt haben, wertschätzt die Positionen entsprechend. Auch die Null oder die Eins könnt ihr wertschätzen, indem ihr auch hier Metaphern nutzt.
- Lasst das Ergebnis kurz wirken, fragt gern einzeln nach und geht dann über zur nächsten Frage.

Eine schöne Spielart der Skalierung ist, die Teilnehmenden nach ihrer Positionierung eine Stufe in Richtung der Zehn weitergehen zu lassen. Dabei empfiehlt sich auch gleich eine Transferfrage: „Was müsste passieren, dass du einen Schritt weitergehst?“ So bekommt ihr Antworten auf die Erwartungen der Teilnehmer und könnt darauf reagieren.

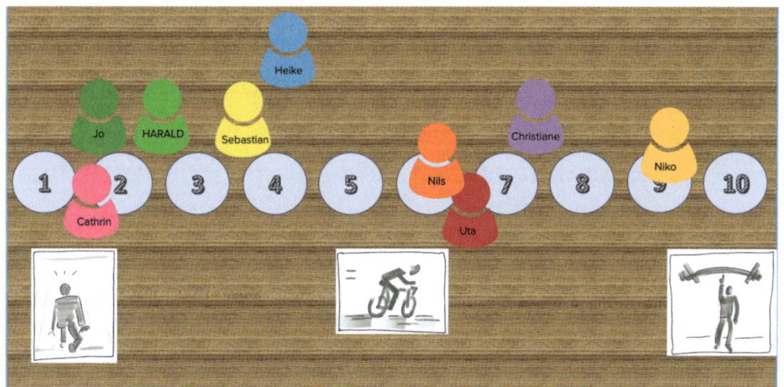

Welche typischen Hürden gibt es und welche Tipps aus der Praxis helfen?
Eine typische Hürde besonders bei Inhouse-Workshops ist, dass sich Teilnehmer ähnlich wie andere positionieren, um sich die Peinlichkeit zu ersparen, zugeben zu müssen, dass sie in Bezug auf den Inhalt noch nicht so kompetent sind. Das hat oft auch etwas mit der Kultur im Unternehmen zu tun. Besonders wenn eine Führungskraft anwesend ist, kommt ein solches Verhalten vor.

Tipp: Achtet bei der Erklärung der Skala noch genauer darauf, keine der Positionen als negativ oder weniger wert darzustellen, sondern verwendet besser eine der oben genannten Metaphern.

Wie funktionierten sie in der Onlinevariante?
Für die Variante in Remote-Workshops haben wir uns eine ganz ähnliche Herangehensweise ausgedacht. Auch hier gibt es ein vorgefertigtes Template, das wir auf dem Arbeitsboard anbieten.

Im Folgenden positionieren sich die Teilnehmenden mit Post-its, Avataren oder Icons auf der Fläche, wie im Bild zu sehen ist. Als Spielart könnt ihr hier gern noch die nächsten Schritte auf dem Board aufschreiben oder in Kleingruppen erarbeiten lassen.

Workshop-Interviews

Zum Kennenlernen der Teilnehmer, Auflockern der Atmosphäre oder Abfragen von Wünschen, Bedürfnissen und Hindernissen gibt es eine Vielzahl von Formaten. Eines davon ist das Workshop-Interview, das nebenbei auch noch eine gute Portion Humor und Fun Facts mitbringt.

Wozu dienen die Interviews?
In vielen Fällen kennen sich die Teilnehmenden einer Veranstaltung untereinander nicht. Sie kommen aus verschiedenen Lebensbereichen, Städten oder Abteilungen, haben ganz unterschiedliche Motivationen, am Workshop teilzunehmen, und verfolgen jeder für sich eigene Lernziele. Manche bringen auch ein ordentliches Paket an No-Gos mit, die es zu berücksichtigen gilt. Im uns allseits bekannten Seminarformat ist meist eine der ersten Übungen die Vorstellungsrunde. Gerade dann, wenn es sich um eine Gruppengröße, die, sagen wir, mehr als vier bis sechs Personen umfasst, ist die Runde der Selbstdarstellung langweilig, langwierig und wird von Person zu Person weniger interessant. Da kommt schon mal – und bei Inhouse-Workshops noch öfter – die Aussage: „Wie mein Vorredner schon sagte …"

Workshop-Interviews hingegen machen Spaß, verfolgen den Ansatz, dass sich auch im kleinen Rahmen schon ein Kennenlernen einstellen kann, und sind nicht immer als ganz ernst zu betrachten, obwohl ihr auch hier gern ein paar wichtige Fragen platzieren könnt – und wenn ein Workshop gleich mit Spaß und Lachen beginnt, dann ist es doch wahrscheinlich, dass es auch so weitergeht.

Warum werden sie eingesetzt?
Wir setzen die Interviews in erster Linie zum Abfragen der Wünsche und Bedürfnisse ein und um die Atmosphäre ein wenig aufzulockern. Die Erfahrung hat uns gezeigt, dass Menschen wesentlich leichter über sich selbst und ihre Ziele sprechen, wenn sie dies nicht vor der großen Gruppe tun müssen. Außerdem könnt ihr die Interviews auch gleich als Vorstellungsrunde nutzen. Ihr habt dadurch einen schönen Aufhänger für weitere Seminarmethoden wie die Erstellung einer Persona oder Ähnliches.

Wie laufen die Interviews ab?

1. Teilt die Gruppe in Zweierteams auf. Dafür könnt ihr ganz unterschiedlich vorgehen. Ob ihr die Aufteilung nach Sitzplätzen vornehmt, im Losverfahren oder nach bestimmten Kriterien wie Haarlänge oder Brille ist dabei euch überlassen.
2. Bereitet eine Metaplanwand vor, wie ihr sie in der Abbildung unten seht. Dabei bestimmt ihr die Kriterien, die ihr im Interview beantwortet haben wollt: Name, Hobby, Heldenkraft, Aversion, Lernziel oder Ähnliches.
3. Bestimmt eine Timebox, welche die Teilnehmenden zur Verfügung haben, um sich gegenseitig zu interviewen. Nicht zu viel und nicht zu wenig, zwei bis drei Minuten pro Interview sind bereits genug Zeit.
4. Bittet die Teilnehmenden, die Antworten auf Moderationskarten zu schreiben, damit diese im Anschluss an der Metaplanwand aufgehängt werden können.
5. Nach Ablauf der Zeit ladet den Interviewer ein, jeweils seinen Gesprächspartner vorzustellen und dabei seine Karten an der Wand anzubringen. Gebt eine Minute Zeit dafür.

Welche typischen Hürden gibt es und welche Tipps aus der Praxis helfen?
Solltet ihr die Interviewkriterien zu eng an den Inhalt geknüpft haben, lauft ihr Gefahr, dass die Übung langweilig wird. Mancher Teilnehmer kann mit spielerischen Übungen nicht sonderlich viel anfangen.

> **Tipp:** Verwendet das richtige Priming und stellt den Sinn der Übung dar. Interviews zu üben kann im späteren Verlauf des Workshops eine gute Grundlage sein.

Wie funktionieren die Interviews in der Onlinevariante?
Online könnt ihr die Interviews genauso leicht durchführen, indem ihr die Breakouts im Konferenztool verwendet. So bieten die meisten Plattformen eine rein zufällige Zusammenstellung der Kleingruppen an. Seid auch hier konsequent, was die Zeit angeht. Sollte es allerdings die erste Übung während des Workshops sein, die ihr in Breakouts anbietet, ist zu empfehlen, dass ihr lieber eine Minute Zeit zugebt, da

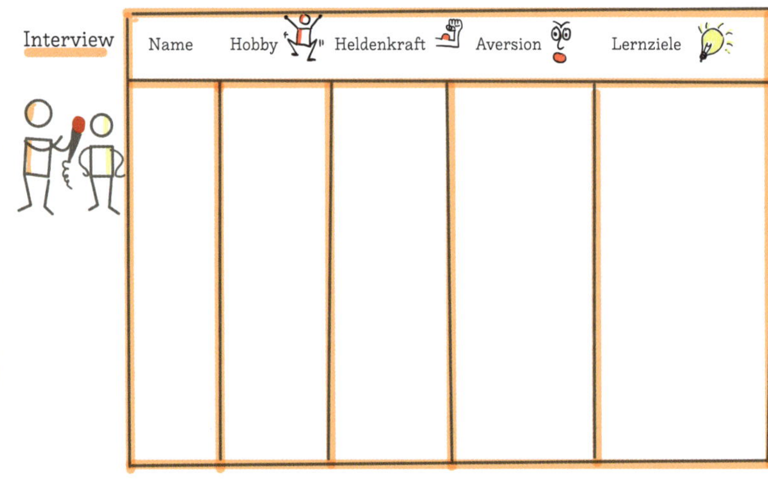

sich die Teilnehmenden erfahrungsgemäß erst einmal an die Technik in Zoom, Teams & Co. gewöhnen müssen.

Workshopvereinbarungen

Vereinbarungen sind so etwas wie gemeinsame Regeln, welche die Teilnehmenden und der Moderator für den Workshop vereinbaren. Sie sind ständig sichtbar.

Wozu dienen die Vereinbarungen?
Vereinbarungen dienen dazu, ein gemeinsames Verständnis für Regeln im Umgang miteinander zu finden. Sie nützen uns Moderatoren, damit das Seminar reibungslos vonstattengehen kann und alle Anwesenden sich zu einem Regelwerk für die kommenden Stunden oder Tage verpflichten. In der Selbstorganisation ist die Vereinbarung das Schlüsselelement für ein Commitment. Vereinbarungen werden im Konsens besprochen und ausformuliert und von allen akzeptiert und gelebt. In Schriftform bieten sie den Rahmen, auf den wir uns immer wieder beziehen, an den wir erinnern können und der uns als Regelwerk dienen darf.

Gemeinsam getroffene Vereinbarungen fördern das Wir-Gefühl, sorgen für einen wertschätzenden Umgang miteinander und lassen Entscheidungsfreiheiten zu. All das trägt zu einem offenen Mindset bei. Die intrinsische Motivation der Teilnehmer ist sehr hoch, sich an die gemeinsamen Regeln zu halten und diese zu leben.

Warum werden sie eingesetzt?
Viele Workshops gelingen vor allem deshalb nicht, weil Störungen in der Gruppe Vorrang gegeben wird. Die Option, von Moderatorenseite aus entsprechende Regeln aufzustellen, ist allseits bekannt und wird auch noch in vielen Kontexten angewendet. Wir im agilen Workshop sind der Meinung, dass sich direktiv auferlegte Regeln nicht umsetzen lassen, es fehlt an Freiwilligkeit. Gehen wir aber davon aus, dass jeder nicht nur ein Gefühl, sondern das Erleben von Selbstbestimmung hat, verstärkt dies auch den Wunsch, etwas zum Erfolg der Meetings beizutragen.

Um dieses Grundbedürfnis in der Gruppe zu steigern, nutzen wir die Workshopvereinbarung und schaffen damit den Rahmen, selbstbestimmt über die Regeln zu entscheiden.

Wie laufen die Vereinbarungen ab?
Es gibt Regeln, die der Moderator schon im Vorfeld für verbindlich und sinnvoll hält. Dies sind zum Beispiel:

- Die VEGAS-Regel: Was in Vegas passiert, bleibt auch in Vegas, also ein Synonym für Verschwiegenheit und Vertraulichkeit.
- Wir probieren Neues erst aus, bevor wir es beurteilen. Damit ist der Gedanke des iterativen und wertfreien Testens gemeint.
- Alle werden gehört, also keine Meinung oder Anmerkung muss verschwiegen werden.

Darüber hinaus gibt es aber Wünsche, die bei euren Teilnehmern unausgesprochen einfach da sind, die aus Erfahrungen aus anderen Workshops resultieren, die in der Vergangenheit verwurzelt sind. Diese bleiben meist unberücksichtigt.

Am besten geht ihr in folgenden Schritten vor:

1. Nehmt ein Flipchart, auf dem ihr die grundlegenden Regeln, die ihr euch für die gemeinsame Zeit vorgenommen habt, schon eingetragen habt. Lasst aber genügend Platz für Ergänzungen.
2. Gebt der Gruppe zwei bis drei Minuten Zeit, über alle Regeln nachzudenken, die jedem Einzelnen noch wichtig sind, und lasst diese einfach auf Moderationskarten oder Post-its schreiben.

3. Ladet eure Teilnehmer ein, die Karten kommentarlos an das Vereinbarungs-Flipchart zu hängen. Entscheidet selbst, ob ihr sie laut vorlesen lasst oder nicht oder lest die Kommentare selbst laut vor, sobald alle aufgehängt sind.
4. Gebt der Gruppe ein bis zwei Minuten Zeit, um nochmals nachzufragen, falls Unklarheiten bestehen.
5. Stimmt per Handzeichen ab, ob alle mit den Vereinbarungen einverstanden sind. Fragt bei Widersprüchen gern nach.
6. Holt euch ein Commitment. Wir laden manchmal einfach dazu ein, dass jeder Anwesende auf dem Flipchart unterschreibt (hier bitte spielerisch vorgehen, nicht als Verpflichtung).

Welche typischen Hürden gibt es und welche Tipps aus der Praxis helfen?
Bei manchen Hinweisen aus der Gruppe wird nicht deutlich, was gemeint ist. Es gibt Widersprüche oder unklare Hinweise zu den Wünschen. Das ist ganz normal, da jeder Mensch nun einmal seine eigenen Bilder und Vorstellungen hat.

> **Tipp:** Lasst die Vereinbarung noch einmal kurz erklären und schreibt die Karte neu, damit auch alle wirklich ein gemeinsames Verständnis von ihr haben. Nichts ist kontraproduktiver als ein unterschiedliches Verständnis der Regel.
>
> In manchen Workshops fällt es der Gruppe auch schwer, eigene Vereinbarungen zu treffen. Das kann daran liegen, dass der Prozess absolut ungewohnt ist. Hier hilft es, einfach die Frage umzudrehen. Kopfstandmethode! „Was muss passieren, damit der Workshop ein absoluter Misserfolg wird?" Wenn ihr genug Ideen gesammelt habt, lasst die Gruppe daraus Lösungen formulieren. Schon habt ihr eure Vereinbarungen.

Wie funktionieren die Vereinbarungen in der Onlinevariante?
Bei der Onlinevariante könnt ihr grundsätzlich genauso vorgehen. Lasst hier die Teilnehmenden einfach gleich auf den entsprechenden Workspace mit Sticky Notes schreiben und nutzt dann die Voting-Funktion eures Workshoptools, um abzustimmen. Wir haben auch hier schon unterschreiben lassen. Das geht mit der Zeichenfunktion. Ist zwar nicht „rechtssicher", aber es geht ja lediglich um das Gefühl, sich mit den Regeln zu identifizieren.

Workshop-Phase 3: Themen und Rollen – Ablauf

- Themen-Commitment einholen: Polarisierende Themen sprechen wir gern direkt an und thematisieren die Einwände. Sobald die Perspektiven ausgesprochen und ausdrücklich willkommen sind, entspannen sich Widerstände. Auch bei Pro- und Contra-Gruppen laden wir beide Perspektiven dazu ein, sich offensiv einzubringen. Mögliche Formulierungen dazu findet ihr in den Tools zu dieser Phase.
- Dann stellen wir die Agenda vor. Je nach Thema formuliert ihr sie als Weg, als Schiffsreise oder auch als Klettertour bei besonders herausfordernden Inhalten.
- Lernziele und Themen im Detail festlegen: Die Inhalte und Ziele sind in Schulungen meistens explizit konzipiert und im Vorfeld abgestimmt. Dennoch ist es meines Erachtens gerade im agilen Kontext wichtig, die Eigenverantwortung der Teilnehmer zu fördern und die Inhalte anhand des Themen-Kanban (siehe Kapitel 2.2, S. 69) gemeinsam zu priorisieren und das Commitment einzuholen. Dazu setze ich einige Themen fest und stelle andere zur Auswahl oder ich lasse die gesamte Agenda abstimmen und priorisieren.
- Im Anschluss an die Themenabstimmung werden die Rollen besprochen. Welche Rolle hat welcher Beteiligte? Die Rollen und ihre Beschreibungen findet ihr in den Kapiteln 2.2 (S. 48) und 2.4 (S. 109).

Themen und Rollen – Tools

Einwandvorwegnahme und flächendeckende Gruppenzustimmung

Beide Formate sind Erweiterungen oder Ergänzungen zum Universal Opener. In vielen Workshops und Meeting gibt es unausgesprochene Einwände. Das erleben wir selbst ja auch oft genug, wenn wir uns fragen: Warum sollen wir eine Veranstaltung wie diese besuchen? Was soll ich hier? Das kenne ich doch schon alles.

Wozu dienen die Einwandvorwegnahmen und die Gruppenzustimmungen?
Einwände sind nur dann zu entkräften oder es ist ihnen zu begegnen, wenn sie ausgesprochen werden. Da wir uns der meisten Einwände als Moderatoren ja schon im Vorfeld sehr wohl bewusst sind, ist es sinnvoll, diese anzusprechen und umzudeuten. Durch das Ansprechen der Einwände erzielen wir einerseits, dass sich die Teilnehmenden ernst genommen fühlen, und schaffen andererseits einen lösungsorientierten Ansatz. Wir nehmen die praktischen Erfahrungen der Gruppe von vornherein in unsere Überlegungen mit auf und zeigen Verständnis für begründete Einwände. Somit fühlt sich jeder gehört und verstanden, das schafft Vertrauen und ein gemeinsames Verständnis. Die Kunst ist, den Einwand nicht als gesetzt zu sehen, sondern im Gegenteil, gleich einen arbeitsfähigen Lösungsansatz zu präsentieren und die Situation den Bedürfnissen der jeweiligen Teilnehmer anzupassen.

Warum werden sie eingesetzt?
Der Einsatz der Einwandtechnik kommt aus Verkaufstrainings: Jeder Verkäufer lernt, wie wichtig Einwände als Schlüssel zum Erfolg sind. Denn Einwände geben dem Ver-

käufer die Möglichkeit, Bedenken oder Fragen der Kunden zu beantworten. Die Einwandvorwegnahme setzt noch ein Stück vor der Einwandtechnik an: Wir überlegen schon im Vorfeld, welche Einwände die Teilnehmenden aller Voraussicht nach mitbringen werden, und sprechen diese stellvertretend als Trainer aus. Damit geben wir den Widerständen, Fragen und Bedenken der Teilnehmer die Erlaubnis, ausgesprochen und als Teil der Lösung angenommen zu werden.

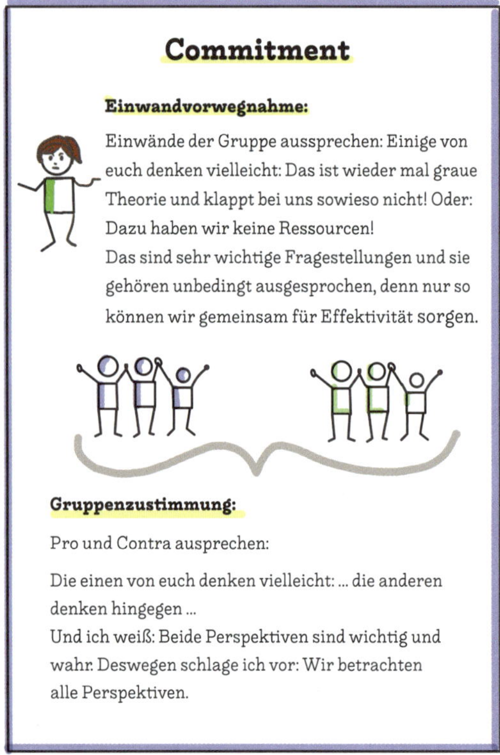

Wie läuft sie ab?
Überlegt im Vorfeld, welche Einwände die Teilnehmenden gegenüber dem Thema haben könnten, und formuliert diese in der Möglichkeitsform: „Vielleicht denken Sie ..., möglicherweise bewegt einige von Ihnen die Frage ...“. Anschließend ladet ihr zum Aussprechen der Einwände ein und betont die Relevanz: „Und genau diese Fragen und kritischen Perspektiven sind hier wichtig und helfen uns, die Themen auf Praxisrelevanz und Effektivität zu prüfen.“

Welche typischen Hürden gibt es und welche Tipps aus der Praxis helfen?
Achtet darauf, dass sich die Teilnehmenden nicht bloßgestellt fühlen und ihr die Einwände zu negativ formuliert oder ins Lächerliche zieht. Die Wertschätzung sowohl verbal wie nonverbal auszudrücken ist bei der Technik entscheidend.

Wie funktioniert es in der Onlinevariante?
Online funktioniert die Technik analog wie in Präsenz.

Agenda-Varianten

Workshops brauchen eine Agenda, einen roten Faden, an dem die Teilnehmenden sich orientieren können und der nochmals klar darstellt, was die Gruppe in der gemeinsamen Zeit alles an Themen erwartet.

Wozu dienen die Agenda-Varianten?
Die Agenda ist die visuelle Darstellung der Workshopthemen, das grundlegende Konstrukt, das alle wichtigen Punkte der Tagesordnung in Überschriften zusammenfasst und der Gruppe zugänglich macht. Menschen brauchen so etwas wie einen roten Faden oder eine Struktur, um sich immer wieder während der Veranstaltung orientieren

zu können, zu wissen, welches Thema genau jetzt besprochen wird. Strukturen und Ordnung gehören aus der Erfahrung zu unserem Leben dazu und wollen auch in der Seminarsituation bedient werden. Das schafft ein Gefühl von Sicherheit und Zuverlässigkeit. Es tut gut, sich wieder orientieren zu können, wenn doch einmal die Gedanken abschweifen. Anstelle eines minutiösen Zeitplans nutzen wir in unseren Workshops sehr gern flexible Varianten, die Raum dafür lassen, dass die Gruppe selbst Themen, die ihr fehlen, noch ergänzen kann. Dies erfüllt den Wunsch, auch selbstbestimmt den Workshop mitzugestalten.

Warum werden sie eingesetzt?
Wie bereits erwähnt, ist eine Agenda oder ein roter Faden ein hilfreicher Anker für die Teilnehmenden, um sich immer wieder zu orientieren. Er hängt fest im Raum installiert, sodass jeder zu jeder Zeit einen Blick darauf werfen kann und das aktuelle Thema in der Struktur wiederfindet. Für manche Menschen ist sie auch so etwas wie eine Checkliste der erledigten Themen, auf die sie gern zurückgreifen. Das Gefühl am Ende des Workshops, alles abgehakt zu haben, was an Inhalten angekündigt worden ist, trägt stark dazu bei, dass die Veranstaltung auch als Erfolg gewertet wird.

Nebenbei ist die Agenda ein wunderbarer Rahmen für uns als Moderatoren, den Tagesablauf einmal zu erklären. In der Anfangsphase eines jeden Workshops seid ihr es, die den größten Redeanteil haben werdet, und euch wird auch die Aufgabe zuteil, Inhalte und Überschriften zu erläutern, egal ob schon im Vorfeld eine grobe Agenda verteilt worden ist oder nicht. Die Gruppe möchte das gern noch einmal von euch hören. Tagesordnungspunkte einfach so herunterzubeten ist nicht wirklich spannend, aber nach und nach die Headlines auf die Agenda zu packen und ein paar Worte dazu zu sagen, das fühlt sich für den Zuhörer einfach netter und inspirierender an.

Wie laufen die Agenda-Varianten ab?
Bei der Agenda sind eurer Kreativität kaum Grenzen gesetzt. Hier könnt ihr fast alles nutzen, was euch an Bildern und Metaphern einfällt:

- Apfelbaum mit Themen-Äpfeln
- Straße, bei der die Stationen Straßenschilder sind
- Wäscheleine, an der die Themen wie Kleidungsstücke aufgehängt werden
- Insel-Hopping von Thema zu Thema

Dies sind nur ein paar Beispiele, die ihr nutzen könnt. Wir gestalten die Agendavorstellung meistens so, dass wir etwas über das Thema erzählen und währenddessen eine mit der Headline beschriftete Moderationskarte aufhängen. Das macht es lebendiger.

Welche typischen Hürden gibt es und welche Tipps aus der Praxis helfen?
In vielen Workshops gibt es Themen, welche die Teilnehmenden bewegen oder die sie mit dem Inhalt in Verbindung bringen. Vieles davon ist bereits in unserer Planung enthalten und somit auch in der Agenda berücksichtigt. Oft kommt es aber auch vor, dass es Wünsche der Gruppe an den Inhalt gibt, die von uns im Vorfeld nicht berücksichtigt worden sind. Dem könnt ihr entgegenwirken, indem ihr entweder vor der Veranstaltung schon eine Abfrage versendet, welcher Inhalt auf keinen Fall fehlen darf, oder ihr gebt der Gruppe die Gelegenheit, zu ergänzen. Macht daher die Agenda nicht ganz so starr und unflexibel, sondern lasst lieber noch Raum für Ergänzungen.

Wie funktionieren sie in der Onlinevariante?
In der virtuellen Welt können wir uns die unterschiedlichen Tools der Plattformen zunutze machen. So bietet beispielsweise Miro eine Mindmap-App an, die wir gern zur Gestaltung der Agenda nutzen: den Bildschirm teilen und die Mindmap nach und nach mit Inhalt füllen. Hier könnt ihr der Gruppe Raum geben, um zu ergänzen.

Eine schöne Variante für eine offene Agenda bietet das folgende „Themen-Kanban-Board", das ebenfalls in Miro als App zur Verfügung steht. Wer mit anderen Tools arbeitet, kann auch genauso gut auf eine bildhafte Zeichnung zurückgreifen und diese dann mit Sticky Notes oder eigenen Bildern füllen. Probiert euch da gern aus. Eine schöne Agenda ist auch ein Zeichen von Wertschätzung der Gruppe gegenüber.

Workshop-Kanban-Board

Das Workshop-Kanban ist ein fantastisches Format, um eine Agenda zu visualisieren, den Workflow immer sichtbar zu haben und Raum zu lassen für Ergänzungen und Erweiterungen, die sich im Laufe des Seminars ergeben oder die schon zu Beginn von der Gruppe gewünscht werden.

Wozu dient das Kanban?
Genauso wie alle anderen Agenda-Varianten dient es dem roten Faden, der klaren Darstellung der Workshopthemen. Nebenbei führt ihr damit auch eine agile Methode aus dem Lean ein und könnt diese als Framework mit besprechen.

Und: Erfolge dürfen sichtbar sein und gefeiert werden.

Warum wird das Kanban eingesetzt?
Teilnehmer brauchen einen roten Faden, um immer wieder zu wissen, an welcher Stelle in der Struktur des Tages sie sich befinden, und um schnell auf die Überschrift zu schauen, die gerade aktuell ist. Das Kanban nutzt die Struktur eines Task-Board mit den Rubriken:

- **Waiting** – Hier kommen die Themen rein, die wir im laufenden Prozess noch nicht angefasst haben, die aber auf der Agenda stehen und erledigt werden wollen.
- **To-do** – Wir haben bereits priorisiert und uns darauf geeinigt, welche Themenfelder am wichtigsten sind, somit also als Erste besprochen werden dürfen.
- **Doing** – Hier zieht ihr die Themen hin, die gerade am Laufen sind, also alles, was wir in der Gruppe gerade besprechen oder bearbeiten.

- **Done** – Das ist unsere Erfolgsrubrik. Alles, was erledigt, besprochen oder gelernt ist, kommt im letzten Schritt hierhin.

Wie läuft es ab?
Ihr könnt das Themen-Board als Whiteboard oder Metaplanwand darstellen. Bereitet einfach eine freie Fläche vor, auf die ihr eine Tabelle zeichnet, wie ihr sie in der Grafik weiter unten seht.

Die grundlegenden Themen, die ihr im Workshop auf jeden Fall behandeln wollt, habt ihr bereits auf selbstklebenden Moderationskarten vorbereitet oder ihr schreibt sie in dem Moment, in dem ihr sie vorstellt. Hängt diese in „Waiting".

Dann haben die Teilnehmenden noch einmal die Gelegenheit, wichtige Themenfelder zu ergänzen. Ladet die Gruppe dazu ein und packt auch diese Inhalte auf Karten in das Feld „Waiting".

Muss der Workshop einer chronologischen Struktur folgen, da einfach ein Thema auf das nächste folgt, also Grundlage für das gewünschte Ergebnis ist, solltet ihr als Moderator jetzt eine Vorauswahl der Agendapunkte treffen und diese in „To-do" hängen – oder ihr nutzt verschiedene Farben, um Abhängigkeiten aufzuzeigen. Alles, was dann noch übrig bleibt, lassen wir durch die Gruppe priorisieren. Dabei helfen Voting-Formate wie Punktabfragen. Schon habt ihr eine schöne, selbst organisierte Agenda geschaffen, die lebt und sich bewegt.

Welche typischen Hürden gibt es und welche Tipps aus der Praxis helfen?
Achtet immer darauf, mit WIP-Limits zu arbeiten. WIP-Limits sind sogenannte „Work in Progress"-Limits, die besagen, dass nur eine bestimmte Anzahl von Arbeitspaketen gleichzeitig im „Doing" ist. Wir empfehlen hier maximal zwei Themenfelder. Aus unserer Erfahrung heraus ist alles, was über diese zwei Themen hinausgeht, einfach verwirrend für die Gruppe. Viele fühlen sich dann verloren. Weniger ist mehr.

Wie funktioniert das Kanban in der Onlinevariante?
Unser Onlineformat des Workshop-Board nutzt entweder vorgegebene Tools in Miro, Mural und Conceptboard oder wir verwenden die unten abgebildete Grafik und beschriften sie einfach mit den vorhandenen Elementen aus der Plattform. Zum Voten nehmen wir die Voting-Funktionen, sonst ist die Herangehensweise identisch wie im Präsenzworkshop. Ihr könnt aber auch jederzeit alles auf einem anderen digitalen Whiteboard visualisieren.

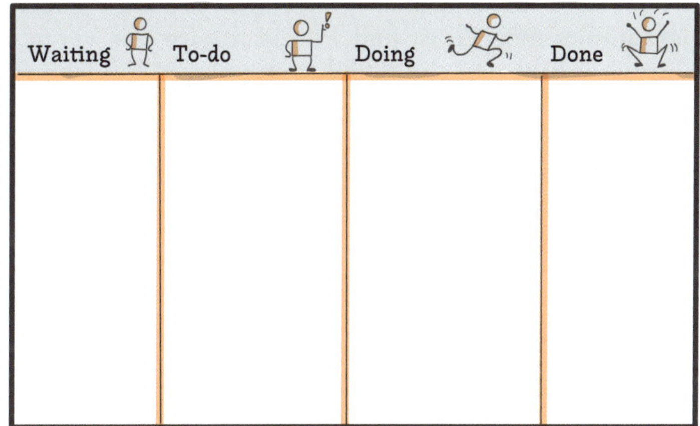

Workshoprollen

Workshoprollen sind exemplarische Rollen, die recht früh zu Beginn des Workshops den Teilnehmern vorgestellt und im Pull-Prinzip auf freiwilliger Basis vergeben werden können.

Wozu dienen die Rollen?
In Teams, Gruppen und Workshops ist eine proaktive Beteiligung der Teilnehmer ein Schlüssel zum Erfolg der Veranstaltung. Was wir nicht wollen, ist die immer gleiche Beteiligung der üblichen Protagonisten. Wir wollen Gruppendynamik und 100 Prozent Verantwortungsübernahme und wir wollen erreichen, dass jeder sich einer Aufgabe verpflichtet fühlt und diese aus Überzeugung und mit einem hohen Maß an Eigenmotivation übernimmt.

Warum werden die Rollen eingesetzt?
Als Moderatoren eines Workshops übernehmen wir die vielfältigsten Aufgaben und haben die Augen und Ohren nahezu immer irgendwo bei den Befindlichkeiten der Gruppe und der einzelnen Teilnehmer. Da dies jedoch nicht immer möglich ist und wir gleichzeitig das Verantwortungsgefühl und die Beteiligung unserer Teilnehmer fördern wollen, haben sich unsere Workshoprollen bestens bewährt. Den psychologischen Hintergrund der Rollenvergabe und welch tieferen Nutzen ihr damit erzielen könnt, wird in Kapitel 7 eingehender besprochen. An dieser Stelle sei nur gesagt, dass Rollen, zu denen ihr Teilnehmer im Pull-Prinzip einladet, einen riesigen Einfluss auf Dynamik und Fokus eurer Workshops haben können. Probiert es einfach aus. Exemplarisch findet ihr unten die gängigsten Rollen für eure Veranstaltung.

Wie läuft es ab?
Ladet die Teilnehmenden zur Wahl einer persönlichen Rolle für einen Teil des Workshops ein. Hierfür hat es sich bewährt, die Wahl im Rahmen des Einloggens anzubieten. Wir erweitern gern das Einloggen um die Frage: „Welche Rolle möchtest du heute einnehmen?" Dafür haben wir unsere Rollenkarten bereits vorbereitet und stellen diese im Plenum bereit.

Der Moderator präsentiert der Gruppe einmal die Aufgaben und die „To-dos" der Rolle, damit sich jeder Einzelne auch mit der Verantwortung identifizieren kann.

Betont, dass es sich um eine freiwillige Rollenübernahme handelt und dass es keine Pflicht ist, sich zu entscheiden, denn schließlich wollt ihr Eigenverantwortung fördern. Auch der Hinweis, dass eine Rolle mehrfach vergeben werden kann, trägt zum Aspekt der Freiwilligkeit maßgeblich bei. Je eindeutiger die Rollen definiert sind, desto wahrscheinlicher ist auch deren Übernahme.

Stellt klar, dass eine Rolle auch im Laufe des Tages getauscht werden kann und dass sich jeder nach seiner persönlichen Stärke entscheiden kann oder alternativ auch mal die Perspektive wechseln sollte.

Welche typischen Hürden gibt es und welche Tipps aus der Praxis helfen?
Rollen anzubieten, birgt ein wenig die Gefahr, dass sich immer die gleichen Protagonisten für eine bestimmte Rolle melden. Der durchsetzungsstarke Teilnehmer wird vielleicht den Prinzipienwächter wählen, Menschen mit einem ausgeprägten Wunsch zu präsentieren, entscheiden sich auch gern mal für den Moderator.

> **Tipp:** Schaut euch die Gruppe an und entscheidet, welche Rollen ihr anbieten wollt, und wechselt auch regelmäßig. Ein Wechsel der Rolle bei einer Gruppenübung kann auch die Perspektive verändern.

Wie funktionieren die Rollen in der Onlinevariante?
Das Vorgehen für Rollen ist online dasselbe Prozedere, wie es in der realen Welt vonstatten geht. Einen kleinen Bonus bieten die gängigen Videotools insofern, als hier die

Prinzipienwächter:in

Aufgabe:
- Achte während des Meetings/des Workshops auf die vereinbarten Werte und Arbeitsprinzipien.

To-do:
- Heb deine Rollenkarte hoch und gib der Gruppe ein Signal, sobald du den Eindruck hast, eine Diskussion, ein Verhalten oder ein Beitrag entspricht nicht den vereinbarten Werten und Prinzipien.
- Ebenso, wenn der Umgang miteinander nicht mehr den Vereinbarungen entspricht oder nicht alle Meinungen eingeholt und gehört werden.

Time-Keeper

Aufgabe:
- Achte während des Meetings/des Workshops immer auf die Einhaltung der Zeit und fordere Timeboxing und Einhaltung dessen ein.

To-do:
- Heb deine Rollenkarte hoch bzw. stelle eine Uhr und gib der Gruppe ein Signal, sobald die Zeit nicht eingehalten wird.

Moderator:in

Aufgabe:
- Nimm während des Meetings/des Workshops die Rolle der:des Moderierenden ein.

To-do:
- Moderiere das Meeting oder den Beitrag. Du bist für die Methoden verantwortlich und dafür, dass alle Beiträge gehört werden. Für die Ergebnisse und Inhalte sind die Teilnehmer:innen verantwortlich.
- Visualisiere alle Beiträge und schlage Methoden vor, mit denen das Team ein gewünschtes Ergebnis erzielen kann.

Stärkenfinder:in

Aufgabe:
- Finde bei jedem:jeder Teilnehmer:in in Übungen Stärken heraus und sprich sie aus oder schreibe sie auf.
- Melde auch dem Team/der Gruppe Stärken zurück (schnelle Entscheidungsfindung, konstruktive Diskussionen, zuhören, beteiligen etc.).

Pausenhüter:in

Aufgabe:
- Stimme mit der Gruppe Pausen ab und sorge für Einhaltung der Zeit (Start und Ende).
- Sorge außerdem für Aktivierung zwischendurch (Frischluft, kleine Übungen zur geistigen Fitness).

Teilnehmenden ihren angezeigten Namen selbstständig ändern können. Ladet doch die Teilnehmenden dazu ein, ihre Rolle im Videobild anzuzeigen.

Workshopthemen Sprint – Ablauf

Jeder Workshop folgt einem gewissen chronologischen Ablauf, über den sich der Moderator im Vorfeld Gedanken gemacht hat. Sei es, dass es um die Vermittlung von Kompetenzen und Fähigkeiten geht, bei der wir einer klaren Struktur folgen, oder sei es das Erarbeiten und Verstehen von Frameworks, die in sich schon eine Struktur haben.

Als Moderatoren oder Workshopleiter machen wir uns vorher Gedanken darüber, welche Methoden aufeinanderfolgen und wie wir die Vermittlung der Inhalte angehen wollen:

- Zu Beginn steht immer eine gewisse Form von Wissens- oder Inhaltsvermittlung. Wir bereiten die Teilnehmenden in der Regel mit einem kurzen Vortrag oder einer Präsentation auf die Inhalte vor, klären die wesentlichen Definitionen und stellen den Ablauf vor. Dies lässt sich schön mit der Vier-W-Methode angehen, da diese genau den Rahmen liefert, den es braucht, um den Inhalt zu vermitteln.
- Dann geht es schnell ins „Doing“, denn je länger wir im Vortragsmodus sind, desto langweiliger wird die Veranstaltung. Wir verfolgen den Ansatz: maximal 20 Prozent präsentieren und mindestens 80 Prozent erarbeiten lassen. Die Wahrscheinlichkeit, dass Wissen dann auch in den Transfer gelangt, ist dadurch wesentlich höher.
- Im weiteren Verlauf empfiehlt sich auch der Wissensaustausch untereinander, sodass die Teilnehmenden von den Kompetenzen im System profitieren können.

- Spielerische Elemente, Arbeit an Use-Cases oder an der eigenen Praxis sowie selbst erlebtes Lernen fördern weiterhin die Lust, sich mit dem Thema zu beschäftigen.
- Lasst eure Gruppe auch gern einmal das Thema selbst erkunden und sich in sogenannten Forscherteams mit der Materie beschäftigen – ein Tool, das besonders bei Workshops mit mehreren Modulen zum Einsatz kommen kann.
- Vielleicht baut ihr auch eine Methodensammlung in Form eines Work & Travel auf, wobei die Gruppe kleinere Methodenhäppchen spielerisch erlernen und sich danach austauschen kann.

Im Folgenden sind einige der Methoden beschrieben, die zu aktivem und selbstbestimmtem Lernen beitragen können, denn nichts macht mehr Spaß als das Gefühl, dass sich die gemeinsame Zeit gelohnt hat.

Workshopthemen Sprint – Tools

Präsentation oder Vortrag/Keynote

Der Vortrag oder die Keynote ist in der Regel der Startschuss für den Workshop, also der kurze Vortrag, in dem die wesentlichen Inhalte theoretisch vermittelt werden sollen.

Wozu dienen Präsentationen?
Jede Methode, jedes Framework und jede Maßnahme brauchen eine Einleitung, in der erklärt wird, worum es eigentlich geht. Bei einem Framework, das vermittelt werden soll, ist dies der generelle Ablauf der Methode. Bei Kreativprozessen dient die Keynote der Rahmengestaltung und der Erklärung der Vorgehensweise. Bei anderen Prozessen braucht es Grundlagenwissen. Letztlich: Nichts geht, ohne dass der Moderator den Teilnehmern einen Teil der Herangehensweise erklärt. Stellt euch eine Lehrveranstaltung vor, bei ihr ins kalte Wasser geworfen werdet und mangels Wissen nur Fehler macht. Dann mag dies zwar dem Grundsatz folgen, dass man aus Fehlern lernt, aber ist das wirklich immer zielführend?

Warum werden sie eingesetzt?
Es braucht also eine gewisse Grundlage, um handlungsfähig zu sein. Wir vermitteln in der Keynote gern die Tools, mit denen wir im fortlaufenden Prozess arbeiten, und machen Kompetenzen und benötigte Fähigkeiten deutlich – genauso, wie wir ein gemeinsames Verständnis für das Ziel schaffen wollen.

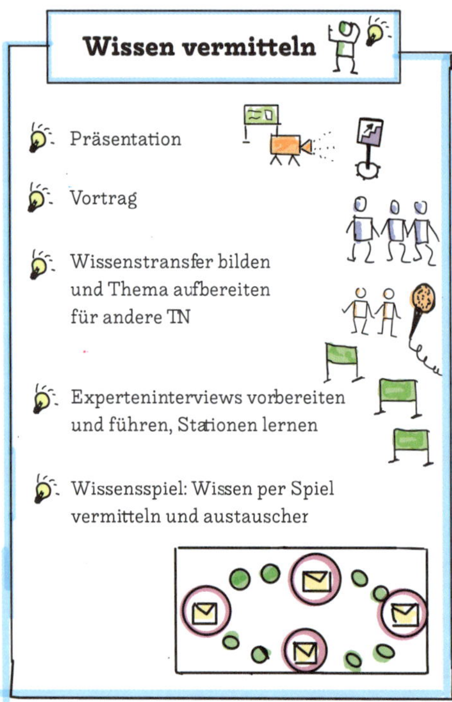

Wie laufen Präsentationen ab?
Wir kennen ganz unterschiedliche Varianten des Vortrags oder der Präsentation. Einige davon bezeichnen wir eher als betreutes Vorlesen, was eigentlich nicht den Rahmen eines Workshops benötigt. Ziel muss es immer sein, den Vortrag so lebendig wie möglich zu gestalten und mehr aus dem Leben zu berichten als über die graue Theorie.

Habt immer eine passende Präsentation oder Visualisierung zur Hand, die dem Thema gewidmet ist, und erzählt anhand dieser ein wenig über das, was es dazu zu berichten gibt.

Eure Visualisierung sollte möglichst nicht zu viel Text beinhalten, sondern lieber eine bebilderte Darstellung des Inhalts. Das schafft Neugierde und wertschätzt die Teilnehmenden.

Am liebsten hören Menschen Beispiele und Geschichten. Überlegt euch also am besten schon vorher zu jedem Vortrag eine passende Geschichte und macht die Zeit so spannend, wie es geht. Monotones Vorlesen würden wir euch hier nicht empfehlen.

Welche typischen Hürden gibt es und welche Tipps aus der Praxis helfen?
Die typische Hürde im Vortrag ist uns allen nur zu gut bekannt: die PowerPoint-Präsentation. In dieser neigt der Verfasser dazu, schon so viele Informationen bekannt zu geben, dass sich ein Vortrag eigentlich schon erledigt hat. Weniger ist mehr: Wenn es schon PowerPoint sein soll, dann nutzen wir diese nur als Cliffhanger. Ein Wort oder ein Bild, eine plakative Aussage oder ein Foto pro Slide und der Rest kommt auf der Tonspur. Das macht einfach viel mehr Spaß und langweilt nicht.

Wie funktionieren Präsentationen in der Onlinevariante?
In der Onlineversion stellt der Vortrag ein weiteres Risiko dar, denn hier sind die Ablenkungsmöglichkeiten am heimischen PC noch größer und die Verführung noch mächtiger, dem Redner nicht mehr zu folgen. Wir gehen hier gern mit der Fünf-Minuten-Regel vor:

Fünf Minuten Vortrag – eine Interaktion!

Holt euch also alle fünf Minuten die Aufmerksamkeit eurer Gruppe zurück, indem ihr alle einmal kurz einbezieht. Das ist ganz leicht und hilft ungemein.

Wissens-/Forscherteams

Wissens- oder Forscherteams sind das Pendant zu den Peergroups, also den Transfergruppen, die sich treffen mit der Aufgabe, einen Inhalt selbstständig zu erarbeiten und ihn bestenfalls im Anschluss anderen Teilnehmern vorzustellen.

Wozu dienen Forscherteams?
Lernen wird durch gemeinsamen Austausch gefördert. Menschen lernen am besten, wenn sie sich etwas selbst erarbeiten oder eigenständig ein Thema umsetzen. Diesen Aspekt unterstützen wir durch den Einsatz von Forscherteams.

Warum werden Forscherteams eingesetzt?
Nicht jedes Thema können wir in all seiner Vollständigkeit behandeln, insbesondere dann nicht, wenn es unser Ziel ist, möglichst viel durch die Teilnehmer selbst erlebbar zu machen, anstelle unendlichen Vorträgen zu lauschen. Deshalb lassen wir die Teilnehmenden gern selbst bestimmen, welchem Themenkomplex wir uns während des Workshops eingehender widmen wollen. Haben wir also als Thema das

Tages oder des Moduls beispielsweise den „agilen Kreislauf" ausgeschrieben, so beinhaltet dieses eine Vielzahl komplexer Methoden, die in sich schon mehr Inhalt bieten, als wir in ein kurzes Zeitfenster von ein bis drei Tagen packen können. Deshalb machen wir gern das Angebot, uns exemplarisch mit einzelnen Frameworks näher zu beschäftigen, was mitunter nur einen kleinen Teil des gesamten Konstrukts ausmacht. Demnach fehlt letztlich ein großer Teil und mancher Wunsch nach mehr Wissen bleibt unerfüllt. Damit bietet sich meist nur eine Buchempfehlung an Ende an oder eben alternativ die Forschergruppe.

Wie läuft das ab?

Als Moderatoren ladet ihr eure Teilnehmer dazu ein, Forscherteams zu bilden, die sich selbstständig mit den fehlenden Inhalten beschäftigen, eine Transferaufgabe erfüllen dürfen oder eine Case Study erarbeiten.

Dies lassen wir gern die Gruppe selbst bestimmen, da hierfür manchmal auch Freizeit geopfert werden muss und die Kleingruppe schon von persönlichen Befindlichkeiten abhängig ist.

Stellt das Themenspektrum vor, das ihr gern im gewünschten Zeitraum erforscht haben wollt, und lasst die Gruppe die Themen wählen, denen sie sich widmen soll.

Definiert die Aufgaben so, dass es das Ziel des Forscherteams ist, dem Rest der Gruppe Erkenntnisse oder Wissen in komprimierter Form vorzustellen, sodass alle davon profitieren können.

Schließlich macht noch den Rahmen deutlich: Wie soll präsentiert werden, wann soll es stattfinden und wie viel Zeit steht zur Verfügung? Möchtet ihr noch einen methodischen Transfer beinhaltet haben, dann steckt auch hierfür den Rahmen ab.

Welche typischen Hürden gibt es und welche Tipps aus der Praxis helfen?

Die Arbeitszeit, tägliche „To-dos", Anforderungen im Job, business as usual, das sind die typischen Hindernisse, die bei Peergroups und Forscherteams häufig auftauchen. Dies ist oft im Perfektionismus der Teilnehmer begründet oder darin, dass die Motivation für die Teilnahme an einem Workshop auf die Zeit im Workshop reduziert ist. Forscherteams brauchen daher eine gute Begründung.

Tipp: Macht die Themen vom Tagesgeschäft abhängig und bietet den Teilnehmer an, ein Beispiel aus dem eigenen Bereich zu erschließen, etwa: Wie könntest du dir vorstellen, eine Methode in deinem Kontext einzuführen?

Wie funktionieren sie in der Onlinevariante?
Da wir bei Onlineworkshops keine veränderten Bedingungen für die Forscherteams vorliegen haben, ist hier keine alternative Vorgehensweise nötig. Lasst eure Teilnehmer in den vorhandenen Tools arbeiten und stellt Arbeitsboards oder Ähnliches bereit. Der Rest liegt in der Hand der Kleingruppe. Lasst euch hier überraschen!

Experteninterviews

Fragt doch einfach einmal jemanden, der sich besonders gut mit dem Thema auskennt, also einen echten Experten. Das muss vorbereitet sein und geht auch nicht ganz so leicht von der Hand.

Wozu dienen Experteninterviews?
Experten zu finden und diesen dann die richtigen Informationen zu entlocken, die uns im bestehenden Prozess weiterbringen, ist eine wertvolle und wirkungsvolle Transfermethode, die nebenbei auch noch wunderbar zur Wissensvermittlung und -vertiefung geeignet ist.

Warum werden Experteninterviews eingesetzt?
Nicht jede Information, die für den Workshop sinnvoll ist, kann und sollte vom Moderator vermittelt werden. Wir lernen viel mehr und viel effektiver, wenn wir uns das Wissen selbst aneignen und ebenso selbstständig den Weg suchen, auf dem wir die nötigen Kompetenzen erlangen können. Mit einem Fragenkatalog ausgestattet loszuziehen, um dem richtigen Ansprechpartner die richtigen Fragen zu stellen, liefert einerseits gute Erkenntnisse, von denen alle Teilnehmer profitieren können, und eröffnet andererseits auch eine weitere Perspektive.

Wie laufen sie ab?
Ladet eure Teilnehmer zu einem schnellen Brainstorming ein. Zunächst ist die Aufgabe, in Kleingruppen von drei bis vier Personen innerhalb von drei Minuten einen Fragenkatalog von 30 Fragen zusammenzutragen, die Antworten auf relevante Themenkomplexe geben können.

Im zweiten Schritt bittet die Kleingruppen, innerhalb von fünf Minuten die drei bis fünf Fragen herauszufiltern, die den größtmöglichen Erfolg und die besten Antworten liefern.

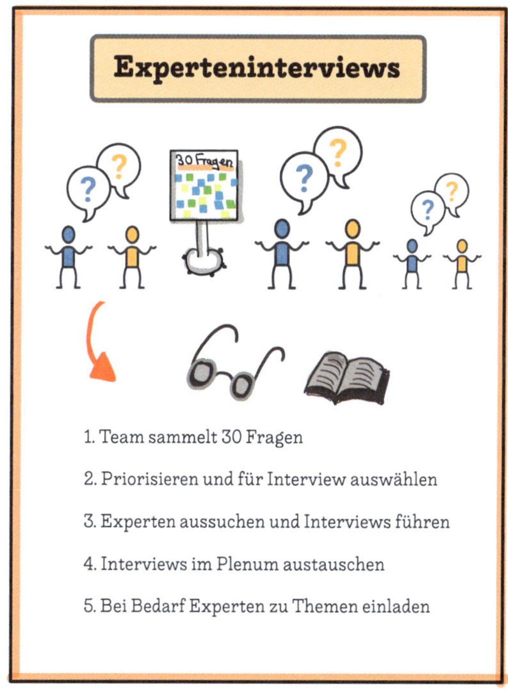

Welche typischen Hürden gibt es und welche Tipps aus der Praxis helfen?
Die größte Hürde besteht darin, den richtigen Experten für das Thema zu finden. Um den Prozess nach vorne zu bringen, stellen auch wir uns als Moderatoren gern als Gesprächspartner zur Verfügung und schlüpfen in die Rolle des Experten.

Wie funktionieren Experteninterviews in der Onlinevariante?
Online unterscheidet sich das Format nicht von der Offlinevariante.

Stationen lernen: Work & Travel

Das Format Work & Travel ist eine schnelle, abwechslungsreiche und spielerische Möglichkeit, innerhalb kürzester Zeit einen Überblick über verschiedene Ansätze, Ideen oder Methoden zu bieten und dabei noch umsetzbare und planbare Handlungsoptionen zutage zu fördern. Wir nennen diesen Ablauf auch gern „kleine agile Häppchen“.

Wozu dient Work & Travel?
Gerade in den ersten Veranstaltungen innerhalb einer mehrmoduligen Fortbildung, in Kick-offs zu Workshops für die Ideengenerierung, in Teamfindungsseminaren oder zu Beginn einer Transformationsreise lohnt es sich, den Teilnehmern einen groben Überblick über Methoden und Frameworks zu geben. Dafür nutzen wir Work & Travel, weil es uns so gelingt, auch große Gruppen in die Systematiken von Frameworks einzuführen. Es geht um das eigenständige Erleben der Methoden, das spielerische Erschließen und das praxisnahe Kennenlernen unterschiedlicher Arbeitsansätze. Das macht dann auch meist Lust auf mehr. Einmal hineingeschnuppert erkennen viele Organisationen, wie wertvoll der agile Ansatz sein kann und wie schnell sich Dinge entwickeln können.

Warum wird es eingesetzt?
Stellt euch vor, ihr müsstet einem Unternehmen eine ganze Menge an Fähigkeiten vermitteln, für die ihr viel zu wenig Zeit habt. Jede einzelne Methode allein betrachtet braucht sicherlich zwei bis drei Tage Zeit, um sie vollständig verstanden zu haben und sie rudimentär einsetzen zu können. Das Zeitfenster, das euch zur Verfügung steht, beträgt aber nur wenige Stunden und es ist noch lange nicht klar, welches Framework für welchen Einsatz geeignet oder ob es überhaupt sinnvoll ist. Durch den maximalen Erlebniswert dank vielschichtigem Lernen und dem Ansatz, immer unterschiedliche Perspektiven und Blickwinkel zu ermöglichen, könnt ihr mit Work & Travel schnell und effizient eine Vorauswahl der wertvollsten Einsatzbereiche treffen und die Organisation in ihrer Entscheidungsfindung unterstützen. Lasst die Teilnehmenden einfach erleben, was später praktisch umgesetzt wird, und sie erkennen eigenständig die Sinnhaftigkeit. Ein letzter Gesamtüberblick unterstützt sie dabei, Erfahrungen zu synchronisieren.

Wie läuft es ab?
Work & Travel braucht eine gute Vorbereitung:

- Macht euch als Erstes darüber Gedanken, welche Methoden ihr durchlaufen lassen wollt, und skizziert einen groben Ablauf. Dabei ist es sinnvoll, sich darüber im Klaren zu sein, dass chronologische Abläufe durch die Choreografie des Formats nicht berücksichtigt werden können.
- Plant zu jeder Methode eine erlebbare Station, bei der die Teilnehmenden interaktiv eine kleine Einheit erleben können. Beispiele dafür sind:

1. Baut ein Modell eurer Organisation, wie sie agil in eine erfolgreiche Zukunft starten kann. Nutzt dafür die vorhandenen Legosteine.
2. Formuliert als Team innerhalb von 15 Minuten konkrete Handlungsoptionen zu den agilen Werten, um diese in der Organisation zu fördern.
3. Nutzt das Delegation-Board, um Entscheidungen in eurem Team der entsprechenden Entscheidungsebene zuzuordnen. Nehmt konkrete Entscheidungen aus eurem Kontext dazu. Pokert diese mit dem Delegation-Poker aus.
4. Plant mittels Planning-Poker einige Arbeitspakete.

- Baut diese Stationen in der Workshop-Area auf, wobei ihr zu jeder Station eine Erläuterung auf einem Flipchart oder einer Moderationswand erarbeitet, damit die Teilnehmenden eine Orientierungshilfe haben.
- Teilt die Gruppe in Kleingruppen von bis zu sechs Personen auf, gern auch crossfunktional, abhängig von den Möglichkeiten, die der Workshop anbietet.
- Klärt den Ablauf: Die Kleingruppen verteilen sich auf die Stationen und durchlaufen sie in einer festgelegten Reihenfolge. Der Wechsel erfolgt nach einer vorher bestimmten Timebox. Wir empfehlen hier zwischen 15 und 20 Minuten. Jede Kleingruppe besucht jede Station einmal.
- Nach dem vollständigen Durchlaufen der Reise ladet die Teilnehmenden alle zusammen nochmals auf einen Gallery Walk ein, auf dem die Erlebnisse und Erkenntnisse gemeinsam reflektiert werden. Alternativ könnt ihr auch die Gruppen nochmals mischen und in der neuen Konstellation eine Reflexionsrunde laufen lassen. Das braucht mehr Zeit, eröffnet aber wieder neue Perspektiven.

Welche typischen Hürden gibt es und welche Tipps aus der Praxis helfen?
Gerade beim Work & Travel braucht es einige Unterstützung und Moderation. Als alleiniger Moderator kann man nicht an jeder Station gleichzeitig sein. Es muss der Ablauf erklärt werden, die Station muss während des Wechsels aufgeräumt oder neu aufgebaut werden, eventuell müssen fertige Ergebnisse für die Dokumentation fotografiert werden, deshalb unser Tipp: Co-Moderatoren! Sucht euch Persönlichkeiten, die euch im Ablauf unterstützen können. Je nach Reifegrad der Teilnehmer können dies Menschen aus dem Kreis der Anwesenden sein, die schon erweiterte Kenntnisse der einzelnen Themen haben und diese auch begleiten können, oder ihr sorgt dafür, dass ihr den Workshop nicht allein moderiert und von Anfang an eine helfende Hand zur Seite habt. Abhängig von der Gruppengröße führen wir solche Workshops grundsätzlich zu zweit durch.

Wie funktioniert es in der Onlinevariante?
Work & Travel online bringt einiges an zusätzlichen Herausforderungen mit sich. Dank der Breakout Session im Videotool ist das Arbeiten an verschiedenen Stationen gleichzeitig machbar, aber auch ein erheblicher Planungsaufwand. Es braucht klare Anweisungen, die ein Gelingen überhaupt ermöglichen. So kann der Moderator nur mit technischem Aufwand in das Einhalten der Timeboxen eingreifen, um sicherzustellen, dass sich die Kleingruppen nicht ins Gehege kommen.

Eine gute Lösung ist, jeder Kleingruppe ein eigenes Arbeitsboard zur Verfügung zu stellen, auf dem sie allein arbeiten kann. Ein nicht unwesentlicher Vorteil kann sein, dass ihr den Ablauf chronologisch darstellen könnt, falls einzelne Methoden aufeinander aufbauen. Während der

Breakout Session müssen die Kleingruppen die Stationen aber immer noch selbstständig wechseln. Hier könnt ihr gut die Idee der Workshoprollen verknüpfen, indem jede Gruppe einen Time Keeper bestimmt, der den Wechsel anmoderiert. Eine Co-Moderation ist online ebenfalls angebracht, damit ihr bei mehreren Breakouts gleichzeitig unterstützen könnt.

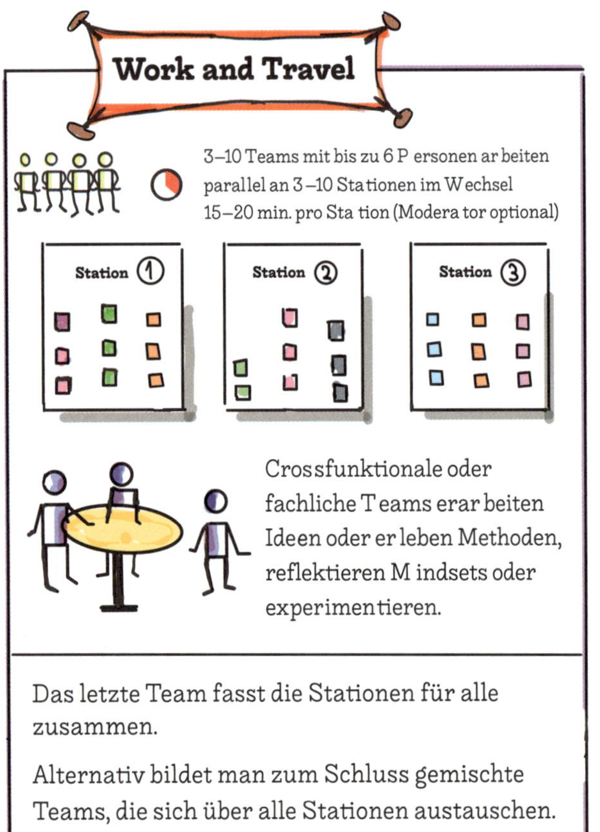

Reflexion mit dem KDT-Walk

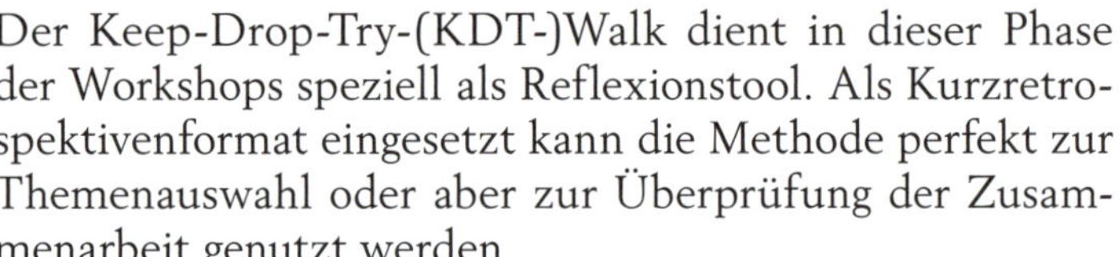

Der Keep-Drop-Try-(KDT-)Walk dient in dieser Phase der Workshops speziell als Reflexionstool. Als Kurzretrospektivenformat eingesetzt kann die Methode perfekt zur Themenauswahl oder aber zur Überprüfung der Zusammenarbeit genutzt werden.

Wozu dient der KDT-Walk?
Workshops liefern Ergebnisse und Ideen, oftmals eine Vielzahl, und in Workshops kommen Menschen zusammen, die bislang noch nicht oder nur sehr wenig miteinander gearbeitet haben. Es braucht eine Überprüfung sowohl der Erkenntnisse als auch der Fähigkeiten, im Team zu funktionieren. Die agile Arbeitskultur geht von einem Lernen durch Umsetzen, der Erlaubnis, Fehler zu machen und zu diesen zu stehen, und von ständiger Iteration und Verbesserung von Prozessen aus. Weiterhin gibt es den Grundsatz, dass nur, wer offen über die Herangehensweise spricht, im Austausch, also in der Kommunikation, ist, konstruktives Feedback geben sowie aus diesem Verbesserungen ableiten kann. Schlussendlich gehen wir von gemeinsamen Entscheidungen, Selbstorganisation und eigenständiger Weiterentwicklung aus. Mit dem Keep-Drop-Try-Walk fördern wir alle diese Werte gleichermaßen.

Warum wird er eingesetzt?
Im KDT-Walk wird die Meinung eines jeden Teilnehmers mit hoher Wahrscheinlichkeit auch gehört und ein gemeinsames Verständnis von der weiteren Herangehensweise geschaffen. Er ist ein Format, das zwar keine 100-prozentige Garantie auf anonymisierte Meinungen zulässt, aber er bietet dennoch den Rahmen, dass alle im Team ihre Entscheidung mitteilen können.

Dank Zeitverknappung und klarer Struktur könnt ihr mit dem KDT-Walk schnelle Entscheidungen herbeiführen.

Wie läuft er ab?
In regelmäßigen Abständen braucht es eine Reflexion der bisherigen Ergebnisse. Wir sollten auswählen und priorisieren. Denkt an die Ideen, die schon beschrieben worden sind, dass wir im Agilen eher davon ausgehen, erst einmal alles Denkbare zu durchdenken und danach über Machbarkeiten und Realisierung zu entscheiden.

Oder ihr wollt eine Reflexion der Zusammenarbeit: „Was hat gut funktioniert?", „Was hat so gar nicht funktioniert?" und „Welchen neuen Gedanken sollten wir mal ausprobieren?".

Ihr baut für den Walk einen Ablauf aus drei Flipcharts auf. Diese habt ihr bereits mit den Überschriften „Keep", „Drop" und „Try" beschriftet.

Teilt die Gruppe in zwei bis drei Teams auf und schickt sie mit der entsprechenden Aufgabe los, alles, was ihnen einfällt, auf die Flipcharts zu schreiben.

Nach drei Minuten gebt ein Signal, dass es Zeit wird zu wechseln, und bittet die Teams, ein Chart weiterzugehen.

Sind alle Charts durchlaufen, geht die gesamte Gruppe noch einmal durch den Walk, liest, was geschrieben wurde, stellt gegebenenfalls Rückfragen und bildet ein gemeinsames Verständnis dafür, was wichtig ist.

Kontroverse Meinungen über einzelne Punkte lassen wir kurz ausargumentieren, um Missverständnisse oder inhaltliche Hürden zu vermeiden.

Je nach Thema könnt ihr Arbeitspakete aus den Themen bilden, die beibehalten und ausprobiert werden sollen, und diese ins Themen-Kanban übertragen oder Handlungsanweisungen festlegen, die helfen sollen, um zukünftig die Zusammenarbeit zu stärken.

Das Format geht schnell und bringt in kürzester Zeit Erkenntnisse.

Welche typischen Hürden gibt es und welche Tipps aus der Praxis helfen?
Manche Gruppe hat aufgrund hierarchischer Aspekte Hemmungen, ihre Meinung offen auszudrücken, vielleicht in dem Glauben, dass nach dem Workshop die Rechtfertigung folgen könnte. Gerade wenn Führungskräfte in der Gruppe anwesend sind, kann so etwas vorkommen.

Tipp: Gute Vereinbarungen zu Beginn des Workshops helfen, dies zu vermeiden.

Wie funktioniert der KDT-Walk in der Onlinevariante?
Auf die Onlinevariante wurde ja bereits in Kapitel 2.2, S. 74 ff., eingegangen. Hier nochmals die Eckpunkte:

- automatische Breakout Sessions mit festem Zeitlimit
- drei Arbeitscharts im Kollaborationstool wie in Präsenz
- selbstständiges Wechseln des Charts durch die Kleingruppe (Timer nutzen)
- Zusammenfassung im Plenum

Kleingruppenübungen

In kleinen Gruppen lassen sich leicht und produktiv Inhalte erschließen, Themen bearbeiten und Erkenntnisse gewinnen. Sie sind prädestiniert dafür, zu Handlungsoptionen zu gelangen und Umsetzungen zu erreichen.

Wozu dienen Kleingruppenübungen?
Menschliches Lernen folgt klaren Gesetzen. Wir merken uns

- 10 Prozent dessen, was wir lesen,
- 20 Prozent von dem, was wir hören,
- 30 Prozent des Gesehenen,
- 50 Prozent Gehörtes und Gesehenes,
- 70 Prozent selbst Gesagtes
- und sage und schreibe 90 Prozent selbst Getanes.

Was genau nutzt uns diese Erkenntnis? Wir können im Workshop noch so viele Handouts verteilen, noch so tolle Vorträge halten, unsere Flipcharts noch schöner und bunter gestalten und uns alle Mühe geben, alles miteinander zu kombinieren. Es bleibt dabei: Das, was sich unsere Teilnehmer selbst erschließen, die Themen, die sie selbst erarbeiten, alles, was sie selbst erleben, hat den höchsten Wirkungsgrad.

Mit Kleingruppenübungen stärken wir den Lernerfolg und tragen zur Zufriedenheit unserer Teilnehmer bei – und nebenbei sind auch alle mit Spaß und Engagement bei der Sache.

Warum werden Kleingruppenübungen eingesetzt?
Nachdem der Moderator die groben Aspekte eines Themas erläutert, eine Methode beschrieben oder einen thematischen Input gegeben hat, ist es sinnvoll, das Gehörte und Gesehene in die Praxis zu übertragen. Bezogen auf ein konkretes Thema sollen die Teilnehmenden das Erlernte praktisch umsetzen und sich so die Hindernisse und Erkenntnisse des Themas selbst erschließen. Bestenfalls erarbeiten sie das Thema anhand eines Fallbeispiels, das sich als roter Faden durch den Workshop zieht, oder entwickeln die Thematik anhand eigener Beispiele.

So können wir einen tieferen Einblick in die Materie bieten. Gleichzeitig stärken wir die Fehlertoleranz, die in der agilen Welt so wichtig ist. Aus den eigenen Fehlern lernt es sich leichter, wenn konstruktives Feedback im Nachgang folgt.

Durch den anschließenden Austausch und die Vorstellung der Ergebnisse im Plenum partizipieren alle Teilnehmer von den Erkenntnissen der Kleingruppe. Dies hat den zusätzlichen Effekt, dass das Thema aus verschiedenen Perspektiven betrachtet worden ist.

Wie laufen sie ab?

- Bildet aus der großen Gruppe gleich große Kleingruppen mit maximal fünf Teilnehmern. Wir nutzen dazu gern lustige Losverfahren, wie zum Beispiel das „Ritter-Sport-Los“.

- Gebt den Kleingruppen eine mit dem Thema zusammenhängende Aufgabe, die in einem Zeitfenster von 15 bis 45 Minuten erarbeitet werden soll. Das Thema kann in jeder Gruppe dasselbe sein oder auch unterschiedlich, je nach Komplexität des Workshopinhalts.
- Stellt Arbeitsmaterial zur Verfügung – Stift, Flipchart etc. –, damit die Gruppe die Ergebnisse visualisieren kann.
- Nach der festgesetzten Zeit stellen die Gruppen ihre Erkenntnisse oder Ideen im Plenum vor.

Welche typischen Hürden gibt es und welche Tipps aus der Praxis helfen?

Wie oft habt ihr schon gehört: „Bitte keine Rollenspiele!" Kleingruppenarbeit hat manchmal den Anklang von Rollentheater oder Ähnlichem. Dass unsere Teilnehmer so etwas nicht mögen, ist bekannt und auch nicht wirklich zielführend für den Erfolg.

> **Tipp:** Habt immer einen konkreten Fall parat, anhand dessen die Gruppen arbeiten können, oder lasst sie ein Thema aus dem eigenen Umfeld erschließen.
>
> Das hat den Vorzug, dass es sich nicht um eine gestellte Situation handelt, sondern aus dem echten Leben stammt. Die Gruppe nähert sich so dem Thema leichter und weniger gehemmt.

Wie funktionieren Kleingruppenübungen in der Onlinevariante?

Für die Kleingruppenarbeit sind die Breakout Sessions der gängigen Videokonferenz-Tools geradezu perfekt geeignet. Ihr könnt hier nicht nur die Gruppen per Zufall zusammenstellen und im Nebenraum für sich arbeiten lassen. Ihr habt hier auch eine klare zeitliche Definition, die ihr nach Aufwand bestimmen könnt, und ihr könnt als Moderatoren auch jederzeit beitreten und Fragen beantworten. Stellt nur den Gruppen geeignete Tools zur Dokumentation zur Verfügung, wie einen Arbeitsbereich auf eurem Board.

Perspektiven-Walk

Der Perspektiven-Walk ist eine Spielart der Disney-Strategie, die vielen aus der humanistischen Psychologie und dem NLP bekannt ist. Hier betrachten die Teilnehmenden ein Thema aus verschiedenen Perspektiven und erarbeiten dabei Lösungsansätze.

Wozu dient der Perspektiven-Walk?
Wir neigen zu Betriebsblindheit, leben in festgefahrenen Mustern und Herangehensweisen. Oft sind wir so in unserem täglichen Tun und Handeln verwurzelt, dass wir eine Herausforderung meist nach unseren Erfahrungen bewerten oder beurteilen und einem Thema schnell den Stempel der Nichtmachbarkeit aufdrücken, weil wir schon immer so gehandelt haben. Es braucht also einen Perspektivwechsel, der uns einen neuen Blickwinkel verschafft.

Das menschliche Denken und Handeln ist geprägt von dem, was wir sehen, und in unseren eigenen Gedanken verwurzelt. Je näher wir mit einem Problem verbunden oder je mehr wir davon betroffen sind, desto größer ist für uns die Hürde, eine produktive Lösung zu finden. Wir sind Meister darin, anderen in unserem Umfeld kluge Ratschläge zu geben, Tipps und Tricks zu verteilen, die hilfreich sein sollen. Das liegt vor allem daran, dass wir eben nicht selbst betroffen sind und so mit einer anderen Perspektive auf ein Problem oder eine Lösung schauen.

Achtet einmal selbst darauf: Wie oft denkt man bei Problemen anderer, dass die Lösung doch so nahe liegt, und warum kommen die anderen einfach nicht drauf? Ganz logisch: Die Situation von außen zu betrachten bedeutet, sich ein objektives Urteil zu bilden.

Warum wird der Perspektiven-Walk eingesetzt?
Der Perspektiven-Walk ist die gesteuerte Aufforderung an die Teilnehmenden, sich einem Problem aus einem anderen Blickwinkel zu nähern und einmal mit anderen Augen auf eine Situation zu schauen. Wir nutzen den Walk gern in Kreativprozessen oder zu Lösungsansätzen. Dabei sorgen wir dafür, dass das Thema mit anderen Augen betrachtet werden kann und so der Blick auf neue Ideen gerichtet wird.

Gerade bei Themen, die eine Neuausrichtung brauchen, ist es hilfreich, einmal mit anderen Augen darauf zu schauen. In einem Projekt, das sich mit der Entwicklung und weiteren Vermarktung eines digitalen Produkts beschäftigte, begleiteten wir ein bestehendes Team, das bereits lange zusammenarbeitete und mit dem Thema schon geraume Zeit in Berührung war. Die ersten kreativen Brainstormings brachten fast nur die Antworten zutage, die schon in der Vergangenheit gekommen waren, und es tauchte kaum Neues auf. Erst als wir die Gruppe zu einem Perspektiven-Walk einluden und das Produkt aus einem ganz neuen Blickwinkel betrachteten, wurden Erkenntnisse sichtbar. Der Wechsel der Perspektive war hier also sinnvoll.

Auch namhafte internationale Unternehmen machen regelmäßig in den sozialen Medien auf sich aufmerksam, weil sie den Kreativteams die Erlaubnis geben, erst einmal ohne Wertung und mit ganz anderen Augen auf das Thema zu schauen.

Wie läuft der Perspektiven-Walk ab?
Ladet eure Gruppe dazu ein, drei bis vier gleich große Teams zu bilden, die sich zeitgleich einem Thema nähern und an neuen Ideen zur Lösung arbeiten.

Baut drei bis vier Stationen im Raum auf, an denen ihr namhafte Persönlichkeiten verankert. Wie wäre es mit „Elon Musk", „Walt Disney" und dem „Dalai-Lama", drei Personen, die unterschiedlicher nicht sein können. Auch „Yoda", „Mickey Mouse" und „Angela Merkel" könnten solche Personen sein.

Verankert die Einschätzungen und Hypothesen zu den Charaktereigenschaften der jeweiligen Person an der Station, sodass jedem klar ist: Genau hier denke ich wie …

Nun schickt Eure Kleingruppen in den Perspektiven-Walk. Die Gruppen starten jeweils an einer Position, denken sich in die Person hinein und betrachten das Thema aus der jeweiligen Perspektive: „Was würde Elon Musk zu diesem Thema sagen/denken?"

Erkenntnisse und Ergebnisse sollten auf einem Flipchart dokumentiert werden, danach geht's weiter zur nächsten Station.

Sind alle Stationen durchlaufen, werden die Antworten im Plenum vorgestellt.

Als kleine Spielart könnt ihr auch die Antworten an der Station hängen lassen, sodass Abschauen erlaubt ist. Die Vorstellung im Plenum liefert dann eine weitere Perspektive.

Welche typischen Hürden gibt es und welche Tipps aus der Praxis helfen?

Es fällt uns nicht immer leicht, die Perspektive einer anderen Person einzunehmen, vor allem dann, wenn wir uns nicht mit dieser identifizieren können oder schlimmstenfalls die Person gar nicht kennen.

Tipp: Nehmt Persönlichkeiten, die wahrscheinlich alle Teilnehmer kennen und deren Charakterzüge präsent sind.

Wie funktioniert der Perspektiven-Walk in der Onlinevariante?

In der Onlinevariante lassen sich wiederum hervorragend die Breakout Sessions nutzen.

Kopfstandmethode

Die Kopfstandmethode ist ein weiteres Format zum Umdenken und zum Perspektivwechsel. Sie fördert kreatives Denken zur Problemlösung und Ideenfindung. Basierend auf der Idee, eine ursprüngliche Aufgabe umzukehren, ist sie eng mit der Provokationstechnik nach Edward de Bono verwandt.

Warum wird die Kopfstandmethode eingesetzt?
In kreativen Prozessen braucht es manchmal ein Umdenken, um auf neue Ideen zu kommen oder um Hindernisse zu beseitigen, denn Hindernisse sind Lösungen, die auf dem Kopf stehen. Die Kopfstandmethode zählt sicherlich zu den effektivsten Brainstorming-Techniken. Sie bedient sich des Umstands, dass es Menschen wesentlich leichter fällt, über Probleme und Hindernisse nachzudenken als über Lösungen und konstruktive Ansätze. Wir können hier also das Problembewusstsein in vollem Umfang nutzen und unsere Teilnehmer dort denken lassen, wo sie von Natur aus unterwegs sind.

Wie läuft sie ab?
Die Gruppe wird in kleinere Arbeitsteams aufgeteilt. Welche Methode ihr zur Gruppeneinteilung verwendet, ist ganz euch überlassen, versucht nur, möglichst gemischte, crossfunktionale Teams zu finden.

1. Im ersten Arbeitsschritt sammelt jeder Teilnehmer der Kleingruppe seine ganz persönlichen Hindernisse, die er mit dem Thema verbindet, auf Flipchart oder Moderationskarten. Hierbei geht es vor allem darum, sich auch einmal das schlimmste Szenario auszumalen, den Gedanken, was wäre, wenn wir scheitern.
2. Die Kleingruppe clustert gemeinsam die Hindernisse, um Doppelungen und ähnliche Themen zusammenzuführen.
3. Jetzt geht es darum, die Hinderungsgründe und Problemfragen in das genaue Gegenteil umzuwandeln. Die Teilnehmenden werden eingeladen, die Probleme neu zu framen und das dahinter liegende verborgene Ziel zu finden. In diesem Schritt sind wir aber noch nicht im Lösungsraum angekommen. Stattdessen geht es hier lediglich um die Umformulierung.
4. Lösungen werden erst im letzten Schritt gesammelt. Aus den auf dem Kopf stehenden Zielen kann sich nun das Team Gedanken über potenzielle Lösungen machen. Hier ist wie in fast allen Brainstorming-Methoden absolute Kreativität erlaubt. Wir denken bei der Lösungsidee nicht über Umsetzung und Machbarkeit nach, sondern vielmehr darüber, was alles generell möglich ist und wie wir dem Hindernis am besten auf den Leib rücken können.

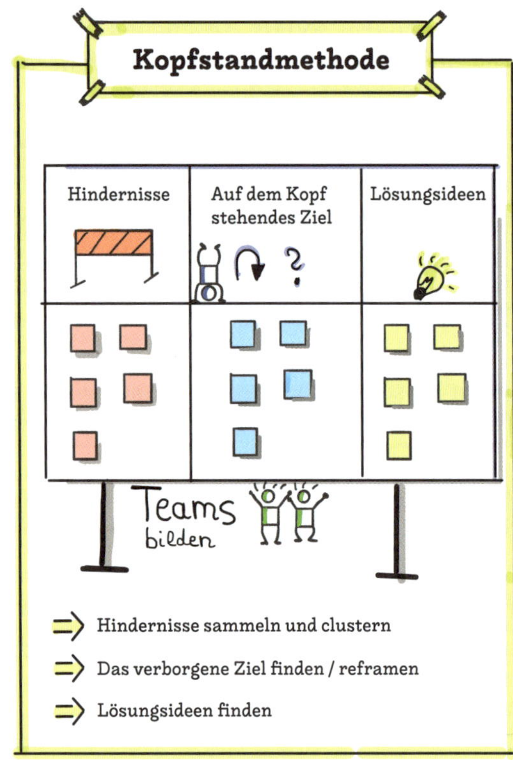

5. Clustert nun gemeinsam im Plenum alle Lösungsideen, führt sie zusammen und schaut nach Gemeinsamkeiten. Bildet Arbeitshypothesen und Ideen, die den Prozess weiterbringen, und macht konkrete Handlungsvereinbarungen daraus, die in der Zukunft umgesetzt werden sollen.

Welche typischen Hürden gibt es und welche Tipps aus der Praxis helfen?

Das Kopfstandformat hat den Nachteil, eher auf extrovertierte Teilnehmer abzuzielen. Dem müssen wir durch eine gezielte Moderation entgegenwirken, um Menschen, die sich nicht unbedingt im Rampenlicht sehen, ebenfalls zu Wort kommen zu lassen.

Außerdem bedarf es, wie bei vielen anderen Kreativitätstechniken, eines ordentlichen Nachbereitungsaufwands.

> **Tipp:** Nutzt die Workshoprollen, indem ihr eine Rolle zur Dokumentation und Nachbereitung einführt. So könnt ihr sicherstellen, dass die Ideen auch eigenverantwortlich in den weiteren Ablauf integriert werden.

Wie funktioniert die Kopfstandmethode in der Onlinevariante?

Online wird der Kopfstand durch Breakout Sessions getragen und auf einem digitalen Whiteboard zusammengeführt. Achtet bei Onlineformaten immer gezielt auf ein enges Timeboxing.

Aktivierer

Spiele gehören schon lange in die Choreografie eines gut geplanten und abwechslungsreichen Workshops. Sie dienen zur Auflockerung des Tagesablaufs, unterbrechen festgefahrene Schleifen oder können dazu genutzt werden, Teilnehmer nach der Pause wieder in einen arbeitsfähigen Zustand zu bringen.

Wir kennen das alle: Der Workshop ist lang und anstrengend, nach der Mittagspause ist die Luft ein wenig raus. Das sprichwörtliche „Suppenkoma“ bricht sich Bahn. An dieser Stelle braucht es etwas, das die Teilnehmenden wieder zurück in den Workshop bringt und Spaß macht. Gleichzeitig bleiben Spiele auch in Erinnerung und lassen uns positiv über die Fortbildung nachdenken. Fragt einmal eure Teilnehmer, woran sie sich am liebsten erinnern, und ihr werdet oft die Antwort erhalten, dass das Spiel nach der Mittagspause toll war. Dabei adaptieren wir nicht nur „Kinderspiele“ und bringen sie in den Kontext einer Erwachsenenveranstaltung, sondern wir nutzen die vielen Hirnareale des Spielens, um einen weitreichenden Lerneffekt zu ermöglichen.

Gerade in der agilen Workshopwelt sind Spiele viel weiter angelegt als nur als „kleine Aktivierer“. Mit spielerischen Ansätzen machen wir Inhalte erleb- und verstehbar, schaffen Verbindungen zwischen den theoretischen Ansätzen des Seminars und der praktischen Umsetzung.

„Wenn ein Löffelchen voll Zucker bittere Medizin versüßt, rutscht sie gleich noch einmal so gut.“ Das ist nur eine der vielen Weisheiten aus der Welt von „Mary Poppins“ und eine wahre noch dazu, denn anders formuliert: Wenn eine Herausforderung Spaß macht, dann verankert sie sich viel mehr und führt zu viel höherem Lernerfolg. Also dank der Spieldynamik lernen sogar Erwachsene besser.

Aktivierer können sowohl in der traditionellen Lernumgebung im Seminarraum eingesetzt werden als auch in der digitalen Welt. Dabei sind manche Spiele ganz besonders geeignet, um sie in der Videokonferenz einzusetzen, andere hingegen eignen sich eher für den Kontext im Seminarraum.

Entscheidend für den Lernerfolg und damit für den Erfolg eines Workshops ist, dass die Teilnehmenden so etwas wie einen Flow-Zustand erleben. Bekannt aus den Studien von Mihály Csíkszentmihályi ist mit Flow der Zustand gemeint, in dem die Teilnehmenden scheinbar völlig mühelos in einer Aufgabe aufgehen und diese mit Freude lösen möchten. Wir gehen davon aus, dass Menschen dann ihre Umwelt völlig vergessen und die ganze Aufmerksamkeit auf das Seminarthema gerichtet ist. Um diesen Flow-Zustand zu erreichen, braucht es lediglich Methoden, damit die Tätigkeit den Menschen auch gefällt und ihnen Spaß macht.

Speziell im Onlineworkshop solltet ihr immer wieder spielerische Einheiten zur Auflockerung einplanen, um den Lernerfolg zu stützen. In unseren Workshops setzen wir den Fokus auf Abwechslungsreichtum und Motivation. Mit kleinen aktivierenden Einheiten und themenbezogenen Spielen werden Seminare interessanter, nachhaltiger und effizienter. Der Lernerfolg wird gestützt, die Aufmerksamkeit auf den Inhalt gelenkt. Spiele lockern also den Workshop auf und sorgen für eine willkommene Abwechslung. Eine solch gesteigerte Lernmotivation sorgt gleichzeitig für einen hohen Lernerfolg. Wir empfehlen den Einsatz von Aktivierern also nicht nur nach der Pause, sondern gern auch einmal zwischendurch.

Entscheidend für den Erfolg jeder Methode ist das richtige Priming, also die Begründung für die Teilnehmenden.

Die folgenden Tools zeigen euch Möglichkeiten, wie ihr Lerninhalte spielerisch vermitteln könnt und dabei auch Spaß, Motivation und Erinnerungsvermögen fördert.

Aktivierer-Tools

Zwei Lügen, eine Wahrheit

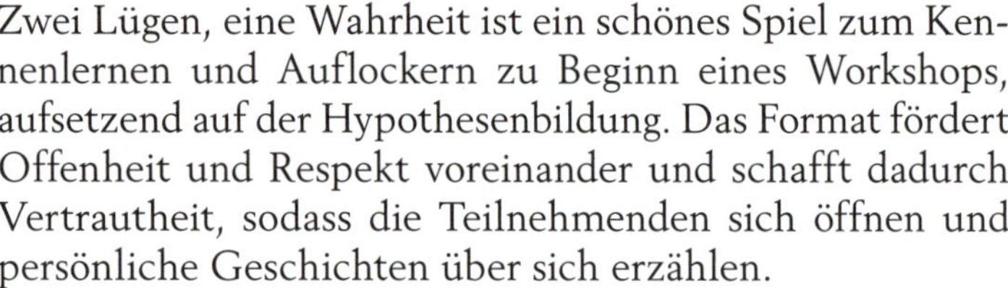

Zwei Lügen, eine Wahrheit ist ein schönes Spiel zum Kennenlernen und Auflockern zu Beginn eines Workshops, aufsetzend auf der Hypothesenbildung. Das Format fördert Offenheit und Respekt voreinander und schafft dadurch Vertrautheit, sodass die Teilnehmenden sich öffnen und persönliche Geschichten über sich erzählen.

Rahmenbedingungen und Material:

- Geeignet für Gruppen von vier bis zwölf Teilnehmern
- Moderationskarten und -stifte
- Sanduhr

Wie läuft es ab?

1. Alle Teilnehmer notieren innerhalb von einer Minute zwei Lügen und eine Wahrheit über sich auf Moderationskarten.
2. Der Reihe nach stellt jeder seine drei Karten vor.
3. Der Rest der Gruppe stimmt ab, welche Geschichte der Wahrheit entspricht.
4. Der Themengeber klärt die Gruppe auf und legt seine Wahrheit offen.

Wie funktioniert es in der Onlinevariante?

Das Format funktioniert in der Onlinevariante analog der Methode im Seminarraum. Nutzt für die Statements einfach ein digitales Whiteboard oder einen Bereich eures Arbeitsboards. Im Anschluss lasst ihr die Gruppe über das Voting-Tool der Plattform abstimmen, welche Geschichte wahr ist.

Ihr könnt die Geschichten auch einfach reihum erzählen und die Gruppe danach per Handzeichen abstimmen lassen.

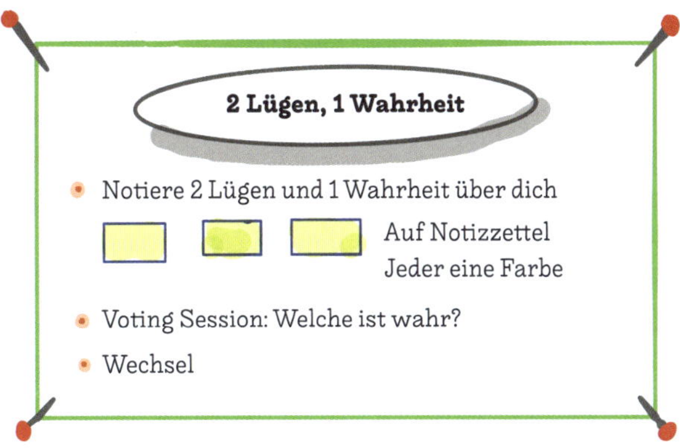

Hypothesen bilden

„Hypothesen bilden“ ist ein schöner Aktivierer zum Eröffnen des Workshops nach einer Pause oder zum Start eines weiteren Tages, wenn sich die Teilnehmenden bereits kennen. Das Format lockert die Stimmung auf, erlaubt Meinungen und gibt gleichzeitig Einblicke in persönliche Vorlieben und Geschichten der einzelnen Anwesenden. Paarweise durchgeführt oder im Plenum in der Gruppe heben Hypothesen die Stimmung, regen zum Lachen an und machen einfach Spaß.

Dabei ist die Nutzung von Hypothesen in vielen anderen Kontexten wertvoll, zum Beispiel wenn es darum geht, kreative Prozesse zu begleiten, Denk- und Entwicklungsprozesse anzuleiten oder Menschen im Perspektivwechsel zu begleiten.

Wir nutzen Hypothesen gern als Aktivierer, bevor wir uns inhaltlich mit Themen beschäftigen, bei denen Annahmen über Zustände oder Kundenwünsche von integraler Wichtigkeit sind. Um die Teilnehmenden in den jeweiligen Zustand zu bringen und mental auf die folgenden Interventionen vorzubereiten, hat es sich bewährt, sie vorher spielerisch heranzuführen.

Es braucht für die Übung keinerlei Materialien oder Vorbereitung. Wir arbeiten hier vollständig verbal.

Wie läuft es ab?

- Bildet Murmelgruppen zu zweit oder lasst die Gruppe im Raum herumlaufen und immer wieder in neuen Konstellationen paarweise zusammenkommen.
- Zuerst bildet ein Teilnehmer über seinen Gesprächspartner eine Hypothese, zum Beispiel, wie der andere seine Pause oder den letzten Abend verbracht hat.
- Der Zuhörer darf die Hypothese bestätigen oder korrigieren.
- Im nächsten Schritt wechseln die Teilnehmenden die Rolle und wiederholen die Übung.
- Als Spielart könnt ihr das Format auch im Plenum gestalten. Dafür braucht es eine gute Basis aus Zusammengehörigkeit und Vertrauen. Dann werden Hypothesen

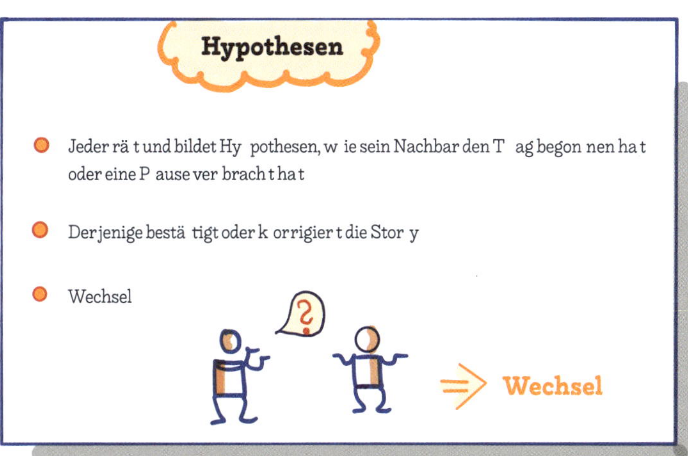

reihum über andere Teilnehmer gebildet und bestätigt oder korrigiert.

Wie läuft Hypothesen bilden in der Onlinevariante?
Da es sich bei „Hypothesen bilden“ um eine rein verbale Intervention handelt, könnt ihr sie analog zum präsenten Vorgehen auch online moderieren. Nutzt die Breakout Sessions, um Paare zu bilden, und wechselt gegebenenfalls auch ein- bis zweimal die Gruppenzusammenstellung.

Nonsense-Übungen

Viele Kreativworkshops nutzen Brainstorming-Methoden, um Ideen zu generieren. Wir setzen dabei darauf, dass speziell durch zeitlich gegrenztes Arbeiten und Denken die meisten kreativen Ideen zustande kommen. Der Vorteil des Timeboxing ist hier vor allem, dass die Teilnehmenden durch die begrenzte Zeitvorgabe schneller ins Handeln kommen und sich ganz auf ein Thema konzentrieren, also die Aufmerksamkeit auf das Ergebnis gerichtet ist. Mit kurzen Zeiteinheiten erhöht man also schnell die Produktivität.

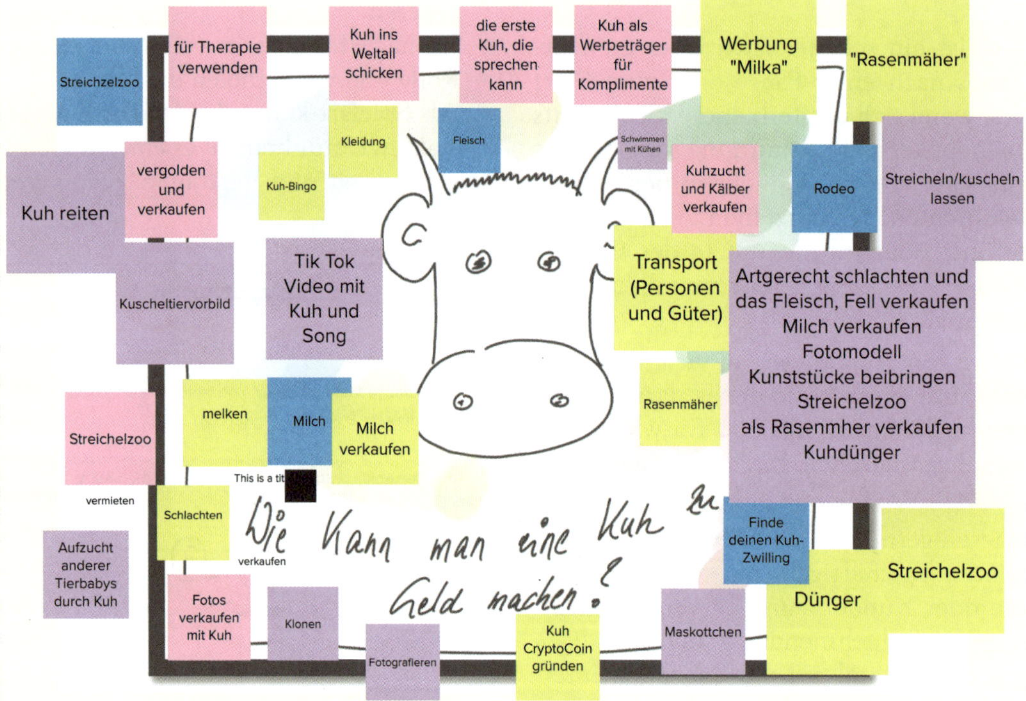

Für den Einsatz von Timeboxing in Kreativphasen hat es sich bewährt, ein kleines Warm-up vorzuschieben, um der Gruppe die Vorteile der zeitlichen Limitierung zu veranschaulichen. Damit dies auch mit einem gewissen Spaßfaktor verbunden ist und die Bereitschaft zum Arbeiten unter zeitlichem Druck gefördert wird, ladet die Teilnehmenden zu einer kleinen Nonsens-Übung ein.

Material und Rahmenbedingungen:

- Bereitet ein Flipchart vor, auf das ihr das Bild einer Kuh zeichnet.
- Legt für alle Teilnehmer Flipchart-Marker und eine größere Menge Post-its bereit.
- Nehmt einen Timer oder eine Sanduhr mit einer Laufzeit von drei Minuten zur Hand.

Wie läuft eine Nonsense-Übung ab?

- Ladet die Teilnehmenden zu einer Übung im Stehen vor dem Flipchart ein.
- Benennt die Aufgabe: „Findet in drei Minuten so viele Möglichkeiten, wie man eine Kuh zu Geld machen kann.“ Alle Antworten sollen ohne Kommentar und ohne Wertung auf Post-its geschrieben und auf das Flipchart geheftet werden.
- Unterstützt die Gruppe mit zusätzlichen Zwischenfragen, wie „Was geht noch?“, „Was würde der Bauernverband machen?“, oder mit einer kleinen Challenge: „Die letzte Gruppe hat 126 Ideen gefunden.“
- Nach Ablauf der Zeit lest exemplarisch ein paar gute Ideen vor und feiert gemeinsam mit der Gruppe den Ideenreichtum.

Wie funktioniert eine Nonsense-Übung in der Onlinevariante?

Die von uns empfohlenen Onlinetools bieten genügend Möglichkeiten, das Format auch in der Videokonferenz anzuwenden. Nutzt hier einfach die Sticky Notes oder die Kommentarfunktion auf den Whiteboards.

Wissensspiele/Gamings

Agiles Taschenrechner-Spiel

Der agile Taschenrechner ist das Abbild eines Sprint-Zyklus, bestehend aus „Plan – Do – Check – Act“, in dem die Teilnehmenden schnell die einzelnen Phasen erleben und dabei eine scheinbar komplexe Aufgabe erledigen. Mit jeder iterativen Schleife optimiert das Team seine Ergebnisse. Gleichzeitig baut das Team gruppendynamisch seine Zusammenarbeit auf. Die Teilnehmenden erleben, was es bedeutet, regelmäßig Prozesse und Rollen zu überprüfen und sich schnell auf sich verändernde Situationen einzustellen. Sie erkennen, wie Aufgaben durch Teamarbeit schneller und effizienter gelöst werden und wie sich der Erfolg durch Lernen in iterativen Schleifen einstellt.

Rahmenbedingungen und Material:

- Geeignet für Gruppe von fünf bis neun Teilnehmern, bei größeren Gruppen empfehlen wir die Aufteilung in kleinere Teams.
- Notizzettel von eins bis 40 nummeriert
- Sanduhr mit zwei Minuten Laufzeit
- Getrennter Arbeits- und Meetingbereich (je nach räumlichen Möglichkeiten bauen wir gern das Spielfeld in einem anderen Raum auf – ihr könnt aber auch verschiedene Ecken im Seminarraum nutzen)

- Aufgabe: „Markiert jeden Zettel in aufsteigender Reihenfolge in weniger als zwei Minuten."

Wie läuft das Spiel ab?

1. Das Spielfeld mit den Notizzetteln wird vom Moderator aufgebaut. Dabei achten wir darauf, dass sich die Notizzettel in einem festgelegten Bereich befinden und in loser Reihenfolge platziert werden.
2. Ladet das Spielteam ein, einen kurzen Blick auf das Spielfeld zu werfen, um sich einen Überblick über die Situation zu verschaffen.
3. Das Team überlegt nun gemeinsam eine Strategie zur Lösung der Aufgabe und schätzt die Zeit ein, die es benötigt (zwei Minuten Zeit).
4. Durchführung: Das Team bekommt zwei Minuten Zeit, um die Aufgabe auszuführen. Dabei ist auf die Regeln des Spiels zu achten:
   - Jeder Zettel darf nur einmal in aufsteigender Reihenfolge markiert oder berührt werden.
   - Zu jedem Zeitpunkt darf nur ein Spieler auf dem Spielfeld aktiv sein.
   - Jeder Teilnehmer muss mindestens eine Zahl markieren. Es darf keine unbeteiligten Zuschauer geben.
5. Nach Ablauf der Zeit bekommt das Team zwei Minuten Zeit, um die Zusammenarbeit zu reflektieren. Was ist besonders gut gelungen? Was können wir in unserer Zusammenarbeit verbessern?
6. Ladet nun das Team zu einer ersten Iteration ein und führt den Ablauf ein zweites Mal durch.

Spielarten:

- Veränderung der Rahmenbedingungen in der zweiten Iteration: Ihr könnt zum Beispiel durch Hinzufügen weiterer Notizzettel neue Anforderungen an das Produkt simulieren.
- Schätzen: Lasst das Team zusätzlich vor jeder Durchführung schätzen, wie viele Markierungen es schaffen wird.
- Veränderung der Regeln: Es dürfen zum Beispiel immer zwei Personen auf dem Spielfeld sein, die sich im Markieren abwechseln. Hiermit könnt ihr Anforderungen der Stakeholder veranschaulichen.
- Veränderung der zeitlichen Vorgabe: Hiermit könnt ihr Kundenwünsche aufzeigen.

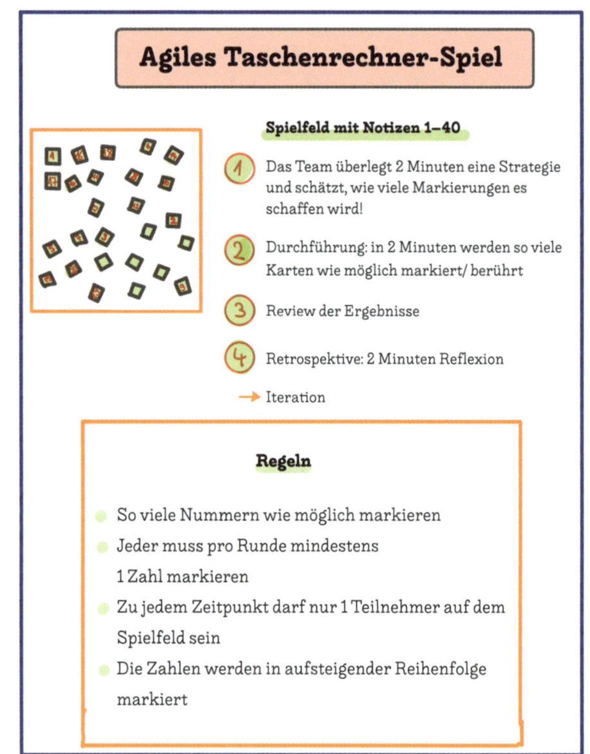

Wie funktioniert es in der Onlinevariante?
Die gängigen Kollaborationstools bieten eine große Auswahl von Icons zum Markieren an. Bereitet ein Spielfeld so vor, dass ihr für jede Iteration eine eigene Fläche nutzt. Deckt die unbenutzten Spielfelder einfach mit einem Frame oder Ähnlichem ab, damit die Teilnehmenden diese Fläche nicht einsehen können.

Ladet nun die Teilnehmenden analog zum Ablauf im Seminarraum zur Durchführung der Aufgabe ein. Für das Markieren der virtuellen Zettel dürfen die Teams Icons benutzen.

Verwendet für jede Iteration ein neues Spielfeld.

Für die Durchführung der Aufgabe geben wir online drei Minuten Zeit, da das Verschieben der Icons meist ein wenig länger dauert.

Cynefin Game für Präsenzworkshops

Mit dem Cynefin Game lässt sich wunderbar das Cynefin-Modell von Dave Snowden veranschaulichen. Dave Snowden ist in den Jahren 1999 bis 2002 durch sein Cynefin Framework bekanntgeworden. Er beschreibt dabei verschiedene Umweltzustände, in denen unterschiedliche Gesetzmäßigkeiten gelten:

- Einfach: Ursache und Wirkung sind klar und offensichtlich und wir können auf bewährte Praktiken zurückgreifen. Meist gibt es für einfache Aufgaben eine richtige Lösung oder eine richtige Antwort.
- Kompliziert: Die Beziehung zwischen Ursache und Wirkung bedarf einer Analyse oder der Anwendung von Fachwissen. Komplizierte Aufgaben lassen sich also nach eingehender Analyse auf mehreren Wegen lösen.
- Komplex: Es gibt viel Unbekanntes und man nimmt den Ursache-Wirkungs-Zusammenhang erst im Nachhinein wahr, nicht im Voraus. Für Komplexität gibt es keine wirklich richtige Lösung, sondern wir denken vielmehr in Hypothesen und Experimenten.
- Chaotisch: Es gibt keine erkennbare Beziehung zwischen Ursache und Wirkung. Es gibt zu viele unbekannte Faktoren. Chaos braucht Innovation. Viele Entscheidungen werden unter Hochdruck gefällt

Das Cynefin Framework verdeutlicht also, wo wir eine Aufgabe verorten können und welche Herangehensweise sinnvoll ist.

Mit dem Cynefin Game haben wir eine Spielvariante, die den Teilnehmern auf einfache Art zeigt, wie sie eine Herausforderung nach dem Modell von Snowden einschätzen können und welche Herangehensweise sich daraus ergibt – und wir setzen auf Spiel und Spaß mit Legosteinen.

Rahmenbedingungen und Material:

- Für den Spielbereich braucht es Tische für jeweils drei bis vier Teilnehmer. Plant also die Anzahl der Tische nach der Größe der Gruppe.
- Ihr benötigt ein Sortiment aus Legosteinen. Wir empfehlen die einfachen Legoblöcke in 2 x 6 cm oder 2 x 8 cm. Ihr braucht ca. 200 Steine in mindestens fünf unterschiedlichen Farben pro Gruppe. 10 Prozent der Steine sollten Sonderformate sein, wie zum Beispiel Blumen oder Ähnliches.
- Auf jedem Tisch wird das gleiche Sortiment zur Verfügung gestellt.
- Stellt ein Flipchart mit dem Cynefin-Diagramm auf, wobei ihr nur das leere Diagramm zeichnet und es erst in der Reflexion mit Inhalten füllen.

Wie läuft das Cynefin Game ab?

Die Gruppe findet sich in kleinen Teams zu je drei bis vier Teilnehmern zusammen und nimmt an einem der vorbereiteten Tische Platz.

1. Erste Aufgabe: Sortiert alle Steine so schnell wie möglich nach ihren Farben und entscheidet im Team, welche Steine ihr als speziell anseht.
2. Reflexion: Wie lang habt ihr für die Aufgabe gebraucht? Wie hat sich die Durchführung angefühlt? Wie war die Kommunikation untereinander und wie viel Führung war nötig?
3. Zweite Aufgabe: Baut so schnell wie möglich eine Struktur nach den folgenden Regeln:
   - Die Struktur muss mindestens 20 Steine hoch sein und ein regelmäßiges, sich abwechselndes Farbmuster haben.
   - Jeder neue Block, den ihr hinzufügt, kann nicht größer sein als der darunterliegende.
4. Reflexion nach dem oben genannten Muster
5. Dritte Aufgabe: Entscheidet im Team innerhalb von 30 Sekunden, ob ihr nun ein Tier oder ein Fahrzeug baut. Die Regeln für die Bauphase lauten:
   - Die Regeln aus der zweiten Aufgabe bestehen weiterhin.
   - Zusätzlich darf jede Person lediglich eine Farbe zum Bauen nutzen.
   - Es darf nicht gesprochen werden.
   - Jede Minute wird der Tisch gewechselt, wobei das Bauwerk mitgenommen wird, das restliche Material aber am Tisch verbleibt.
6. Reflexion nach dem oben genannten Muster
7. Vierte Aufgabe: Entscheidet in 30 Sekunden, ob ihr ein Tier oder eine Pflanze baut. Die Regeln lauten:
   - Alle Regeln aus den vorherigen Bauphasen bleiben gleich.
   - Wenn der Moderator einen Teilnehmer an der Schulter berührt, muss dieser den Tisch wechseln, wobei Bauwerk und Material am Tisch bleiben müssen.
8. Reflexion nach demselben Muster

Nach Durchlaufen des gesamten Spiels tragt ihr die Erkenntnisse aus den Runden in das Cynefin-Diagramm ein und erklärt den Zusammenhang. Macht deutlich, warum es sinnvoll ist, sich mit dem Framework zu befassen, und welche Herangehensweise in welchem Kontext sinnvoll ist.

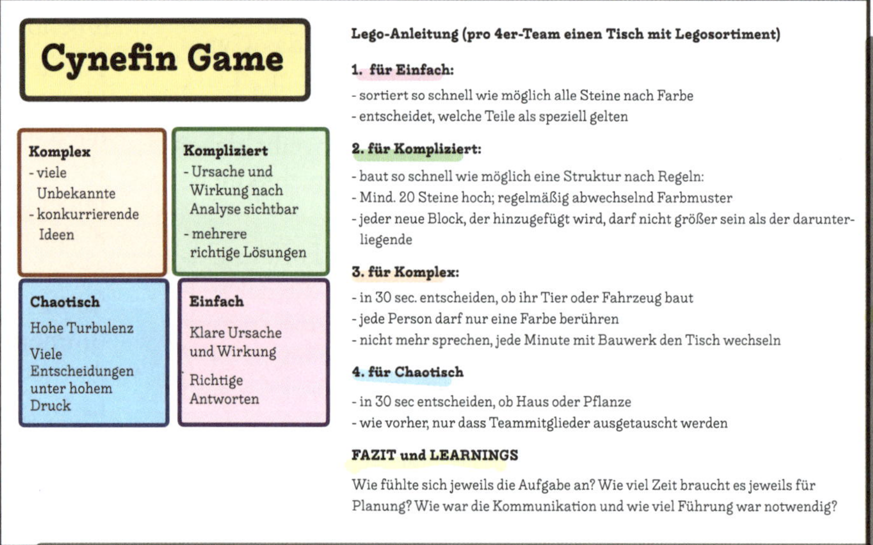

Cynefin Game online

Im Gegensatz zur Präsenzvariante, bei der das Cynefine Framework mit Legosteinen dargestellt werden kann, stehen wir online vor der Herausforderung, den Unterschied der Gesetzmäßigkeiten durch alternative Methoden verdeutlichen zu müssen. Wir haben uns für Zeichnen in Miro oder Mural entschieden. Zwar funktioniert Lego auch hervorragend in der Onlinevariante, doch für das Cynefin-Spiel präferieren wir online die wesentlich einfachere Zeichen-Methode, um Zeit zu sparen.

Es braucht auf dem Arbeitsboard einen klar definierten Bereich, um die Aufgabe entsprechend den Anforderungen zu verdeutlichen.

Stellt also eine Arbeitsfläche zur Verfügung, die ihr vorher schon in vier Bereiche eingeteilt habt, und dupliziert diese Fläche, sodass auch hier jedem Team aus drei bis vier Teilnehmern eine eigene Fläche zur Verfügung gestellt wird.

Erklärt die Regeln mit einer Metapher oder einer kleinen Story:

„Ihr seid konkurrierende Teams in der Stadtplanung. Eure Aufgabe ist, die Verkehrsführung der Zukunft für eure Stadt zu entwerfen. Nutzt hierfür die Zeichenfunktion in Mural oder Miro.“

1. Erste Aufgabe: „Zeichnet gemeinsam einen schönen Fahrradweg, wobei jeder einen Teil des Wegs zeichnet, sodass am Ende ein gemeinsamer Weg daraus entsteht.“ Reflektiert anschließend eure Zusammenarbeit.
2. Zweite Aufgabe: „Zeichnet gemeinsam das Straßennetz mit Radwegen eines kleinen Dorfs, wobei jeder wieder einen bestimmten Teil der Verkehrsplanung übernimmt. Am Ende sollte ein komplettes Straßennetz entstanden sein.“ Reflektiert wieder eure Zusammenarbeit.
3. Dritte Aufgabe: „Zeichnet gemeinsam die Verkehrsführung eines Großstadtbezirks, wobei ihr innovative Ideen und Fortbewegungsmöglichkeiten integriert.“ Reflektiert anschließend wieder.
4. Vierte Aufgabe. „Zeichnet gemeinsam ein Fortbewegungsmittel der Zukunft, ohne euch verbal auszutauschen (stumm stellen). Aufgaben, die der Moderator zwischendurch gibt, haben absoluten Vorrang.“ Eine letzte Reflexion der Zusammenarbeit folgt.

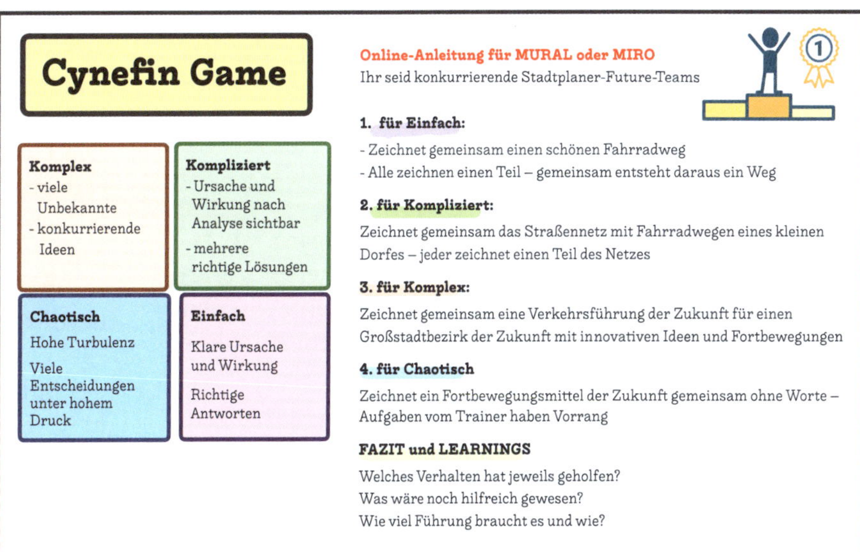

5. Fazit und Learning: „Wie ist es euch ergangen? Welches Verhalten hat jeweils geholfen? Wie viel Führung braucht es und wie sollte sie sein?“

Nachdem die Teams alle Aufgaben erledigt haben, sammeln die Teilnehmenden nochmals im Plenum die Erkenntnisse und Learnings und visualisieren sie auf der Cynefin-Matrix.

Agile Boss Game

Das Agile Boss Game lässt sich nach zwei ganz unterschiedlichen Gesichtspunkten betrachten. Einerseits erleben Führungskräfte spielerisch den Unterschied zwischen hierarchischer Führung und selbstorganisiertem Enabling der Mitarbeiter.

Auf der anderen Seite lässt sich auch wunderbar aufzeigen, welchen Gewinn es bringen kann, im Team eigenständig Entscheidungen fällen zu können und dadurch schneller und effizienter ans Ziel zu gelangen.

Wir gehen von dem Prinzip aus, dass das spielerische Erleben der unterschiedlichen Handlungsoptionen dazu führen kann, dass Teams und Führungskräfte erfahren, wo die Vorteile von Selbstorganisation liegen und welche Hindernisse auftreten können, wenn aus dem Blickwinkel der Führungskraft Entscheidungen gefällt werden.

Rahmenbedingungen und Material:

- Ihr benötigt eine freie Fläche im Raum, auf der sich die Teilnehmenden bewegen können.
- Außerdem ist ein Spielfeld erforderlich, abhängig von der Teilnehmerzahl mit offenen und gesperrten Feldern. Diese klebt ihr am besten mit Kreppband auf dem Boden ab, damit die Markierungen nicht beim Laufen verschoben werden.
- „Sperrt“ einzelne Felder, um aufzuzeigen, dass diese nicht betreten werden dürfen.

Wie läuft es ab?

1. Die Gruppe teilt sich, bestenfalls in gleiche Teile, in Chefs und Mitarbeiter, sodass auf jeden Chef ein Mitarbeiter kommt.
2. Die Chefs bekommen die Aufforderung, jeweils ihren Mitarbeiter mit den Kommandos „vor, zurück, links oder rechts“ durch das Spielfeld zu führen. Die Regel ist ganz einfach: Alle Chefs führen ihre Mitarbeiter gleichzeitig durch das Spielfeld, diese dürfen sich aber nicht berühren oder ein Feld zu zweit belegen.
3. Ziel des Spiels ist, alle Mitarbeiter auf die andere Seite des Spielfelds zu führen.
4. Erster Durchgang: Führt alle eure Mitarbeiter innerhalb von einer Minute auf die andere Seite und zählt dabei die Schritte, die jeder einzelne Mitarbeiter dafür gebraucht hat. Wertet anschließend die Zahl der Züge aus.

5. Zweiter Durchgang: Die Chefs gehen anderen Aufgaben nach und lassen die Mitarbeiter alleine durch das Spielfeld laufen. Auch in dieser Runde werden die Schritte gezählt.
6. Auswertung und Fazit: In Durchgang zwei haben sich die Chefs den Themen gewidmet, die wichtiger sind, wie beispielsweise der Strategie oder Ähnlichem. Durch eigenverantwortliches Handeln und selbstorganisierte Arbeit sind die Mitarbeiter schneller und brauchen weniger Schritte.

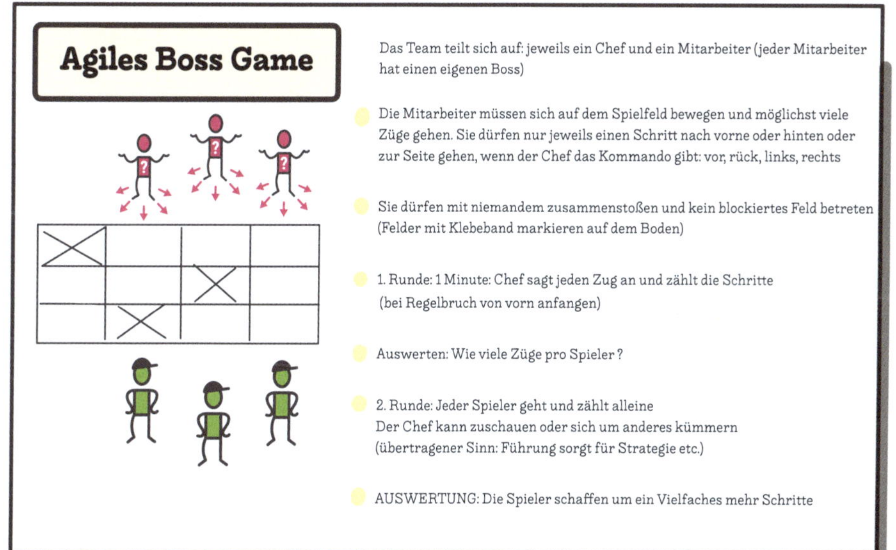

Wie funktioniert die Onlinevariante?
Auch in Zoom, Miro, Mural oder Teams lässt sich das Spiel problemlos darstellen. Baut auf dem digitalen Whiteboard ein ähnliches Spielfeld auf und bestückt es mit Spielfiguren aus den Icons oder mit Post-its, die mit dem Namen des jeweiligen Mitarbeiters beschriftet sind. Die größte Herausforderung besteht darin, dass die Kommandos zum Bewegen der Mitarbeiter in der Gruppe nicht untergehen, da die gängigen Videokonferenz-Tools mehrere Redner zur gleichen Zeit nicht unterstützen. Wir helfen uns hier mit einer privaten Chatfunktion, die es unseren Chefs ermöglicht, zeitgleich Kommandos zu geben, ohne überhört zu werden.

Alternativ können die Boss-Rollen mit dem Zeigefinger die Richtung der Bewegung in der Kamera anzeigen.

1. Zeigefinger nach oben: ein Schritt vor
2. Zeigefinger nach rechts: ein Schritt rechts (hier erst kurz prüfen, ob eure Kamera seitenverkehrt spiegelt)
3. Zeigefinger nach links: ein Schritt links
4. Zeigefinger nach unten: ein Schritt zurück

Agile Touch Game

Mit dem Agile Touch Game haben wir eine Gaming-Variante des iterativen Arbeitszyklus geschaffen, bei der das Team in zwei oder drei Iterationen eine Aufgabe erfüllen und mit Erfolg abschließen darf. Sie veranschaulicht, wie lernende Systeme funktionieren und wie Zusammenarbeit im Team optimiert werden kann. Wir haben den agilen Zyklus aus „Think New – Plan – Do – Check – Act“ zugrunde gelegt und durchlaufen jede Phase mindestens zweimal. Das Team lernt so, Fehler zu erkennen und diese im Austausch zu verbessern. Gleichzeitig können wir hierarchische Führungselemente sichtbar machen und ein Umdenken in Richtung lateraler und rollengebundener Führung fördern.

Rahmenbedingungen und Material:

- Genügend Platz im Raum, dass sich die Gruppe relativ frei und ungehindert bewegen und aufstellen kann
- Sechs bis acht Tennisbälle und wenn diese nicht vorhanden sind, alternativ einfach Moderationsstifte benutzen. Diese in der Mitte des Raums auf den Boden legen.
- Eine Stoppuhr (Timer im Smartphone als Alternative)

Wie läuft es ab?

1. Dem Team wird die Aufgabe gestellt: „Jede Hand berührt jeden Ball. Maximal steht für die Erfüllung der Aufgabe eine Minute zur Verfügung."
2. „Think New – Plan": Innerhalb einer klar definierten Timebox von zwei Minuten überlegt das Team sich gemeinsam eine Lösung für die Aufgabe und plant die Herangehensweise. Nach drei Minuten fragt der Moderator die Schätzung des Teams ab, wie lange es für die Erfüllung der Aufgabe benötigt.

Tipp: Lasst hier keine weiteren Planungsansätze mehr zu, sondern fragt nur noch die Schätzung ab.

3. Das Team führt die Aufgabe durch, die Zeit wird vom Moderator gestoppt.
4. Das Team bekommt eine Minute Zeit, um einen schnellen Review durchzuführen: „Wurde die Aufgabe richtig erfüllt und hat das Team es in der vorgegebenen Zeit geschafft?"
5. Retrospektive: „Wie war die Zusammenarbeit, wo können wir sie verbessern? Was war gut?" Maximal stehen hier auch wieder nur zwei Minuten zur Verfügung.
6. Iteration mit Wiederholung der Schritte zwei bis fünf.
7. Auswertung der Übung und der daraus gewonnenen Learnings werden in der Gruppe besprochen und die Erkenntnisse hervorgehoben: Mit einem iterativen Vorgehen lernt ein Team aus den vorherigen Fehlern und passt seine Herangehensweise schnell an die Gegebenheiten an.

Agiles Touch Game

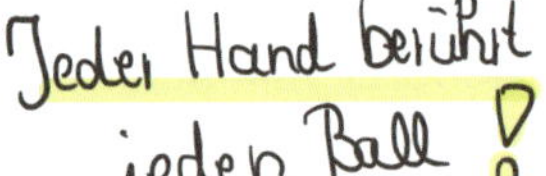

Das Team stellt sich in einen Kreis und bekommt 6–8 Tennisbälle oder Moderationsmarker in die Mitte auf den Boden gelegt.

Die Regel lautet:

- JEDE HAND BERÜHRT JEDEN BALL / MARKER
- 1. Think New und Plan: Das Team bekommt 2 Minuten, um eine Lösung zu finden und die Zeit der Durchführung zu schätzen.
- 2. Durchführung mit Stoppuhr
- 3. Review: Wurde die Aufgabe richtig erfüllt? Hat das Team seine Zeit geschafft? (1 Minute)
- 4. Retro: Was war gut, was können wir verbessern an unserer Zusammenarbeit? (2 Minuten)
- 5. Iteration mit Review und Retro
- FAZIT und LEARNINGS

Diese Übung eignet sich in der vorliegenden Form ausschließlich für Vor-Ort-Workshops. Eine Adaption an den virtuellen Raum ist nach unseren Erkenntnissen nicht wirklich möglich.

Agile Chair Game

Das Agile Chair Game (Stuhlspiel) ist ein Format, das dem Touch Game in der Vermittlung iterativer Arbeitsweisen sehr ähnlich ist. Auch hier setzen wir auf dem agilen TPDCA -Zyklus auf.

Rahmenbedingungen und Material:

- Ein Stuhlkreis mit ebenso vielen Stühlen wie Teilnehmern
- Genügend Platz, sodass sich die Teilnehmenden im Inneren des Stuhlkreises frei bewegen können
- Stoppuhr

Wie läuft es ab?

1. Alle Teilnehmer positionieren sich mit ihrem Stuhl im Kreis. Ladet die Teilnehmenden dazu ein, die Übung im Stehen zu machen.
2. Nun nimmt jeder Teilnehmer seinen Stuhl so, dass ein Außenkreis von nach innen gekippten Stühlen entsteht. Im Innenkreis stehen die Teilnehmenden. Die Stühle stehen also auf den hinteren beiden Beinen und werden vom Spieler an der Stuhllehne in Position gehalten.
3. Ladet nun die Gruppe dazu ein, sich im Innenkreis von Stuhl zu Stuhl zu bewegen. Die Regeln lauten: „Immer nur eine Hand darf den Stuhl bewegen. Kein Stuhl darf umfallen." Führt einen Testlauf durch, bei dem die Gruppe eine komplette Runde läuft.
4. Think New – Plan: Das Team bekommt zwei Minuten Zeit, um eine Lösung zu erarbeiten und zu schätzen, wie lange es für den Ablauf braucht.
5. Do: Das Team führt die Aufgabe aus. Der Moderator stoppt die Zeit.
6. Review/Retro: Das Team bespricht, ob die Aufgabe erfüllt und das Zeitziel erreicht worden ist (eine Minute). Danach wird die Zusammenarbeit besprochen und es wird über Verbesserungen nachgedacht (zwei Minuten).
7. Die Gruppe führt einen zweiten Durchgang durch mit dem Ziel, sich zu verbessern.
8. Zum Schluss ladet ihr die Gruppe dazu ein, einmal über das Learning aus der Übung nachzudenken. Ziel ist die Erkenntnis, dass ein kontinuierlicher Verbesserungsprozess in unserer Zusammenarbeit auch die Ergebnisse unseres Handelns verbessern kann.

Spielarten:

Ihr könnt auch weitere typische Szenarien aus der agilen Welt in die Intervention einfließen lassen:

- Schnelles Reagieren auf Veränderungen:
  Auf Kommando des Moderators muss die Gruppe die Richtung wechseln.

Agiles Chair Game

Das Team stellt sich in einen Kreis und jeweils ein Stuhl pro Spieler steht im Außenkreis.

Die Stühle sind gekippt und werden auch auf 2 Beinen gehalten während sich die Spieler im Kreis von Stuhl zu Stuhl weiter bewegen und jeden Stuhl immer nur mit einer Hand pro Stuhl berühren dürfen.

Die Runde dauert bis jeder wieder beim Start angekommen ist.

1. Think New und Plan: Das Team bekommt 2 Minuten, um eine Lösung zu finden und die Zeit der Durchführung zu schätzen
2. Durchführung mit Stoppuhr
3. Review: Wurde die Aufgabe richtig erfüllt? Hat das Team seine Zeit geschafft? (1 Minute)
4. Retro: Was war gut, was können wir verbessern an unserer Zusammenarbeit? (2 Minuten)
5. Iteration mit Review und Retro

FAZIT und LEARNINGS

- Selbstorganisation im Team:
  Jeder Teilnehmer hat die Wahl, selbstständig die Richtung zu wechseln, indem er den Richtungswechsel ansagt und diesen dann durchführt.
- Crossfunktionalität:
  Die Teilnehmenden planen stärkenorientiert, welche Methode jeder Einzelne zur Abgabe des Stuhls an den Nächsten verwendet. Die Regel „eine Hand am Stuhl" muss aber erhalten bleiben.

Games für Onlineworkshops

Die Situation der Onlineworkshops stellt Moderatoren und Trainer vor ganz neue Herausforderungen. Erfahrungsgemäß ist die Aufmerksamkeitsspanne der Teilnehmer kürzer und die Möglichkeiten der Ablenkung und Beschäftigung neben dem Workshop sind größer. Um die Teilnehmenden immer wieder wach und in Bewegung zu halten und dabei auch noch Spaß und Spiel zu fördern, braucht es in Remote-Workshops ganz andere Methoden als die, die in der „normalen" Seminarwelt üblich sind. Zwar lassen sich viele der Methoden in beiden Kontexten anwenden, manche aber sind in der beschriebenen Form eher für virtuelle Workshops gedacht, die darüber hinaus meist in den eigenen vier Wänden stattfinden.

Es geht darum, Bewegung in den eher statischen Alltag vor dem Computermonitor zu bringen, Teilnehmer nach Pausen wieder in einen „Arbeitsmodus" zu führen und Interaktionen untereinander zu fördern.

Turmbau-Aktivierer

Rahmenbedingungen und Material:

- Entgegen der üblichen Nutzung einer Webcam am Computer ist für diese Übung der Einsatz einer Smartphone-Kamera sinnvoll.
- Als Moderator braucht es keine weiteren Materialien, es sei denn, ihr nehmt im Sinne eines Gemeinschaftsgefühls ebenfalls am Spiel teil.
- Die Teilnehmenden benötigen nichts weiter als das, was ein normaler Haushalt zu bieten hat.

Wie läuft der Aktivierer ab?

1. Ladet die Teilnehmenden ein, sich anstelle oder zusätzlich zu ihrer Webcam mit dem Smartphone in die Videokonferenz einzuwählen.
2. Die Aufgabe, die ihr stellt, ist ganz einfach: „Baut einen Turm aus Toilettenpapier oder aus Vitaminen, fotografiert diesen und ladet das Bild auf das digitale Whiteboard hoch."
3. Nun haben die Teilnehmenden fünf Minuten Zeit, die Materialien in ihrem Haushalt zu suchen und die Aufgabe auszuführen.
4. Zum Schluss könnt ihr die Gruppe noch einladen, nacheinander eine kleine Metapher zu ihrem Bauwerk zu erzählen.

Spielarten:
Solltet ihr ohne digitales Whiteboard arbeiten oder eine Videokonferenz nutzen, die eine Einwahl über das Smartphone nicht ermöglicht, kann auch das Bild vom Smartphone-Display in die Kamera am Computer gehalten werden.

Das Format kann auch verwendet werden, um Wahrnehmungsfilter zu erklären. Schließlich ist die Aufgabe so formuliert, dass sich jeder Teilnehmer ein eigenes inneres Bild von einem Turm macht. Denkt also einmal für einen Moment selbst über das Bild eines Turms nach. Hand aufs Herz, euer Turm wird ganz anders aussehen als unserer, obwohl wir vom Gleichen reden.

Aktivierer „Turm bauen“

- Jeder Spieler läuft los mit seiner Smartphone-Kamera.
- Jeder baut einen Turm aus Klopapierrollen
oder
aus Vitaminen (Gemüse und Obst ...)
und macht ein Foto.
- Austausch der Fotos: einfach in die Kamera halten

Farbrausch

Farbrausch ist ein weiterer Aktivierer für Onlineworkshops, der in dieser Form weniger für klassische Seminare im Seminarraum geeignet ist, im Homeoffice aber eine Menge Spaß macht und die Teilnehmenden nach einer Pause wieder zurück aus dem „Suppenkoma“ holt.

Für dieses Format benötigt ihr lediglich eine Videokonferenz mit eingeschalteten Kameras, alles andere findet man in jedem Homeoffice und meist auch in jedem Büro.

Wie läuft der Aktivierer ab?
Nacheinander benennen die Teilnehmenden in der Gruppe eine Farbe, verbunden mit dem Wunsch nach einem Gegenstand in der jeweiligen Farbe. Dieser muss dann von allen anderen Anwesenden jeweils bei sich gesucht, geholt und in die Kamera gehalten werden. Ist die Aufgabe von jedem erledigt, ist der nächste Teilnehmer an der Reihe, sich eine Farbe auszusuchen.

Dies ist ein ganz einfaches Spiel mit großer Wirkung und eine spannende Herausforderung, was jeder aus der Gruppe an Gegenständen zutage fördert.

Als Spielart könnt ihr auch anstelle der Farbe einen Gegenstand benennen lassen, zum Beispiel: Jeder holt bitte aus seinem Haushalt einen Mixer oder eine Zahnbürste. Dabei ist nur darauf zu achten, dass die Teilnehmenden sich auch wirklich zu Hause befinden, da ansonsten die Anwesenheit bestimmter Haushaltsgegenstände unwahrscheinlich ist.

Wir nutzen diese Methode manchmal auch in Kreativworkshops und laden unsere Teilnehmer dazu ein, die Gegenstände anschließend zu einem Prototypen zusammenzubauen und daraus eine Metapher zu gestalten. Ein schönes Warm-up, um die Fantasie anzuregen.

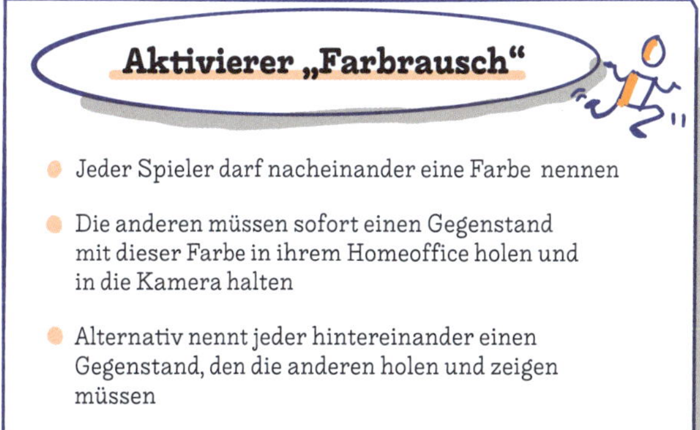

Blind zeichnen

Ebenfalls gut geeignet, um Kreativworkshops einzuleiten, ist die Methode „Blind zeichnen". Wir kennen das Phänomen nur zu gut, dass oftmals Hemmungen bestehen, zu zeichnen oder zu malen. Dem kann man als Moderator spielerisch entgegenwirken, indem man die Teilnehmenden einlädt, ein Porträt eines zufälligen Gesprächspartners zu zeichnen. Dies geht besonders gut auf den bekannten digitalen Whiteboard-Tools. Fast alle diese Tools bieten die Funktion an, ein Freihandbild zu zeichnen und dieses dann auf dem Board zu veröffentlichen. Dank der Interaktion der Teilnehmer und dem meist erstaunlichen Kunstwerk, das daraus entsteht, ist in der Regel das Eis gebrochen und die Gruppe dazu bereit. Und ihre Überzeugung, nicht zeichnen zu können, ist widerlegt.

Wie läuft der Aktivierer ab?

- Ladet die Teilnehmenden in Kleingruppen zu zweit oder dritt ein. Nutzt hierfür die Breakout-Funktionen im Videokonferenz-Tool.
- Bereitet eine Arbeitsfläche auf dem Kollaborationsboard für jede Kleingruppe vor oder erklärt die Funktion des Whiteboards, einschließlich der Speicherung und der Screenshots.
- Jetzt haben die Teams maximal fünf Minuten, sich über eine vordefinierte Frage in der Gruppe auszutauschen und währenddessen Porträts ihrer Gesprächspartner zu zeichnen.
- Nach Beendigung des Breakout macht einen kleinen Gallery-Walk und lasst die Gruppe die Bilder und die Personen kurz vorstellen.

Das Format fördert neben der Aushebelung von Zeichenhemmungen gleichzeitig das persönlichere Kennenlernen,

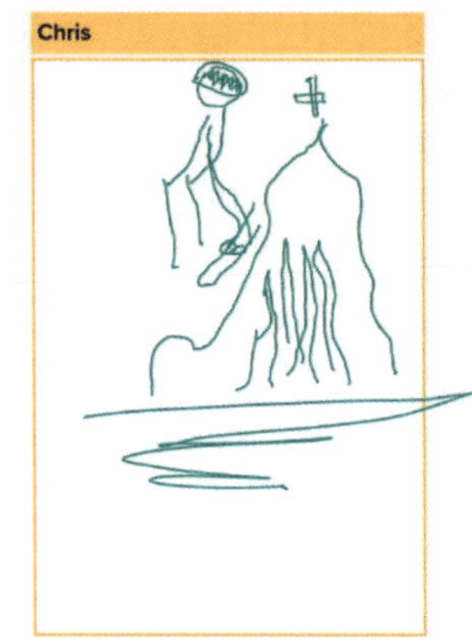

gemeinsames Lachen und die Fähigkeit, parallel zuzuhören und schnell etwas zu Papier zu bringen.

Nebenbei bemerkt könnt ihr diese Methode auch wunderbar in der realen Welt durchführen. Verteilt einfach Stifte und Papier und lasst die Teilnehmenden zu zweit gegenseitig ein Porträt zeichnen. Gebt hier allerdings zusätzlich ein etwas komplexeres Gesprächsthema in die Aufgabe, damit auch wirklich die Aufmerksamkeit auf dem Dialog und nicht auf dem Blatt Papier liegt.

Check-out-Ablauf

Wenn ein Workshop sich dem Ende zuneigt, ist es wichtig, die Themen noch einmal zusammenzufassen und ein Feedback von den Teilnehmern und Moderatoren einzuholen. Diese Phase des Workshops nennen wir das „Check-out". Seminare und Workshops dienen der Weiterentwicklung der Teilnehmer und haben meist den Sinn, dass das Erlernte unmittelbar nach der Veranstaltung eingesetzt werden soll.

Je länger nach einem Workshop gewartet wird, die Inhalte auch tatsächlich anzuwenden, desto höher ist die Wahrscheinlichkeit, dass das Erlernte der täglichen Routine weicht und neue Ideen und Erkenntnisse in der Schublade landen.

Um diesem Effekt vorzubeugen, nutzen wir die Phase des Ausloggens, um noch einmal alle Themen in Erinnerung zu rufen und Vereinbarungen für das weitere Vorgehen zu treffen. Bestenfalls vereinbaren wir ganz konkrete Handlungsoptionen und terminieren diese auch entsprechend, um einen zeitnahen Transfer zu gewährleisten.

Gleichzeitig dient das Ausloggen dem Moderatoren-Feedback, das uns in unserer Rolle weiterhelfen kann, für kommende Workshops und Veranstaltungen an der Choreografie, den Übungen und Inhalten sowie an unserer eigenen Didaktik zu arbeiten. Auch der Moderator verfolgt den Ansatz, kundennah optimale Ergebnisse zu erzielen und von dem Feedback zu lernen.

Check-out-Tools

Im Folgenden werden mögliche Tools zum Ausloggen beschrieben. Alle verfolgen zunächst den Ansatz, den Teilnehmern noch einmal die Möglichkeit zu geben, den Workshop für sich zu rekapitulieren und eigene Erkenntnisse zu gewinnen.

Einfaches Ausloggen

Auf einem Flipchart oder einer Moderationswand werden drei bis vier Themenfelder vorbereitet und mit Fragen versehen:

- Was war besonders gut für mich? Was war interessant? Was war neu?
- Was nehme ich mit?
- Wie setze ich das um?

Den Teilnehmern wird drei bis fünf Minuten Zeit gegeben, die Fragen auf Post-its oder Moderationskarten zu beantworten und sie auf der vorbereiteten Wand zu veröffentlichen. Im Anschluss erfolgt ein verbales Feedback, in dem jeder noch einmal seinen ganz persönlichen Eindruck schildern kann.

Einfaches Feedback

Bereitet auch hier ein Flipchart, wie in der Abbildung unten zu sehen ist, vor. Nutzt am besten eine Skalierung mit Smileys. Ladet dann die Teilnehmenden ein, zu den drei Themenfeldern jeweils einen Klebepunkt anzubringen.

Abschließend könnt ihr noch einmal in der Gruppe ein kurzes verbales Feedback formulieren lassen.

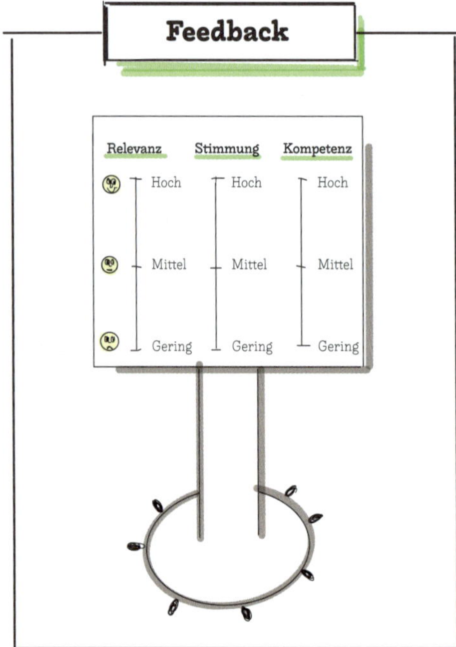

Quick-Feedbacks

- **I liked, I wished, I learned:** Die Gruppe kann entweder die Fragen in einer offenen Plenumsrunde mündlich beantworten oder wieder auf einem Flipchart visualisieren.
- **Daumencheck:** Per Daumenabfrage werden die wichtigsten Erkenntnisse des Workshops abgefragt.
- **Wetterlage:** Wie ist deine innere Wetterlage?
- **Sternebewertung:** Wie bewertest du den Workshop von einem Stern bis fünf Sterne?

Quick-Feedbacks

Keep-Drop-Try

Das Format Keep-Drop-Try setzt erheblich mehr auf Umsetzung nach dem Workshop, da es konkrete Themen sammelt und die Gruppe relativ klare Handlungsoptionen ausformuliert. Gebt den Teilnehmern hierfür ein paar Minuten Zeit, die wichtigsten Themen aus dem Workshop noch einmal zu rekapitulieren, und damit jedem die Chance, sich zu entscheiden, welche Themen mitgenommen werden sollten:

- **Keep:** Hier gehören die Themen hin, die definitiv in die tägliche Praxis übernommen werden sollten. Die Teilnehmenden formulieren optimale Handlungsfelder und klare Aufgaben im Zusammenhang mit der Methodik und einigen sich gemeinsam auf die nächsten Schritte.
- **Drop:** Hier kommt all das hinein, das nicht oder nicht mehr benötigt wird. Meist gewinnen die Teilnehmenden eine Erkenntnis darüber, was sie in der Vergangenheit anders gemacht haben und wie bestimmte Themen durch die Seminarinhalte gestärkt in Zukunft umgesetzt werden können. Unter Drop kommt alles, was weg kann.
- **Try:** Manche Ideen sind es wert, einmal einen Versuch zu starten und sie im täglichen Einsatz zu testen. Die Überzeugung, ob und wie sie zum Erfolg führen können, ist vielleicht noch nicht da, aber der Wunsch nach einem Versuch. Im Bereich Try wird all das aufgeschrieben, was es wert ist, getestet und ausprobiert zu werden.

Achtet in allen Bereichen auf klare Handlungen und ladet die Teilnehmenden immer dazu ein, möglichst ihre Praxisthemen zu formulieren. Auf dem Fotoprotokoll festgehalten wird diese Zusammenfassung recht zuverlässig umgesetzt.

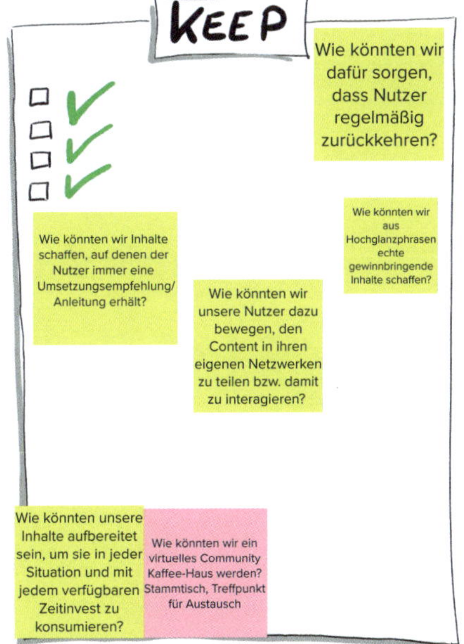

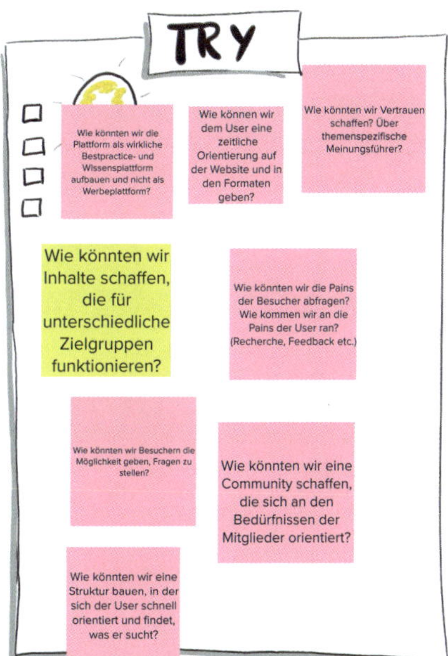

Koffer

Die Koffermetapher eignet sich für unterschiedliche Reflexionsfragen:

- Was nehme ich mit und packe ich in meinen Koffer?
- Welchen Ballast aus meinem Koffer bin ich losgeworden?
- Was hätte ich noch gern mitgenommen?

Baum der Erkenntnis

Auch beim Baum der Erkenntnis geben wir gern zum Meeting passende Fragen dazu, welche die Teilnehmenden erst einmal in einer stillen Runde für sich selbst beantworten:

- Was war der Gewinn des Meetings?
- Was möchtest du gern für dich umsetzen?
- Was würdest du beim nächsten Mal anders machen wollen?

Online lassen sich alle Tools ebenfalls leicht einsetzen. Dazu sind auf den digitalen Whiteboards entsprechende Visualisierungen per Sticky Note nützlich. Bei mündlichen Abfragen helfen sie, die Reihenfolge der Wortmeldungen festzulegen. Entweder benennt der Moderator die Redereihenfolge oder ihr nutzt den Seminartisch aus dem Teamraum. Alternativ könnt ihr das Bestimmen des nächsten Redners als Aufgabe in die Gruppe geben.

Sorgt immer dafür, dass die Gruppe klare Handlungen formuliert, mit denen sie nach dem Workshop weitermachen will, um sicherzustellen, dass ein Transfer stattfindet, und sorgt außerdem für eine ordentliche Dokumentation. Alles, was im Konsens am Ende des Tages festgehalten worden ist, kann mit hoher Wahrscheinlich in den weiteren Tagesablauf integriert und damit schnell zur Gewohnheit werden.

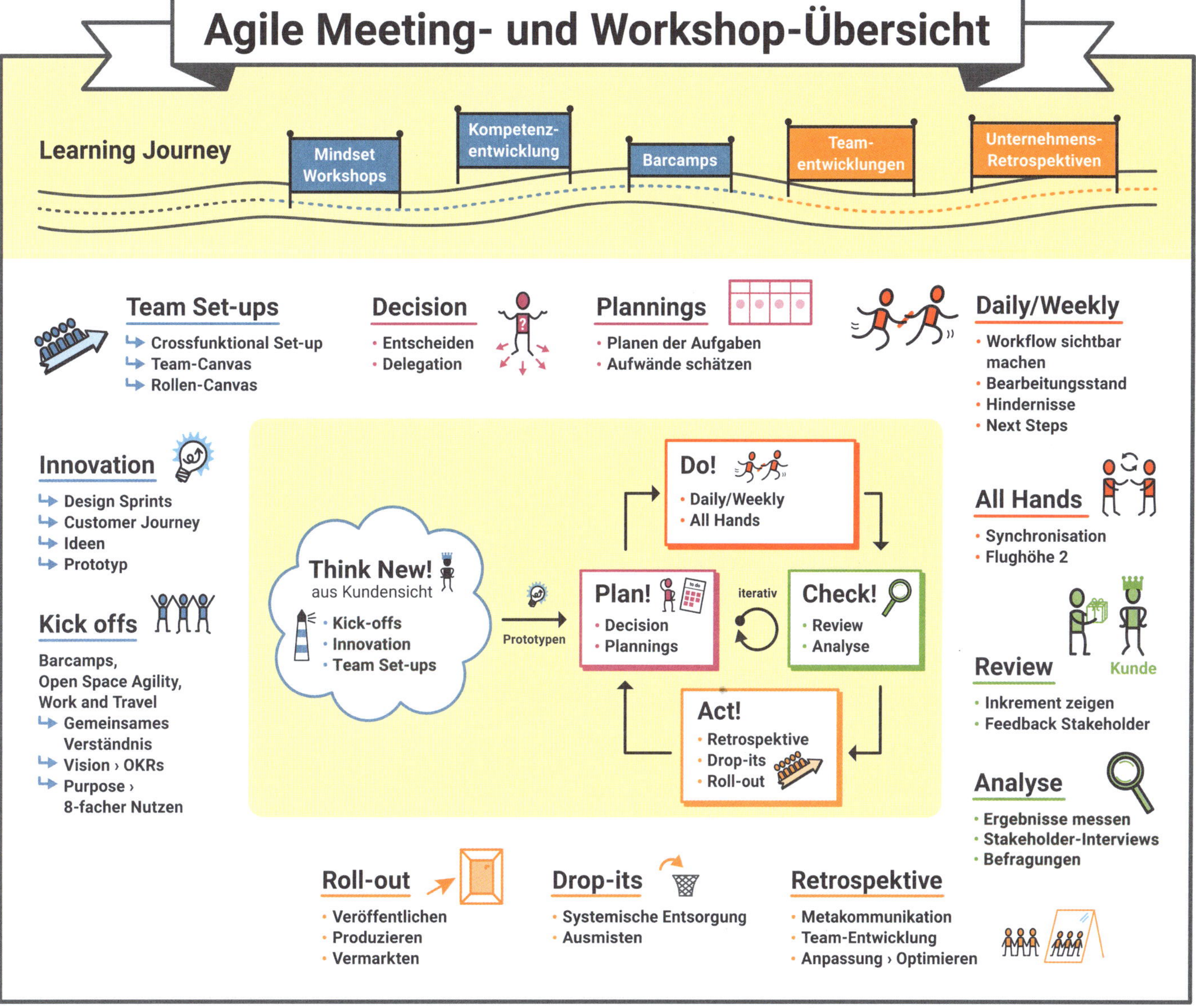
Agile Meeting- und Workshop-Übersicht
Learning Journey
Mindset Workshops
Kompetenz-entwicklung
Barcamps
Team-entwicklungen
Unternehmens-Retrospektiven
Team Set-ups
Crossfunktional Set-up
Team-Canvas
Rollen-Canvas
Decision
Entscheiden
Delegation
Plannings
Planen der Aufgaben
Aufwände schätzen
Daily/Weekly
Workflow sichtbar machen
Bearbeitungsstand
Hindernisse
Next Steps
Innovation
Design Sprints
Customer Journey
Ideen
Prototyp
Kick offs
Barcamps, Open Space Agility, Work and Travel
Gemeinsames Verständnis
Vision › OKRs
Purpose › 8-facher Nutzen
Think New! aus Kundensicht
Kick-offs
Innovation
Team Set-ups
Prototypen
Do!
Daily/Weekly
All Hands
Plan!
Decision
Plannings
iterativ
Check!
Review
Analyse
Act!
Retrospektive
Drop-its
Roll-out
All Hands
Synchronisation
Flughöhe 2
Review
Kunde
Inkrement zeigen
Feedback Stakeholder
Analyse
Ergebnisse messen
Stakeholder-Interviews
Befragungen
Roll-out
Veröffentlichen
Produzieren
Vermarkten
Drop-its
Systemische Entsorgung
Ausmisten
Retrospektive
Metakommunikation
Team-Entwicklung
Anpassung › Optimieren

2.5 Der agile Interaktionszyklus: agiler Meeting- und Workshop-zyklus

Einer der bedeutsamsten Unterschiede von agilen Meetings im Vergleich zu klassischen Meetings ist der Fokus. Schluss mit den „One-fits-all"-Besprechungen! Je nach Anlass wird das Meeting komplett anders aufgebaut: Dauer, Moderation, Meetingraum, Struktur, Beteiligte und Inhalte unterscheiden sich erheblich, je verschiedener, desto besser. Einige Meetings finden nur noch ein- bis zweimal pro Jahr statt und dauern ausnahmsweise auch einmal einen ganzen Tag, andere wiederum werden täglich für 10 bis 15 Minuten durchgeführt. Der Meetingplan als Übersicht ist so individuell wie die Themen, die das Team bearbeitet, und auch dieser Plan wird iterativ an neue Bedingungen angepasst und verändert sich bedarfsabhängig.

Um die diversen Methoden und Frameworks in eine nachvollziehbare Struktur einzuordnen, habe ich sie den fünf Phasen des TPDCA-Zyklus zugeordnet. Die Struktur hilft den Teilnehmern in meinen Kursen, den Einsatz und Nutzen der Meetingformate besser zu verstehen.

Think New – neu denken und innovieren

Der agile Kreislauf beginnt mit der Vision und den zukünftigen Angeboten aus Kundensicht. Dabei werden sowohl bestehende Produkte und Dienstleistungen innoviert als auch komplett neue Märkte und Angebote erschlossen sowie Optionen für die Zukunft gesichert. Folgende Fragen werden in crossfunktionalen Teams durchdacht und „hands-on" entwickelt:

- Welchen Nutzen will die Organisation dem Kunden in Zukunft bieten?
- Was ist das einmalige Kundenerlebnis? Wie sind die Touchpoints (Kontaktpunkte) für die Nutzer?
- Welche Schmerzen wird der Kunde zukünftig haben? Wie kann das Unternehmen diese lindern und den Nutzen für jeden Kontaktpunkt stärken?
- Welche Innovationen werden den Kunden begeistern?
- Welche neuen Produkte und Dienstleistungen binden den Bestandskunden und erschließen neue Zielgruppen?

Hierzu eignen sich innovative Frameworks wie Design Thinking und Service Design Thinking.

Passende Meeting- und Workshopformate zum neu Denken sind: Kick-offs, Visions- und Strategieworkshops, Design Sprints, Customer Journey Mappings und Team-Setups.

Plan – planen für die nächste Iteration

Um die Ideen bzw. Prototypen umzusetzen, werden crossfunktionale Teams gebildet, Arbeitspakete formuliert und mit dem gesamten Team geplant. Umsetzungszeit, Priorisierung und Kapazitäten werden im Planning-Meeting mit dem Team gemeinsam geschätzt, entschieden und transparent gemacht.

Passende Meeting- und Workshopformate zum Planen sind: Entscheidungs- und Delegationsmeetings und Plannings.

Do – machen und umsetzen

Das Geheimrezept für Erfolg hat drei Buchstaben: TUN! Iterativ wird das TUN, also die Umsetzung, durch Frameworks wie Scrum, Kanban oder Scrumban strukturiert. Der tägliche Austausch über Bearbeitungsstände und der Fokus auf die Aufgaben helfen dem Team, seine Arbeitspakete schnell und effektiv zu erledigen. Wir warnen immer vor falschen Erwartungen an agile Methoden: Sie werden nicht unbedingt schneller sein, doch in jedem Fall anpassungsfähiger und somit besser für den Kunden. Durch das frühzeitige Einbinden und das Feedback des Kunden wird mein Produkt oder meine Dienstleistung in jeder Arbeitsphase besser.

Passende Meetingformate zum Umsetzen sind: Dailies, Weeklies und All-Hands.

Check – überprüfen und Feedback einholen

Nach einer möglichst kurzen Umsetzungsphase überprüft das Team mit dem Kunden oder Stakeholder gemeinsam die Ergebnisse und passt diese an die Anforderungen der Nutzer an. Der Review ist das passende Meetingformat für diese Phase des agilen Kreislaufs. Anschließend werden die Aufgaben entsprechend dem Feedback optimiert und angepasst.

Passende Meeting- und Workshopformate zum Überprüfen sind:
Analysemeetings, Reviews

Act – reflektieren und anpassen

Nicht nur auf der Produktseite, sondern auch auf der Interaktionsseite wird vor der nächsten Umsetzungsphase reflektiert. „Check and Adapt“, also Prüfen und Anpassen, ist das Motto. Die Retrospektive ist das ideale Meetingformat, um mit dem Team die Kooperation untereinander und über das Team hinaus zu reflektieren und weiterzuentwickeln

Passende Meeting- und Workshopformate zum Anpassen sind: Retrospektiven, Tactical Meetings, teamübergreifende Lean Coffees, Drop-its oder Roll-outs.

3 „Think New" – Meetings und Workshops zum neu Denken

3.1 Kick-offs (Auftaktveranstaltungen)

Der Treibstoff jeder gelungenen Kick-off-Veranstaltung sind die vier W-Fragen. Egal ob ihr euch als Moderatoren gemeinsam mit den Verantwortlichen in der Organisation für eine agile Transformation mit Open Space Agility entscheidet, ein Acht-Stunden-Barcamp wählt oder ein Kick-off-Meeting von ein bis zwei Stunden plant, sorgt dafür, dass in dem Kick-off immer die vier Kernfragen beantwortet werden:

Die vier W-Fragen eines guten Kick-off

Jede Veränderung startet mit den folgenden vier Fragen:

- Was soll verändert werden?
- Wozu machen wir das?
- Warum ist es notwendig?
- Wie wird es ablaufen?

Gute Kick-offs schaffen ein gemeinsames Verständnis für die Dringlichkeit und Notwendigkeit eines Wandels. Sie beantworten vier entscheidende Fragen, die Menschen bei Veränderungen bewegen. Werden diese Fragen hinreichend beantwortet, dann sind Mitarbeiter auch bereit, die Anstrengungen anzugehen, die jede Veränderung mit sich bringt, und Hindernisse aus dem Weg zu räumen. Je nach Ausmaß der Veränderung gestaltet ihr unterschiedliche Formate mit entsprechender Vorbereitung und Dauer. Je größer die Transformation, desto länger dauert der Kick-off. Bei kleinen Veränderungen kann ein Meeting reichen.

Erste W-Frage: Was soll verändert werden?
Was sind die Themen und Inhalte, die wir überdenken? Worum genau geht es? Welche Themen und Bereiche sind betroffen? Was ist damit gemeint und wie nennen wir das Thema?

Zweite W-Frage: Wozu machen wir das?
Je klarer und konkreter der Sinn und Nutzen auch emotional greifbar werden, desto mehr partizipieren alle Betroffenen. Verseht den sechsfachen Nutzen noch mit einer gehörigen Portion Dringlichkeit und ihr habt einen guten Treibstoff für Selbstverpflichtung und Partizipation. Wenn alle Beteiligten partizipieren und sich einbringen, gelingen Veränderungen. Das ist entscheidend, da es um fortwährende, kontinuierliche Veränderungen geht. Organisationen sind nur überlebensfähig, wenn sie ein Umfeld für stetigen Wandel schaffen.

Wenn der Nutzen und Mehrwert der Veränderung für jeden emotional und rational greifbar sind, treibt das Mitarbeiter an, sich zu bewegen. Meiner Erfahrung nach ist der achtfache Sinn und Nutzen sozusagen das „Super" unter den Treibstoffen für die Bereitschaft eurer Mitarbeiter.

Achtfach bedeutet: erstens der emotionale und rationale Sinn und Nutzen für die Kunden und Stakeholder; zweitens der emotionale und rationale Sinn und Nutzen für die Organisation; drittens fürs Team und viertens für jedes Individuum. Konkret bedeutet das, folgende Fragen zu beantworten: Was bringt die Veränderung den Kunden auf rationaler Ebene, wie zum Beispiel zusätzliche Angebote, mehr Bequemlichkeit und mehr Vielfalt, und was bringt sie den Kunden auf emotionaler Ebene, wie beispielsweise

Anerkennung? Was bringt der Wandel der Organisation auf rationaler Ebene, wie zum Beispiel für Fortschritt, Wettbewerb und Wachstum, und was bringt er dem Unternehmen auf emotionaler Ebene, wie Sicherheit und die Art und Weise der Zusammenarbeit? Was bringt der Change dem Team oder Bereich auf rationaler Ebene, wie zum Beispiel neue interessante Methoden und Kompetenzen? Was hat das Team emotional davon, etwa durch mehr Selbstbestimmung?

Achtfacher Nutzen (zusammengefasst): Wozu machen wir das?

- Welches ist der emotionale und rationale Nutzen für den Kunden?
- Was ist der emotionale und rationale Nutzen für das Unternehmen?
- Was ist der emotionale und rationale Nutzen für das Team?
- Was ist der emotionale und rationale Nutzen für mich selbst?

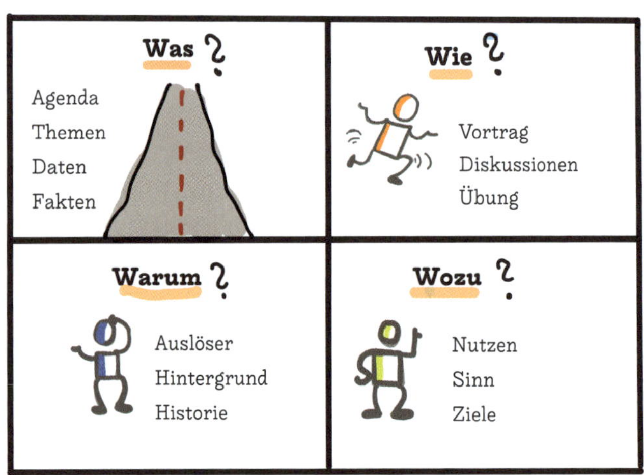

Dritte W-Frage: Warum ist es notwendig?
Welches sind die Hintergründe der Veränderung? Welche Auslöser gab es und wie ist die Historie dazu?

Vierte W-Frage: Wie wird es ablaufen?
Wer ist beteiligt und was sind die konkreten Schritte? In welcher Zeit wird was angegangen und umgesetzt? Was für Pläne gibt es? Welche Methoden werden genutzt? Wie genau wird was konkret ablaufen?

Kick-off-Tools

Leuchtturm-Modell zur Neuausrichtung

Was ist das Leuchtturm-Modell?
Unternehmen sind durch Digitalisierung, Generationenwechsel, neues Kundenverhalten und vieles mehr gefordert, sich immer schneller anzupassen. Mit den sechs Leitfragen des Leuchtturm-Modells schafft ihr als Moderatoren eine gute Basis für das entscheidende Umdenken. Die Ebenen des Leuchtturms, basierend auf den logischen Ebenen von Robert Dilts, sind für die agile Transformation umgestaltet worden und dienen als Veränderungsleitfaden für Agilitätssteigerung.

Wozu dient es?
Das Leuchtturm-Modell mit den sechs Ebenen dient der Neuausrichtung:

- Wo kommen wir her?
- Wo wollen wir hin?
- Wie gestalten wir den Weg dorthin?

Ratet den Unternehmen zunächst, mit der Mission, also dem Sinn der Neuausrichtung, zu starten und sich mit den agilen Werten und Prinzipien zu beschäftigen, bevor sie sich für Frameworks und Methoden entscheiden. Denn jede Methode und jedes Framework kann erst fruchten, wenn die agilen Werte und Prinzipien verinnerlicht und gelebt werden.

Von der Wirksamkeit her betrachtet gehen wir von einer 70/30-Wirkung aus. Um 70 Prozent steigern wir die Agilität durch den Kulturwandel hin zu mehr Transformation, Innovation und Kundenzentrierung. Das entspricht den unteren Ebenen unseres Leuchtturms. 30 Prozent Steigerung erzielen wir durch Prozesse, Frameworks und neue Zielstrategien.

Wie läuft es ab?

Nutzt mit den Führungsteams oder crossfunktionalen Kernteams die Ebenen und die Erkenntnis leitenden Fragen, um die innere Ausrichtung von der Mission bis zur Wirkung nach außen bewusst zu machen und den Sinn der Veränderung in den Vordergrund zu stellen.

Frage 1: Wozu gibt es uns?

Die Frage nach dem „Wozu?“ ist entscheidend, um die Agilität zu steigern. Was ist der Nutzen, den wir schaffen, und was unsere Wertschöpfung? Wenn dieser Existenzgrund nicht im Bewusstsein gehalten und gepflegt wird, verliert sich euer Team in den vielen Aufgaben des Alltags.

Fragen zur ersten Ebene:

- Wozu gibt es uns?
- Was macht uns einzigartig im Unternehmen?
- Was macht uns einzigartig für die Kunden?
- Wie lautet unser Auftrag? Mit welchem Auftrag identifizieren wir uns?
- Welchen Nutzen schaffen wir für die Kunden, für das Unternehmen, für uns als Team und für jeden Einzelnen?

Frage 2: Was ist unser Selbstverständnis?

Was ist für jeden sein Beitrag, um Antworten auf die Fragen zur ersten Ebene zu geben? Womit identifizieren sich die Mitarbeiter? Meist ist uns das Selbstverständnis nicht bewusst, doch es steuert unsere Werte und Handlungen.

Fragen zur zweiten Ebene:

- Was tun wir, um unseren Auftrag zu erfüllen?
- Wodurch schaffen wir für uns selbst und unser Umfeld hohe Motivation?
- Welches Handeln zeichnet uns aus?
- Welchen Beitrag leisten wir, damit das Unternehmen am Markt erfolgreich ist und bleibt?
- Mit welchen Aufgaben identifizieren wir uns?

Frage 3: Wie handeln wir?

Um diese Frage zu beantworten, sind die zwölf agilen Prinzipien (siehe Seite 24) eine sehr gute Grundlage. Am wirksamsten ist es, wenn eure Mitarbeiter ihre eigenen Werte und die daraus resultierenden Handlungen selbst formulieren und reflektieren.

Frage 4: Welche Rollen mit welchen Kompetenzen brauchen wir im Team?

Rollen sind in Kontexten der Agilität eine effektive Möglichkeit, um die Verantwortungsübernahme auch außerhalb der Hierarchien zu stärken und damit die Agilität zu erhöhen. Es gibt funktionale Rollen, die Verantwortung und laterale Führung für definierte Aufgaben übernehmen und jeweils über einen längeren Zeitraum von einem Teammitglied übernommen werden, und es gibt temporäre Rollen, die für eine spezifische Situation genutzt werden.

Wenn euer Team mit den funktionalen Rollen startet, empfiehlt sich die stärkenorientierte Wahl. Bei fortgeschrittenen und reifen Teams eignen sich neue und bisher ungeübte

Rollen besonders gut zur eigenen Weiterentwicklung, um eine bis dahin ungewohnte Verhaltensweise zu trainieren.

Frage 5: Wie bauen wir um?

Gründend auf den kulturellen Themen der ersten vier Leuchtturm-Ebenen (Basis, Selbstverständnis, Werte und Rollen) geht es in der fünften Ebene um die Struktur des Wandels. Nun baut ihr im Team euren Leuchtturm auf – ein modernes Gebäude, in dem ihr künftig gemeinsam arbeiten werdet.

Fragen zur fünften Ebene:

- Wie strukturieren wir unseren Bereich, um wie eine Crossläufer-Mannschaft im unwegsamen Gelände wendig und schnell voranzukommen?

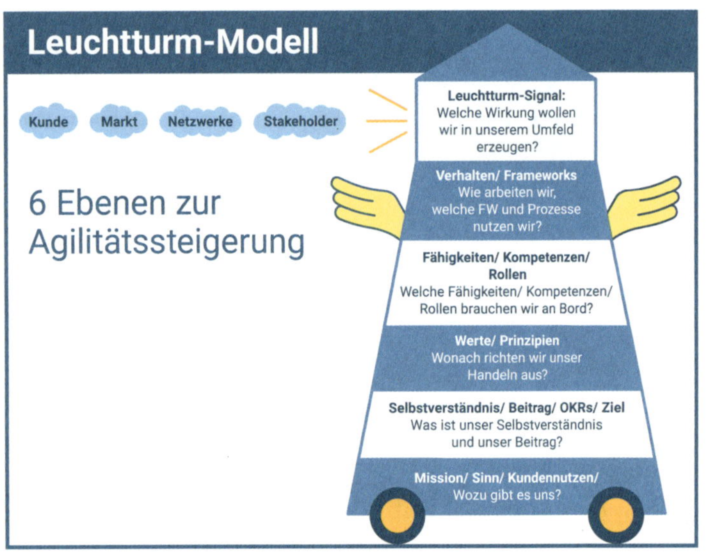

- Wodurch gewährleisten wir für alle Mitarbeiter ein hohes Maß an Selbstorganisation und Entscheidungskompetenz?
- Welche Kommunikationsstrukturen schaffen wir, um alle Schnittstellen im Unternehmen, unsere Kundensicht und relevante Stakeholder einzubinden?
- Bei hierarchischen Organisationsformen: Wie können wir ein zweites, agiles und flexibles System im Vertrieb schaffen und uns gleichzeitig mit der bestehenden Struktur erfolgreich verbinden?
- Wie sorgen wir strukturell für eine Optimierung des laufenden Geschäfts und investieren gleichzeitig in die Innovation zukünftiger Geschäftsfelder?

Frage 6: Welche Wirkung erzeugen wir in unserem Umfeld?

Das Leuchtturm-Signal, die Vision eures Teams, soll wie ein Leuchtstern wirken und den Weg weisen. Malt gemeinsam ein anschauliches Bild von der Zukunft, die ihr erschaffen wollt: das Ziel, das euch deutlich vor Augen steht – euer Erfüllungsgehilfe auf dem Weg zur Verwirklichung.

Fragen zur sechsten Ebene:

- Wie wollen wir auf unsere Kunden wirken?
- Welche Wirkung wollen wir im Unternehmen erzielen?
- Wie ist unser Ruf? Wie betrachten uns unsere Partner und Schnittstellen?
- Wie kommunizieren wir nach außen?

3.2 Open Space Agility (OSA)

Was ist OSA?

Open Space Agility (OSA) nutzt Erkenntnisse aus den Bereichen Organisationsentwicklung, Selbstorganisation, Anthropologie und Psychologie und verbindet diese zu einem in sich geschlossenen neuen Modell. In einem Open-Space-Event werden die Agenda und die Inhalte durch die Teilnehmenden selbst gestaltet. Anders als bei herkömmlichen Open-Space-Veranstaltungen geht es bei OSA allerdings um Sessions rund um das Thema Agilität. Während des Events können die Teilnehmenden frei bestimmen, ob und wie sie sich an den verschiedenen Sessions beteiligen. Die Methoden habe ich von Daniel Mezick gelernt und für unsere Kontexte angepasst.

Wozu dient OSA?

Ziel ist, die Beteiligten entscheiden zu lassen, welche Schritte als Nächstes umgesetzt werden, um die iterative Transformation in der Organisation voranzutreiben. Dabei ist die Entscheidung jedem selbst überlassen und beruht auf freiwilliger Basis. Werden ganze Organisationen transformiert, ist Open Space Agility oft das Mittel der Wahl, aber auch einzelne Bereiche oder schon agil arbeitende Unternehmen, die sich weiterentwickeln wollen, profitieren von dem Framework. Der iterative Prozess kann zu jedem beliebigen Zeitpunkt eingesetzt werden: Wir verändern in kleinen Schritten, bewerten regelmäßig, passen an und lernen daraus.

In der Praxis wird die Transformation mittels Open-Space-Events in sogenannte Lernkapitel unterteilt. Open Space Agility beginnt mit dem ersten Open-Space-Event und endet nach etwa 100 Tagen mit dem zweiten. In der Phase dazwischen experimentieren die Mitarbeiter mit den neuen Arbeits- und Führungsweisen im Vertrieb. Der Sponsor – eine hochrangige Führungskraft – lädt zu den beiden Open Spaces ein und definiert in der Einladung die gewünschte strategische und/oder kulturelle Ausrichtung. Im ersten Open Space wird klar, ob die Organisation den gewünschten Weg überhaupt gehen kann und will – eine Transparenz, die unter Umständen schmerzhaft sein kann. Gleichzeitig kommen Ideen an die Oberfläche und Menschen zum Vorschein, die bisher durch Anordnungen und Befehle verdeckt gewesen sind und nun zu Unterstützern der Veränderung werden. Diese Menschen und ihre Ideen definieren nun in den Diskussionsrunden des Open-Space-

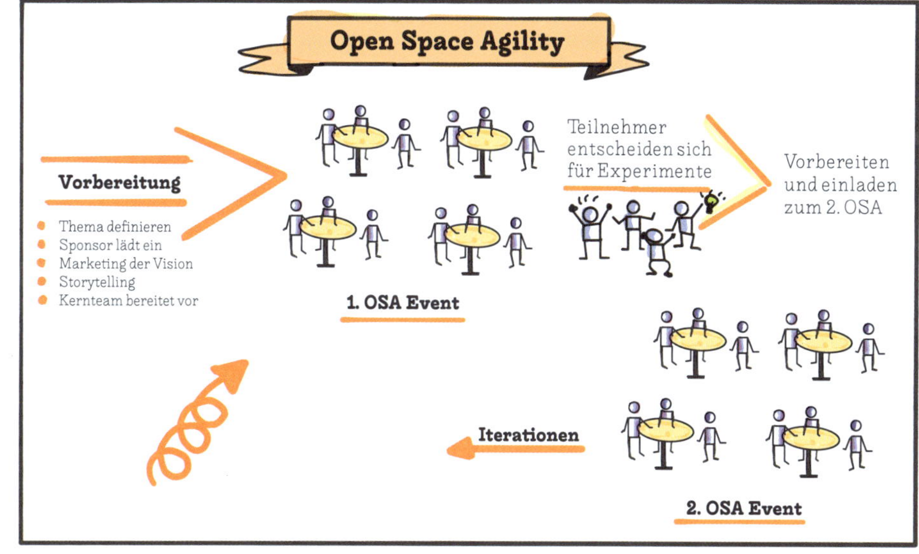

Events kleine Experimente: Was können wir ab morgen anders machen? Wie werden wir innovativer und kundenzentrierter? Welche Frameworks könnten wir ausprobieren? Welche hierarchischen Strukturen verändern? Das sind Themen, welche die Beteiligten einfach „ab morgen umsetzen können". Auch größere Versuche, die eine Freigabe durch das Top-Management erfordern, können angegangen werden, solange sie einen Experimentiercharakter behalten und im Zweifelsfall wieder rückgängig zu machen sind.

Warum wird OSA eingesetzt?
Das Framework arbeitet nach allen agilen Werten und Prinzipien. Agilität einzuführen oder weiterzuentwickeln auf freiwilliger und experimenteller Ebene ist an sich schon eine agile, sprich innovative Herangehensweise. Zwischen den OSA-Events experimentieren die Teams mit den selbst gewählten Themen und Tools und werden dabei von internen oder externen Coaches begleitet. Wir nutzen gern dazu agile Transformationsteams, welche die Events vorbereiten und dann auch als Co-Moderatoren und Coaches agieren. Im weiteren Verlauf der OSA-Events empfiehlt es sich, die Coaches zu wechseln und anderen Interessenten diese Chance der Multiplikation zu geben. Damit entstehen eine hohe Ansteckung in der Organisation und entsprechend weitreichende Learnings für alle Beteiligten.

Wie läuft es ab?
Wie im OSA-Board dargestellt gibt es fünf Phasen:

1. **Vorbereitungsphase**
   - Zur Vorbereitung gehört die Bestandsaufnahme: Wo steht die Organisation? Welche Anforderungen haben der Markt und die technologische Entwicklung? Welche Dringlichkeit zur Veränderung besteht? Was ist das gemeinsame Verständnis von Wandel und welcher Kulturstil ist vorherrschend?
   - Welche Vision wird verfolgt? Wie stehen die Mitarbeiter dazu? Welche Ziele oder OKRs sind anvisiert?
   - Mit der Führung und eventuell einem crossfunktionalen Kernteam gemeinsam werden Sinn und Ausrichtung der OSA vorbereitet und Rollen vergeben.
   - Ein Thema für die OSA wird gewählt, das sowohl die nötige Dringlichkeit und Relevanz für alle hat als auch Gestaltungsräume ermöglicht.
   - Alle Mitarbeiter und Stakeholder werden eingeladen. Die Einladung wird sorgfältig formuliert und ausgearbeitet.
2. **Check-in**
   - Die Intro macht der Sponsor (Unternehmensführung) und nutzt dazu bestenfalls Storytelling.
   - Die vier W-Fragen werden beantwortet:
     - Was machen wir heute (Agenda)?
     - Wie arbeiten wir zusammen (Teams, Selbstorganisation …)?
     - Warum ist es wichtig und dringend (Hintergründe)?
     - Wozu dient es (Sinn, Nutzen und Ziele)?
   - Der Facilitator erläutert den Rahmen und die Prinzipien des Open Space:
     - Genau der richtige Anfang und das richtige Ende: Die Sessions werden starten, wenn alle Beteiligten bereit sind, und sie sind beendet, wenn das Thema bearbeitet ist.
     - Genau die richtigen Teilnehmer: Egal wer kommt und geht: Es sind immer die Richtigen an einer Session beteiligt.

  - Genau die richtigen Inhalte: Welche Themen auch immer entstehen und welche Beiträge: Alles ist willkommen und wird akzeptiert.
  - Gesetz der zwei Füße: Jeder darf kommen und gehen, wie er das für richtig hält, und braucht sich nicht zu erklären.
  - Hummeln: Sie schwirren von einer Gruppe zur anderen, befruchten dadurch und verbinden untereinander.
  - Schmetterlinge: Sie findet man meist an der Bar oder draußen vor der Tür: Sie sorgen für zwanglose Gespräche oder Nebensessions, in denen sich die Teilnehmenden austauschen und wertvolle Impulse weitertragen.
- Intro der Teilnehmer:
  Wir nutzen gern Zwei-Minuten-Sequenzen in Kleingruppen von zwei bis drei Personen. In den zwei Minuten sollen die Gruppen drei Gemeinsamkeiten finden. Das können persönliche Gemeinsamkeiten sein oder auch gemeinsame Anliegen an die Veranstaltung. Nach der Zeit wird gewechselt und es werden neue Konstellationen gebildet. Mindestens fünf Wechsel finden statt.

3. **Themen bearbeiten**
   - Jetzt werden im Plenum die Sessions zum Thema angeboten (von den Teilnehmern) und notiert. Wenn alle Sessions gesammelt sind, bekommt jeder Anbieter mit seinem Thema einen Ort zugewiesen. Der Plan der Sessions, von Anbieter und Ort wird für alle visualisiert.
   - Dann starten die Sessions parallel und der Prozess findet seinen eigenen Rhythmus und seine Dynamik. Der Facilitator beobachtet und ist anwesend. Auch der Sponsor und das Kernteam beteiligen sich aktiv an den Sessions.
   - Die Ergebnisse und Experimente, die aus den Sessions entstehen, werden für alle festgehalten und an einem Ort zusammengetragen.
   - Die Teilnehmenden entscheiden sich für Experimente, die sie aktiv bis zum nächsten Open Space angehen und umsetzen werden. Auch das ist auf freiwilliger Basis.
4. **Entscheiden und planen**
   Alle Ergebnisse und Experimente aus den Sessions werden zusammengetragen (beispielsweise vom Kernteam) und auf einem großen Plan veröffentlicht. Die Teilnehmenden tragen sich zu den Experimenten ein, an denen sie teilhaben möchten. Der Sponsor hat die Möglichkeit, über Wünsche oder Budgetfreigaben für die Experimente im Nachgang zu entscheiden.
5. **Ausloggen**
   Sowohl der Sponsor als auch der Facilitator spiegeln dem Plenum ihre Eindrücke wider und bedanken sich bei allen Beteiligten. Dann wird das Feedback der Teilnehmer schriftlich zum Ablauf, zu den Inhalten, zu den Ergebnissen und zur Stimmung eingeholt und sichtbar gemacht.

Welche typischen Hürden gibt es und welche Tipps aus der Praxis helfen?

- **Geringe Beteiligung:**
  Meist sind zu Beginn die Befürchtungen groß, es würden nicht genügend Freiwillige teilnehmen. Anders als bei herkömmlichen Kick-offs haben die Führung und das Organisationsteam bei OSA keine Kontrolle über die Teilnehmenden. Das ist zu Beginn sehr befremdlich und löst viele Bedenken aus. Doch wenn dem wirklich

so wäre und es kämen nur 10 bis 20 Prozent der Belegschaft, dann wäre das eine sehr wichtige Botschaft. Entweder hat der Sponsor dann nicht die nötige Strahlkraft oder die Dringlichkeit und Notwendigkeit der Veränderung sind nicht klar genug kommuniziert worden. Wie bei vielen Veranstaltung gilt hier umso mehr das Motto: Die Vorbereitung ist die halbe Miete.

- **Lasche Experimente:**
  Die Sessions bringen keine zielführenden Experimente hervor. Wenn die Themen der Sessions nicht inspirierend gewählt worden sind oder die Moderatoren es nicht schaffen, die Teilnehmenden zum gemeinsamen Denken und Handeln zu bewegen, dann verlaufen nicht nur die Stationen selbst im Sand, sondern es werden auch keine inspirierenden Experimente beschlossen und umgesetzt. Auch hier liegt es meistens an mangelnder Vorbereitung von Führung und Kernteam.
- **Keine Schutzräume für Veränderungen:**
  Die besten Experimente werden zu keinen nachhaltigen Veränderungen führen, wenn es keine Schutzräume gibt. Sie sind nicht nur als physischer Raum zu verstehen. Es geht vielmehr darum, Freiraum zu bieten und Zeit und vielleicht auch Budget zur Verfügung zu stellen, um etwas wirklich Neues voranzubringen. Experimente dürfen die sonst gültigen Regeln außer Kraft setzen. Wie ein Keimling brauchen Experimente Schutz, um zu wachsen und zu gedeihen und nicht vom Althergebrachten bildlich gesprochen niedergetrampelt zu werden.
- **Die üblichen Verdächtigen:**
  Nicht nur die ewig gleichen Innovatoren sollten bei der Vorbereitung und vor allem bei der Durchführung dabei sein. Besser ist es, eine gute Verteilung anzustreben.

Everett Rogers Gesetz über die Verbreitung von Innovationen besagt, wie unterschiedliche Verhaltenstypen auf Neuerungen reagieren:

- 2,5 Prozent sind Innovatoren, die sofort auf Neues anspringen;
- 13,5 Prozent sind frühe Anwender, die nach überzeugenden Worten dabei sind;
- 34 Prozent sind eine frühe Mehrheit, die Beweise braucht;
- 34 Prozent gehören zur späten Mehrheit, die erst dabei ist, wenn es zur Norm geworden ist;
- 16 Prozent bleiben No-Nos, die sowieso dagegen sind.

Wir achten darauf, möglichst viele unterschiedliche Verhaltenstypen an Bord zu haben. Vor allem die frühe Mehrheit lässt sich bei Veranstaltungen anstecken, wenn Effekte hier schon sichtbar gemacht werden und Experimente als Beweise funktionieren.

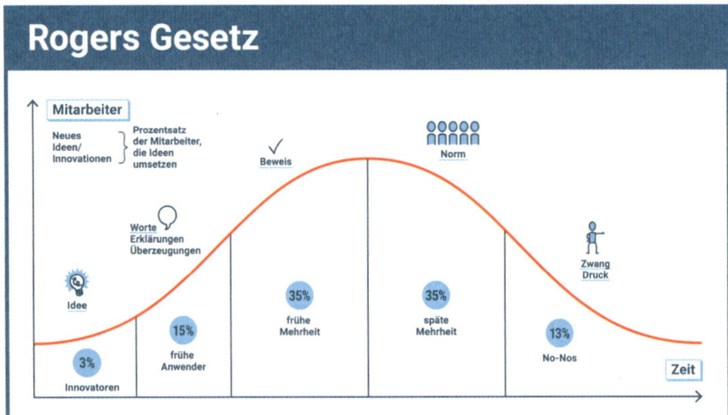

Wie funktioniert Open Space Agility in der Onlinevariante?
Grundsätzlich funktioniert OSA auch online mit den entsprechenden Plattformen. Dazu sind verschiedene Gruppenräume wie bei MS-Teams oder Zoom Voraussetzung, welche die Teilnehmenden selbstständig verlassen können, um in andere Sessions zu wechseln. Um Agilität mit OSA einzuführen, würden wir immer die Präsenzvariante wählen und erst zu einem späteren Zeitpunkt Remote-OSA als Spielart einführen. Das Gefühl für die Gruppendynamiken und die Stimmung der Beteiligten ist in Präsenz besser wahrnehmbar und gibt wichtige Hinweise auf den weiteren Verlauf.

OSA-Board

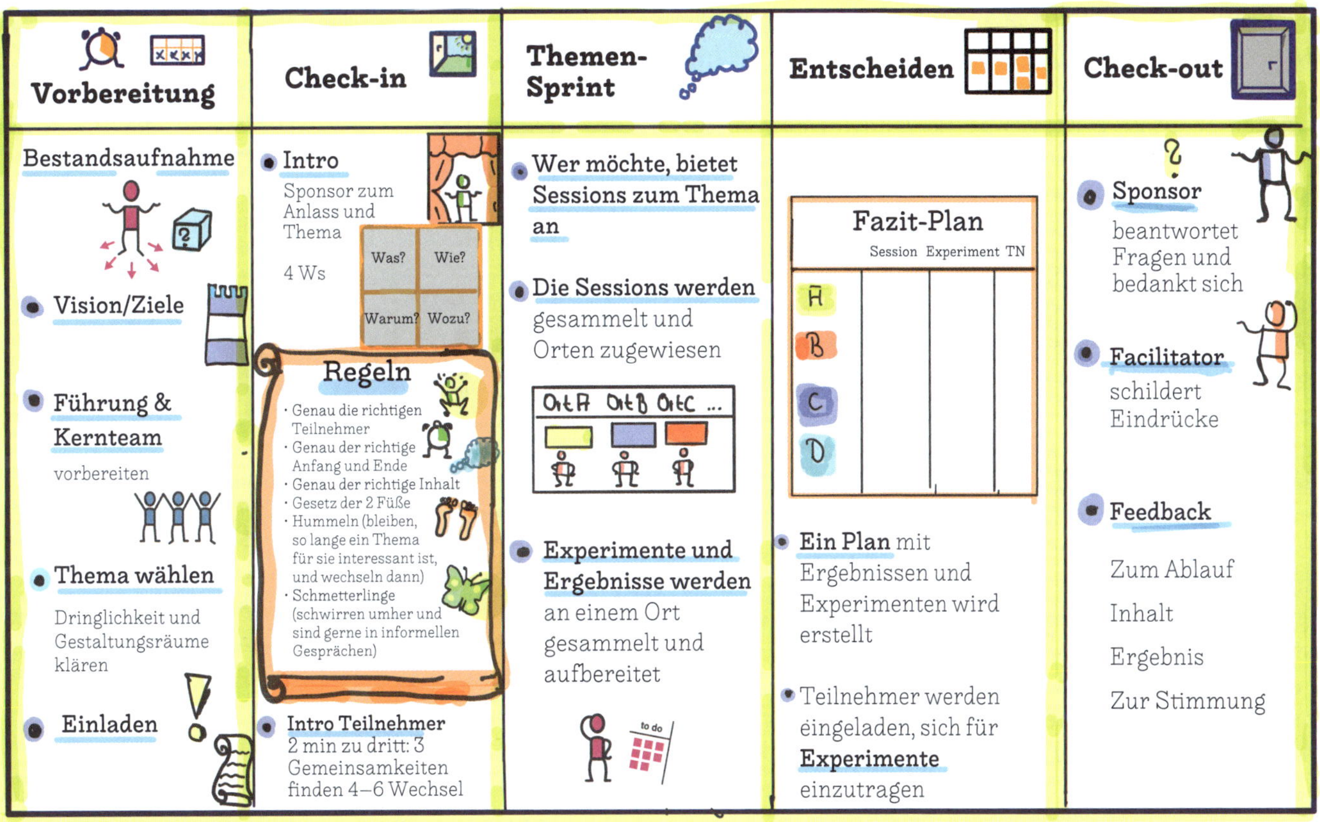

3.3 Agility Work & Travel

Was ist Agility Work & Travel?

Work & Travel ist ein Stationenlernen und eine veränderte Variante des World-Café-Formats. Der Begriff Work & Travel stammt von einem Seminarteilnehmer und drückt den Ablauf sehr gut aus. Wir nutzen das Format sehr gern als Kick-off-Variante bei Transformationen in Organisationen und haben bisher durchweg positive Erfahrungen damit gemacht. An unterschiedlichen Stationen erleben die Mitarbeiter in gemischten Teams Impulse und Methoden oder gestalten eigene Themenfelder. Ziel ist, den abstrakten Begriff „agile Transformation" für alle Beteiligten erlebbar und greifbar zu machen. Anders als beim Open Space werden die Stationen hier im Vorfeld ausgewählt und vorbereitet.

Wozu dient Agility Work & Travel?

Wir haben es bereits erfolgreich bei Kick-offs der Führungsebene oder ganzer Bereiche in klassischen Wasserfallorganisationen eingesetzt oder auch mit der gesamten Belegschaft von Start-ups, die bereits agil arbeiten und sich weiterentwickeln wollen. Durch die passgenaue Konzeption der Stationen zu den Themen und Herausforderungen können viele Aspekte in kurzer Zeit bearbeitet werden. Außerdem kann das Format je nach Anzahl der Stationen sowohl für kleinere Gruppen ab neun Personen bis zu Großgruppen mit 150 Teilnehmern durchgeführt werden und ist sehr variabel anpassbar. Wir haben sowohl mit mehreren externen Moderatoren als auch mit Mitarbeitern als interne Moderatoren gearbeitet. Bei einfacheren Stationen, die eher zur Reflexion als zum neu Lernen dienen, können die Gruppen sogar ohne Moderator zurechtkommen.

Warum wird Agility Work & Travel eingesetzt?

Das direkte Erleben der unterschiedlichen Aspekte in crossfunktionalen Teams bietet viele Learnings. Zum einen können bis zu zehn Themen an den Stationen vermittelt und erlebt werden, zum anderen arbeiten die Teams dabei auf gute Weise agil, das soll heißen selbstorganisiert und interdisziplinär. Allein schon das parallele Erleben von so vielen Menschen und Inhalten mit der Transparenz aller Ergebnisse ist ein inspirierendes Großgruppenerlebnis, von dem die Mitarbeiter meistens noch lange zehren.

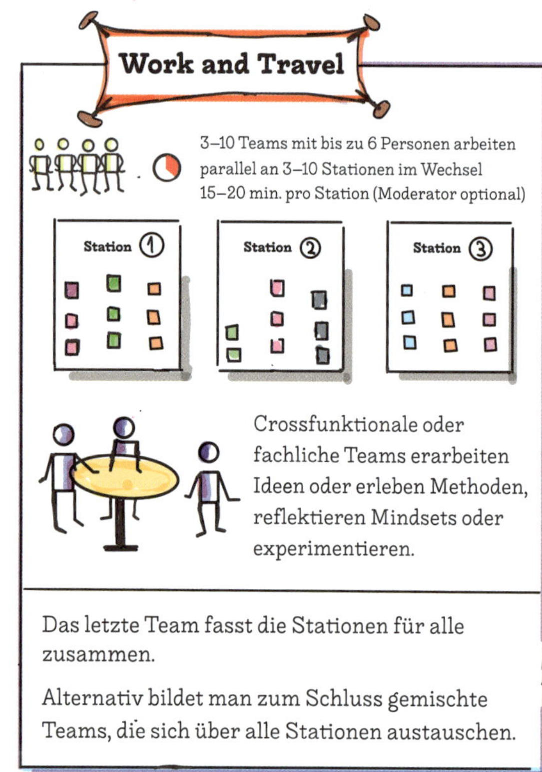

Wie läuft Agility Work & Travel ab?

1. **Vorbereitungsphase**
   Nach der Auftragsklärung (wie bei OSA beschrieben) bereiten die externen Moderatoren, im besten Fall gemeinsam mit freiwilligen Co-Moderatoren aus der Organisation, Stationen vor, die für die Transformation entscheidend sind. Je crossfunktionaler und engagierter die Co-Moderatoren sind, desto mehr Effekte und Learnings finden bereits im Vorfeld statt. Kein noch so gutes Auftragsklärungsgespräch bringt so viele Erkenntnisse seitens der Beteiligten aus der Organisation und seitens der externen Berater mit sich wie die gemeinsame Vorbereitung eines guten Kick-offs.
   Diese Stationen können einen informativen, experimentellen oder strategischen Charakter haben. Ziel ist, den Teilnehmern nicht nur den Sinn und Nutzen des Wandels zu vermitteln, sondern sie aktiv miterleben und mitgestalten zu lassen. Im Vergleich zum Open Space werden die Stationen zwar im Vorfeld thematisch vorbereitet, was an den Stationen dann passiert und von den Teams entschieden wird, muss jedoch offen sein. Wir vermeiden „Pseudo-Kick-offs", bei denen die Ergebnisse schon im Vorfeld bestimmt werden. Das richtet mehr Schaden als Nutzen an.
   Alle Mitarbeiter und Stakeholder, die von der Veränderung betroffen sind (auch die Schnittstellen) werden eingeladen. Die Einladung wird sorgfältig formuliert und ausgearbeitet.
2. **Check-in**
   - Auch beim Work & Travel ist die Intro der Führung entscheidend, um den Rahmen und das Spielfeld zu klären. Wie sind Relevanz und Dringlichkeit? Wo soll die Reise hingehen? Was bleibt bestehen und was kann und soll verändert werden? Welche Entscheidungskompetenzen liegen bei den Teilnehmern?
   - Intro der Moderatoren: Die externen und internen Moderatoren stellen sich vor und definieren ihr Rollenverständnis während der Veranstaltung.
   - Vier W-Fragen werden von den Moderatoren beantwortet (siehe oben):
     - Was soll verändert werden?
     - Wozu machen wir das?
     - Warum ist es notwendig?
     - Wie wird es ablaufen?

   Dann werden die Agenda für den Tag und die Stationen mit dem Ablauf im Überblick vorgestellt:

- Intro der Teilnehmer: Wir nutzen sehr gern die folgende Matrix (abgewandelte Stacey-Matrix), um die Einschätzung der Mitarbeiter sichtbar zu machen und Diskussionen anzuregen:
- Dazu klebe ich mit Klebeband zwei Achsen auf den Boden.
- Die x-Achse steht für die Angebote des Unternehmens. Sind diese:
  - einfach = schnell zu erfassen und herzustellen,
  - kompliziert = von mehreren Faktoren abhängig und aufwendig in der Produktion oder
  - komplex = mit mehreren Unbekannten und nicht vorhersehbar in der Herstellung.
- Die y-Achse steht für den Markt. Ist dieser:
  - stabil, also noch in einigen Jahren nahezu unverändert,
  - innovativ, das heißt, er bleibt bestehen, braucht aber immer wieder Innovationen und Erneuerungen, oder
  - disruptiv, ist also in zwei bis drei Jahren völlig verändert und braucht neue Optionen und somit drastische Veränderungen.

Dann lassen wir die Teilnehmenden sich zu den beiden Achsen positionieren und aufstellen. Schon der Prozess gibt untereinander Diskussionen und Aha-Effekte: Wie stellt sich der Bereich Marketing auf oder der Vertrieb? Wie sieht die Führung das? Als Moderator stellen wir die Positionierung der Teilnehmer meistens nicht infrage. Wir lassen die Vertreter verschiedener Positionen kurz ihre Einschätzung erläutern und akzeptieren die Unterschiedlichkeit.

Alternativ legen wir auch gern eine Skala von null bis zehn auf den Boden und lassen die Teilnehmenden sich positionieren zu der Frage der Dringlichkeit einer Veränderung.

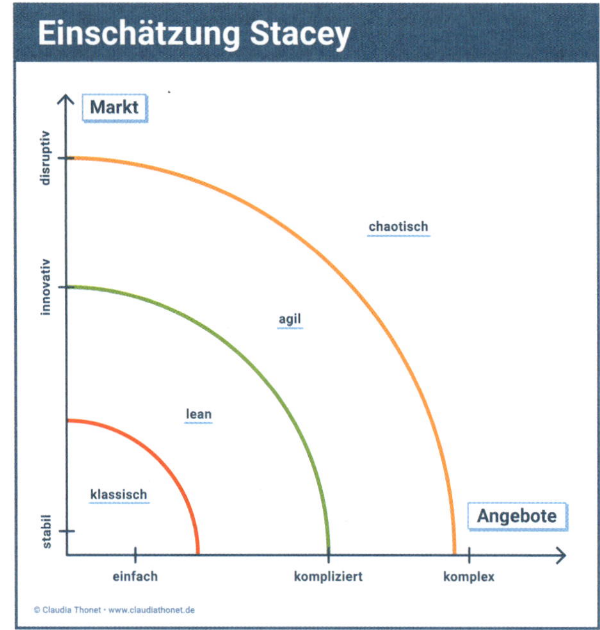

Um die Teilnehmenden miteinander mit dem Setting vertraut zu machen, nutzen wir gern Line-ups:
Wir lassen die Anwesenden sich chronologisch zu der Frage nach ihrem Dienstalter oder der Anzahl der gemeisterten Veränderungen und Krisen aufstellen oder wir lassen die Teilnehmenden spontane Teams zu bestimmten Fragen bilden (erstes Getränk am Morgen, Lieblingsküche, letzter Urlaubsort ...).

3. **Themen bearbeiten**
   - Die vorbereiteten Stationen werden von den Moderatoren aufgebaut und während der Sessions betreut. Alternativ können die Teilnehmenden die Stationen auch selbstständig (ohne Moderator) durchlaufen, indem sie in ihrem Team Rollen wählen (Moderator,

Fokusbeschleuniger, Time Keeper etc.) – siehe Kapitel 2.2, S. 52. Dazu müssen die Stationen allerdings einfach und selbsterklärend gestaltet werden.

- Die Beteiligten werden in so viele Teams, wie es Stationen gibt, aufgeteilt. Jedes Team startet an einer Station, sodass alle Stationen von einem Team besetzt sind. In der Bearbeitungszeit beschäftigt sich das Team mit den Inhalten und Aufgaben der jeweiligen Station. Die Erkenntnisse halten die Beteiligten selbstständig an der Station fest. Nach einer vorgegebenen Zeit (15 bis 30 Minuten) wechseln alle Teams zu der nächsten Station (im Uhrzeigersinn oder nach Nummern der Stationen).
- Nachdem alle Gruppen die Stationen bearbeitet haben, werden die Teams neu gemischt, sodass von jedem Team ein Vertreter in der neuen Gruppe ist.
- Die gemischten Gruppen reflektieren gemeinsam die Stationen, um sich über die Erlebnisse und Ergebnisse in den verschiedenen Teams auszutauschen.

4. **Entscheiden und planen**
Alle Ergebnisse, Erkenntnisse und Umsetzungsvorschläge werden von den Reflexionsteams im Plenum vorgestellt. Das Fazit wird von den Teams formuliert und vom Sponsor bekräftigt. Ähnlich wie beim oben beschriebenen Open Space können auch Experimente vereinbart werden und ein Termin zum Nachhalten (Review) der Ergebnisse und Erfahrungen notiert werden.
5. **Ausloggen**
Sowohl der Sponsor als auch die Moderatoren spiegeln dem Plenum ihre Eindrücke wider und bedanken sich bei allen Beteiligten. Dann wird das Feedback der Teilnehmer schriftlich zum Ablauf, zu den Inhalten, zu den Ergebnissen und zur Stimmung eingeholt und sichtbar gemacht.

Welche typischen Hürden gibt es und welche Tipps aus der Praxis helfen?

- Im Gegensatz zum Open Space sind bei Agility Work & Travel meistens ganze Organisationen, Bereiche oder Teams vertreten. Entsprechend wichtig ist es, die Teilnehmenden mit ins Boot zu nehmen und auch Widerstände sichtbar und besprechbar zu machen. Wir nutzen dazu die Aufstellung der Stacey-Matrix oder die Skalierung der Dringlichkeit. Konträre Standpunkte und

Widerstände müssen erlaubt sein, ausgesprochen und als wichtige Botschaft gedeutet werden.

- Oftmals wird das Event als inspirierend und lehrreich gewertet, doch die Nachhaltung fehlt und wichtige Erkenntnisse und Ergebnisse werden nicht nachgehalten. In jedem Fall sollten Vereinbarungen zur Umsetzung und Review-Termine fixiert werden. Bestenfalls begleiten interne oder externe agile Coaches die Implementierungen.

Wie funktioniert Work & Travel in der Onlinevariante?
Grundsätzlich funktioniert Work & Travel auch online mit den entsprechenden Plattformen. Dazu sind verschiedene Gruppenräume wie bei MS-Teams oder Zoom Voraussetzung, in denen die Teams die Stationen durchlaufen. Außerdem braucht man ein Kollaborationstool wie Miro oder Mural, um die Stationen mit der Moderation vorzubereiten und die Teams darauf gemeinsam arbeiten zu lassen.

Work & Travel Board

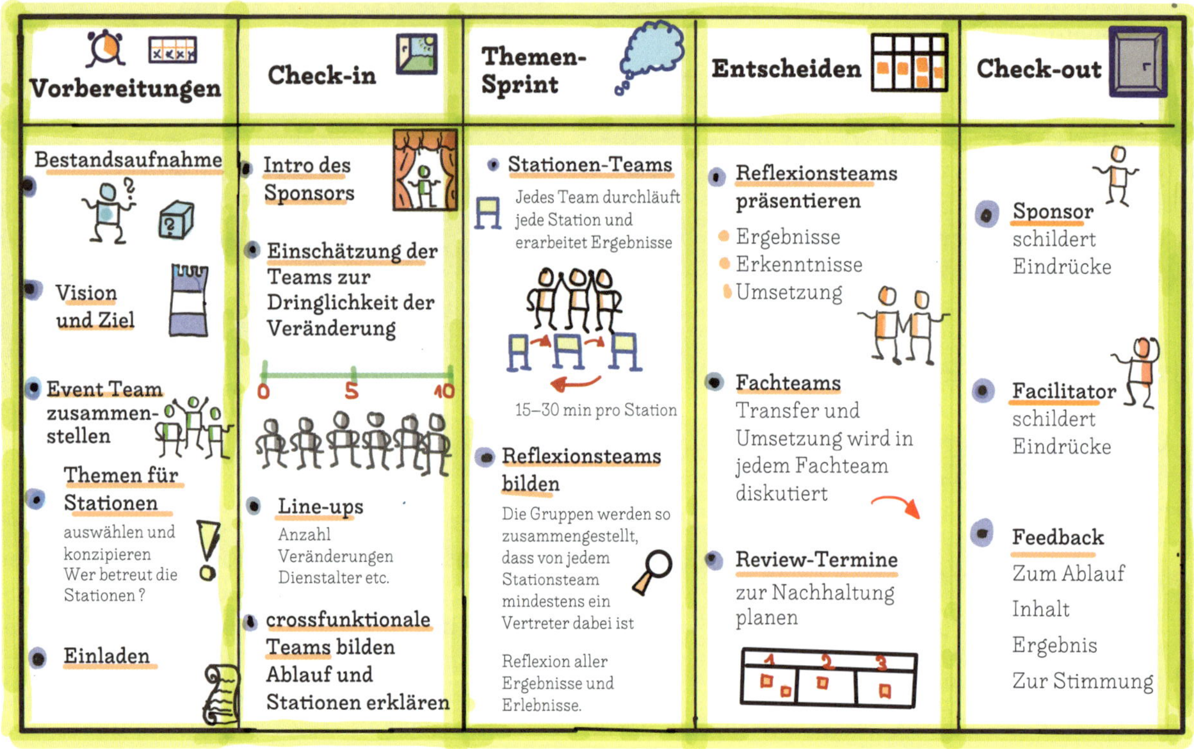

3.4 Barcamp

Was ist ein Barcamp?

Beim Barcamp kommen auf freiwilliger Basis Interessenten aus allen Unternehmensbereichen zu dem Event zusammen. Es geht darum, sich über ein Thema auszutauschen, von- und miteinander zu lernen oder auch Entscheidungen zu treffen. Ähnlich wie beim Open Space wird Selbstorganisation während des Events großgeschrieben. Sowohl die Inhalte der Sessions als auch das Teilnahmeverhalten sind offen und werden von den Teilnehmern frei gestaltet. Der Name Barcamp leitet sich ab von den Events von Tim O'Reilly, der ausgewählte Freunde (Friends of O'Reilly) in sein Camp einlud. Dieses Camp war tatsächlich noch mit Campen verbunden. Andere ITler entwickelten die Barcamp-Methode in den Räumen der Firma „Socialtext" in Palo Alto, also im legendären Silicon Valley, weiter. Dieser Trend schwappte dann im Jahre 2006 auch nach Berlin, Wien und Zürich über.

Wozu dient ein Barcamp?

Barcamps sind wunderbare Orte, um in einer Organisation oder in einem Netzwerk zu relevanten Themen eine gemeinsame Entwicklung zu ermöglichen. Durch die Selbstorganisation in dem festgelegten Rahmen haben die Beteiligten ein extrem hohes Commitment. Nichts wird inhaltlich vorgegeben und alles darf entstehen. Die Teilnehmenden handeln in höchstem Maß selbstverantwortlich und autonom. Eine neue Art des Lernens und der Selbstbestimmung wird auf vielen Ebenen erlebbar gemacht. Barcamps sind meistens locker organisierte Veranstaltungen – mithilfe des Internets und der sozialen Medien. Wir setzen Barcamps allerdings auch in Organisationen ein, um zum strukturierten Austausch über ein Thema anzuregen. Charakteristisch ist, dass es kein festgelegtes Programm gibt. Die Sessions können Vorträge, Lernimpulse, Diskussionen, Reflexionen etc. beinhalten.

Warum wird ein Barcamp eingesetzt?

Top-down vorgegebene Schulungen und Workshops machen die Teilnehmenden oft zu Konsumenten, die dann in der entsprechenden Haltung teilnehmen. Die Umsetzung und die Nachhaltung sind ein allseits bekanntes Dilemma.

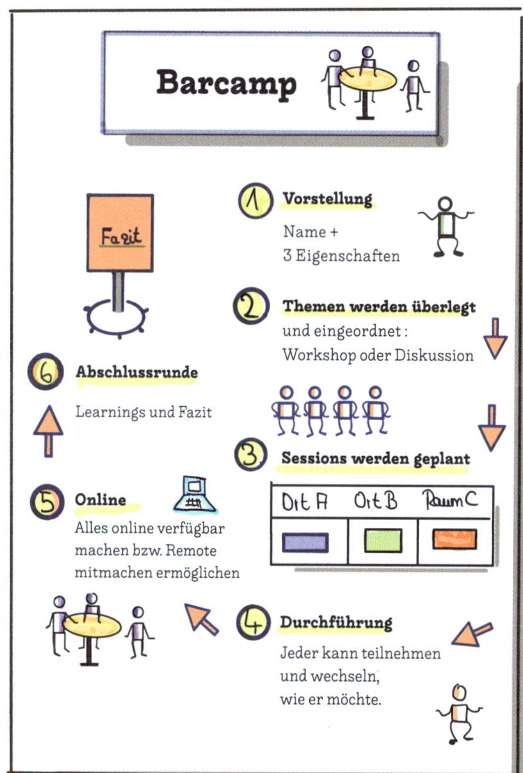

Wir erleben in einigen Unternehmen einen hohen Sättigungsgrad der Mitarbeiter an verordnetem Lernen.

Wie läuft ein Barcamp ab?
Wie im Barcamp-Board dargestellt gibt es fünf Phasen:

1. **Vorbereitungsphase**
   - Ein übergeordnetes Thema wird ausgewählt, das zurzeit Relevanz hat und unterschiedliche Standpunkte fördert. Das Thema kann durch eine Befragung oder durch vorangegangene Ereignisse herauskristallisiert werden.
   - Wichtig ist ein geeigneter Ort mit diversen Räumen und Platz für entstehende Sessions (online oder präsent).
   - Die Einladung enthält das Thema und fordert die Interessenten auf, sich eine Session zu überlegen, die für alle interessant sein könnte.
2. **Check-in**
   - Die Intro macht der Facilitator.
     Die vier W-Fragen werden beantwortet:
     Was machen wir heute (Agenda)?
     Wie arbeiten wir zusammen (Teams, Selbstorganisation …)?
     Warum ist es wichtig und dringend (Hintergründe)?
     Wozu dient es (Sinn, Nutzen und Ziele)?
   - Der Facilitator erläutert den Rahmen und die Prinzipien des Barcamps:
     Wie bei anderen interaktiven Formaten gilt auch bei der Barcamp-Methode: Wer in einer Session nichts mehr beitragen kann oder nichts Neues mehr lernt, bewegt sich dank seiner zwei Füße einfach in den nächsten Raum.
   - Intro der Teilnehmer:
     Je nach Anzahl der Beteiligten kann eine kurze Vorstellung mit Namen und zwei Hashtags (Eigenschaften der Person) als Intro im Plenum reichen. Alternativ bewegen sich die Teilnehmenden im Raum und begrüßen sich immer paarweise mit Namen und zwei bis drei Hashtags zu sich.
   - Anschließend präsentiert jeder, der selbst einen Beitrag einbringen möchte, sein Thema.
   - Die anderen Teilnehmer geben per Handzeichen bekannt, ob sie dieser Vorschlag interessiert.
3. **Themen bearbeiten**
   - Wenn alle Sessions gesammelt sind, bekommt jeder Anbieter mit seinem Thema einen Ort zugewiesen. Der Plan der Sessions, von Anbieter und Ort wird für alle visualisiert.
   - Dann starten die Sessions parallel und der Prozess findet seinen eigenen Rhythmus und seine Dynamik. Der Facilitator beobachtet und ist anwesend.
   - Die Ergebnisse und Experimente, die aus den Sessions entstehen, werden für alle festgehalten und an einem Ort zusammengetragen.
4. **Entscheiden und planen**
   Zum Schluss eines Barcamps gibt es häufig eine Feedbackrunde oder Zusammenfassung des Tages. Die konkreten Ergebnisse der einzelnen Sessions werden meist nicht präsentiert, denn häufig verbreitet sich der Inhalt durch die Teilnehmenden von ganz allein. Mittlerweile zeichnen manche Veranstalter die Sessions gleich als Video auf und teilen diese dann in ihrer Community.
   Viele Organisatoren bieten außerdem am Vorabend oder nach dem Barcamp ein Get-together an. So können die Teilnehmenden noch besser netzwerken.

5. **Ausloggen**
   Sowohl der Sponsor als auch der Facilitator spiegeln dem Plenum ihre Eindrücke wider und bedanken sich bei allen Beteiligten. Die Teilnehmenden bekommen die Möglichkeit, sich freiwillig zu Experimenten oder Ähnlichem auszutauschen.

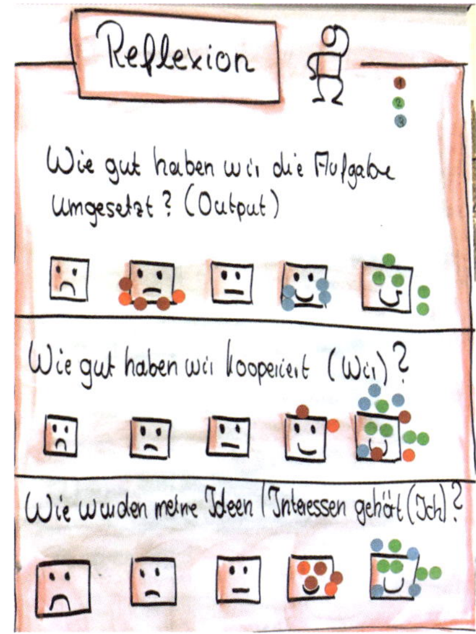

Welche typischen Hürden gibt es und welche Tipps aus der Praxis helfen?

- Geringe Beteiligung:
  Wenn die Beteiligung zu gering ist, liegt es entweder an der Attraktivität des Themas oder an Zeit und Ort. In Organisationen sollten Barcamps innerhalb der Arbeitszeit angeboten werden. Die Location ist außerdem entscheidend für die Akzeptanz. Es macht einen großen Unterschied, ob das Barcamp im Schulungskeller oder in einer hippen Event-Location stattfindet.
- Schlechte Moderation: Sessions stehen und fallen mit der Moderation. Achtet darauf, die Teilnehmenden in der Moderation zu unterstützen.

Wie funktioniert ein Barcamp in der Onlinevariante?
Grundsätzlich funktionieren Barcamps hervorragend online. Wonder.me ist eine schöne Plattform, auf der sich die Teilnehmenden frei bewegen können und gleichzeitig sehen, welche Stationen von wem besucht werden.

Barcamp-Board

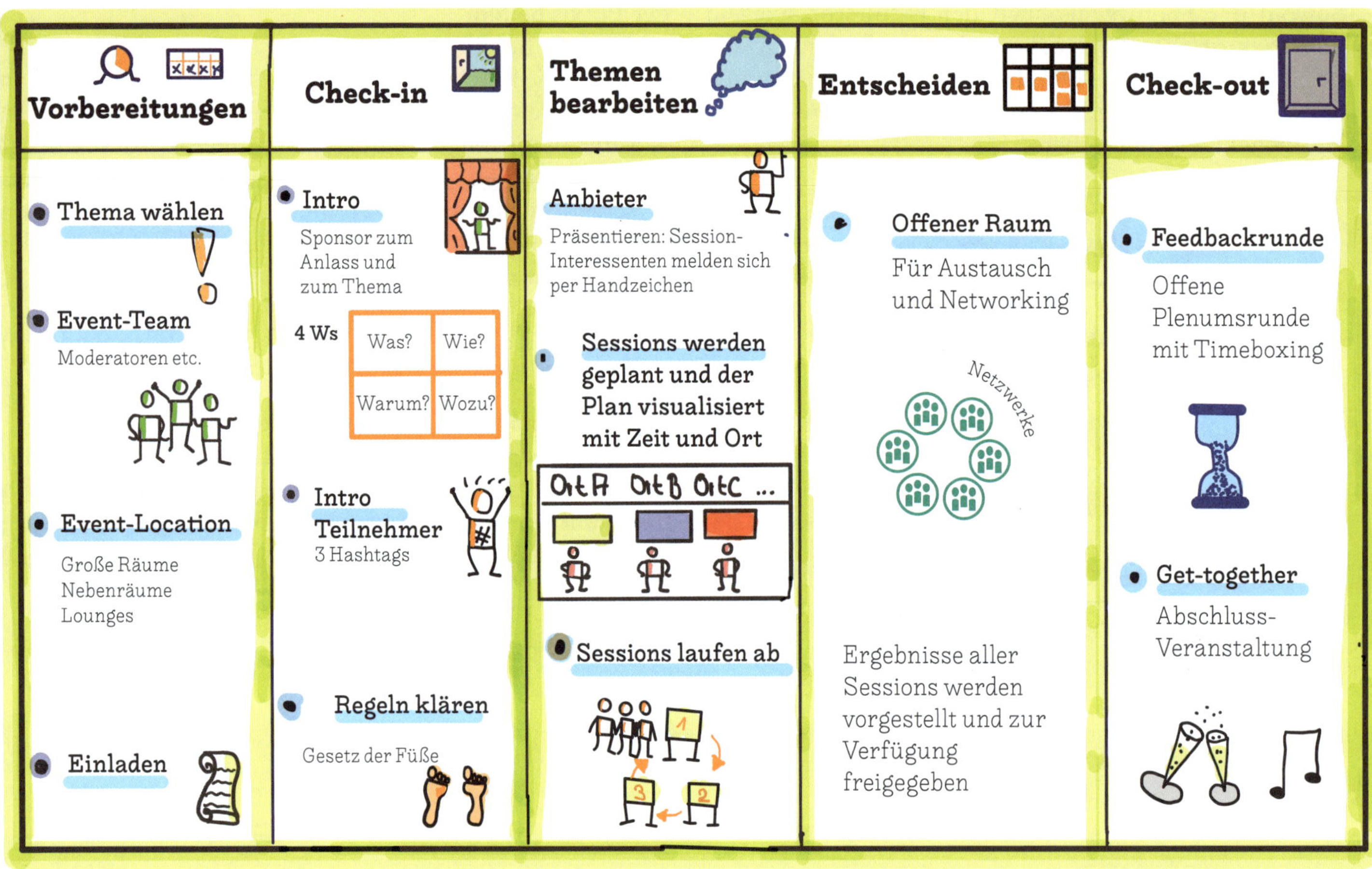

3.5 Team-Set-up-Workshop

Was ist ein Team-Set-up?

Um agile Teams zusammenzuführen und mit Blick auf die gemeinsamen Aufgabe zu bilden, wird ein Set-up durchgeführt. Je nach Teamgröße und Auftrag planen wir dazu mindestens einen halben Tag, meistens einen Tag, ein. Wir nutzen als Struktur und zur Visualisierung am liebsten den Team-Canvas.

Wozu dient ein Team-Canvas?

Schon durch den gemeinsamen Prozess wächst das Team zusammen und stärkt die agilen Werte wie:

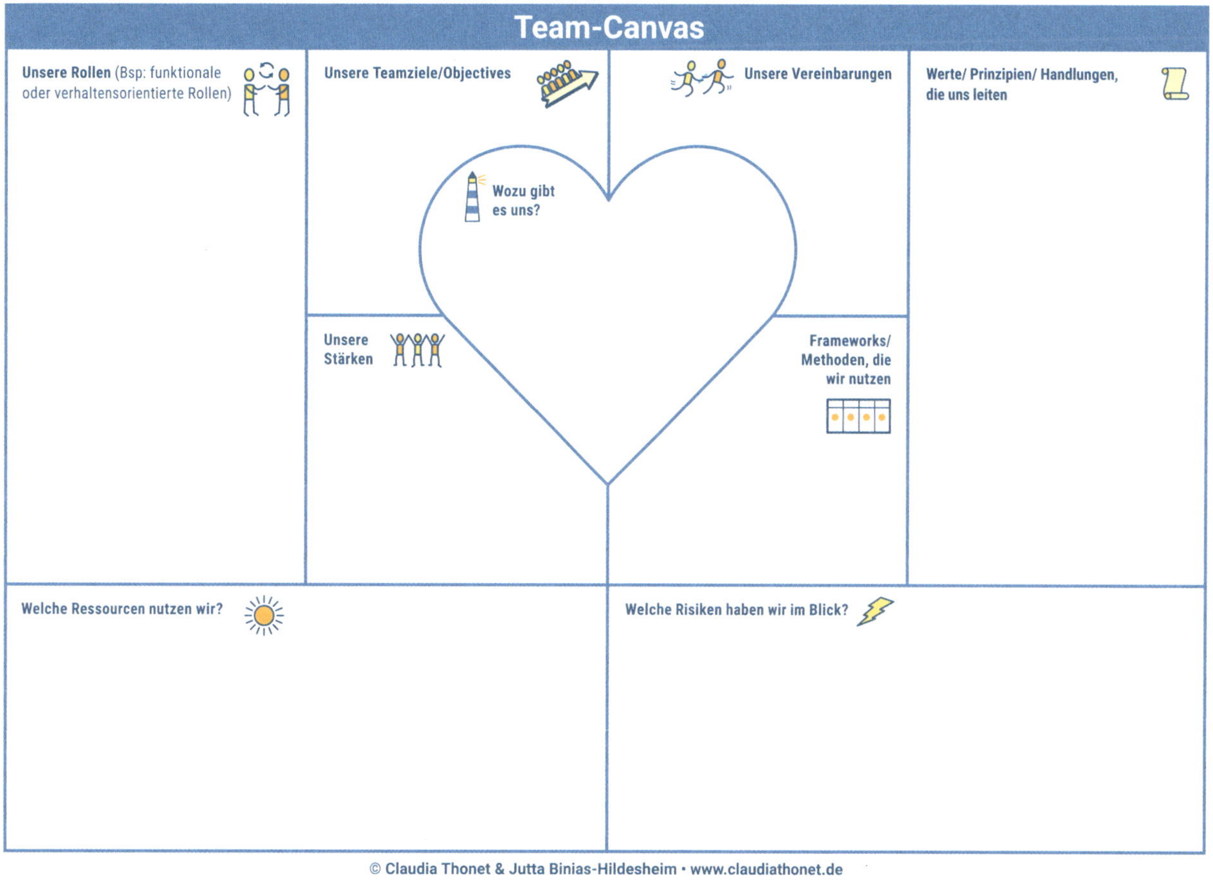

Team-Canvas

Unsere Rollen (Bsp: funktionale oder verhaltensorientierte Rollen)

Unsere Teamziele/Objectives

Unsere Vereinbarungen

Werte/ Prinzipien/ Handlungen, die uns leiten

Wozu gibt es uns?

Unsere Stärken

Frameworks/ Methoden, die wir nutzen

Welche Ressourcen nutzen wir?

Welche Risiken haben wir im Blick?

- **Transparenz**: Mithilfe des Team-Canvas werden wesentliche Komponenten des Teams wie Auftrag, Ziele, Rollen, Aufgaben, Vereinbarungen etc. für alle ersichtlich.
- **Kommunikation:** Alle Teammitglieder werden aktiv eingebunden und schaffen dadurch ein gemeinsames Verständnis.
- **Fokus:** Durch den Canvas hat das Team „alles auf einen Blick".
- **Commitment:** Das Team entscheidet eigenverantwortlich, wie der Canvas gestaltet und mit Inhalt gefüllt wird. Das stärkt die Selbstverpflichtung immens.

Warum wird er eingesetzt?

Um Innovationen wie neue Produkte, Services oder auch den Kulturwandel hin zu einer agileren Organisation umzusetzen, werden crossfunktionale Teams gebildet. Bewusst werden alle erforderlichen Kompetenzen, die für die Entwicklung gebraucht werden, in einem Team gebündelt. Damit die Abstimmung in der Gruppe funktioniert und auch die Interaktionen untereinander konstruktiv gestaltet werden, empfiehlt es sich, ein Team-Canvas mit dem Team gemeinsam zu entwickeln. Canvas bedeutet Stoff, der Team-Canvas ist demnach der Stoff, aus dem das Team gemacht ist. Alle wichtigen Komponenten der Zusammenarbeit werden auf einem digitalen oder analogen Whiteboard zusammengetragen, um sie auf einen Blick zu bündeln.

Wie läuft er ab?

1. **Vorbereitungsphase**
   - Eine komplexe Aufgabe wird gewählt, die von einem crossfunktionalen Team selbstorganisiert bearbeitet wird.
   - Per Ausschreibung oder durch ein Kick-off (S. 147) wird das Thema veröffentlicht und Teammitglieder können sich darauf bewerben. Wichtig ist die freiwillige Teilnahme an dem Thema.
   - Ressourcen wie Zeit, Freistellungen, Budget, Räume etc. werden geklärt.
2. **Check-in**
   - Die Intro macht der Auftraggeber oder Sponsor. Die Relevanz und der komplexe Auftrag werden übermittelt und Fragen beantwortet:
     - Was macht das Team (Auftrag)?
     - Wie arbeiten wir zusammen (Teams, Selbstorganisation …)?
     - Warum ist es wichtig und dringend (Hintergründe)?
     - Wozu dient es (Sinn, Nutzen und Ziele)?
   - Intro der Teilnehmer:
     Wir nutzen hier gern unterschiedliche Warm-ups wie das Bilden synchroner Teams zu unterschiedlichen Fragen oder Partnerinterviews, damit sich die Teilnehmenden besser kennenlernen und eine gemeinsame Ebene geschaffen wird.
3. **Themen bearbeiten**
   - Auftrag: Der Moderator startet im Zentrum mit dem „Wozu?". Wozu gibt es das Team? Was sind Sinn und Nutzen für den Kunden? Was ist der Auftrag des Teams aus Stakeholder-Sicht? Achtet darauf, dass sich das Team auf einen bis drei Sätze einigt. Was hier im Zentrum steht, muss absolut tragfähig sein und alle Teammitglieder müssen zustimmen.
     Um das „Wozu?" zielgerichtet zu bearbeiten und jeden zu integrieren, nutzen wir gern die Think-Pair-Share-Methode (S. 74).
     - Jeder formuliert im Stillen einige Minuten lang seine ein bis drei Sätze.

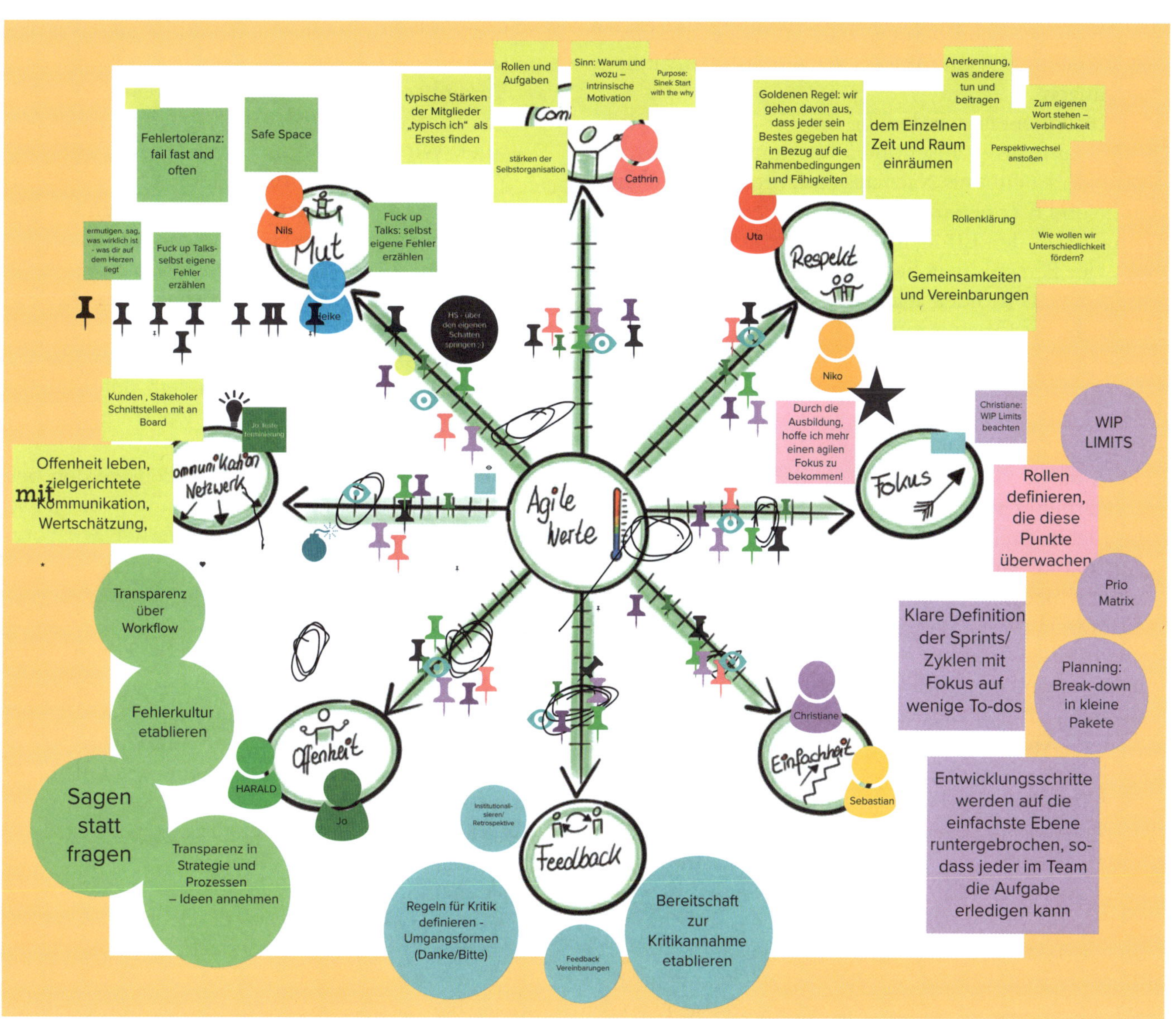

Fehlertoleranz: fail fast and often
Safe Space
typische Stärken der Mitglieder „typisch ich" als Erstes finden
Rollen und Aufgaben
Sinn: Warum und wozu – intrinsische Motivation
Purpose: Sinek Start with the why
stärken der Selbstorganisation
Goldenen Regel: wir gehen davon aus, dass jeder sein Bestes gegeben hat in Bezug auf die Rahmenbedingungen und Fähigkeiten
dem Einzelnen Zeit und Raum einräumen
Anerkennung, was andere tun und beitragen
Zum eigenen Wort stehen – Verbindlichkeit
Perspektivwechsel anstoßen
Rollenklärung
Wie wollen wir Unterschiedlichkeit fördern?
Gemeinsamkeiten und Vereinbarungen
ermutigen, sag, was wirklich ist – was dir auf dem Herzen liegt
Fuck up Talks- selbst eigene Fehler erzählen
Fuck up Talks: selbst eigene Fehler erzählen
Nils
Mut
Heike
Cathrin
Uta
Respekt
Niko
HS - über den eigenen Schatten springen :)
Kunden , Stakeholer Schnittstellen mit an Board
Offenheit leben, mit zielgerichtete Kommunikation, Wertschätzung,
Kommunikation Netzwerk
Durch die Ausbildung, hoffe ich mehr einen agilen Fokus zu bekommen!
Christiane: WIP Limits beachten
WIP LIMITS
Fokus
Agile Werte
Rollen definieren, die diese Punkte überwachen
Prio Matrix
Klare Definition der Sprints/ Zyklen mit Fokus auf wenige To-dos
Planning: Break-down in kleine Pakete
Transparenz über Workflow
Fehlerkultur etablieren
Sagen statt fragen
Transparenz in Strategie und Prozessen – Ideen annehmen
HARALD
Offenheit
Jo
Christiane
Einfachheit
Sebastian
Institutionalisieren/ Retrospektive
Feedback
Regeln für Kritik definieren - Umgangsformen (Danke/Bitte)
Feedback Vereinbarungen
Bereitschaft zur Kritikannahme etablieren
Entwicklungsschritte werden auf die einfachste Ebene runtergebrochen, sodass jeder im Team die Aufgabe erledigen kann

  - Dann tauschen sich zwei Teammitglieder einige Minuten aus und bilden gemeinsame Formulierungen.
  - Anschließend werden die gemeinsamen Sätze im Plenum ausgetauscht und zusammengeführt.
- Ziele: Erarbeitet als Nächstes die Teamziele. Welche Ziele und Etappen möchte das Team erreichen? Woran wird es den Erfolg messen? Ziele lassen wir gern aus vier Perspektiven herausbilden:
  - Ziele aus Kundensicht
  - Ziele aus Organisationssicht
  - Ziele aus Teamsicht
  - persönliche Ziele
- Stärken: Die Stärken jedes Einzelnen werden reflektiert. Dazu nutzen wir am liebsten Stärkeninterviews.
  Erst arbeitet und reflektiert jeder für sich: Welche fachlichen und mentalen Stärken bringe ich ins Team ein? Dann bilden wir Interviewpaare aus möglichst unterschiedlichen Charakteren, die sich darüber austauschen und Selbst- und Fremdbild abgleichen. Die Interviewpartner stellen sich gegenseitig im Plenum vor und ergänzen weitere Stärken, die im Team wahrgenommen werden.
- Rollen: Anschließend werden die Rollen im Team nach stärkenorientierten Verantwortlichkeiten verteilt, die das Team braucht, um seine Ziele umzusetzen (Beispiel: Coach, Moderator, Prinzipienwächter, Product Owner, Entwickler, Fokusbeschleuniger etc.). Achtet darauf, dass die Rollen den vorher reflektierten Stärken entsprechen und der Rolleninhaber intrinsisch motiviert ist, die Rolle auszuführen. Wir raten dazu, die Rollen im Nachgang in einem Rollenworkshop zu vertiefen, um die Aufgaben und die Grenzen jeder Rolle genau zu klären (Kapitel 7).
- Vereinbarungen: Lasst dann das Team Vereinbarungen zur Zusammenarbeit (Kapitel 2.2) treffen (Beispiel: Wir nehmen uns regelmäßig Zeit, um unsere Zusammenarbeit zu reflektieren.).
- Werte: Das Team reflektiert die agilen Werte und vereinbart konkrete Handlungen, um die Werte gemeinsam zu fördern. Dazu nutzen wir die Wertespinne: Jeder Wert wird mit konkreten Handlungen in Kleingruppen ausdifferenziert und anschließend auf einer Skala bewertet: Wie gut setzen wir das bisher in unserem Team oder in dem Bereich um? Wo sehen wir den größten Erfolgshebel? Was werden wir dafür konkret tun?
- Auch Frameworks oder Methoden werden besprochen und ausgewählt. Welche Frameworks passen zu unserem Auftrag? Wie genau werden wir vorgehen und wer übernimmt welche Aufgaben?
- Betrachtet mit dem Team zum Schluss sowohl die Risiken, die es im Blick behalten wird, als auch die Chancen und Ressourcen, über die es verfügt.

4. **Entscheiden und planen**
   Wichtige Entscheidungsfreiheiten, die das Team braucht, werden gesammelt und mit dem Auftraggeber geklärt. Dabei geht es zum einen um generelle Entscheidungskompetenzen des Teams und zum anderen um die Art und Weise, wie das Team Entscheidungen treffen möchte (Kapitel 4.2).
5. **Ausloggen**
   Meistens ist es sinnvoll, dass das Team dem Auftraggeber seinen Team-Canvas vorstellt, um das gegenseitige Verständnis auszuweiten und Erwartungshaltungen abzugleichen. Das entscheidet allerding allein das Team.

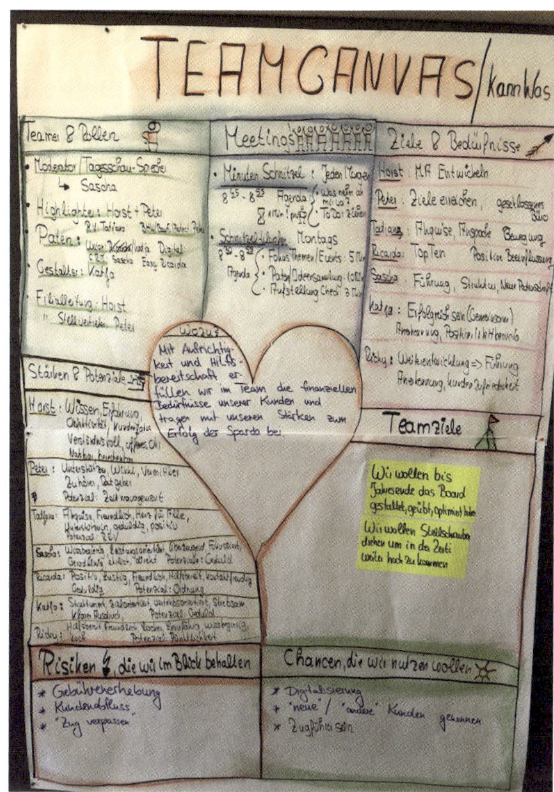

Auch Zeit für eine Feedback-Runde ist gerade am Anfang wichtig, um Vertrauen aufzubauen und einander einschätzen zu lernen.

Welche typischen Hürden gibt es und welche Tipps und Tricks aus der Praxis helfen?

- Auftragsunklarheiten
  Sobald das Team sein Zentrum des Canvas – also „Wozu gibt es uns?" – beantworten soll, kommen oft die Unklarheiten des Teamauftrags ans Licht. Ich nutze dann gern die 30-Fragen-Technik: Das Team überlegt sich innerhalb von fünf bis zehn Minuten 30 Fragen (am effektivsten schreibt jeder auf Post-its, was ihm dazu einfällt). Davon werden die wichtigsten Fragen gemeinsam geclustert und dann eine Klärungsrunde mit dem Auftraggeber einberufen.
- Entscheidungskompetenzen
  Wir unterscheiden drei Stufen der Selbstorganisation. Die Unterscheidung liegt vor allem in der Entscheidungskompetenz der Teams. Auf Stufe eins kann das Team inhaltlich und fachlich selbst bestimmen. Auf Stufe zwei kann es über seine Ziele selbst entscheiden und auf der dritten Stufe über Budget und Personal. Klärt von Anfang an die Stufe der Selbstorganisation.

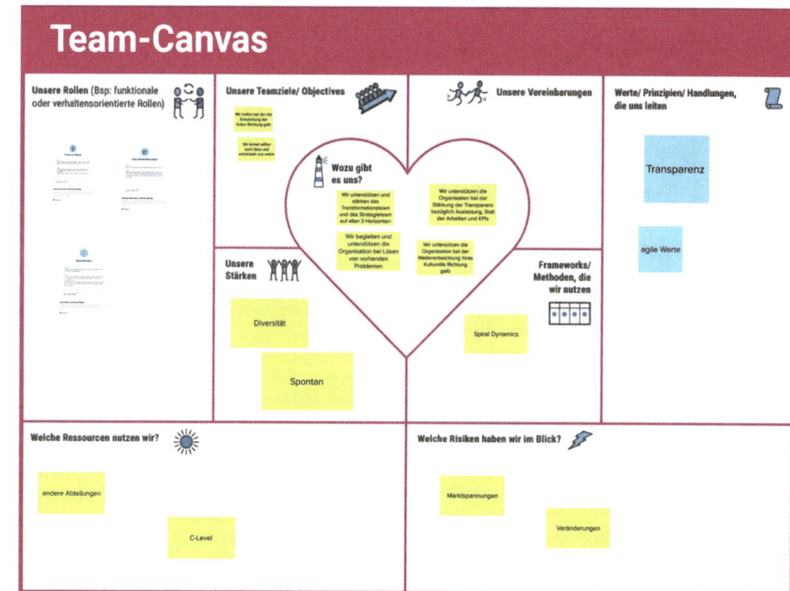

- Rollenchaos
  Damit die Rolleninhaber genau wissen, was ihre Verantwortung ist, und auch das Team die Dos and Don'ts jeder Rolle kennt, bringt ein Rollen-Canvas für jede Rolle die notwenige Klarheit.

Wie funktioniert der Team-Canvas in der Onlinevariante?
Der Team-Canvas funktioniert von der Moderation her ebenso gut in der Onlinevariante, wenn Gruppenräume und ein Kollaborationsboard genutzt werden können. Zum Kennenlernen präferiere ich immer noch eine Präsenzveranstaltung. Doch bei internationalen Teams ist die Remote-Version oft praktikabler.

Team-Set-up-Board

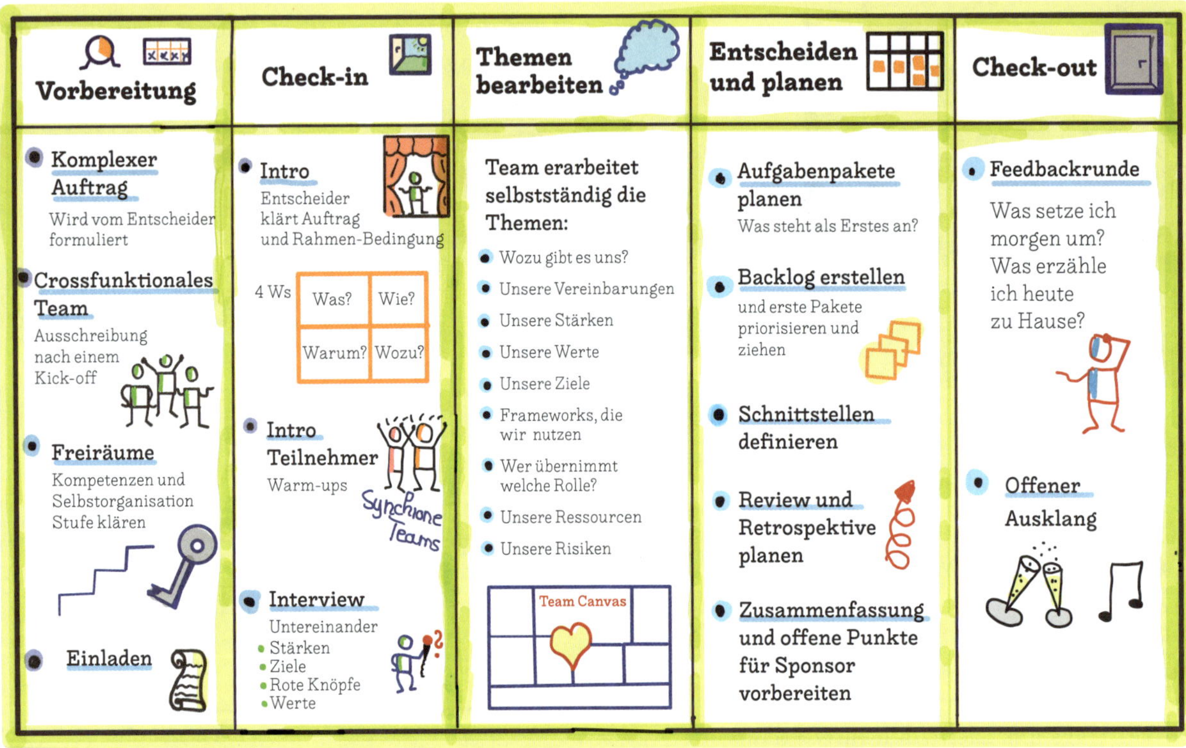

3.6 Rollen-Set-up-Workshop

Was ist ein Rollen-Set-up?

In agilen Teams übernehmen Rollen statt Positionen die Führungsaufgabe.

Dazu braucht es funktionale Rollen, die Führungsfunktionen auf Augenhöhe übernehmen. Entscheidend dabei ist, wie klar und transparent die erforderlichen Rollen beschrieben sind und wie sie gewählt werden. Rolleninhaber wie beispielsweise Scrum Master, Kanban-Owner, OKR-Master, Product Owner, agile Coaches oder auch agile

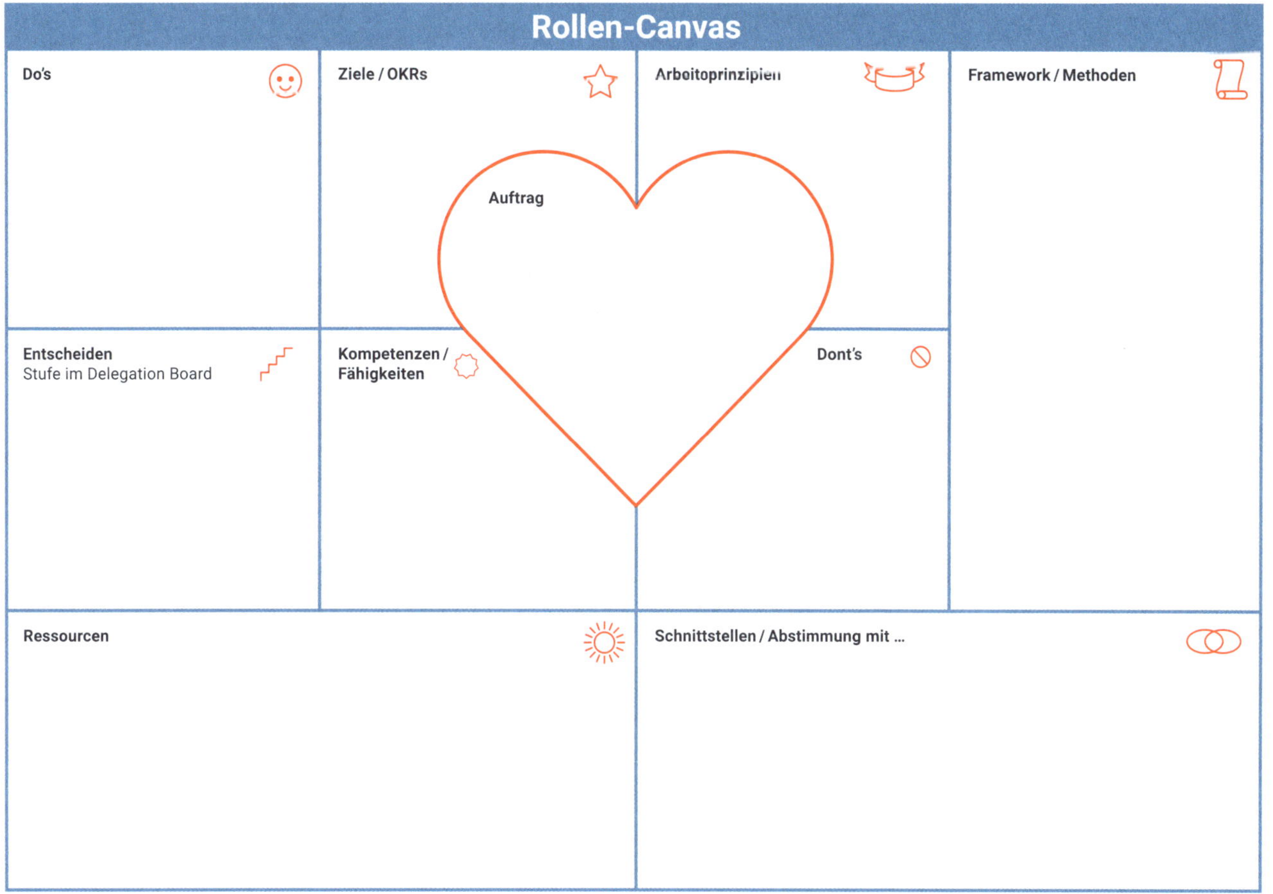

Trainer/Facilitators übernehmen innerhalb und außerhalb der Teams anlassbezogen Verantwortung.

Wozu dient der Rollen-Canvas?
Rollen beinhalten auf einer subtilen Ebene die gesammelten Erwartungen aller Beteiligten an eine Funktion. Sie sollten vor allem auf der Ebene der Wertschöpfung formuliert werden. Der Rollen-Canvas bietet eine Methode, um Erwartungen zu klären und so Enttäuschungen und Missverständnisse zu minimieren. Damit können alle über die Rolle und die verknüpften Erwartungen leichter sprechen und diese sind transparent.

Führung bedeutet, die Richtung zu weisen und Hindernisse aus dem Weg zu räumen. Das heißt, Führung wird nicht an einem bestimmten Verhalten, sondern am Ergebnis festgemacht. Nicht der Stil ist entscheidend, sondern der respektvolle Umgang auf Augenhöhe und die psychologische Sicherheit, die durch die Führung vermittelt und gepflegt wird, sind es. Führung braucht sowohl die Menschen liebende als auch innerlich aufgeräumte Persönlichkeiten. Es gibt funktionale Rollen, welche die Führung für definierte Aufgaben übernehmen, und es gibt temporäre Rollen, die für eine spezifische Situation genutzt werden.

Wir kennen sowohl Teams, die ihre Rollen zu einem bestimmten Prozentsatz (30 bis 50 Prozent, je nach Aufwand des Verantwortungsbereichs) ihrer Arbeitszeit ausführen, als auch „Vollzeitrollen“, die diese Funktion für mehrere Teams übernehmen.

Warum wird der Canvas für die Rollen eingesetzt?
Gerade zu Beginn der Transformation eines Teams gibt es oft Verwirrung über die Aufgaben, Kompetenzen und Verpflichtungen der Rollen. Je klarer das Rolleninhaber und Team definiert haben, desto weniger Missverständnisse und Konflikte entstehen untereinander.

Wie läuft sie ab?
Im Zentrum des Rollen-Canvas steht der Auftrag. Beim agilen Coach könnte beispielsweise der Auftrag lauten: „Der Coach unterstützt das Team und jeden Einzelnen bei der Entwicklung hin zu einem agilen, selbstorganisierten Team. Dabei ist er Vertrauensperson und Sparringspartner, der sowohl stärkend als auch fordernd im Sinne des Kulturwandels handelt.“

1. Dos: Hier stehen die Aufgaben und Verantwortlichkeiten der Rolle.
2. Don’ts: Was soll der Rolleninhaber in keinem Fall tun? Wo sind die Grenzen seines Handelns?
3. Ziele/OKRs: Welche qualitativen Ziele sind mit der Rolle verbunden und was für quantitative Messkriterien werden zur Bewertung herangezogen?
4. Kompetenzen/Fähigkeiten: Welche Fähigkeiten braucht die Rolle? Welche Kompetenzen sind dafür erforderlich?
5. Entscheiden: Auf welcher Stufe im Delegation-Board darf der Rollenträger Entscheidungen treffen?
6. Arbeitsprinzipien: Welche Arbeitsprinzipien charakterisieren sein Tun? Als Coach steht er beispielsweise für Werte und Prinzipien wie Respekt, Selbstverpflichtung, Offenheit und Kommunikation.
7. Frameworks/Methoden: Welche Rahmenwerke und Methoden strukturieren sein Handeln?
8. Ressourcen: Welche Mittel, Kompetenzen, Freiheiten, Kooperationspartner etc. kann der Rolleninhaber nutzen?
9. Schnittstellen: Mit wem soll er sich kontinuierlich abstimmen? Wen muss er informiert halten? Welche Netzwerke pflegt er?

Welche typischen Hürden gibt es und welche Tipps und Tricks aus der Praxis helfen?

- Wie werden die Rollen bestimmt oder gewählt? Geht es hier klassisch zu und die Rollen werden von HR als Stellen beschrieben und besetzt oder gar top-down benannt? Oder entstehen diese funktionalen Rollen vielmehr aus dem Kollektiv heraus, bilden sich dort durch die Stärken aus und werden im Pull gezogen? Ich plädiere je nach Reifegrad für die selbstverantwortliche Wahl aus dem betroffenen Team heraus.
  Erst vor Kurzem durften wir ein Führungsteam zum Thema agile Leadership begleiten und erstellten mit ihm ein Führungsteam-Canvas. Nachdem sie ihren Auftrag als agiles Führungs- und Strategieteam definiert hatten (Wozu gibt es uns?), wählten sie im Team funktionale Rollen, die sie zur Erfüllung des Auftrags und ihrer strategischen Ziele (OKRs) brauchten: Einen Visionär, einen Kanban-Owner, einen Facilitator und

Rollen-Canvas-Board

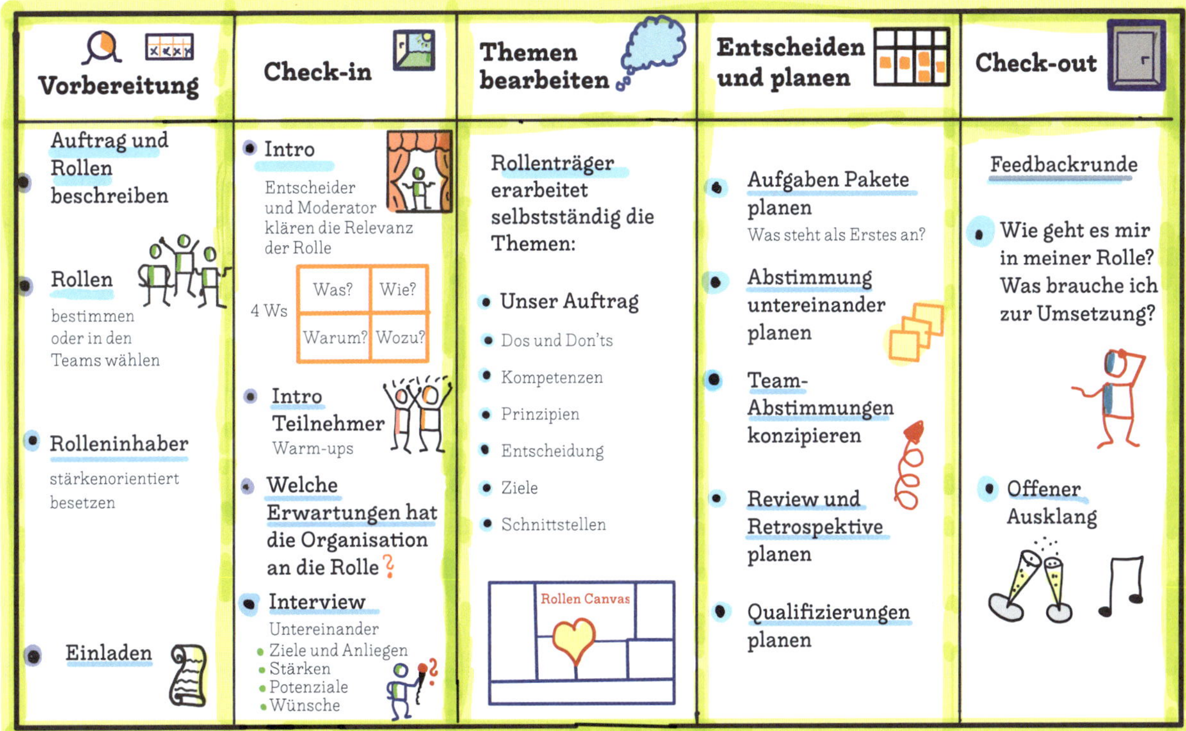

einen OKR-Master wollten sie als Funktion zu 20 bis 30 Prozent der Arbeitszeit des jeweiligen Rolleninhabers benennen.
Zunächst wurde jede der Rollen durch einen Rollen-Canvas genau beschrieben und definiert. Dann wählte das Führungsteam die Rolleninhaber durch eine sogenannte „Wahl aus der Mitte“: Jeder, der sich zu der Rolle berufen fühlte, konnte sich in die Mitte stellen. Gab es mehr als einen Bewerber, tauschten die in der Mitte stehenden Rollenbewerber untereinander ihre Gründe und Argumente für die Rolle aus. Im Falle dieses Teams waren zwei Bewerber pro Rolle sogar sehr willkommen, um eine Vertretung zu gewährleisten. Die Wahl dauerte für alle vier Rollen insgesamt nur zehn Minuten und alle waren mit dem Ergebnis einverstanden.

- Die Position wird in eine Rolle umbenannt: Anstatt etwas zu verändern, wird es umbenannt. Wie oben beschrieben wird die Führungskraft jetzt Product Owner oder Coach, ohne dass die Kompetenz dazu geprüft wird.
- Rollen werden top-down bestimmt: Ohne die Zustimmung des agilen Teams machen top-down vorgegebene Rollen Probleme, wenn die fachliche oder mentale Kompetenz des Rolleninhabers nicht zu der Aufgabe passt oder wenn die Beziehungsgestaltung zum Team misslingt.
- Rollenunklarheiten: Je klarer die Rollen von den operativen Rollen unterschieden werden, desto besser gelingt die rollengebundene Selbstorganisation. Weder der agile Coach noch der OKR-Master dürfen beispielsweise Teil des operativen Teams sein, das sie coachen. Dies gibt massive Rollenkonflikte und ungesunde Vermischungen.

Wie funktioniert ein Rollen-Set-up in der Onlinevariante?
Die Rollenklärung funktioniert von der Moderation her ebenso gut in der Onlinevariante, wenn Gruppenräume und ein Kollaborationsboard genutzt werden können. Bei internationalen Teams ist die Remote-Version oft praktikabler.

3.7 Mindset-Workshops

Was sind Mindset-Workshops?
Ein entscheidender Hebel für jede Veränderung in Richtung Flexibilität und Innovationskraft besteht darin, das Reflexionsniveau und die Beobachtungsfähigkeit der Führungskräfte und Mitarbeiter anzuheben. Ganz besonders wichtig ist, dass an den entscheidenden Stellen Führungskräfte sitzen, die eine ambidexte Führung vertreten können. Ambidextrie bedeutet, mehrere Aspekte zugleich zu verfolgen, also beispielsweise Innovation und Effektivität. Das erfordert Menschen, die Denken in Handlung übersetzen und statt Schwarz-Weiß alle Grautöne dazwischen wahrnehmen können. Es verlangt einen langfristigen und kleinteiligen Prozess, vor allem aber Verantwortliche, die Beschlüsse vorantreiben. Doch nicht nur die Führung, auch alle Mitarbeiter sind in crossfunktionalen und selbstorgansierten Teams in einer anderen Form gefordert, sich einzubringen und Verantwortung zu übernehmen. Das klingt leichter und unbeschwerter, als es tagtäglich zu leben. Eine Mitarbeiterin aus einem agilen Team hat es in unserem Mindset-Workshop treffend formuliert: „Ich kann mich, seit unser Team selbstorganisiert arbeitet, nicht länger in meiner Komfortzone bewegen, sondern muss mich ständig hinterfragen und meine Kompe-

tenzen erweitern. Das ist unbequem, doch das Team ist wie ein Sog für meine eigene Entwicklung, nicht nur beruflich."

Wozu dienen sie?
Schutzräume, um das Mindset zu verändern, können Workshops sein, in denen über die eigenen Überzeugungen, die Haltung und die Werte reflektiert wird, um eine dynamischere Denk- und Handlungslogik anzustreben. Um jedoch ehrlich mit sich selbst zu sein und seine wahren Überzeugungen und Motive aufzudecken, braucht es ein umfassenderes Vertrauen, das weit über Selbstvertrauen hinausgeht. In unzähligen Zusammenkünften betreiben Menschen eine Kommunikationsschau und postulieren Werte, Motive und Überzeugungen, die sozial erwünscht sind. Oft haben wir beobachtet, wie Mitarbeiter bei jeder Meinungsäußerung im Augenwinkel die Führung beobachten und jedes Zucken als Ablehnung oder Bestätigung werten. Ohne die Sicherheit, authentisch sein zu können, werden keine noch so großartig konzipierten Mindset-Workshops etwas bewirken. Doch wenn die Basis stimmt, könnt ihr genau den richtigen Schutzraum bieten, um euch Zeit zu nehmen für eine reflektierende Innenschau und mentale Ausrichtung als Basis jeder Veränderung. Diese Vertrauensbasis in sich selbst, ins Team und in die Organisation ist das Fundament, um bestehende Grundannahmen aufzudecken, zu hinterfragen und neue Impulse zu setzen.

Warum werden Mindset-Workshops eingesetzt?
Ein Mindset lässt sich nicht per Entscheid einführen, aber das Top-Management kann Reflexionsräume bieten und damit den Rahmen schaffen. Es kann mit gutem Beispiel voranschreiten, ein Selbstverständnis als lernendes, ambidextes Unternehmen ausrufen und Reflexion vorleben. Dazu gehören ein Bekenntnis zu Nichtwissen und ein entspannter Umgang mit Fehlern und Irrtümern.

Wie laufen sie ab?
Wir richten uns gern an dem Mindset nach Carol Dweck aus. Die Stanford-Professorin beschreibt sehr treffend die Unterschiede zwischen einem statischen und einem dynamischen Mindset. In Führungsworkshops beispielsweise nutzen wir auch gern Aufstellungen zu typischen Denk- und Handlungslogiken der herkömmlichen Führung versus agiler Führung. Metaphern eignen sich besonders gut, um die innere Haltung dazu zu veranschaulichen.

Je nach Thema und Ausgangslage konzipieren wir Mindset-Workshops und Coachings passgenau. Sie sind zu vielfältig, um hierfür ein Muster zu entwickeln. Doch exemplarisch möchten wir einen Workshop zum Führungs-Mindset beschreiben:

Dazu überzeichnen wir die typischen Denk- und Handlungsweisen der herkömmlichen Wasserfall-Führung anhand von Metaphern und Merkmalen und stellen die agilen Führungsansätze gegenüber. Die Teilnehmenden können sich dann zwischen diesen beiden Polen in ihrer Selbsteinschätzung skalieren: Wo stehe ich zurzeit? Was würden auch meine Mitarbeiter an meinen Handlungen erkennen?

Lasst hierbei unbedingt ein Fremdbild einfließen, mit dem die Mitarbeiter oder Kollegen die Einschätzung korrigieren!

Anschließend soll jeder Teilnehmer einordnen, wohin er sich entwickeln möchte und was sein Team auch in Zukunft von der Führung erwartet und wünscht.

Dann könnt ihr empfehlen, dass sich die Führungskräfte im Peer-Coaching zusammenfinden, um sich in der Weiterentwicklung gegenseitig zu supervisieren.

Wenn ihr diesen Workshop mit einem Führungsteam macht, könnt ihr nach der Selbsteinschätzung optimal die Fremdeinschätzungen transparent machen und dann nicht

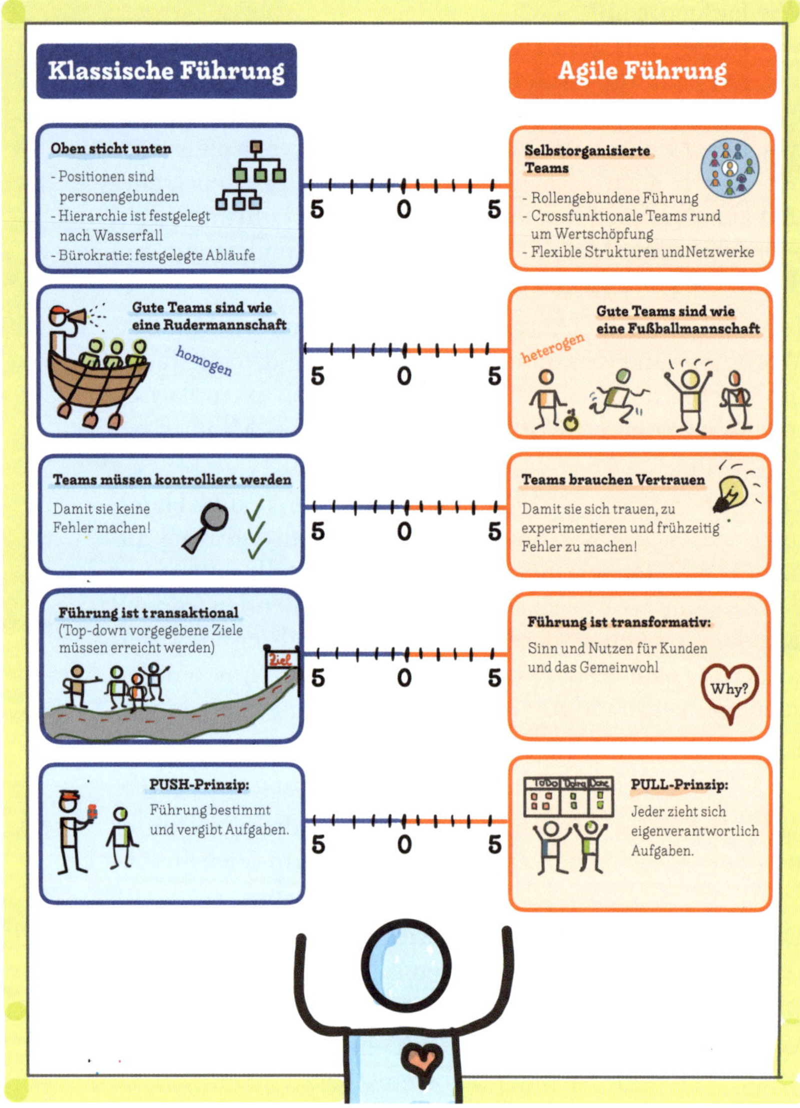

nur für jedes Individuum, sondern auch fürs gesamte Team die Entwicklungsziele herausarbeiten.

Welche typischen Hürden gibt es?
Bei Inhouse-Veranstaltungen sind die Hürden oft die oben beschriebene Pseudooffenheit und die Abgrenzung vom Daily Business. In offenen Workshops ist die Anonymität ein großer Vorteil, denn keiner muss seine typische und vertraute Rolle spielen. Dafür fehlen hier das Fremdbild der Kollegen und die Vertrautheit in der Gruppe. Nicht zufällig ist der dritte Tag bei Trainern berühmt-berüchtigt: Hier treten in den Gruppen meistens erste Konfliktdynamiken auf oder Teilnehmer offenbaren eigene Schwierigkeiten. Dies geschieht erst dann, wenn ein gewisses Grundsicherheitsgefühl gegenüber der Gruppe und den Moderatoren aufgebaut ist.

Der Trainer braucht bei Mindset-Themen nicht nur viel Erfahrung, sondern auch gutes psychologisches Wissen und Coaching-Kompetenz.

Welche Tipps und Tricks aus der Praxis helfen?
Je authentischer und reflektierter der Trainer selbst ist, desto wirksamer wird er zur Reflexion anregen können. „Walk what you talk“ ist gefragt. Wir fördern in unserem Trainerteam beispielsweise einen fehlerfreudigen Umgang miteinander und reden gern mit einem Augenzwinkern über unsere Unzulänglichkeiten. Außerdem stellen wir unsere Ansichten und Herangehensweisen konsequent infrage und sind offen für neue Weg. Doch auch diese Annahme hinterfrage ich gerade, während ich sie hier schreibe. Ist das wirklich so?

Reflexionsfreude und Infragestellen des Status quo erfordern beständiges Arbeiten an sich selbst und an der Zusammenarbeit. Das muss man wirklich wollen und es pflegen.

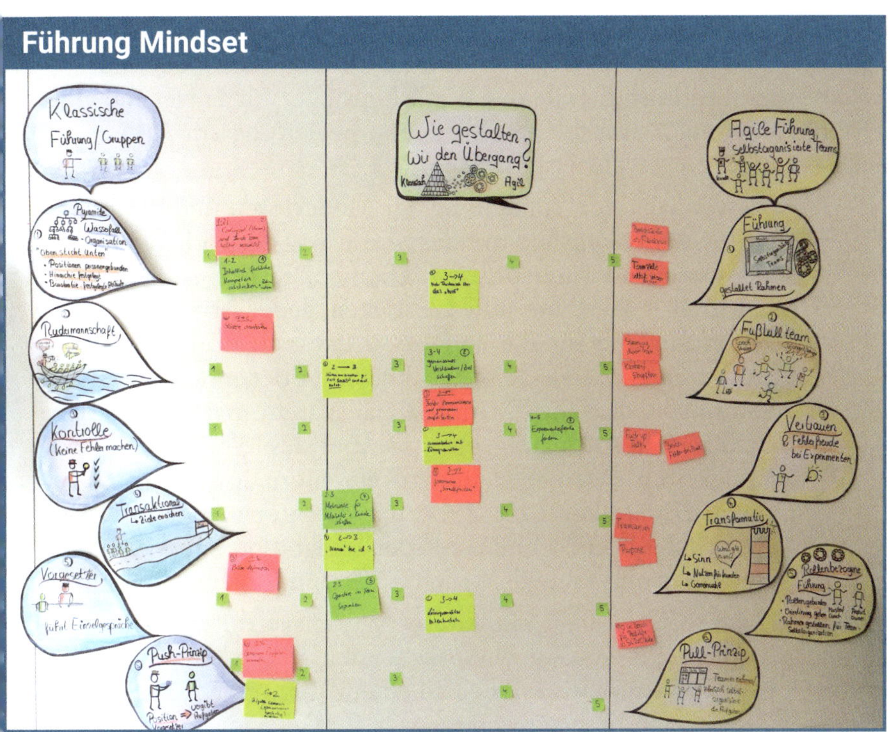

Wie funktionieren Mindset-Workshops in der Onlinevariante?
Solange es keine eskalierenden Konflikte gibt oder sehr bedürftige Teilnehmer, gelingen Mindset-Workshops ebenso gut in der Onlinevariante. Erst kürzlich haben wir zu zweit ein 14-köpfiges Führungsteam zum agilen Mindset online moderiert, was zu bahnbrechenden Veränderungen der Führungskultur geführt hat. Zum richtigen Zeitpunkt und mit den richtigen Teilnehmern können zwei Tage der Gamechanger sein.

3.8 Kompetenzentwicklungen

Was sind Workshops zur Kompetenzentwicklung?
Neben dem Mindset ist die Kompetenzentwicklung in agilen Organisationen ein noch wichtigeres und intensiveres Unterfangen als in klassischen Organisationen. Das liegt zum einen an den vielen agilen Frameworks, Methoden und Praktiken und zum anderen an den ständig wechselnden Rollen und Anforderungen an jeden Einzelnen. Schluss mit den Routineaufgaben, denn die werden mehr und mehr digitalisiert. Goodbye Arbeitsplatzbeschreibungen, die fast ein Leben lang gelten, denn auch diese ändern sich mindestens jährlich. Stattdessen lebenslanges Lernen und Flexibilität im eigenen Handeln. Dazu brauchen wir auch neue und effektive Wege der Befähigung und Lernbegleitung, denn je dynamischer das Mindset, desto schneller arbeiten sich Menschen in neue Tätigkeitsfelder ein, sofern sie ihren Interessen und Stärken entsprechen.

Wozu dienen sie?
Kompetenzentwicklungen wurden oftmals von der Personalentwicklung geplant und jahrzehntelang in gleicher Art und Weise umgesetzt, weil es zur Karriereleiter dazugehörte oder weil diese Kompetenz die Voraussetzung für die nächste Beförderung darstellte. In Zukunft werden Kompetenzen dann trainiert, wenn sie gebraucht werden. Wir werden immer öfter zur Moderation von Innovationen in Organisationen beauftragt, bei denen wir die dafür erforderlichen Kompetenzen (agile Prinzipien, crossfunk-

tionale Zusammenarbeit, Design Thinking, Kanban …) sozusagen neben dem eigentlichen Auftrag der Innovation vermitteln. Das birgt den riesigen Vorteil, diese Kompetenzen direkt anwenden zu können und in der Praxis zu erlernen. Die Verankerung und Motivation des Lernens ist unvergleichlich höher und nachhaltiger. Auch bei unseren Ausbildungen agiler Coaches oder Moderatoren empfehlen wir, diese direkt in der Organisation als Kernteam für Transformationen während der Ausbildung einzusetzen und das Gelernte direkt in der Praxis anzuwenden bzw. die erforderliche Transformation iterativ anzugehen und die Kompetenzen dazu „by the way" zu vermitteln.

Warum werden Workshops zur Kompetenzentwicklung eingesetzt?

Es ist sinnvoller, die richtigen Menschen an Bord zu haben als die richtigen Fachkompetenzen, sprich: Wenn das Mindset und die Motivation hinsichtlich der Anforderungen und der Ausrichtung stimmen, sind die Kompetenzen erlernbar und weiterentwickelbar. Workshops können ein guter Initiator sein und bedarfsgerechte Kompetenzen vermitteln und ein gemeinsames Verständnis für Themen schaffen. In der Begleitung am Arbeitsplatz mit anschließender Reflexion und Vertiefung des Gelernten können sie dann am effektivsten in die tägliche Praxis transferiert werden.

Wie laufen sie ab?

Startet immer mit einer guten Bedarfsanalyse. Welche Kompetenzen sind vorhanden und welche fehlen noch? Wie ist der Wissensstand der Teilnehmer und für welche Praxisfälle werden die neuen Fähigkeiten gebraucht? Je anwendungsintensiver und passgenauer ihr die Themen vermittelt und übt, desto nachhaltiger ist das Training.

Je nach erforderlichen Fähigkeiten ist es ratsam, sich externe oder interne Experten mit an Bord zu holen, entweder für bestimmte Teile des Workshops oder für Fragerunden oder auch, um die anschließende Begleitung am Arbeitsplatz zu gewährleisten.

Startet nach der Vorstellung der Modertoren und der Experten den Workshop mit der Skalierung der vorhandenen Kompetenzen rund um die Themen. Keiner sollte den Eindruck haben, bei null zu starten. Jeder bringt Fähigkeiten ein, die für die anderen interessant und hilfreich sein können. Lasst alle die Fähigkeiten benennen, die sie einbringen, und ihre Lernziele transparent machen. Klärt auch gleich zu Beginn, dass das Ziel des Workshops ist, Fähigkeiten aufzuladen und zu erweitern sowie sich darin auszutauschen bzw. Expertenwissen anzueignen. Das eigentliche Lernen findet bei der Integration am Arbeitsplatz statt und sollte dort auch zu Beginn begleitet werden.

Nach jeder kleinen Einheit der Wissensvermittlung sollte diese direkt an den entsprechenden Fällen angewendet werden. Alternativ können an einem konkreten Fall die jeweils erforderlichen Kompetenzen für den nächsten Schritt direkt vermittelt und eingesetzt werden.

Lasst Kleingruppen in kurzen Zeitintervallen Prototypen für die Praxis erstellen und vorführen. Anhand dieses Vorgehens wird die Experimentier- und Fehlerfreude trainiert, denn der Begriff Prototyp implementiert schon Unvollkommenheit und regt zu Experimenten an.

Zum Ausstieg lasst die Kompetenzen wieder skalieren und reflektiert gemeinsam die Learnings. Wichtig ist die anschließende Begleitung in der Umsetzung, damit sich keine chronischen Fehler oder Missinterpretationen festfahren.

Welche typischen Hürden gibt es?
Je nach Kultur sind fehlende Kompetenzen oder Unterschiede in Tempo und Art des Lernens schambesetzt. Manchen fällt es schlichtweg schwer, zuzugeben, wenn sie etwas nicht verstehen oder langsamer lernen als andere. Als Trainer ist es deswegen sehr wichtig, die unterschiedlichen Lernkanäle (visuell, auditiv, kinästhetisch) zu bedienen und Inhalte didaktisch sinnvoll aufzubauen.

Welche Tipps und Tricks aus der Praxis helfen?

- Sorgt für ganzheitliches Lernen mit allen Sinneskanälen. Die wenigsten Menschen lernen am besten durch Vorträge, viel mehr lässt sich durch gute Visualisierungen und vor allem Geschichten und Metaphern verstehen und verankern.
- Lasst PowerPoint-Schlachten weg und arbeitet interaktiv. Jede Lernerfahrung, in der selbst geschrieben, durchdacht und ausprobiert wird, ist um ein Vielfaches intensiver als der klassische Vortrag.
- Training on the Job ist zur Anwendung und Vertiefung von neu Gelerntem das Mittel der Wahl.

Wie funktionieren Kompetenzworkshops in der Onlinevariante?
Kompetenzworkshops funktionieren in der Onlinevariante genauso gut wie in Präsenz. Sie sind sogar prädestiniert für die Onlinedurchführung, weil es ja weniger um Interaktionen zwischen den Teilnehmern, sondern um Vermittlung von Wissen geht. Beachtet auch Online die Lernkanäle.

Folgende **Tipps** helfen gerade bei Online für guten Lerntransfer:

- Visualisiert auf einem Board statt PowerPoint und nutzt unterschiedliche Visualisierungen
- Erzählt viele Praktischen Beispiele oder Geschichten zum Thema
- Sorgt nach 5 Minuten Input für eine Interaktion durch Voting, Fragerunde, Breakout Session, Markierungen, Reaktionsabfragen etc.
- Lasst nach jeder Vermittlungseinheit eine Transferaufgabe dazu lösen

Kompetenzworkshop-Board

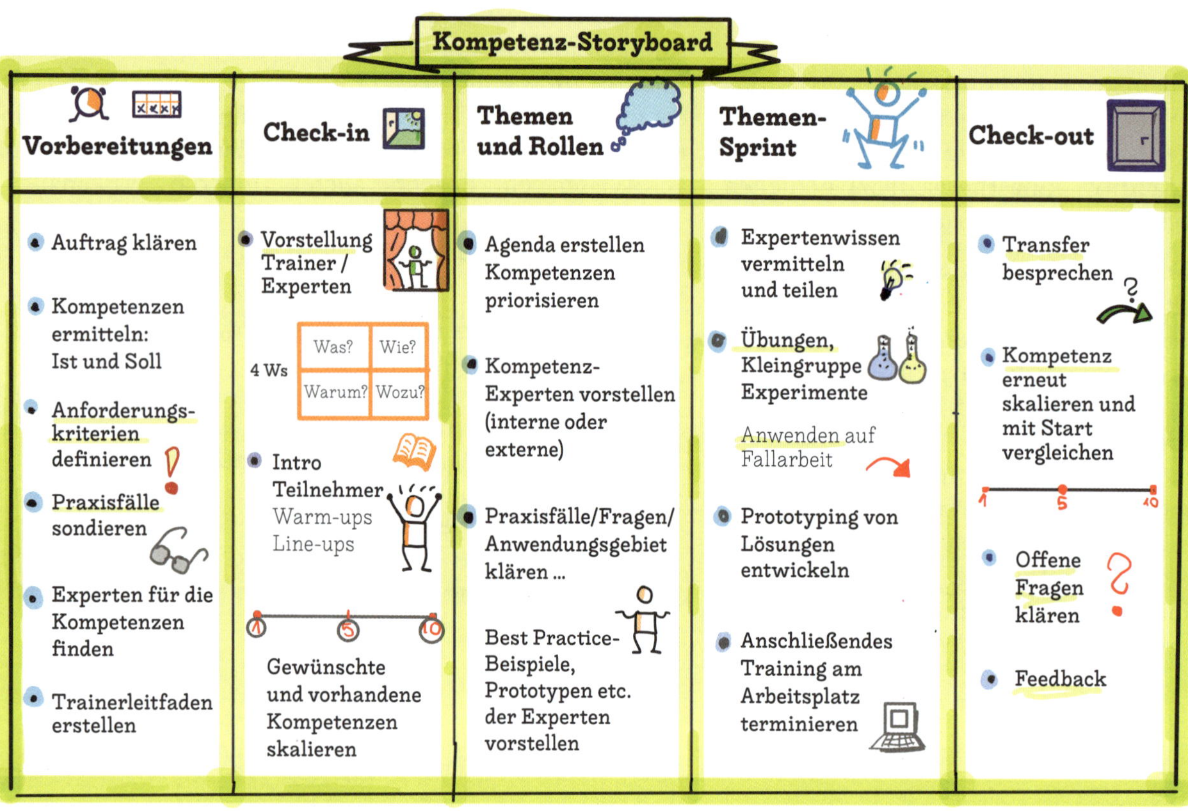

3.9 Design-Thinking-Prozess

Was ist ein Design Thinking Sprint?

Ein Design Thinking Sprint ist die verkürzte Form eines Design-Thinking-Prozesses, wie er beispielsweise von Google kontinuierlich genutzt wird, um neue Produkte oder Dienstleistungen zu entwickeln oder bestehende zu verbessern. Es ist ein systematischer Prozess zur Lösung komplexer Aufgaben. Die Nutzerwünsche und -bedürfnisse sowie kundenorientiertes Erleben stehen konsequent im Zentrum. Der strukturierte Prozess hilft allen Beteiligten dabei, neue Angebote und Prozesse aus der Sicht des Anwenders zu entwickeln, die weit über den Tellerrand des üblichen Denkens hinausschauen.

Je nach Auftrag nutzen wir den Design-Thinking-Prozess (siehe Abbildung) zum Sprint in 5-9 Tagen oder die strukturiertere Form nach Jake Knapp in 4-5 Tagen. Im Vergleich zum Design Thinking ist der Design Sprint nach Jake Knapp für jeden Tag konkret strukturiert. Er ist für eine 5-Tage- und eine 4-Tage-Variante beschrieben. Wir ergänzen am 1. Tag immer noch ein Team Set-up mit dem Teamcanvas. Das hilft dem nachfolgenden Prozess unserer Erfahrung nach ungemein.

Wozu dient Design Thinking?

Design Thinking ist wie alle agilen Frameworks nicht nur eine Methode, sondern eine Philosophie an sich. Allein schon die Denk- und Handlungsweisen fördern den innovativen Teamgeist und helfen Teams, Herausforderungen und Interaktionen anders zu betrachten. Neben der hohen Kundenzentrierung trainieren die Methoden und Prinzipien Beobachtungsgabe, Empathie und Kreativität. Für uns ist Service Design Thinking das optimale Framework für Innovationen und die Optimierung aller Abläufe und

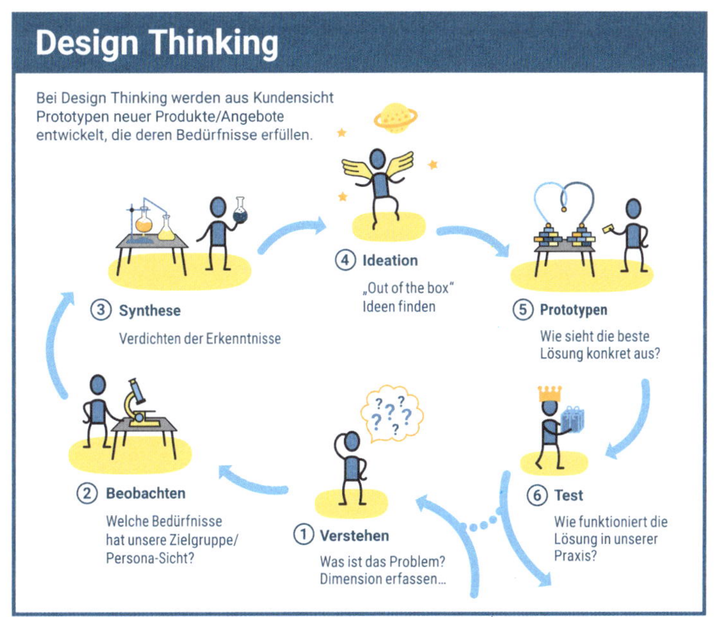

Services in Vertrieb, Marketing, Produktion, Logistik etc. Design Sprints nach Jake Knapp setzen wir für konkrete Produkt- oder Prozessentwicklungen ein, die einen schnellen und fokussierten Outcome erfordern.

Warum wird Design Thinking eingesetzt?

Durch den Prozess lernen Menschen, neu zu denken und zu handeln. Unabhängig von dem direkten Return on Investment oder der Erwartung, sofort bahnbrechende Idee zu entwerfen, sollte jedes Team diese Methoden kennenlernen und nutzen, um einen innovativen Geist zu implementieren und das Mindset zu stretchen.

Das Framework Service Design Thinking bietet Methoden für neue und zusätzliche Services ebenso wie für Optimierungen bestehender Dienste. Neben der Innovation führt es bei allen Beteiligten zu einer konsequenten Kundenfokussierung. Die bestehenden Angebote und Abläufe werden neu betrachtet und bewertet.

Wenn wir die Methode in Unternehmen mit agilen, crossfunktionalen Teams anwenden, erzielen wir in kürzester Zeit innovative und zündende Ideen und Prototypen. Das macht allen Beteiligten nicht nur jede Menge Spaß, sondern bringt das Unternehmen tatkräftig voran.

Wie läuft Design Thinking ab?

Folgende sechs Phasen werden unterschieden. Für jede Phase gibt es eine Vielzahl von Methoden und Techniken.

1. **Verstehen:** Zu Beginn geht es darum, das Problem in seinen Dimensionen zu erfassen und genau zu verstehen. Folgendes wird recherchiert: Was genau ist das Problem? Welche Bereiche sind davon betroffen? Wie wirkt sich das worauf aus? Welches sind die Hintergründe? Warum gibt es das Thema?
2. **Beobachten:** Anschließend wird aus Nutzersicht das Thema erforscht. Dazu werden Personas entwickelt, das sind Prototypen für typische Nutzer. Wichtig ist, diese emotional zu verstehen und ihnen einen Namen und ein Gesicht zu geben. Was sieht, tut, denkt und fühlt Lisa, wenn sie die Kontaktnummer zum Kundenservice auf der Website sucht? Welche Schmerzen und welche Gewinne erfährt sie dabei? Aufwendig, aber valide, sind Interviews mit realen Nutzern in ihrem Alltag, die dann empirisch ausgewertet werden.
3. **Synthese:** Nach der Beobachtung wird entschieden, welches Problem gelöst werden soll. Dazu werden die gesammelten Informationen und Eindrücke im Team visualisiert und interpretiert. In der Synthese werden die Erkenntnisse verdichtet und die Design-Challenge-Frage formuliert. Die Frage wird als Userstory mit den Akzeptanzkriterien formuliert: Lisa findet auf der Website von jedem Ort aus nach spätestens zwei Klicks das Kontaktfeld zum Kundenservice. Auf dem Weg dorthin werden die meisten ihrer Fragen bereits beantwortet.
4. **Ideen finden:** In der Ideenphase sammelt das Team möglichst viele neue Ideen für den Nutzer. Dazu wird eine Vielzahl von Techniken wie die sechs Hüte, Brainwriting, Flip-Flop-Technik, Walt-Disney-Methode, Analogietechnik, Kopfstandmethode etc. genutzt.

Lego® Serious Play®

5. **Prototyping:** Die Ideen werden iterativ im Team in Form eines Prototypen „hands-on" erstellt. Dabei wird gebastelt, gezeichnet und durch Rollenspiele die Idee erlebbar gemacht. So können frühzeitig Fehlschläge erkannt und behoben werden. Das funktioniert online auch hervorragend mit den entsprechenden Plattformen.
6. **Testing:** Der Prototyp wird getestet und ein Feedback von Nutzern und Stakeholdern eingeholt. Die Feedback-Schleifen dienen der Verbesserung durch Fehlerkorrekturen und neue Ideen.

Der Prototyp muss die Kriterien technologische Machbarkeit, wirtschaftliche Tragfähigkeit und menschliche Erwünschtheit erfüllen.

Welche typischen Hürden gibt es und welche Tipps und Tricks aus der Praxis helfen?

- Das tägliche Geschäft: Welches Team kann sich über eine Woche Zeit nehmen, um einen ausführlichen DT-Prozess zu durchlaufen, ohne die Garantie eines nützlichen Ergebnisses und eines „Return on Investment"? Ich bin ein Fan von integrierbaren und kürzeren Zeitintervallen. Oftmals reichen zwei bis drei Tage Design Sprints oder regelmäßige Meetings crossfunktionaler Innovationsteams.
- Keine neuen Ideen: Gerade bei Mitarbeitern, die schon lange dabei sind, kommen oft keine wirklich neuen Ideen heraus. Deswegen ist es wichtig, die Bereiche zu mischen oder Externe wie Studenten oder völlig fachfremde Personen dazu einzuladen.
- Für die Mitarbeiter erweist es sich als äußerst schwierig, zwischen Hypothesen und Realitäten zu unterscheiden. Gerade im Vertrieb oder im Service filtern die Mitarbeiter ihre Eindrücke und Wertungen über Kunden durch Emotionen. Je schwieriger für den Mitarbeiter ein Kunde oder das Kundenanliegen ist, desto mehr bleibt der Kontakt in Erinnerung. Die einfachen Kundenanliegen kommen entweder dank Automatisierung gar nicht beim Mitarbeiter an oder sie bleiben nicht haften. Insofern ist es bei der Bewertung aus Kundensicht sehr wichtig, mit validierten Primärkunden zu arbeiten. Sonst besteht die Neigung, Prozesse aus der Sicht eines Kundentypus zu betrachten, der für den Mitarbeiter emotional hervorstechend, aber keinesfalls repräsentativ ist. Als weiteres

Hindernis erlebe ich die Betriebsblindheit. Je länger die Zugehörigkeit zum Bereich, desto weniger neue Ideen und Perspektiven produzieren die Teams. Mischt also erfahrene und neue Mitarbeiter, bringt externe Sicht ein und sorgt für eine interdisziplinäre Mischung der Teilnehmer.

Wie funktionieren Design Sprints in der Onlinevariante? Auch remote funktionieren Design-Prozesse erstaunlich gut mit den entsprechenden Hilfsmitteln. Selbst mit Lego kann mit entsprechender Kamera gebaut werden. Wir nutzen gern die freie Version von SAP „Scenes". Die Figuren und Bauteile könnt ihr zum Bauen eines Prototyps auf einem Kollaborationsboard zur Verfügung stellen.

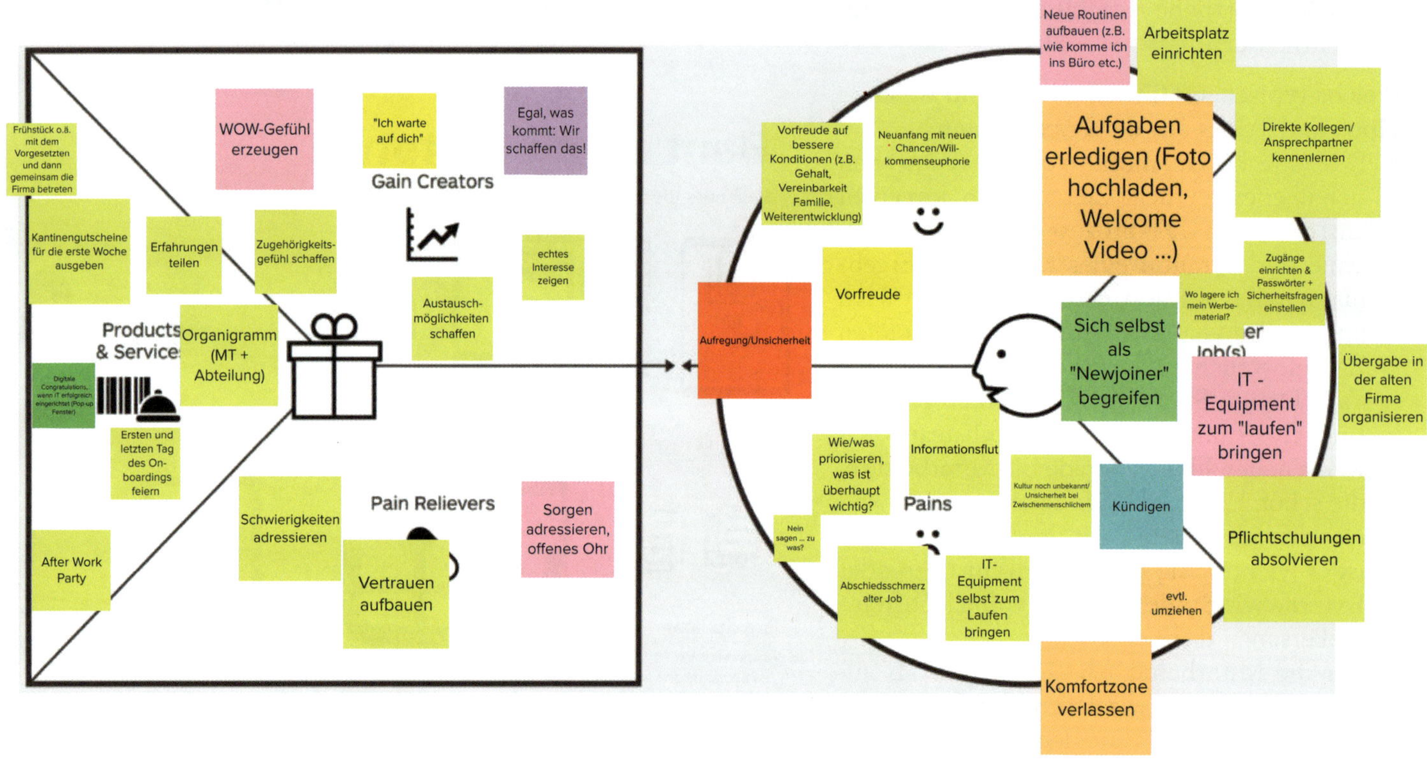

Design Thinking Sprint Board

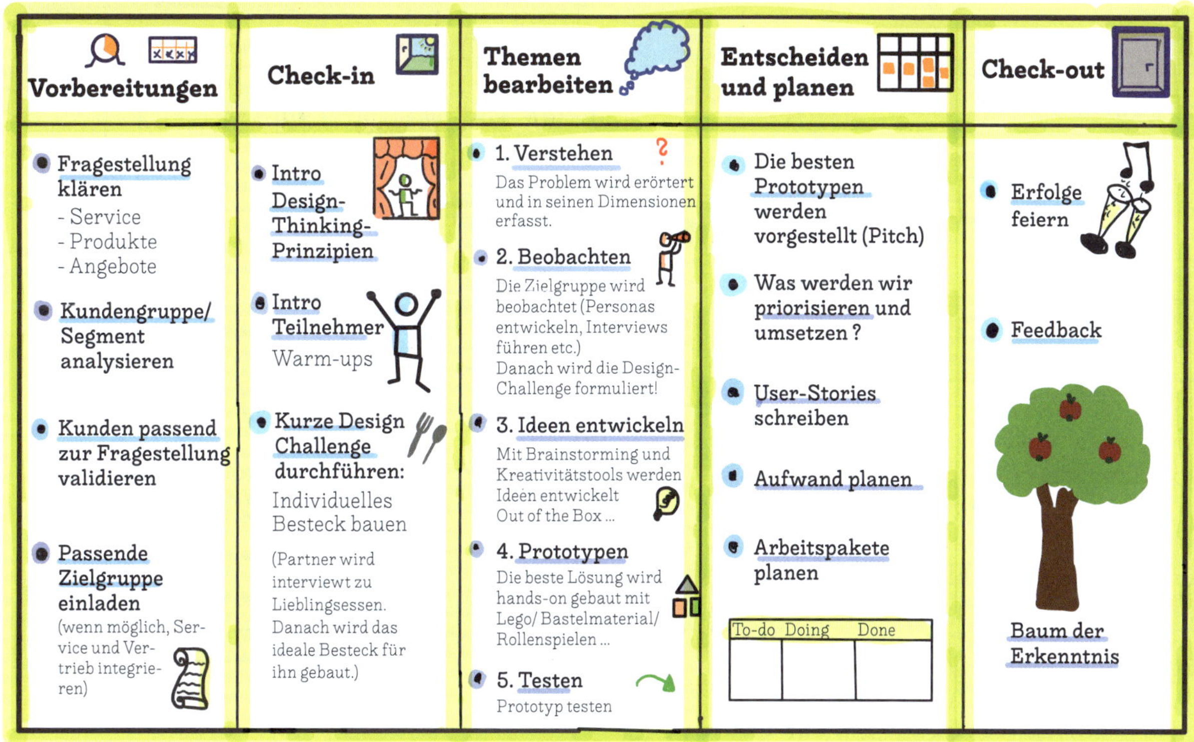

3.10 Persona erstellen

Was sind Personas?

Eine Persona ist eine fiktive charakteristische Person, die eine typische Kundengruppe repräsentiert. Es gibt validierte Personas, die anhand empirischer Daten analysiert, geclustert und beschrieben, oder fiktive Personas, die von den Mitarbeitern selbst aufgrund der Erfahrungen mit den Kunden ausgewählt und beschrieben werden.

Wozu dienen Personas?

Für uns gehören Personas in jede Organisation. Sie helfen bei der Betrachtung und Entwicklung von Angeboten, bei Meetings oder bei der Entwicklung neuer Ideen. Wenn eine Persona wirklich gut erstellt und integriert ist, dann spricht das Team automatisch von Klaus, Lisa oder Walter,

Persona

- Name ______ • Arbeitgeber ______
- Beruf ______ • Alter ______
- Familienstand ______ • Wohnort ______

- Hobbys ______
- Lebensmotto ______
- Typischer Satz ______
- Berufliche Ziele ______
- Persönliche Ziele ______

wenn es um die Kundensicht auf etwas geht. Einige Unternehmen nutzen Personas sogar in Meetings: Ein Stuhl ist für die Persona-Sicht reserviert, bei wichtigen Entscheidungen nimmt ein Mitarbeiter als Stellvertreter die Sicht des Kunden ein, indem er sich auf den Stuhl setzt und dessen Meinung formuliert.

Warum werden Personas eingesetzt?

Personas haben eine Menge positiver Effekte: konsequente Kundenorientierung, Perspektivenwechsel und gemeinsam fokussiertes Denken auf ein Ziel hin, nämlich das Verständnis für den Kunden und für ihn nützlich zu sein.

Wie läuft es ab?

1. Wählt eine Frage, ein Anliegen oder einen Berührungspunkt des Kunden gegenüber dem Service aus.
2. Greift die betroffene typische Kundengruppe heraus.
3. Erstellt einen Steckbrief für die Kundengruppe. Dazu überlegt das Team oder eine Kleingruppe von drei bis fünf Teilnehmern gemeinsam die Antworten zu typischen Fragen und Themen dieser Persona. Zum einen

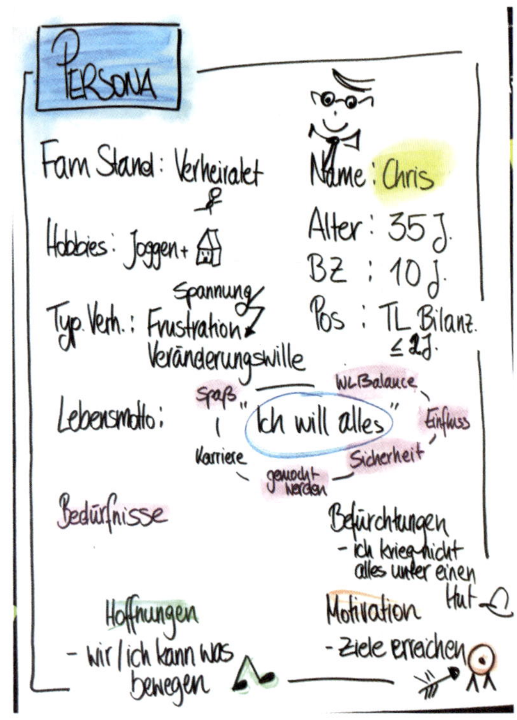

werden faktische Antworten gegeben zu Fragen wie Name, Alter, Beruf, Familienstand, Wohnort, Automarke, Mediennutzung, Dienstalter etc. Zum anderen werden persönliche Fragen beantwortet wie Lebensmotto, berufliche Ziele, persönliche Ziele, Werte und Motive, Wünsche, Aversionen und dergleichen.
4. Für jede relevante Kundengruppe wird eine eigene charakteristische Persona erstellt.
5. Stellt die Persona anderen Kollegen vor und bittet sie um deren Feedback. Ist die Persona wirklich realistisch? Entspricht sie dem typischen Kunden?

6. Mit der fertigen Persona könnt ihr diverse Fragen aus Kundensicht beleuchten.
7. Auch in Meetings oder Workshops sind Personas willkommene Teilnehmer. Dazu stelle ich gern einen Stuhl mit in die Runde oder nehme einen Persona-Avatar mit ins Onlinemeeting und frage die Beteiligten immer wieder nach der Kundensicht.

Welche typischen Hürden gibt es und welche Tipps und Tricks aus der Praxis helfen?
Bei fiktiven Personas ist es entscheidend, eine passgenaue und relevante Kundengruppe für die Frage auszuwählen. Viele Teams beschreiben zunächst Klischees von Kunden anstatt der realistischen Mehrheit. Klischees merken sich die meisten Menschen einfach besser und der „Norm-Kunde" geht in der Erinnerung unter. Ich hinterfrage die Personas, die den Teams zuerst einfallen, konsequent oder

Persona-Workshop-Board

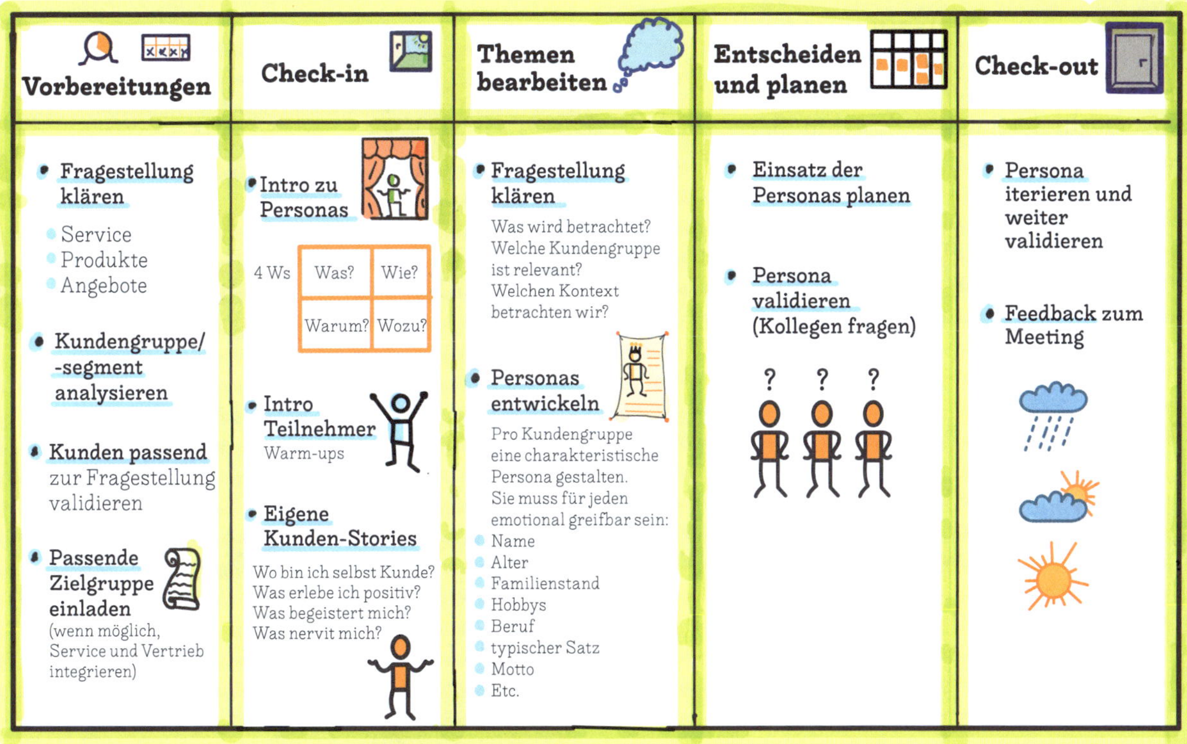

lasse zuerst validierte Daten aus dem CRM oder Marketing analysieren.

3.11 Empathy Map

Was ist eine Empathy Map?
Die Empathy Map eignet sich sehr gut für eine schnelle, sinnspezifische Bewertung und die Betrachtung eines Angebots oder einer Dienstleistung. Sie funktioniert wesentlich schneller als eine Customer Journey und genügt, um die emotionale Wirkung eines Touchpoints auf einen Kundentyp zu ergründen. Dazu versetzen sich unterschiedliche Mitarbeiter eures Unternehmens in den potenziellen Kunden hinein und schauen auf die Sinneswahrnehmungen (Denken, Sehen, Hören, Tun und Fühlen) der Persona.

Wozu dient eine Empathy Map?
Eine Empathy Map dient der Verbesserung des Kundenverständnisses. Der Kunde wird nicht nur verstanden, sondern wir fühlen uns in ihn hinein, werden auf allen Sinneskanälen zum Kunden und betrachten die Welt mit seinen Empfindungen.

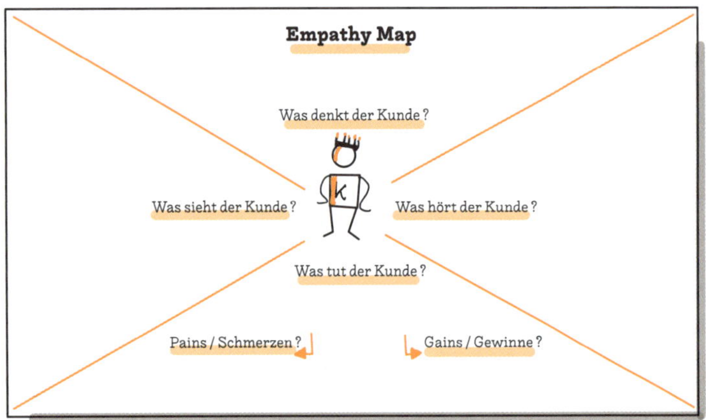

Warum wird eine Empathy Map genutzt?
Die Erstellung einer Empathy Map erzeugt bei Teams einen schnellen und prägnanten Eindruck über die Wahrnehmung und Emotionen des Kunden. Wir setzen sie bei Teams oft zur Bewertung der Kontaktpunkte, zur Optimierung neuer Angebote oder zur Reflexion ein. Außerdem bereitet diese Arbeitsweise jede Menge Spaß und bringt effektive Erkenntnisse.

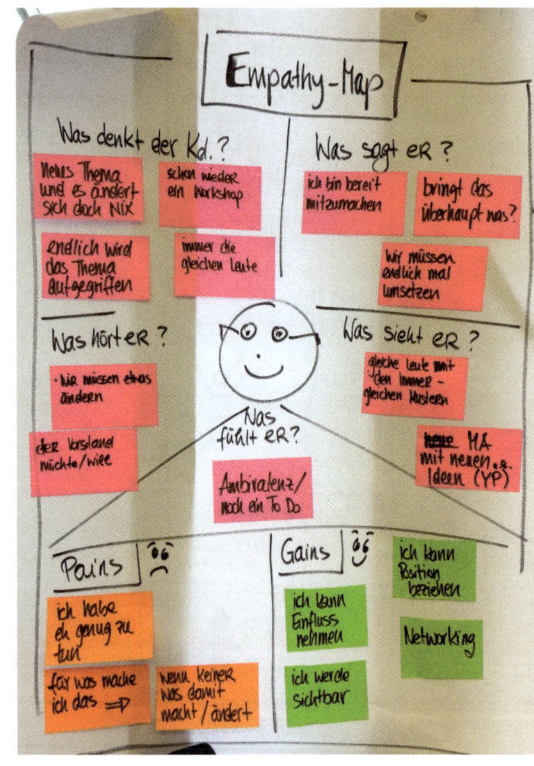

Wie läuft sie ab?

1. Erst wird wie oben beschrieben eine Persona für die passgenaue Kundengruppe erstellt.
2. Dann wird die Persona in eine konkrete Situation gebracht.
3. Erlebt diese Situation mit dem Team ganz aus Sicht des Kunden mit allen Sinneskanälen der Persona. Jeder schreibt für jeden Kanal seine Assoziationen aus der Persona-Sicht auf Notizzettel und klebt diese auf die Empathy Map (siehe Foto auf S. 187):
   – Was sieht der Kunde?
   – Was hört er?
   – Was denkt er?
   – Was fühlt und tut er?
   – Welche Schmerzpunkte bzw. Pains hat er?
   – Welche Gewinne bzw. Gains hat er?

Empathy-Workshop-Board

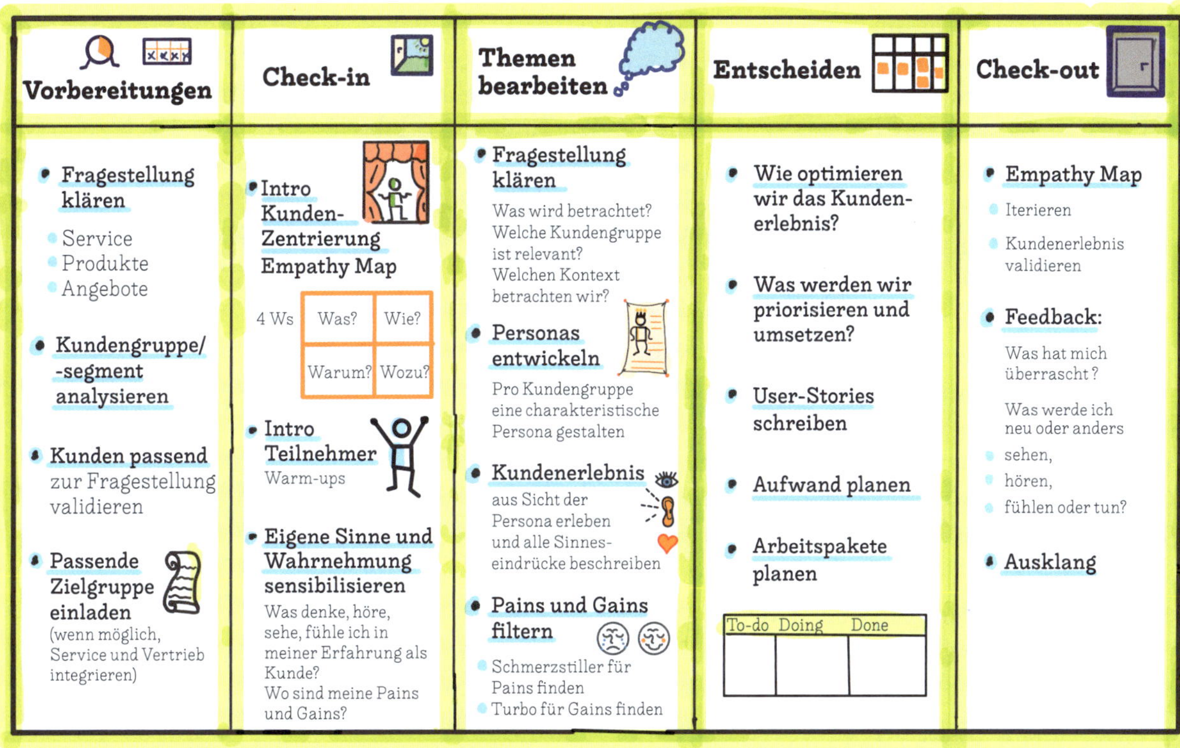

4. Dann werden die Schmerzpunkte und Gewinne resümiert.
5. Der wichtige Schritt ist jetzt, die Schmerzstiller für die Pains und die Gewinnmaximierer für die Gains zu finden. Dazu ist ein Brainstorming im Team die Methode der Wahl.

Welches sind typische Hindernisse?
Auch bei der Empathy Map besteht eine typische Hürde darin, keine Vorurteile oder Zerrbilder der Kunden zu Rate zu ziehen und damit falsche Interpretationen zu erarbeiten.

Ein weiteres Hindernis ist die Oberflächlichkeit der Interpretationen. Nehmt euch ausreichend Zeit, um die Sinneswahrnehmungen der Persona zu analysieren: Das Hören, Sehen und Tun des Kunden gibt, ähnlich wie die Customer Journey, interessante Hinweise zu den Touchpoints und deren Wirkung.

3.12 Ideen-Meetings

Was ist ein Ideen-Meeting?
Beim Ideen-Meeting geht es im Gegensatz zu einem Design Sprint um eine kurze Ideenfindung zu einem Thema. Hier können verschiedene Methoden zum Einsatz kommen. Wichtig ist, die Kundenperspektive einzunehmen. Idealerweise wird also mit Personas gearbeitet.

Wozu dienen Ideen-Meetings?
Meist werden für Ideen-Meetings andere Methoden verwendet als beim üblichen Brainstorming. Zum einen wird das Timeboxing enger getaktet und zum anderen wird mehr geschrieben statt geredet. Das knappe Timeboxing von fünf bis zehn Minuten verhindert kritische Denkschleifen und hilft bei der Fokussierung. Auch das Schreiben (statt des Redens) führt zu ganz anderen Dynamiken: Jeder ist gefordert, eigene Ideen einzubringen, und kann gleichzeitig die der anderen sehen und nutzen.

Wenn Teams diskutieren, entsteht unserer Beobachtung nach weniger als die Hälfte der Ideen. Mit dieser Methode jedoch wird das Team innerhalb von fünf bis zehn Minuten erstaunliche Lösungen entwickeln und priorisieren. Der Aha-Effekt ist garantiert

Warum wird ein Ideen-Meeting eingesetzt?
Gruppen und Teams haben oftmals das Diskutiersyndrom. Um das zu veranschaulichen, lassen wir die Gruppe als Intro ein Thema in der üblichen Art und Weise diskutieren. Reguläre Plenumsdiskussionen führen äußerst selten in kurzer Zeit zu einem effektiven Ergebnis. Nach zehn Minuten unterbrechen wir die „Lösungssucherei“ und fragen nach, ob die Gruppe Interesse an einem anderen Weg hat und diesen ausprobieren will. Wie ihr euch sich sicherlich vorstellen könnt, sind alle nach der vorangehenden frustrierenden Diskussion offen für Neues.

Wie läuft es ab?
- Optimal ist es, vorher eine Persona zu erstellen, aus deren Perspektive gedacht wird.
- Notiert das Thema oder die Frage in einer knackigen Formulierung auf eine Pinnwand, ein Whiteboard oder Ähnliches.
- Erläutert und visualisiert die folgenden Regeln:
  - Alles ist richtig!
  - Denke immer aus Nutzersicht!
  - Spinne herum!
  - Baue auf Ideen anderer auf!
  - Schreibe, anstatt zu reden!

- Als Warm-up könnt ihr eine humorvolle Ideation-Übung mit dem Team durchführen, bevor ihr das eigentliche Thema bearbeitet:
  - Wir nutzen gern die Fragen:
  - „Wie macht man eine Kuh zu Geld, ohne sie zu schlachten?"
  - „Wie bringt man einen Hund zum Bügeln?"

  Dann bekommt das Team drei Minuten Zeit, jede Menge wilder Ideen zu entwickeln und aufzuschreiben. Feuert die Gruppe zwischendurch an, noch wilder und verrückter zu denken.

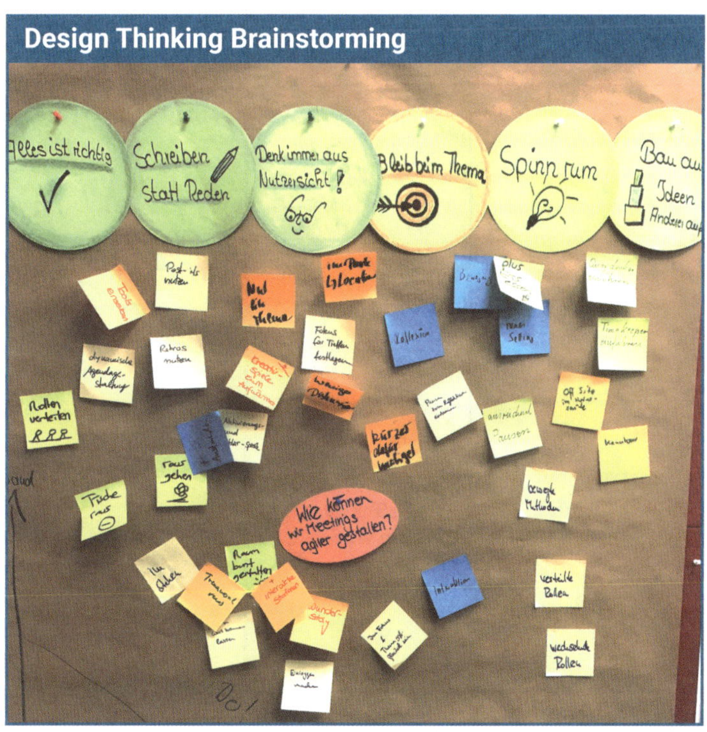

Design Thinking Brainstorming

- Startet dann die Ideation zum aktuellen Thema: Gebt jedem einen Block Klebezettel und einen Marker und stellt die Uhr (Sanduhr oder Design-Thinking-Uhr) auf fünf Minuten.
- Jeder schreibt fünf Minuten lang ohne Diskussionen und ohne innere Beschränkungen alle Ideen und Lösungen auf und klebt sie sofort an die Wand, damit alle die Einfälle sehen können. Am besten bleibt man im Schreibfluss, baut auf anderen Ideen auf und denkt immer aus Sicht der Nutzer.
- Ist die Zeit abgelaufen, werden die Ideen geclustert.
- Jeder erhält entweder ein bis drei Klebepunkte, um seine Favoriten zu markieren, oder es wird eine Aufwand-Wirkungs-Abschätzung getroffen (S. 80), um die effektivsten Lösungen zu filtern.

Alternativ könnt ihr folgende einfache Variante anwenden:

Das Team bildet eine Reihe vor der Ideenwand. Jeder hat Notizzettel und Marker in der Hand. Jetzt notiert der Erste seine Idee, klebt sie an und läuft an das Ende der Warteреihe. Der Nächste schreibt und pinnt seine Notiz an die Wand etc. Das Ganze geschieht in hohem Tempo, sodass jeder Teilnehmer gleichmäßig gefordert und beteiligt wird. Je kleiner die Gruppe ist, desto schneller ist jeder dran.

- Zum Check-out könnt ihr die entstandenen Ideen und eure Zusammenarbeit einschätzen nach den beiden Gradmessern:
- Grad der Innovation: Wie innovativ sind unsere Ideen?
- Grad der Effektivität: Wie effektiv sind die Ideen und die Art der Entwicklung?

Welche typischen Hürden gibt es und welche Tipps und Tricks aus der Praxis helfen?
Typisches Hindernis ist die Diskussion der Teilnehmer untereinander. Der Moderator ist gefordert, diese schnell zu stoppen. Manche trauen sich nicht, ihre verrückten Ideen aufzuschreiben, oder denken, es fällt ihnen nichts ein. Ich ermutige die Teilnehmenden, aufzuschreiben „mir fällt gleich etwas ein“, so lange, bis die nächste Idee kommt, oder auf den bereits visualisierten Einfällen der anderen aufzubauen. Meist gelingt das einfacher.

Wie funktioniert das Ideen-Meeting in der Onlinevariante?
Online funktioniert das Ideen-Meeting auf einem Kollaborationsboard genauso gut wie in Präsenz.

Ideen-Meeting-Board

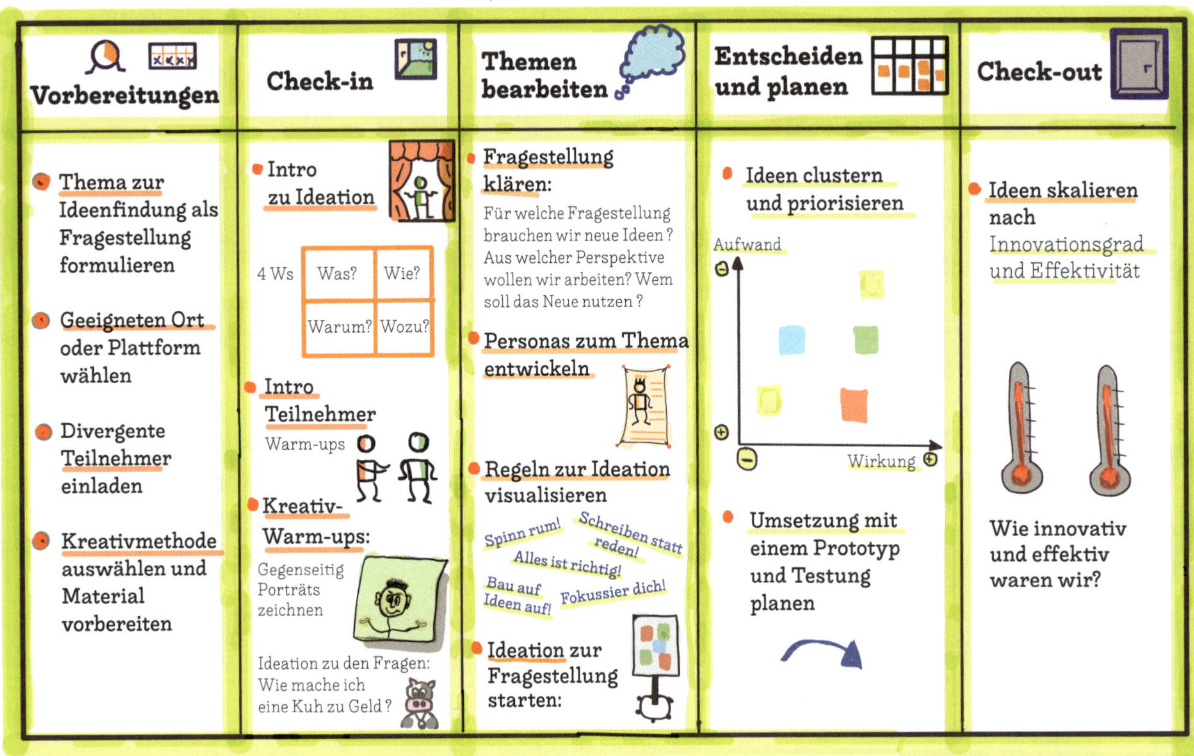

3.13 Customer Journey Mapping

Was ist Customer Journey Mapping?
Das Customer Journey Mapping ist eine visuelle Methode, mit dessen Hilfe das Unternehmen versteht, was ein Kunde durchlebt, wenn er ein Produkt oder eine Dienstleistung kauft. Es beschreibt in klaren, unterteilten Stationen die Reise, die eure Kunden im Kontakt mit der Organisation erleben mit allen verbundenen Schnittstellen.

Wozu dient die Customer Journey?
Zunächst einmal hilft euch die Customer Journey, alle Prozesse und alle dazugehörigen Touchpoints zu bewerten und zu optimieren. Aus Kunden- und aus Unternehmenssicht ist es empfehlenswert, alle Schnittstellen einzubinden und mit den Bereichen gemeinsam die Kundenreise zu einem besseren Erlebnis zu gestalten. Leider denken und handeln viele Unternehmen immer noch bereichs-, abteilungs- oder teamorientiert und grenzen sich von den Schnittstellen ab, anstatt zu kollaborieren. Als externe Berater weisen wir auf die ganzheitliche Variante und deren Nutzen für alle hin. Wenn sich der Kunde trotzdem für eine exklusive Journey entscheidet, beschränken wir uns auf den Rahmen, den wir gestalten können. Je nach Spielraum erstellen wir mit den Teams entweder für einzelne Abläufe bei spezifischen Kundenanliegen eine Journey oder für den kompletten Neukundenprozess von der ersten Kontaktaufnahme bis hin zur After-Sales-Betreuung.

Warum wird das Customer Journey Mapping eingesetzt?
Anhand der Customer Journey Map werden die Interaktionen eines Kunden mit eurem Unternehmen online und offline visuell dargestellt. Sie wird verwendet, um zu analysieren, welche Teile dieses Prozesses für die Kunden Gewinne oder auch Schmerzen verursachen, um durch Anpassungen das Erlebnis für den Kunden zu verbessern. Mit der Customer Journey erhalten Teams detailliertere und komplexere Informationen und Ansatzpunkte zur Optimierung als mit der Empathy Map. Sie können jeden einzelnen Schritt

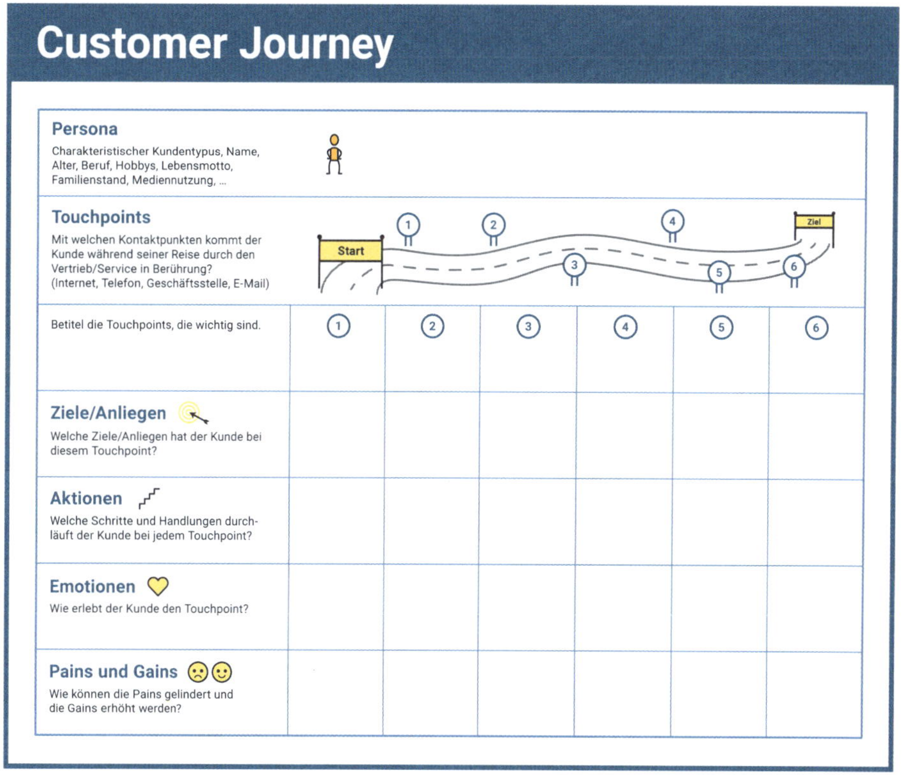

Customer Journey

Persona
Charakteristischer Kundentypus, Name, Alter, Beruf, Hobbys, Lebensmotto, Familienstand, Mediennutzung, ...

Touchpoints
Mit welchen Kontaktpunkten kommt der Kunde während seiner Reise durch den Vertrieb/Service in Berührung? (Internet, Telefon, Geschäftsstelle, E-Mail)

Start – 1 – 2 – 3 – 4 – 5 – 6 – Ziel

	1	2	3	4	5	6
Betitel die Touchpoints, die wichtig sind.						
Ziele/Anliegen Welche Ziele/Anliegen hat der Kunde bei diesem Touchpoint?						
Aktionen Welche Schritte und Handlungen durchläuft der Kunde bei jedem Touchpoint?						
Emotionen Wie erlebt der Kunde den Touchpoint?						
Pains und Gains Wie können die Pains gelindert und die Gains erhöht werden?						

unterschiedlicher Kundentypen und -anliegen vom Start bis zum Ende ihrer Reise durch die Angebote betrachten. Das bringt nicht nur jede Menge Ansatzpunkte für optimale Kundenerlebnisse, sondern schafft auch ein besseres Verständnis und Einfühlungsvermögen für Kunden.

Wie läuft sie ab?

Vorab: Wir starten gern damit, dass die Beteiligten eine Reise als Kunde durch einen Service- oder Verkaufsprozess machen und bewerten. Dazu lassen wir beispielsweise Kleingruppen mit einer Frage in einen nahe liegenden Einkaufsladen, einen Handyshop oder eine Bäckerei losziehen. Für die Onlinevariante eignet sich alternativ auch ein Anruf bei einer Service-Hotline. Anschließend werden die

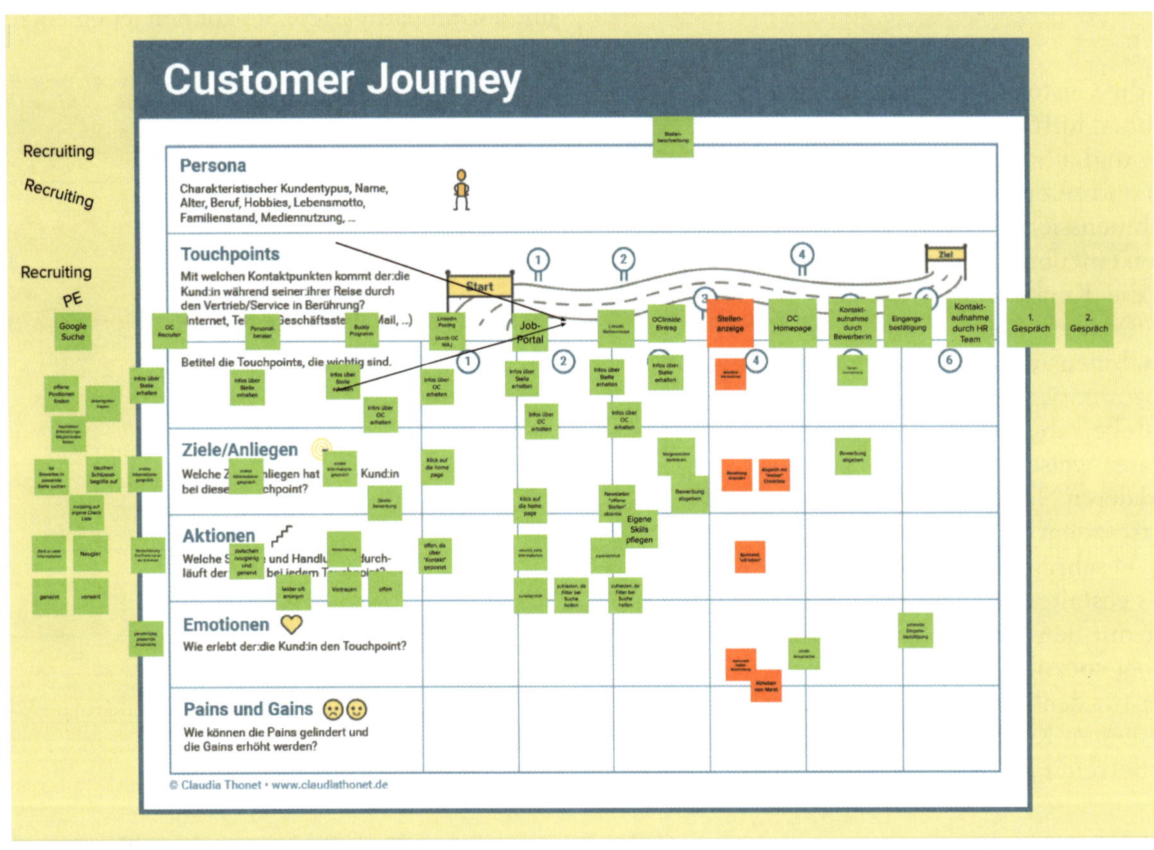

einzelnen Aktionen und Erfahrungen im Detail analysiert und bewertet. Dieser Schritt gehört zwar nicht explizit zu einer Customer Journey, wir empfehlen ihn jedoch dringend, um den Perspektivenwechsel zu erleichtern. Wenn ihr die Mitarbeiter zunächst in das eigene Erleben als Kunde eintauchen lasst, wird der Wechsel in die Persona-Sicht leichtfallen und mehr Erkenntnisse bringen.

1. Das Team wählt eine typische Kundengruppe, für die es das Angebot bewerten will, und erstellt eine Persona. Die Persona ist eine charakteristische Kundenpersönlichkeit in Form einer fiktiven Person. Sorgt dafür, dass alle Teilnehmer in die Rolle ihrer Kunden schlüpfen. Pro Map wählt allerdings nur eine Persona aus. Ihr könnt auf diese Weise auch verschiedene Maps mit unterschiedlichen Personas parallel erarbeiten lassen.
2. Analysiert dann Schritt für Schritt jeden Kontaktpunkt, mit dem der Kunde bei einer Anfrage in Berührung kommt. Wie bei einer Reise erlebt und betrachtet das Team jeden einzelnen Kontaktpunkt von der Geschäftsanbahnung bis zur Nachbetreuung konsequent aus Kundensicht.
   Beispiele von Touchpoints:
   - Google-Suche und Website-Auftritt
   - Seitennavigation und Call-to-Action
   - Servicenummern
   - Chat-Funktionen
   - Service-Interfaces/Service bereitstellende Produkte (z. B. Bankautomat, Fahrkartenautomat)
   - Service unterstützende Produkte (z. B. Kaffeebecher, Einkaufswagen, Rolltreppen)
   - Kommunikationsmaterialien und -kanäle (z. B. Beschilderung, Informationsmaterial, Broschüre, Formulare, Websites, Kundenhotline, Online- oder Offlineberatung)
   - Einrichtung und Umgebung (z. B. Wartezimmer, Büros, Verkaufsräume, Empfangstheke, Sitzgelegenheiten, Umkleidekabinen, Toiletten)
   - Servicepersonal
3. Notiert mit den Teams jede Station auf der Kundenreise in einer Journey Map.
4. Betrachtet für jede Station auf der Reise folgende Themen:
   - Aktionen: Was passiert bei diesem Schritt?
   - Handlungen: Was muss der Kunde tun oder entscheiden?
   - Ziele: Welches sind seine Ziele und Anliegen bei diesem Schritt?
   - Emotionen des Kunden: Wie geht es der Persona? Was empfindet sie?
   - Fazit: Welches sind seine Pains/Schmerzpunkte und Gains/Gewinne bei jeder Station?
5. Entwickelt Lösungsideen pro Station auf der Reise durch die Kontaktpunkte, um das Kundenerlebnis zu optimieren.

Welche typischen Hürden gibt es und welche Tipps und Tricks aus der Praxis helfen?

- Die Verbesserungen können vom Team nicht beeinflusst werden:
  Voraussetzung ist, dass der Auftrag von der Geschäftsführung initiiert oder übernommen und getragen wird, denn es geht um alle wesentlichen Berührungspunkte mit Kunden. Ist die Person des Projektleiters geklärt, wird entschieden, wer in diesen organisationsübergreifenden Prozess eingebunden sein soll. Wertvolle Ressourcen sind in allen Abteilungen vorhanden – und wenn es kreative Köpfe und Andersdenker sind, die neue Aspekte in die Entwicklung einbringen können.

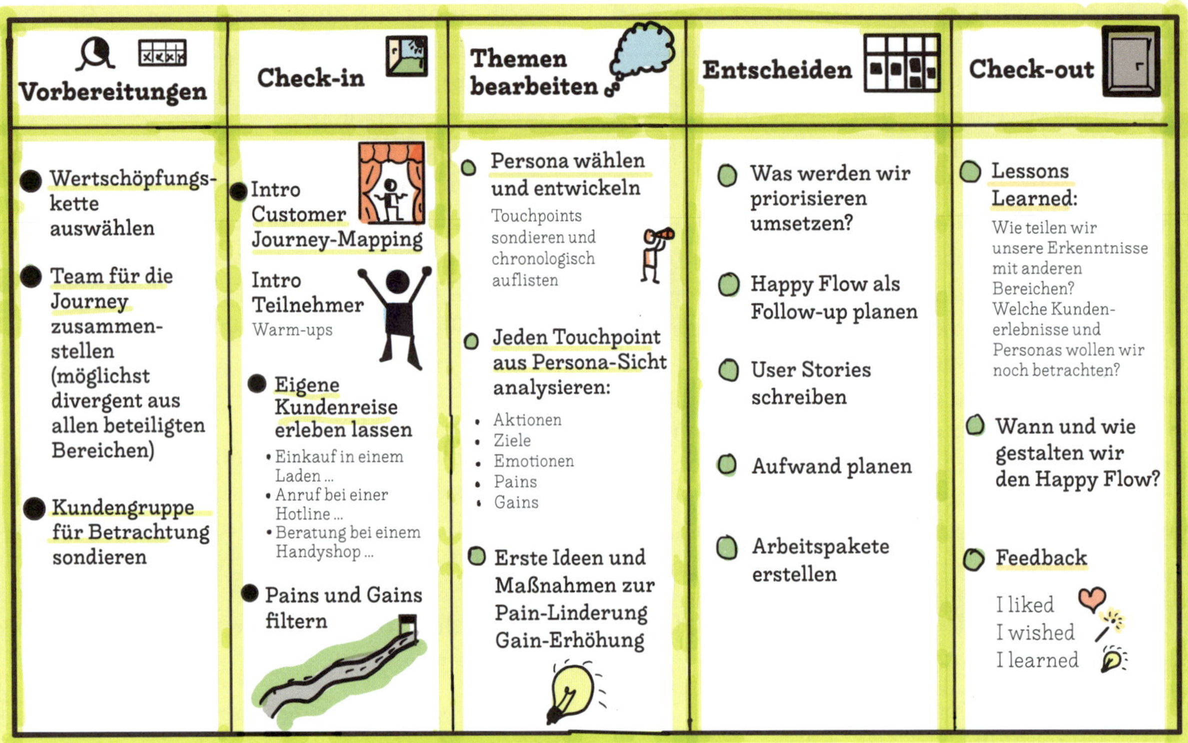

- Die Teilnehmenden haben zu wenig Erfahrung mit den Kunden:
  Der Kundenservice und der Vertrieb sollten auf jeden Fall Teil des Teams sein. Das sind die zwei Quellen, die am nächsten an den Kunden sind. Ebenso ist es sinnvoll, Vertreter aus Marketing, Grafik, Öffentlichkeitsarbeit, Produktmanagement sowie aus weiteren Abteilungen einzubinden. Ein wertvoller Nebeneffekt ist dabei, dass sich die Identifikation der Teilnehmer mit der Firma erhöht. Es ist erstaunlich, wie viel emotionale und kreative Energie aus dem Team in den Prozess einfließt.
- Die Kollegen fassen die Schmerzpunkte der Journey als Kritik an ihrer Arbeit auf:
  Wesentlich bei diesem Set-up ist, dass Wertschätzung praktiziert wird. Sales und Service sind nach wie vor die Experten der Materie und deshalb sind Kritik und Verbesserungspotenzial mit größter Sensibilität und mit Fingerspitzengefühl einzubringen, damit die Teams das Feedback konstruktiv aufnehmen und dann auch gern

Customer Journey

umsetzen. Das soll aber nicht heißen, dass hier nicht auch Klartext gesprochen wird, denn es soll ja schließlich zu einer Weiterentwicklung kommen. Wertschätzung bleibt dennoch eine zentrale Haltung, die auch explizit eingeführt und benannt werden soll.

3.14 Happy Flow Mapping

Was ist Happy Flow Mapping?
Neben der Bewertung bestehender Prozesse ist die Methode auch sehr gut für zukünftige Kundenerlebnisse geeignet. Mit dem sogenannten „Happy Flow“ erschaffen die Teams ein optimales Kundenerlebnis. Frei von Grenzen und Beschränkungen wird eine glückliche Kundenreise erdacht und erfühlt. Ähnlich wie bei der Walt-Disney-Methode wird dabei zunächst frei geträumt und wie im Schlaraffenland ist alles möglich, um dann im zweiten Schritt die Realisierbarkeit zu betrachten. Das öffnet neue Möglichkeiten und schafft Raum für Ideen.

Wozu dient es?
Happy Flow Mapping dient der Ideation und dem Prototyping für die ideale Customer-Journey-Sicht der ausgewählten Personas. Wir machen es gern im Anschluss an das Customer Journey Mapping, um die dort analysierten Pains/Schmerzen zu beheben und die Gains/Gewinne zu erhöhen.

Warum wird es eingesetzt?
Der „Happy Flow“ kann sowohl als Innovation der bestehenden Angebote genutzt werden wie auch als Exploration für neue Optionen der Zukunft. Wie wird der Kunde unsere Angebote und Services vom ersten Kontakt bis zur ständigen Betreuung erleben? Was bekommt er idealerweise? Wie könnte die Reise des Kunden in Zukunft aussehen und was können wir schon an Optionen sichern, um es morgen umzusetzen?

Wie läuft es ab?
Der „Happy Flow“ für zukünftige Angebote sollte nicht in der üblichen Arbeitsumgebung gestaltet werden. Hierfür braucht ein Team innovative Köpfe und kreative Räume, die den Träumer beflügeln und den Kritiker bremsen.

„Happy Flow“ für zukünftige Angebote

- Ihr könnt entweder mit dem Team eine Kundengruppe wählen, für die ihr neue Ideen entwickeln wollt, oder eine neue Angebotsidee für eine bestehende Kundengruppe anhand der Journey Map durchdenken.

- Erträumt mit dem Team Schritt für Schritt eine optimale Kundenreise durch sein zukünftiges Angebot mit allen dazugehörigen Kontaktpunkten.
- Gestaltet jeden einzelnen Kontaktpunkt zu einem glücklichen Kundenerlebnis. Der „Happy Flow" hat keine Grenzen, alles ist möglich.
- Visualisiert jeden Touchpoint mit den dazugehörigen Handlungen und Abläufen.
- Bewertet im Anschluss mit dem Team die Traumreise aus Sicht des Realisten und des Planers.

Welche typischen Hürden gibt es?
Wie bei jeder Ideation seid ihr als Moderatoren gefordert, das Team zum Bauen und Basteln zu bringen. Zu viel Denken und Diskutieren bremst meistens die Kreativität. Mit den Händen zu denken und dem Prozess zu vertrauen ist der Schlüssel zu besseren Innovationen.

Gerade bei Mitarbeitern, die schon lange dabei sind, entstehen oftmals keine wirklich neuen Ideen. Deswegen ist es wichtig, die Bereiche zu mischen oder Externe wie Studenten oder völlig fachfremde Personen dazu einzuladen.

Welche Tipps und Tricks aus der Praxis helfen?
Nutzt zum Warm-up Kreativtechniken und Metaphern, die neue Denkräume anregen und die Teilnehmenden aus dem Alltagsdenken herausholen.

Inspirierende Räume und vielfältiges Bastelmaterial machen auch beim „Happy Flow" einen großen Unterschied.

Wie funktioniert es in der Onlinevariante?
Happy Flow Mapping könnt ihr online auf folgenden Varianten durchführen:

- Ihr visualisiert die Touchpoints auf einem White Board oder einem Kollaborations-Tool wie Mural oder Miro und notiert dazu die optimalen Handlungen, Aktionen und Emotionen des Kunden.
- Ihr lasst die Teilnehmer auf einem Kollaborations-Tool den Happy Flow mit Bildern, Zeichnungen, Formen oder Icons kreativ gestalten und anschließend daraus die Handlungen und Aktionen an jedem Touchpoint formulieren.
- Zum Schluss selektiert ihr die Entscheidungen und Aufgaben, die erforderlich sind, um den Happy Flow in die Umsetzung zu bringen.

3.15 Walt Disney Walk

Was ist ein Walt Disney Walk?

Der Walt Disney Walk ist eine Moderationsmethode, um kreatives Denken und das Umsetzen in einem Team zu fördern und zu lenken. Er ist von der Strategie des berühmten Filmproduzenten und erfolgreichen Unternehmers Walt Disney abgeleitet, der mit seinen Zeichentrickfiguren und Filmen zu einem Vorbild an Kreativität und Umsetzungsstärke avanciert ist. Wir erzählen gern die Geschichte von Walt Disney und seiner Schaffenskraft: Er hatte auf seinem Anwesen drei Räume, die er für jedes neue Projekt in einer ganz bestimmten Art und Weise nutzte. Der erste Raum war der des Träumers. Wie ein eigenes kleines Universum war dieser Ort voller kreativer Möglichkeiten und Plätze zum freien Fantasieren gestaltet. Walt kreierte all seine Ideen genau hier. Erst wenn er alle Träume ausgeträumt und in seinen Fantasien ausgiebig geschwelgt hatte, verließ er den Traumzustand und ging in den Raum des Realisten. Der Planerraum war mit allem ausgestattet, was er für Planungen und Berechnungen

brauchte. Jede zuvor erdachte Fantasie plante er nun akribisch und formte aus ihr umsetzbare Aktionen und Konzepte. Erst wenn alles geplant und umgesetzt war, verließ er auch diesen Ort und ging weiter in den Kritikerraum. Hier betrachtete er seine Pläne und Entwürfe mit äußerst kritischem Blick und prüfte alles auf Schwachstellen und Fehler. Lösungen für die gefundenen Kritikpunkte entwarf er anschließend erneut im Träumerraum.

Wozu dient ein Walt Disney Walk?
Diese Kreativitätstechnik dient zur Innovation. Ihr könnt die Methode mit Einzelnen und Teams immer dann nutzen, wenn ihr Ideen explorieren und prüfen wollt. Wir nutzen die Methode auch erfolgreich mit Großgruppen. Sie macht Spaß und führt in relativ kurzer Zeit zu erstaunlichen Ergebnissen. Hilfreich sind mindestens drei Räume, die vorher entsprechend unterschiedlich gestaltet werden. Durch den klar strukturierten Ablauf und den Perspektivenwechsel ist die Methode auch mit kritischen Teilnehmern und im kreativen Denken ungeübten Teams sehr gut durchführbar.

Warum wird der Walt Disney Walk eingesetzt?
Was passiert normalerweise, wenn ihr allein oder mit anderen so richtig herumspinnen und träumen wollt? Richtig: Meistens schaltet sich relativ schnell der innere Kritiker ein und bewertet die Fantasien als nicht umsetzbar oder zu tollkühn. Damit werden wichtige Fantasien und wilde Ideen bereits im Keim erstickt und können nicht gedeihen oder werden zu früh negiert. Durch die Reihenfolge der Räume in der Moderation des Walt Disney Walk ist der Kritiker erst zu einem viel späteren Zeitpunkt zugelassen und erwünscht, nämlich dann, wenn seine Urteile und Bedenken auch wertvoll und erkenntnisführend sind. Als Erstes ist ausschließlich der Träumer mit all seinen Ideen und Fantasien gefragt. Ideen und Innovationen brauchen Zeit und Raum, um zu gedeihen. Oft sind sogar Phasen von Blockaden und innerer Leere erforderlich, bis sich wieder ein neuer Einfall den Weg bahnt.

Erst danach verlässt das Team den Träumerraum und wechselt in den Raum des Realisten und Planers. Dort wird alles Erträumte vom Realisten und Planer konkret gedanklich umgesetzt. Erst im letzten Raum darf der Kritiker seine Bedenken und wertvollen Sichtweisen zum Besten geben. Der Walt Disney Walk bringt Spaß und Bewegung in die Köpfe. Er hilft, neue Ideen nicht gleich zu beurteilen und zu bewerten, sondern diese zu explorieren, bevor sie dem kritischen Geist zum Opfer fallen. Gerade für Menschen, die schnell im „Ja, aber"-Modus sind oder bei jeder Idee den inneren Kritiker einschalten, ist die Separation in Rollen hilfreich.

Wie läuft der Walt Disney Walk ab?

Der Kerngedanke der Walt-Disney-Methode ist, sich zu einem Problem oder einer Frage aus der Perspektive aller drei Rollen Gedanken zu machen, Ideen zu generieren und zu verfeinern. Dabei startet ihr mit dem Träumer und entwerft wertfrei Visionen und Ideen. Die daraus entstandenen Ideen werden anschließend in der Rolle des Realisten zu umsetzbaren Plänen und Aktivitäten transformiert. Erst in der Rolle des Kritikers ist die Prüfung auf Schwachstellen und Sinnhaftigkeit erlaubt und erwünscht. Daraus entstehende Fragen und Schwachpunkte können dann wieder aus der Träumerperspektive gelöst werden. Für unerfahrene Teams ist ein Moderator erforderlich, um die Teilnehmenden in ihrer Rolle anzuleiten. Wir teilen jeder Rolle einen eigenen geografischen Ort zu und gestalten die Räume gemäß der Rolle.

Folgende Perspektiven und Räume werden nacheinander durchlaufen. Je nach Größe der Gruppe und Thema arbeitet das Team zwischen 30 und 90 Minuten in jedem Raum:

1. **Der Träumer:** Der Träumer generiert und spielt mit Ideen, ohne sich Gedanken über deren Realisierbarkeit zu machen. „Alles ist erlaubt!" Er orientiert sich an der Zukunft und an unendlichen Möglichkeiten. Gestaltet den Raum mit allem, was die Kreativität fördert: Sternenhimmel, Musik, Bastelmaterialien, Farben, Flipcharts, Metawände etc.
2. **Der Realist:** Der Realist orientiert sich an der aktuellen Situation und sucht pragmatische Handlungsmöglichkeiten. Er überlegt sich, wie die Ideen umsetzbar sind und was es dazu braucht. Er plant und unterteilt die Schritte zum Ziel. Der Raum sollte genügend Schreibplätze, Zugang zu Rechnern, Whiteboard etc. haben.
3. **Der Kritiker:** Der Kritiker überlegt Stärken und Schwächen von Ideen. Er versucht, Aspekte zu identifizieren, an die noch nicht gedacht worden ist, und fragt sich, was noch verbessert werden kann.

Welche typischen Hürden gibt es?

Typisches Hindernis ist die Einmischung des Kritikers im Träumerraum. Die meisten von uns sind daran gewöhnt, jede Idee sofort kritisch zu betrachten. Dadurch werden viele gute Ideen nicht exploriert und zu früh ausgebremst. Der Moderator ist gefordert, den Träumerraum wirklich frei von kritischen Bemerkungen zu halten.

Welche Tipps und Tricks aus der Praxis helfen?

Die Gestaltung und Ausstattung der Räume hat großen Einfluss auf den Outcome:

- Im Träumerraum können zusätzliche Musik oder Düfte sehr inspirierend sein. Doch seid vorsichtig, damit ihr nicht das Gegenteil bewirkt.
- In der Rolle des Realisten und Planers sind Onlinerecherchen und -vergleiche oft zielführend: Wo gab es bereits ähnliche Ideen und mit welchem Erfolg wurden sie umgesetzt?
- Achtet beim Kritikerraum auf konstruktive Kritik. Was haben wir noch nicht bedacht? Welche Ideen sind lü-

ckenhaft? Was ist aus welchen Gründen nicht oder sehr aufwendig umsetzbar?

Wie funktioniert der Walt Disney Walk in der Onlinevariante?
Mit den entsprechenden Plattformen wie Miro oder Mural und Breakout Sessions ist der Walt Disney Walk genauso gut online umsetzbar. Für den Träumerraum gestalten wir die Boards entsprechend inspirierend.

Walt-Disney-Walk-Board

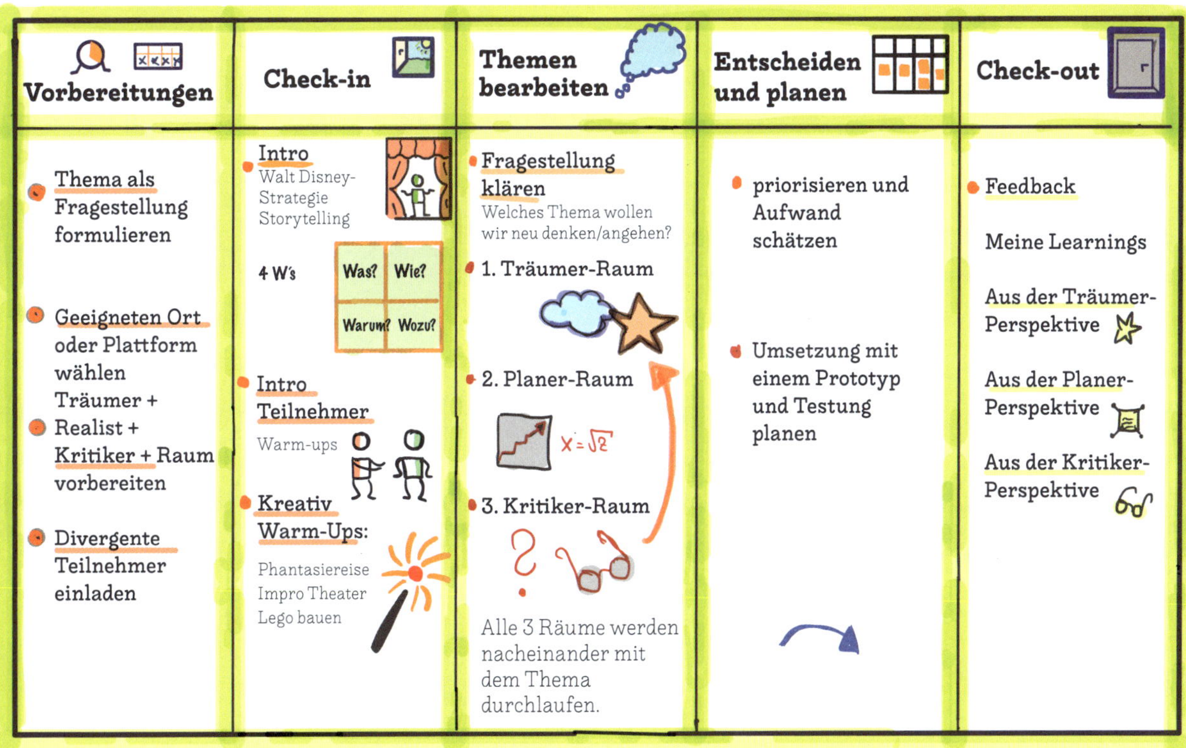

4 „PLAN" – Meetings und Workshops zum Planen

4.1 Delegation-Meeting

Was ist ein Delegation-Meeting?

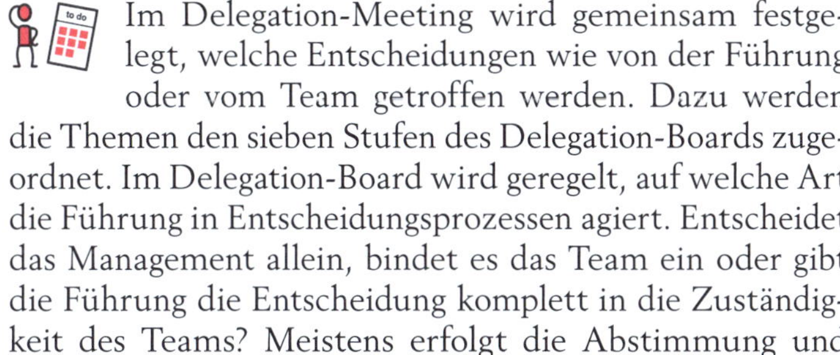

Im Delegation-Meeting wird gemeinsam festgelegt, welche Entscheidungen wie von der Führung oder vom Team getroffen werden. Dazu werden die Themen den sieben Stufen des Delegation-Boards zugeordnet. Im Delegation-Board wird geregelt, auf welche Art die Führung in Entscheidungsprozessen agiert. Entscheidet das Management allein, bindet es das Team ein oder gibt die Führung die Entscheidung komplett in die Zuständigkeit des Teams? Meistens erfolgt die Abstimmung und Entscheidung durch den sogenannten Delegation-Poker.

Wozu dient ein Delegation-Meeting?

Das Delegation-Meeting bringt Transparenz in Entscheidungen und Klarheit, wie selbstorganisiert ein Team handeln kann. Überall dort, wo wir den Übergang von Entscheidungskompetenzen auf das Team planen, lässt sich der Prozess gut mit einem „Delegation-Board" gestalten und mit dem Delegation-Poker im Team spielerisch umsetzen. Führung und Teams klären anhand des Boards gemeinsam, auf welcher Stufe der Delegation sie ein Thema passend finden. Die verantwortliche Führung macht damit transparent, was sie wie selbst entscheidet und was sie dem Team überlässt. Gleichzeitig schätzt jeder im Team ein, welche die zielführendste Stufe der Entscheidung darstellt.

Warum wird ein Delegation-Meeting eingesetzt?

Selbstorganisation von Teams funktioniert nur mit angemessenen Entscheidungskompetenzen. Wenn Teams für jeden Kugelschreiber eine Unterschrift vom Chef benötigen, ist die Selbstorganisation nur ein Slogan auf dem Papier. Außerdem muss die Führung lernen, Verantwortung abzugeben, und das Team muss lernen, diese zu tragen.

Wie läuft ein Delegation-Meeting ab?

Führung und Teams listen die Themen auf, die in Zukunft anders entschieden werden. Sieben verschiedene Stufen der Delegation einer Entscheidung werden transparent definiert. Auf den ersten drei Stufen liegt die Entscheidungskompetenz bei der Führung. Die vierte Stufe steht für gemeinsame Konsensfindung zwischen Führung und Teams. Ab der fünften Stufe liegt die Entscheidung in verschiedenen Abstufungen beim Team.

1. **Verkünden:** Führung verkündet ihre Entscheidung.
2. **Verkaufen:** Führung überzeugt das Team von ihrer Entscheidung.

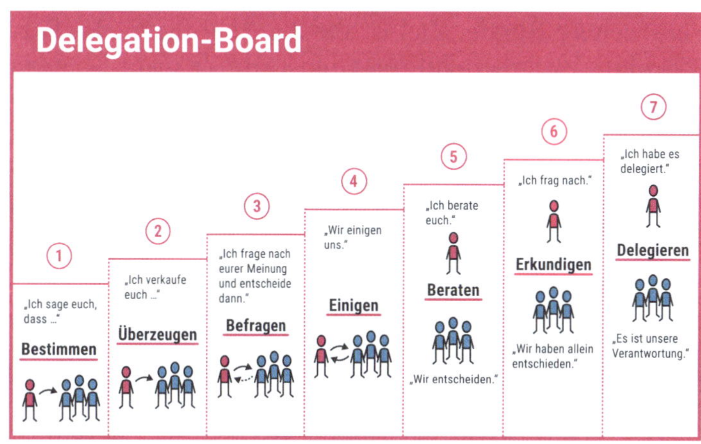

3. **Befragen:** Führung holt sich den Rat und die Meinung des Teams ein und entscheidet dann.
4. **Einigen:** Führung und Team einigen sich und finden einen Konsens.
5. **Beraten:** Team entscheidet nach der Beratung durch die Führung.
6. **Erkundigen:** Team entscheidet und Führung erkundigt sich.
7. **Delegieren:** Team entscheidet autonom und braucht die Führung nicht zu informieren.

Zu jedem Delegation-Thema wird die zukünftige Stufe der Entscheidungskompetenz besprochen und festgehalten. Eine spielerische Variante ist das Delegation-Poker. Jeder Beteiligte bekommt ein Kartenset mit den sieben Stufen der Delegation. Bei jeder Frage legen Teammitglieder und Führung die Karte auf den Tisch, die der Entscheidungsstufe entspricht, die sie für sinnvoll erachten. Wenn keine Einigung ersichtlich ist, wird eine definierte Zeit diskutiert. Die beiden Vertreter der Stufen, die am weitesten auseinanderliegen, tauschen ihre Argumente aus. Nachdem alle Gedanken dazu gehört worden sind, pokert das Team eine weitere Runde. Ziel ist die Annäherung in der Entscheidung zwischen Führung und Team. Je mehr Konsens zur Delegation-Stufe im Team vorherrscht, desto tragfähiger sind die Konsequenzen. Durch das spielerische Element werden die Positionen und Meinungen transparent und ermöglichen sehr viel schnellere Lösungen als herkömmliche Diskussionsrunden.

Welche typischen Hürden gibt es?

Bei mehrdeutigen Fragen können keine klaren Ergebnisse herauskommen. Die Beteiligten brauchen ein gemeinsames Verständnis für die Tragweite und den Kontext jeder Entscheidung. Oft werden erst durch das Delegation-Poker Missverständnisse aus dem Weg geräumt und trennscharfe Fragen gefunden. Wie soll ein Team beispielsweise über Homeoffice entscheiden, wenn nicht klar ist, unter welchen Rahmenbedingungen das Arbeiten von zu Hause erfolgen soll?

Ihr werdet oftmals das Phänomen beobachten, dass erst durch das Pokern die unterschiedlichen Interpretationen des Themas und dessen Auswirkungen transparent werden. Wenn das Team mit der Führung beispielsweise um das Thema mobiles Arbeiten pokert, werden die Interpretationen klar. Der eine versteht unter mobilem Arbeiten, dass er auch von seiner Zweitwohnung in Spanien arbeiten kann, wohingegen die Führungskraft darunter versteht, dass derjenige jederzeit auch in Präsenz zur Verfügung stehen muss, wenn er gebraucht wird. Solche Abgleiche sind genauso wichtig wie das Pokern um die Stufe.

Welche Tipps und Tricks aus der Praxis helfen?

Wir pokern nur so lange, bis die Stufen nur noch eine Differenz aufweisen. Es müssen sich nicht alle auf eine Stufe einigen, sondern es reicht eine Annäherung. Wenn die Führungskraft beispielsweise das Team noch beraten möchte, bevor es über die Anzahl und Art des mobilen Arbeitens im Team entscheidet, und das Team diese Entscheidung lieber vollständig delegiert bekommen möchte, dann reicht uns in der Regel eine Einigung auf die Stufe sechs: Das Team entscheidet selbst über seine Aufteilung, doch die Führungskraft kann sich jederzeit über die Umsetzung informieren.

Wie funktioniert das Delegation-Meeting in der Onlinevariante?

Wir nutzen die Pokerkarten auf dem Kollaborationsboard und lassen das Team die Entscheidungsstufe per Voting-

Session wählen. Wie aus der Abbildung ersichtlich ist, werden dann die Ergebnisse sichtbar und die Vertreter der Stufen drei und sieben können jeweils ihre Argumente austauschen. Dann wird ein zweites Mal gevotet.

4.2 Entscheidungsmeeting

Was ist ein Entscheidungsmeeting?

Beim Entscheidungsmeeting werden wichtige Entscheidungen vorab gesammelt und dann im Meeting gemeinsam mit allen Entscheidern getroffen. Je nach Komplexität und Tragweite der Entscheidung könnt ihr unterschiedliche Entscheidungsarten nutzen.

Wozu dient es?

Um arbeitsfähig zu bleiben, müssen immer wieder Entscheidungen getroffen werden. Solange diese Entscheidungen nicht auf Stufe sechs oder sieben im Delegation-Board lokalisiert sind, ist es zielführend, diese Entscheidungen gesammelt in einem Meeting zu treffen. Außerdem gibt es neben den Delegation-Stufen auch viele Einzelentscheidungen, die ad hoc zu treffen sind.

Warum wird ein Entscheidungsmeeting eingesetzt?

Wenn jeder Entscheider weiß, über welche Themen entschieden wird, kann er auch entsprechend vorbereitet in das Meeting gehen, um möglichst viele gute Beschlüsse zu fassen. Dazu dient die Entscheidungsmatrix.

Einfache Entscheidungen

Bei einfachen Entscheidungen ohne weitreichende Folgen genügt ein Mehrheitsentscheid. Vorteil: schnell und unkompliziert.

Nachteil: Die Einwände der Minderheit bleiben bestehen.

Für einfache Entscheidungen mit hoher Tragweite eignet sich der Konsens.

Vorteil: Alle sind sich einig und akzeptieren den Beschluss.

Nachteil: Es dauert oft lange, bis alle einer Lösung zustimmen.

Komplexe Entscheidungen

Für komplexe Entscheidungen eignet sich der Konsent: Der Vorschlag wird beschlossen, gegen den es kein triftiges Argument gibt. Sobald eine neue und bessere Lösung vorgeschlagen wird, verhandeln die Entscheider erneut darüber.

Vorteil: Die Entscheidung ist flexibel und kann jederzeit optimiert werden. Bis dahin gehen alle mit.

Nachteil: Der Konsent braucht mindestens 30 Minuten Moderation und jeder muss sich im Vorfeld argumentativ mit dem Thema auseinandersetzen.

Eine weitere Vorgehensweise ist die Widerstandsabfrage

Bei der Widerstandsabfrage werden mehrere Varianten gegeneinander abgewogen, indem jeder seinen Widerstand gegenüber den Möglichkeiten äußert.

Vorteil: Die Widerstandsabfrage geht zügig und ist trotzdem genauer und differenzierter als der Mehrheitsentscheid.

Nachteil: Damit können nur unterschiedliche Varianten gegeneinander abgewogen werden.

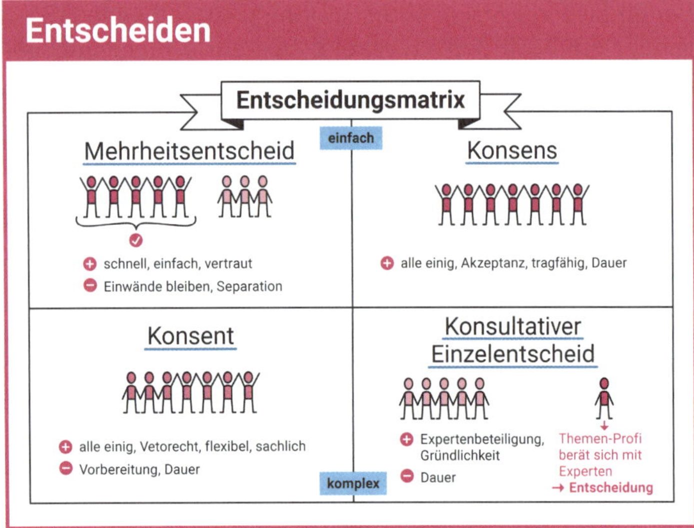

Wie läuft ein Entscheidungsmeeting ab?

Mehrheitsentscheide und Konsens sind vermutlich den meisten gut bekannt. Deswegen wollen wir hier nur auf den Konsent, die Widerstandsabfrage und den konsultativen Entscheid eingehen.

Konsent

- **Entscheidungsvorschlag erklären:** Der Initiator erklärt seinen Entscheidungsbedarf sowie die Vorgeschichte und welches Ziel verfolgt wird.
- **Meinungsbildende Runde:** Der Moderator klärt, ob alle entscheidungsrelevanten Informationen vorliegen. Dazu kommt jeder Teilnehmer reihum zu Wort und kann Fragen dazu stellen, was ihm für die Meinungsbildung fehlt. Es findet keine Meinungsäußerung oder Diskussion statt, sondern es werden nur Fragen gestellt.
- **Erste Meinungsrunde:** Erst wenn der Initiator alle Fragen beantwortet hat, starten die Meinungsrunden. Jedes Mitglied äußert seine Meinung. Das Rundenprinzip verhindert hitzige Diskussionen, da jeder nacheinander zu Wort kommt. Der Moderator kann währenddessen wichtige Aspekte auf einem Flipchart notieren.
- **Gemeinsame Lösungserarbeitung:** Der Initiator hat nun die Möglichkeit, den ursprünglichen Vorschlag beizubehalten, anzupassen, um Einwände zu integrieren, oder zurückzuziehen. Der Vorschlag sollte schriftlich ausformuliert werden. Der Moderator stellt sicher, dass die Formulierung für alle Beteiligten stimmig ist.
- **Konsentrunde:** Der Vorschlag wird zur Abstimmung gestellt. Der Moderator fragt das Votum per Handzeichen ab; vorhandene Einwände müssen integriert werden (Abbruch oder Anpassung).

- Sollten mehrere Vorschläge existieren, muss der Moderator dafür sorgen, dass nur ein Vorschlag zur Abstimmung gestellt wird.
- Diese Auswahl kann durch die Widerstandsabfrage, durch Mehrheitsbeschluss oder durch Entscheidung des Initiators erfolgen.

Die Abstimmungsmöglichkeiten sind:

- Vorbehaltlose Zustimmung (erhobener Daumen)
- Bedenken, aber der Vorschlag wird mitgetragen (erhobener Zeigefinger)
- Beiseitestehen oder Enthaltung (waagerechter Daumen)
- Veto, verhindert Akzeptanz des Vorschlags (Daumen geht nach unten)

Die Widerstandsabfrage

Bei der Widerstandsabfrage wird nicht darüber abgestimmt, was die meisten wollen, sondern darüber, was die wenigsten ablehnen. Dadurch darf jeder seinen Widerstand äußern, was meistens zu einem konstruktiveren Umgang mit der Lösung führt.

- Alle Entscheidungsvorschläge sowie die Ist-Situation werden abgefragt.
- Frage: Wie hoch ist der Widerstand gegen jede Alternative auf einer Skala von null (kein Widerstand) bis fünf (maximaler Widerstand)?
- Ergebnisse sind differenzierter als die Abfrage der Zustimmung.
- Arbeit mit Flipchart – Visualisierung als Matrix (Teilnehmer versus Vorschläge)

Konsultativer Einzelentscheid

Eine Person ist der Entscheider für das Team. Vor seinem Beschluss spricht der Entscheider mit allen relevanten Betroffenen und Experten. Er bindet deren Fragen, Ratschläge und Ideen ein.

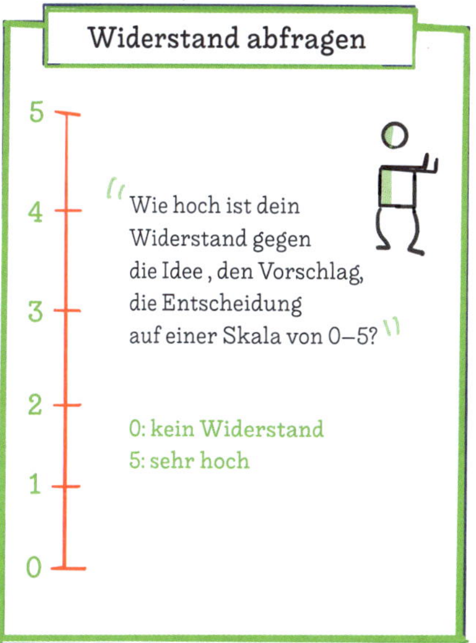

- **Entscheidungsbedarf identifizieren und formulieren:** Beispiel: Wir wollen eine neue Espressomaschine für das Team.
- **Meinungsbildende Fragerunde:** Jeder stellt seine Fragen und äußert seine Wünsche zum Thema.
  Die Maschine soll eine Milchaufschäumerdüse haben. Sie darf nicht mehr als 1.500 Euro kosten. Sie soll länger halten als letztes Mal (mehr als zwei Jahre). Der Kaffee soll reichlich Crema haben.
- **Entscheider-Auswahlrunde:** Jeder Beteiligte schlägt einen Entscheider und einen zu konsultierenden Experten vor.

Max wird ausgewählt. Er ist leidenschaftlicher Kaffeetrinker und sammelt als Hobby Espressomaschinen.

- Nach der Konsultation der Experten und der Analyse der Ergebnisse wird dieser Entscheider für die Gruppe den Beschluss treffen und verkünden. Die Gruppe wählt einen Entscheider aus und bestimmt die weitere Vorgehensweise.

Max wird mit jedem Teammitglied über seine Wünsche an die Maschine sprechen. Er wird sich Testberichte der letzten Jahre anschauen und sich in einem Fachhandel beraten lassen.

Welche typischen Hürden gibt es?
Bei Entscheidungen geht es „ans Eingemachte", hier wird offensichtlich, wie reif eine Gruppe mit Entscheidungen und Argumenten umgeht. Nicht alle Interessen können berücksichtigt werden. Je sachlicher eine Gruppe mit Beschlüssen umgehen kann und je weniger Machtkämpfe dabei ausgetragen werden, desto besser funktionieren nicht nur diese Meetings, sondern auch das Vorankommen der betroffenen Teams.

Welche Tipps und Tricks aus der Praxis helfen?
Konsententscheidungen sollten von einem neutralen Moderator begleitet werden. Wenn der Moderator eigene Interessen vertritt, wird die Moderation zu einem Rollenkonflikt,

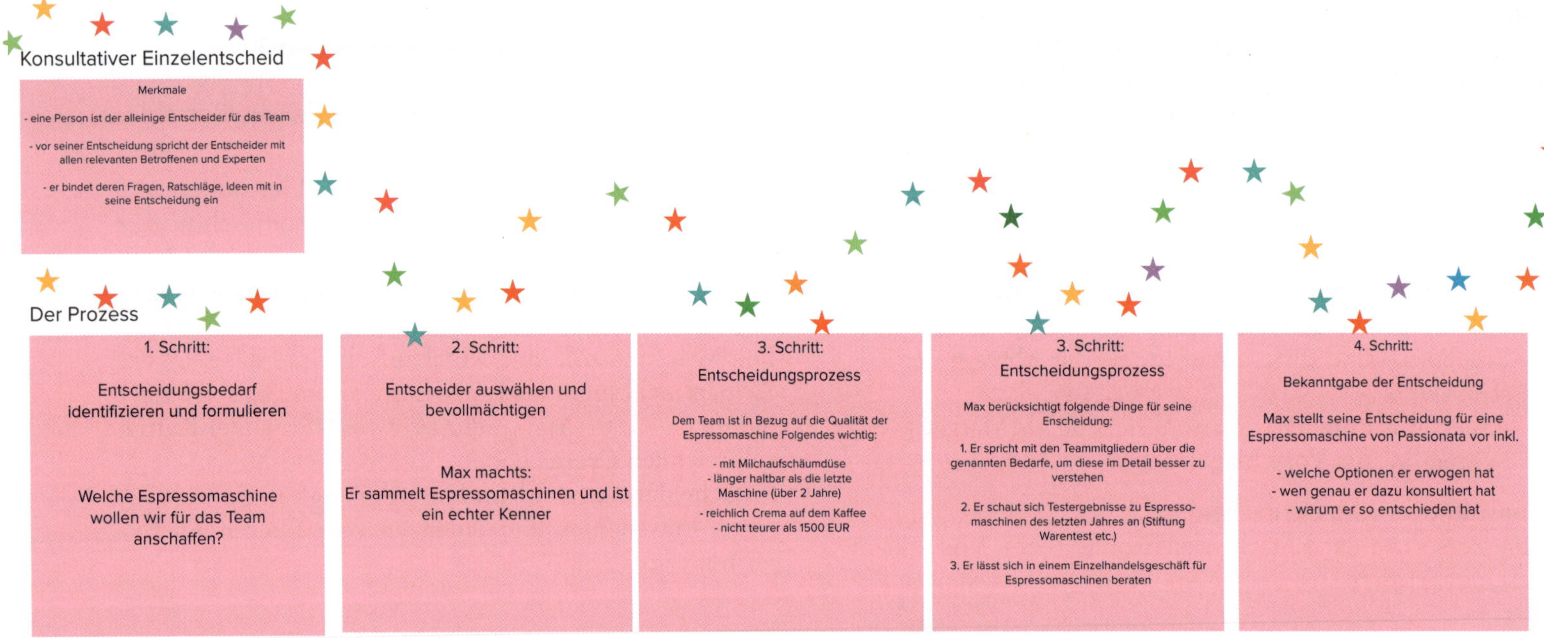

der niemandem zugutekommt. Allparteilichkeit ist hier der Schlüssel zum Erfolg.

Beim konsultativen Einzelentscheid muss das Team den Beschluss des Entscheiders akzeptieren. Holt euch dazu von jedem im Team die Zustimmung vorher ab.

Wie funktioniert das Entscheidungsmeeting in der Onlinevariante?
Unserem Eindruck nach sind Entscheidungsmeetings sogar einfacher online zu moderieren. Das liegt zum einen sowohl an der einfacheren Steuerung des Timeboxing als auch der Voting-Sessions über die Plattformen, zum anderen ist hier hilfreich, was für andere Workshops oder Meetings einen Nachteil darstellt: Die Menschen sind etwas dissoziierter und nehmen das eine oder andere Thema weniger persönlich, als wenn alle in einem Raum zusammensitzen und man jedes Zucken mitbekommt.

4.3 Planning-Meeting

Was ist ein Planning-Meeting?
Im Planning-Meeting schnürt und priorisiert das Team die Arbeitspakete, die zur Umsetzung von Neuerungen oder zur Erstellung von Produkten anfallen, und schätzt den Aufwand für jede Aufgabe konkret ein. Das Planning-Meeting kommt aus dem Framework Scrum. Wir finden es unabhängig von Scrum auch für jede andere Arbeitsweise von Teams entscheidend, um sich gemeinsam die Zeit für eine realistische Planung als Basis für die erfolgreiche Umsetzung zu nehmen.

Wozu dient ein Planning-Meeting?
Ein Planning-Meeting wird immer dann eingesetzt, wenn neue Aufgaben und komplexe Zusammenhänge geplant werden. Sowohl neue Angebote oder Services als auch interne komplexe Veränderungen müssen von Teams gut geplant und priorisiert werden. Passende und strukturierte Aufgabenpakete sind der Schlüssel zur schnellen und engagierten Abarbeitung. Die Aufgabenpakete können sowohl operative Arbeiten als auch strategische Schritte zu einem Ziel beschreiben. In der Planung werden zum einen alle Aufgaben für die Umsetzung eines Produkts oder Prozesses geplant und beispielweise in einem Backlog (Aufgabenspeicher) festgehalten. Zum anderen werden die Aufgaben zeitlich eingeschätzt und priorisiert, die in der nächsten Iteration umgesetzt werden sollen. Die gemeinsame Strukturierung und Priorisierung bringen dem Team nicht nur Klarheit über die Aufgaben, sondern führen außerdem zu einem gemeinsamen Fokus auf das angestrebte Ergebnis.

Warum wird es eingesetzt?
Sind die Arbeitspakete entsprechend eindeutig, kann jeder im Team die Kompetenzen einschätzen, die zur Bearbeitung gebraucht werden. Das ist die Basis für das eigenverantwortliche Ziehen der Pakete während der Umsetzungsphase.

Wie läuft ein Planning-Meeting ab?
Nachdem der Sinn und Zweck der Aufgaben transparent besprochen und geklärt worden ist, werden die einzelnen Arbeitspakete geschnürt. Gibt es einen Product Owner (PO), dann ist es seine Aufgabe, Arbeitspakete aus Nutzersicht zu beschreiben und sie dem Team vorzustellen. Gibt es keinen PO, dann formuliert das Team die Arbeiten gemeinsam oder in Kleingruppen und unterteilt die Pakete so, dass sie innerhalb weniger Tage erledigt werden können. Das Team priorisiert die Aufgaben und entscheidet, welche Pakete innerhalb der kommenden Iteration umgesetzt werden. Dazu wird der Aufwand zur Durchführung der

Arbeiten abgeschätzt. Das kann spielerisch erfolgen anhand von Pokerkarten (Planning-Poker) oder mithilfe von T-Shirt-Größen (XS, S, M, L, XL) kategorisiert werden.

Welches sind typische Hindernisse?
Oft werden Arbeitspakete zu groß und komplex geschnürt. Derjenige, der das Paket übernimmt, ist als Folge davon zu lange damit beansprucht. Das beeinträchtigt die Effizienz des ganzen Teams. Sind die Anforderungen aus Nutzersicht nicht klar erkennbar, werden Aufgaben nicht zufriedenstellend gelöst und erzeugen Mehraufwand.

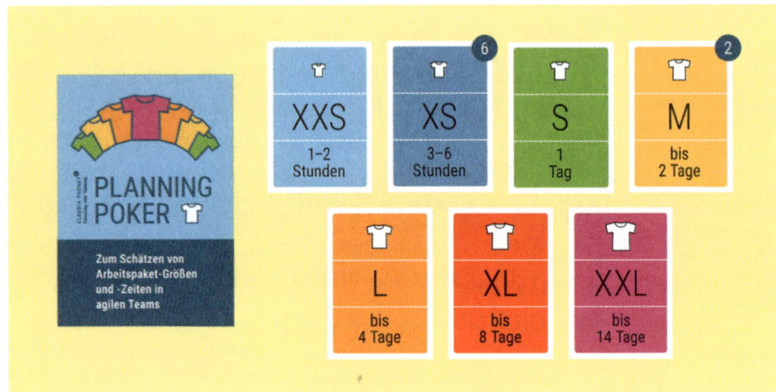

Welche Tipps und Tricks aus der Praxis helfen?
Lasst das Team nach der Definition und der Priorisierung der Aufgaben zunächst per Planning-Poker den Aufwand schätzen. Meist werden die Inhalte der Aufgaben dadurch erst klarer und einheitlich verstanden. Sobald ein Paket größer als L geschätzt wird, versucht, es in kleinere Arbeitsschritte zu unterteilen. Sind die Tasks zu groß, werden sie von keinem gezogen und blockieren den Workflow.

Wie funktioniert Planning-Meeting in der Onlinevariante?
Ähnlich wie das Delegation-Poker wird auch beim Planning-Poker der Aufwand per Voting-Session mit den Planning-Pokerkarten geschätzt. Alternativ gibt es bei Miro auch Apps, mit denen Planning-Poker gespielt werden kann.

Planning-Board

5 „DO" – Meetings und Workshops zur Umsetzung

5.1 Daily/Weekly

Was sind Dailies?

Dailies sind tägliche Kurzmeetings, in denen das Team gemeinsam am Kanban-Board arbeitet. Ziel ist der Austausch über Bearbeitungsstände und eventuell aufgetretene Hindernisse. Ein Weekly hat die gleiche Struktur, findet aber nur einmal wöchentlich statt und wird vorwiegend von Projektteams genutzt, die nicht täglich zusammenarbeiten. Gerade in selbstorganisierten Teams, die gemeinsam an einem Produkt oder Service für den Kunden arbeiten, ist der effektive Austausch in kurzen Intervallen relevant, um die Auslieferung (Time-to-Market) zu beschleunigen und die Kooperation zu strukturieren.

Wozu dienen Dailies?

Unabhängig von Frameworks sind Kurzmeetings in Form eines Daily oder Weekly immer dann zu empfehlen, wenn im Team Angebote für Kunden erstellt oder gemeinsame Dienstleistungen erbracht werden. Kurzmeetings lassen sich, je nach Bedarf abgewandelt, überall dort verwenden, wo Aufgaben komplexer sind und ein Bedarf an Wissensaustausch besteht. Sie haben trotz der Kürze von 10 bis 15 Minuten (je nach Teamgröße planen) viele Wirkungsmechanismen:

- Durch den kurzen Austausch der Emotionslage weiß jeder, wie es seinen Kollegen heute geht, und kann das Verhalten daraufhin besser zuordnen.
- Das Team kann Kapazitäten erkennen und nach Bedarf steuern.
- Jeder weiß, wo die Kollegen in ihren Aufgaben stehen.
- Jeder wählt, was er als Nächstes angehen wird.
- Die Kollegen können bei Bedarf unterstützen.
- Hindernisse werden geäußert und können behoben werden.

Wie laufen Dailies ab?

- Das Team nimmt sich jeden Tag zur selben Zeit und am selben Ort im Stehen 15 Minuten Zeit, in denen jeder gleichermaßen zu Wort kommt.
- Die Fragen sind visualisiert auf einem Flipchart oder einem Board für jeden ersichtlich.
- Das Timeboxing wird strikt eingehalten, jeder hat je nach Teamgröße 60 bis 90 Sekunden Zeit, die Fragen zu beantworten (ich verwende dazu gern eine kleine Sanduhr mit 60 bzw. 90 Sekunden – dann sieht jeder genau, wie er seine Zeit einteilen muss).
- Keiner darf sich enthalten oder dem Vorredner anschließen – jeder teilt sich gleichermaßen mit.
- Die Hindernisse und Needs werden im Daily nicht gelöst, sondern nur geäußert.
- Der Moderator/Coach/Teamleiter sorgt im Anschluss für die Beseitigung der Hindernisse und die Erfüllung der Needs.
- Die abgeschlossenen Aufgaben werden an dem Board ins „Done" geschoben.
- Die neuen Aufgaben werden gezogen und ins „Doing/In Progress" gesetzt mit dem Namen des jeweils Zuständigen.
- Jeder zieht (Pull) Aufgaben (es werden keine Aufgaben zugewiesen).

Beispielfragen für Dailies:

- Wie geht es mir heute (ein Wort sagen oder eine Gefühlskarte ziehen)?
- Was habe ich gestern bearbeiten/abschließen können?
- Welche Hindernisse sind aufgetreten?
- Was werde ich heute umsetzen?
- Was brauche ich dazu?

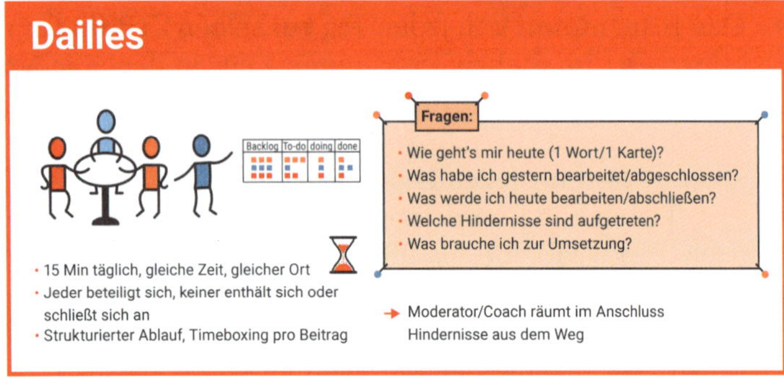

Welches sind typische Hindernisse?

Erfahrungsgemäß ist es wichtig, Dailies oder Weeklies wie ein festes Ritual zu pflegen. Der Wechsel von Zeit und Ort mündet meistens in Unklarheit und fehlender Verbindlichkeit. Sorgt für disziplinierte Einhaltung der Regeln (Timeboxing, Struktur …) und überzieht niemals, das verwässert sonst die Wirksamkeit und das Meeting verliert an Prägnanz.

Ein weiteres Hindernis ergibt sich bei verteilten Teams, die nicht an einem Ort arbeiten. Führt dann die Kurzmeetings online durch. Nutzt unbedingt Videokonferenzen, um die Interaktionen und Befindlichkeiten zu sehen und darauf zu reagieren.

Welche Tipps und Tricks aus der Praxis helfen?

Diskussionen im Daily oder Weekly sollten vermieden werden. Besser ist es, die Themen zu sammeln und in der Retrospektive zu besprechen. Das Daily-Stand-up ist, wie der Name sagt, ein kurzes tägliches Meeting, in dem alle Teilnehmer stehen. Die Teammitglieder informieren sich in diesem Meeting über den aktuellen Status ihrer Arbeit und beachten folgende Punkte:

Es ist wichtig, dass die Teammitglieder einander berichten und nicht ihrem eventuell anwesenden Product Owner oder dem Moderator. Sie schauen einander an, alle anderen Anwesenden sind nur Zuhörer.

Achtet auf wiederkehrende Probleme, die das Team nicht offen als Komplikation adressiert, und thematisiert diese in der Retro.

Wie funktionieren Dailies in der Onlinevariante?

Dailies eignen sich hervorragend für die Onlinevariante. Das Team spart jede Menge Zeit, sobald es nicht im gleichen Raum oder Gebäude arbeitet, wenn es sich online trifft. Auch das digitale Task- oder Kanban-Board kann dann gleichzeitig im Meeting eingesehen und Arbeitspakete können gezogen oder verschoben werden.

5.2 All-Hands

Was ist ein All-Hands-Meeting?

Im All-Hands-Meeting tauschen sich alle Bereiche oder Teams über die wichtigsten Entwicklungen aus. Dabei treffen sich Teams oder bei größeren Unternehmen auch Vertreter verschiedener Teams mit der Führung, um sich gegenseitig über die wichtigsten Fortschritte oder auch Hindernisse zu informieren.

Wozu dient es?
Im All-Hands-Meeting geht es um Synchronisation der Organisation bezogen auf die Vision und die Mission. Jedes Team teilt seine wichtigsten Beiträge, damit alle informiert sind und sich gegenseitig in der gemeinsamen Ausrichtung abgleichen können. Das wirkt dem negativen Siloeffekt entgegen und sorgt außerdem für Transparenz hinsichtlich der Erfolge, Misserfolge und der nächsten Schritte.

Warum wird ein All-Hands-Meeting eingesetzt?
Gerade in einem agilen Umfeld ist es entscheidend, wie gut und abgestimmt die Teams miteinander kooperieren. Damit Organisationen nicht nur auf operativer Ebene, sondern auch in kooperativer und strategischer Hinsicht agil arbeiten, müssen sie sich kontinuierlich austauschen und informiert halten.

Wie läuft ein All-Hands-Meeting ab?
Ein All-Hands-Meeting ist ein Kurzmeeting, das ebenfalls im Stehen durchgeführt wird. Je nach Größe der Organisation nehmen einzelne Vertreter aller Teams oder auch ganze Teams und die Führung daran teil. Es sollte nicht länger als 30 Minuten dauern und einmal wöchentlich oder einmal monatlich zur selben Zeit und am selben Ort stattfinden:

- Einladung und Intro durch die Unternehmensführung
- Besondere Leistungen und Menschen werden genannt und es wird ihnen applaudiert.
- Wrap-up der Führung und eines jeden Teams mit Visualisierung (drei Minuten pro Team):
  - Was ist unser Beitrag zur Vision?
  - Was haben wir erfüllt/erreicht/bewegt?
  - Was waren Highlights und positive Feedbacks?
  - Was waren Lowlights, negative Feedbacks, Fehler etc.?
  - Was gehen wir als Nächstes an?
  - Worin brauchen wir Unterstützung?
- Ausstieg und Dank

Welche typischen Hürden gibt es?
Ein Überziehen oder zu lange Beiträge einzelner Teams sind ein großes Ärgernis für die nachfolgenden Sprecher. Deswegen raten wir zu striktem Timeboxing.

Welche Tipps und Tricks aus der Praxis helfen?
Wir empfehlen, das Meeting lieber monatlich abzuhalten mit gut vorbereiteten Wrap-ups als wöchentliche unvorbereitete Austauschrunden. Das Meeting muss jedem Bereich einen offensichtlichen Mehrwert bieten und nach einer transparenten Struktur, wie in der Abbildung gezeigt, aufbereitet werden.

Wie funktioniert ein All-Hands-Meeting in der Onlinevariante?
Der Vorteil der Onlineversion ist nicht nur die Ortsunabhängigkeit, sondern auch die einheitliche Visualisierung für jedes Team. So kann jeder Bereich das vorgefertigte Template ausfüllen und automatisch sind alle Wrap-ups einheitlich dargestellt und verfügbar.

Wrap-up für All-Hands-Meetings

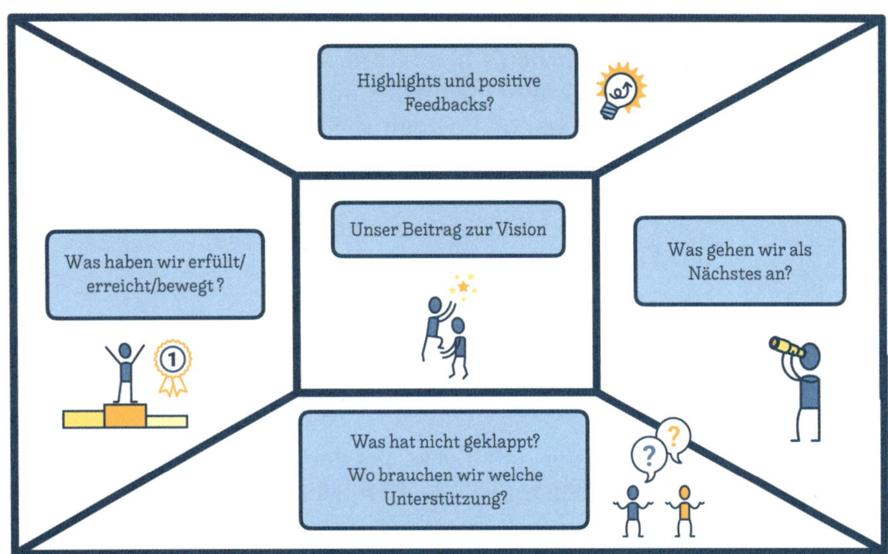

6 „CHECK" und „ACT" – Meetings zur Ergebnisüberprüfung und zum Anpassen

6.1 Review

Was ist ein Review-Meeting?

Der Review ist ein Meeting, in dem das Team dem Product Owner, dem Kunden oder anderen Stakeholdern die fertigen Arbeitspakete aus der letzten Arbeitsphase vorführt. Ziel ist, ein vorzeigbares Ergebnis oder Teilprodukt zu zeigen, anhand dessen die Stakeholder die Wirkung erleben und bewerten können. Das Team bekommt Feedback zu dem Produkt/Projektstand. Ein Review dauert zwischen ein und zwei Stunden.

Wozu dienen Reviews?

Reviews dienen der iterativen Anpassung neuer Kundenangebote. Damit erfahrt ihr regelmäßig und direkt, wie gut eure Ergebnisse die Kundenbedarfe erfüllen und was ihr in der nächsten Arbeitsphase anpassen könnt. Der größte Nutzen von Reviews ist das Feedback der Kunden und Stakeholder. Ihr erhaltet konkrete Optimierungen und Anpassungen für die nächste Phase.

- Außerdem prüft das Team durch die Demonstration und die Zusammenfassung der Ergebnisse den eigenen Grad der Umsetzung und Zielerreichung.
- Eure Ergebnisse werden in jeder Phase attraktiver für die Kunden.
- Ihr spart Zeit und Kosten, indem ihr wirkungslose Items frühzeitig erkennen und verwerfen könnt.

Warum werden Reviews eingesetzt?

Um in der schnelllebigen Digitalisierung attraktive Produkte oder Services zu liefern, bedarf es direkten Feedbacks aus Nutzersicht, um jede kurzzyklische Entwicklungsphase zur Optimierung zu nutzen.

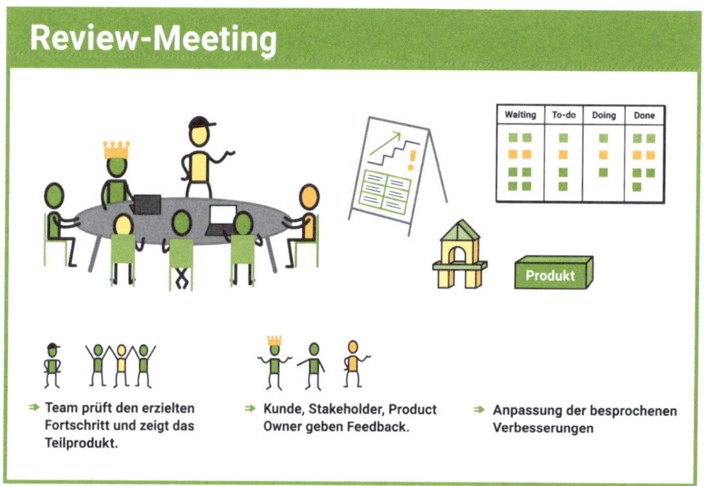

Wie läuft ein Review ab?

Als Vorbereitung findet das Team eine Variante, wie das Produkt, die Dienstleistung oder der Prozess erlebbar demonstriert werden kann. In jedem Fall ist eine Livedemonstration das Mittel der Wahl, in der die Funktionalität erlebt und direkt beurteilt werden kann. Weder PowerPoint noch Tabellenkalkulationen sind erlaubt.

- Neben dem Product Owner werden Vertreter von Kunden und Stakeholdern eingeladen.
- Der Moderator analysiert und beschreibt den Ablauf der aktuellen Iteration, um die Besucher zu informieren.

- Dazu wird die Umsetzungsphase anhand der passenden Methoden und Tools analysiert und bewertet.
- Auch die Relevanz und die Ziele der Umsetzungsphase werden kurz zusammengefasst.
- Das Team zeigt seine Arbeitsergebnisse in möglichst plastischer Form. Die Anwesenden sollen die Funktionsweise und die Wirkung erleben.
- Der Review-Moderator ermutigt zu Feedback und zum Austausch über die einzelnen Funktionen. Das Feedback wird festgehalten.
- Gemeinsam werden Anpassungen und Optimierungen besprochen und für die nächste Iteration integriert.
- Als Feedbackmethode nutzen wir gern den Starfish, der eigentlich als Retrospektiven-Format bekannt ist. Wir finden ihn ideal als Feedback zu einem Teilprodukt oder dem Prozess. Durch die fünf Perspektiven ist die Rückmeldung differenziert und strukturiert.
  MORE: Wovon mehr?
  LESS: Wovon weniger?
  KEEP: Was beibehalten?
  START: Was starten, neu machen, zusätzlich tun?
  STOP: Was aufhören, stoppen, nicht mehr tun?
- Wir lassen erst jeden Beteiligten (inklusive des Teams selbst) im Stillen Notizen zu den fünf Ebenen erstellen, bevor alles im Plenum zusammengetragen und besprochen wird.

Welche typischen Hürden gibt es?

- Die Arbeitspakete sind nicht fertiggestellt und das Teilprodukt ist fehlerhaft oder unvollständig. Zeigt vor allem in agilen Projekten Fehlertoleranz und haltet trotzdem den Review ein. Präsentiert einfach das, was bisher erschaffen worden ist, und erläutert die Hindernisse.
- Rechtfertigungen, Vorwürfe oder Diskussionen („Warum hat das so lange gedauert, X fertigzustellen?") sollten vermieden werden.
- Manager nehmen sich nicht die Zeit für den Review oder wollen lieber alles mit der Führungskraft besprechen. Das spiegelt den Kulturwandel wider. Nicht mehr die Führung klärt relevante Entscheidungen untereinander, sondern die selbstorganisierten Teams. Für diesen Wandel braucht es Stringenz – und gerade die Manager müssen als Vorbild unterstützen.

Welche Tipps und Tricks aus der Praxis helfen?

Folgende Varianten nutzen wir gern für die Vorstellung des Inkrements:

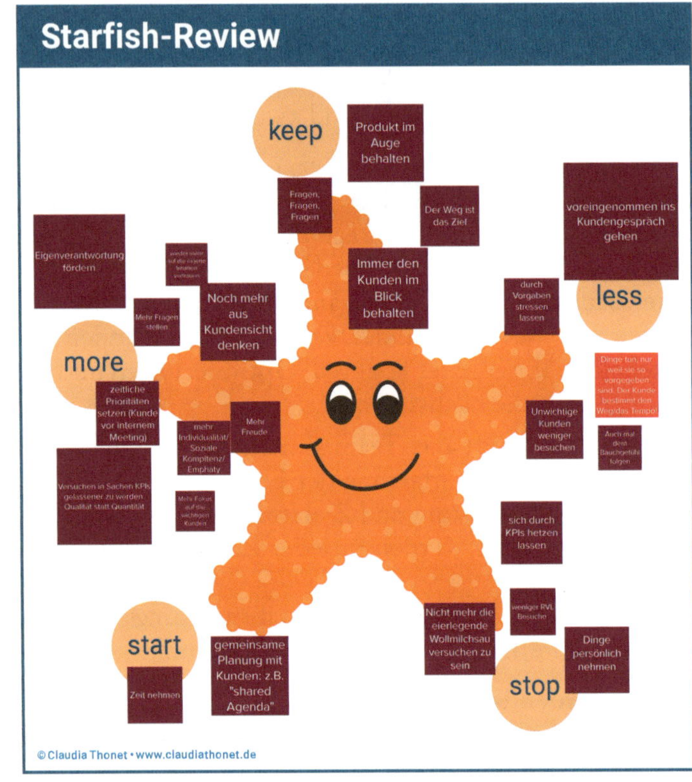

- Video: Das Team dreht einen Film mit den bisherigen Funktionsweisen des Serviceangebots für Kunden.
- Staging: Das Team spielt eine Sequenz der Dienstleistung bzw. des Prozesses vor.
- Livedemonstration: Die Software oder andere Produkte werden live vorgeführt und Funktionen ausprobiert.
- Customer Journey: Die Kundenreise wird dreidimensional als Modell digital oder haptisch nachgebildet und präsentiert.

Wie funktioniert ein Review in der Onlinevariante?
In der Onlinevariante braucht das Team teilweise andere Möglichkeiten, um das Inkrement vorzuführen.

- Videos lassen sich genauso einbinden wie in Präsenz.
- Rollenspiele funktionieren durch die getrennten Arbeitsplätze des Teams anders.
- Softwarevorführungen sind gleich.
- Modelle lassen sich mithilfe der Kamera zeigen oder werden gleich auf der Onlineplattform gebaut.

Review-Board

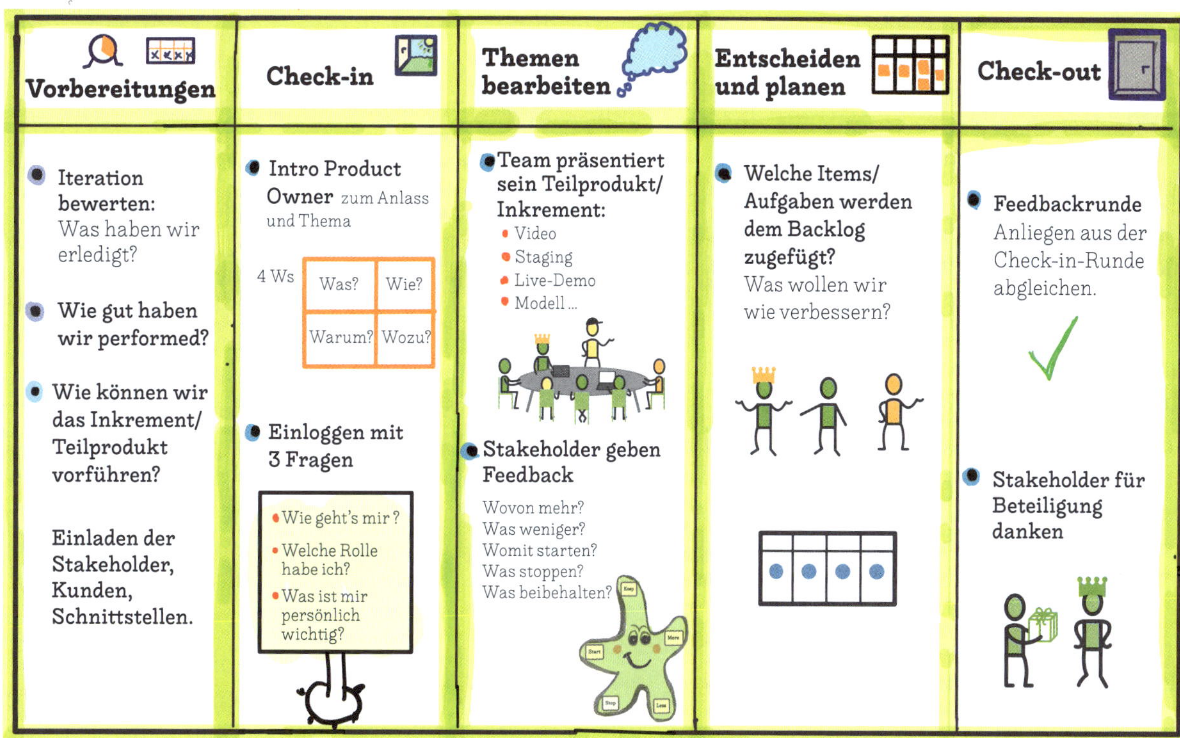

6.2 Retrospektive

Was ist eine Retrospektive?
Bei einer agilen Retrospektive betrachten Teams ihre Wir-Kultur und lernen aus dem Vergangenen, um besseren Outcome zu erreichen. Es werden beispielsweise folgende Fragen beantwortet:

- Wie haben wir in dem letzten Zyklus zusammengearbeitet?
- Was macht uns aus?
- Welchen Teamgeist pflegen wir und strahlen wir aus?
- Welches sind unsere Stärken und wie können wir diese festigen?
- Was können wir im Zusammenspiel optimieren?
- Wie lernen wir am besten aus unseren Fehlern und meistern bestehende Hürden?

Dazu werden die vergangene Iteration und gemeinsame (tägliche) Routinen in einer strukturierten Form reflektiert und bewertet. So kommen Probleme und Schwierigkeiten direkt und ohne Umschweife ans Licht. Gemeinsam werden die Hintergründe dazu erforscht und verstanden, um zusammen daraus zu lernen und konkrete Schritte – Action-Items – zu vereinbaren.

Unabhängig von agilen Projekten und Frameworks halten wir die Retrospektive für den Erfolgshebel schlechthin, um Teams in einen hohen Reifegrad zu führen. Je nach Dauer der Iteration, dem Teamzustand und dem Reifegrad sollte es außerhalb täglicher Routinen einen Retrospektiven-Zyklus von vier bis zwölf Wochen geben. Das Meeting braucht einen geschützten Rahmen, professionelle Moderation und ein Zeitfenster von zwei bis drei Stunden.

Wozu dient eine Retrospektive?
Eine agile Retrospektive bringt Teams und einzelne Mitglieder in ihrer Entwicklung weiter, sorgt für eine komprimierte Teamentwicklung und erhöht den Reflexionsgrad des Teams. Für interdisziplinäre Teams ist sie ein absolutes Muss, um mit der Divergenz untereinander umgehen zu können. Für eine effektive Selbstorganisation braucht es einen hohen Reifegrad. Dieser entsteht aber nicht zufällig, sondern ist das Ergebnis konsequenter Arbeit an der gemeinsamen Entwicklung.

Warum wird eine Retrospektive eingesetzt?
Leider wird diese Frage viel zu häufig gestellt und mit ausgefallenen und schlecht moderierten Retros beantwortet. Meetings, in denen Menschen auf sich und ihre Interaktionen schauen, sind zutiefst beunruhigend und unbequem – und unbequemen Dingen wollen wir natürlicherweise ausweichen. Gleichzeitig sind unserer Erfahrung nach konstruktive und lösungsorientierte Teamzusammenkünfte der Schlüssel zum Glück. Wer wünscht sich nicht, Teil eines Teams zu sein, in dem jeder mit seinem Wesen akzeptiert, in seinen Stärken gefördert und in seiner Entwicklung befeuert wird? Das fällt nicht vom Himmel, sondern ist das Resultat konsequenter Reflexion und Beziehungsarbeit untereinander und mit sich selbst. Genau dazu dienen gute Retros. Doch sie können genauso verheerend wie wirksam sein. Werden die Spannungen in Schuld, Scham und Vorwürfe verwandelt statt in gute Lösungen, dann bewirken sie das Gegenteil. Sorgt dafür, dass Retrospektiven von erfahrenen Moderatoren begleitet werden. Das Team wird es danken.

Wie läuft eine Retrospektive ab?
Agile Retrospektiven werden gut vorbereitet: Der Master, der Moderator oder der agile Coach wählt eine zum Team

und zur Teamstimmung passende Retrospektiven-Methode aus und bereitet alle Materialien vor. Das funktioniert online auch sehr gut, außer bei Konflikten, die bereits eskaliert sind. Dafür würden wir immer eine Präsenz-Retro empfehlen.

Wir vermitteln in unseren Ausbildungen zum agilen Coach oder Trainer eine Vielzahl unterschiedlicher Methoden für gute Retros. Die Anforderungen an den Moderator sind vielschichtig und erfordern Erfahrung und Moderationskompetenz.

Retrospektiven haben fünf Phasen, die jeweils individuell konzipiert und moderiert werden:

1. **Einloggen:** Holt alle Teilnehmer mit ins Boot und klärt den Sinn und Zweck.
2. **Themen erheben und bewerten:** Reflektiert die letzte Iteration. Sammelt und priorisiert die Themen.
3. **Hintergründe verstehen:** Ergründet die Ursachen und Zusammenhänge von Missverständnissen, Schwierigkeiten oder Hindernissen.
4. **Probleme lösen und entscheiden:** Trefft im Team gemeinsam Vereinbarungen und Entscheidungen, welche die Kooperation und den Teamgeist fördern.
5. **Ausloggen:** Lasst alle Beteiligten ihr Feedback zur Retro geben und sorgt für einen guten Abschluss.

Welche typischen Hürden gibt es?

- Halbherzig vorbereitete oder schlecht moderierte Retrospektiven richten mehr Schaden an, als sie Nutzen bringen. Eine Retro zu moderieren ist nichts, das einer aus dem Team mal eben nebenher aus dem Ärmel schütteln kann. Lasst deshalb ein Mitglied zum Moderator ausbilden oder beauftragt zumindest für die ersten Retrospektiven einen Experten auf diesem Gebiet.
- Der Moderator braucht immer eine neutrale Haltung und professionelle Distanz. Sobald er als Teammitglied eigene Interessen verfolgt, ist er nicht mehr in der Lage, der Aufgabe gerecht zu werden. Gerade bei Konflikten im Team ist die allparteiliche und lösungsorientierte Steuerung essenziell.
- Befindlichkeiten und ungünstige Interaktionen untereinander wie gegenseitige Schuldzuweisungen sind oftmals anstrengend und destruktiv. Sorgt für radikale Akzeptanz der verschiedenen Charaktere. „Jeder ist als Mensch eine Zehn“ – das ist unser Slogan. Keiner ist mehr wert oder als Mensch den anderen überlegen. Lasst keine Erziehungsmaßnahmen untereinander zu, sondern fördert die Divergenz. Unterschiede auszuhalten ist für viele eine Herausforderung.
- Fehlendes Vertrauen macht Retrospektiven zu einer Farce. Ohne psychologische Sicherheit sagt keiner mehr, was er wirklich denkt – die relevanten Themen werden unter den Teppich gekehrt.
- Vermeidet von Retro zu Retro „mitgeschleppte“ Themen und sucht immer direkt und gemeinsam nach einer Lösung.
- Achtet darauf, dass die Retrospektive auch zeitlich nicht aus dem Ruder läuft und wie bei den meisten nicht agilen Meetings zu einem Zusammentreffen wird, in dem zu viel (Irrelevantes) und ohne echtes Ergebnis geredet wird.

Welche Tipps und Tricks aus der Praxis helfen?

Schaut euch vor der Retro das Team genauer an und schätzt die Teamphase ein. Je nach Entwicklungsphase hat das Team unterschiedliche Bedürfnisse oder Herausforderungen, die es zu meistern gilt. Genau das sollte in der Teamzusammenkunft bearbeitet werden. Folgende Fragen helfen bei der Vorbereitung:

- Wo steht das Team in der Entwicklung?
- Was läuft schon gut?
- Welche Stärken hat es?
- Welche Anforderungen kommen in nächster Zeit auf das Team zu?
- Was braucht es, um diese zu meistern?
- Welche Eigenschaften, Interaktionen, Vereinbarungen, Stärken, Kompetenzen hat das Team bereits, um die Anforderungen zu erfüllen?
- Welche fehlen oder müssen gestärkt werden?
- Was davon kann in den Retros wie erreicht werden?

Wie funktionieren Retros in der Onlinevariante?

Noch Anfang 2020 haben wir agilen Teams geraten, alle Meetings außer den Retrospektiven bei Bedarf remote zu machen. Doch gerade bei der Reflexion der Zusammenarbeit war ich überzeugt: Das gelingt nur in Präsenz wirksam. Mittlerweile haben wir selbst unzählige Retros online durchgeführt. Wirksam und relevant waren sie unter drei Vorausetzungen:

1. Alle haben die Kamera an und sehen sich.
2. Es wird ein Kollaborationstool genutzt, auf dem alle gemeinsam arbeiten und visualisieren können.
3. Es gibt Breakout-Räume, in denen Kleingruppen etwas erarbeiten können oder ein Zweiergespräch möglich ist.

Gerade in selbstorganisierten Kontexten sind Retros entscheidend und werden doch immer noch chronisch unterschätzt. Doch wie gelingt das im virtuellen Raum, wo die Menschen viel mehr abgelenkt sind und die physische Nähe fehlt? Hier gelten umso mehr die in Kapitel 2.2, S. 55, beschriebenen goldenen Regeln für Onlinezusammenarbeit.

Retrospektiven-Board

Es gibt unzählige Methoden für Retrospektiven. In unsere Toolsammlung haben wir einige unserer Lieblingsmethoden eingefügt.

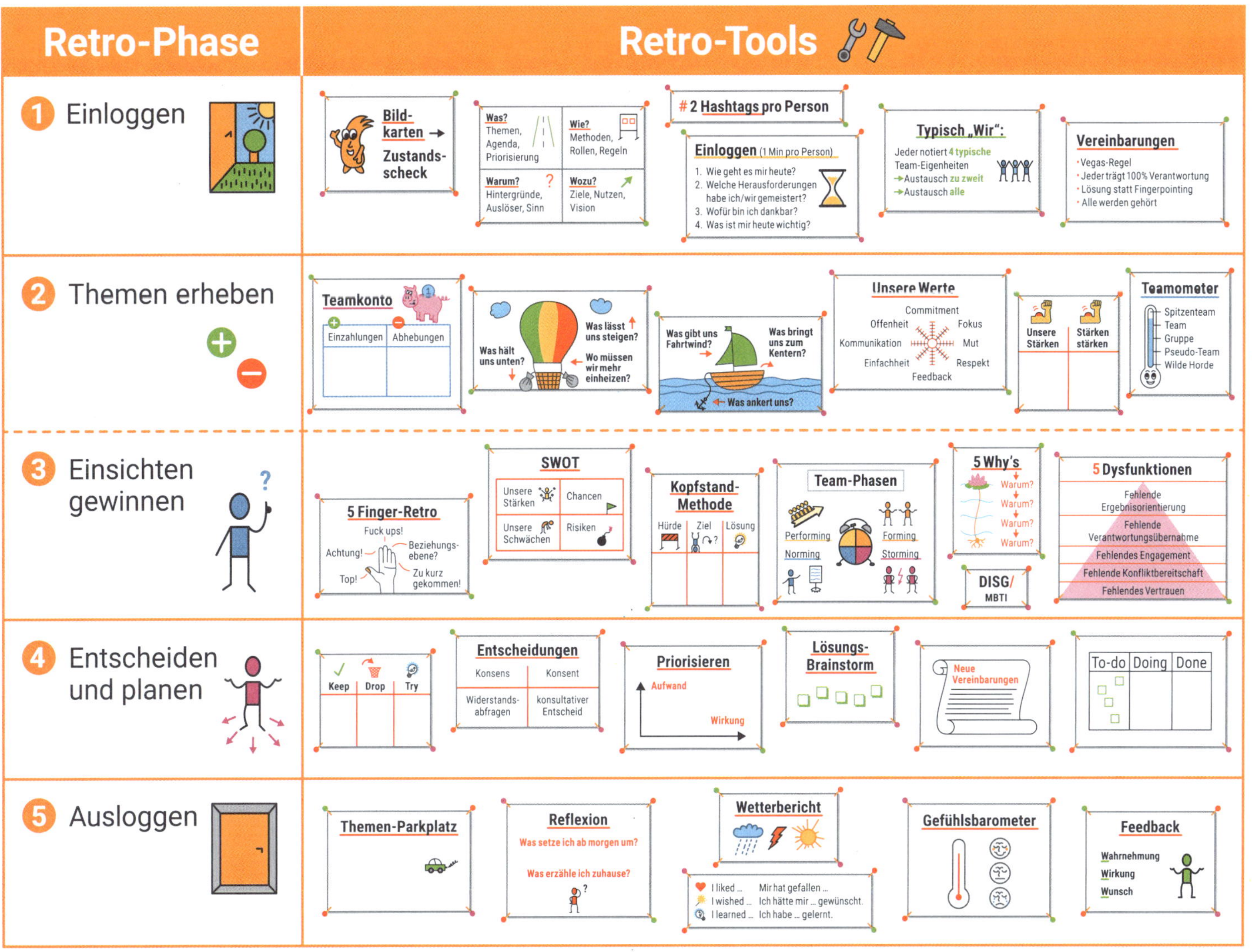
Retro-Phase
Retro-Tools
1 Einloggen
Bild-karten → Zustands-scheck
Was? Themen, Agenda, Priorisierung
Wie? Methoden, Rollen, Regeln
Warum? Hintergründe, Auslöser, Sinn
Wozu? Ziele, Nutzen, Vision
2 Hashtags pro Person
Einloggen (1 Min pro Person)
1. Wie geht es mir heute?
2. Welche Herausforderungen habe ich/wir gemeistert?
3. Wofür bin ich dankbar?
4. Was ist mir heute wichtig?
Typisch „Wir":
Jeder notiert 4 typische Team-Eigenheiten
→Austausch zu zweit
→Austausch alle
Vereinbarungen
• Vegas-Regel
• Jeder trägt 100% Verantwortung
• Lösung statt Fingerpointing
• Alle werden gehört
2 Themen erheben
Teamkonto
Einzahlungen
Abhebungen
Was hält uns unten?
Was lässt uns steigen?
Wo müssen wir mehr einheizen?
Was gibt uns Fahrtwind?
Was bringt uns zum Kentern?
Was ankert uns?
Unsere Werte
Commitment
Offenheit
Fokus
Kommunikation
Mut
Einfachheit
Respekt
Feedback
Unsere Stärken
Stärken stärken
Teamometer
Spitzenteam
Team
Gruppe
Pseudo-Team
Wilde Horde
3 Einsichten gewinnen
5 Finger-Retro
Fuck ups!
Achtung!
Beziehungs-ebene?
Top!
Zu kurz gekommen!
SWOT
Unsere Stärken
Chancen
Unsere Schwächen
Risiken
Kopfstand-Methode
Hürde
Ziel
Lösung
Team-Phasen
Performing
Forming
Norming
Storming
5 Why's
Warum?
Warum?
Warum?
Warum?
DISG/ MBTI
5 Dysfunktionen
Fehlende Ergebnisorientierung
Fehlende Verantwortungsübernahme
Fehlendes Engagement
Fehlende Konfliktbereitschaft
Fehlendes Vertrauen
4 Entscheiden und planen
Keep
Drop
Try
Entscheidungen
Konsens
Konsent
Widerstands-abfragen
konsultativer Entscheid
Priorisieren
Aufwand
Wirkung
Lösungs-Brainstorm
Neue Vereinbarungen
To-do
Doing
Done
5 Ausloggen
Themen-Parkplatz
Reflexion
Was setze ich ab morgen um?
Was erzähle ich zuhause?
Wetterbericht
I liked ... Mir hat gefallen ...
I wished ... Ich hätte mir ... gewünscht.
I learned ... Ich habe ... gelernt.
Gefühlsbarometer
Feedback
Wahrnehmung
Wirkung
Wunsch

Tools für Retrospektiven

Phase 1: Check-in/Einloggen

Folgende Workhacks haben wir bereits in Kapitel 2 beschrieben:

1. Gefühls-Check mit Metaphern oder Bildern (S. 60)
2. Vier W-Fragen (S. 57)
3. Einloggen-Fragen (S. 59)
4. Vereinbarungen (S. 63) als sicherer Hafen

Vereinbarungen sind für Retrospektiven ganz besonders wichtig. Gute Vereinbarungen wirken wie ein sicherer Hafen. Auch wenn es mal sprichwörtlich stürmisch wird, weiß jeder, dass das Teamboot nicht kentern wird oder Einzelne über Bord gehen.

Sichere Hafenvereinbarungen sind:

- Wir suchen nach Lösungen statt Schuldzuweisungen.
- Wir gehen davon aus, dass jeder in seinem Rahmen sein Bestes gegeben hat.
- Wir sprechen in Ich-Botschaften.
- Wir schätzen unsere Unterschiedlichkeit und nutzen diese konstruktiv fürs Team.

„Typisch wir" oder „Typisch ich"

Was ist „Typisch wir/Typisch ich"?
Dies ist eine Moderationsmethode, mit der jeder im Team seine Sichtweise auf das Team ausdrücken und sich untereinander austauschen kann. Der Workhack bringt viele Erkenntnisse in kürzester Zeit ans Licht und macht zusätzlich auch noch Spaß!

Wozu dient „Typisch wir/Typisch ich"?
Jeder hat seine eigene Sichtweise auf die Charakteristika und Eigenheiten des Teams oder auf sich selbst innerhalb des Teams. Beide Fragen könnt ihr je nach Bedarf einzeln einsetzen oder auch hintereinander moderieren. Durch die Fokussierung auf die vier wichtigsten Begriffe mit kurzem Timeboxing wird das Wesentliche thematisiert und untereinander im zweiten und dritten Schritt ausgetauscht.

Die Methode ist skalierbar und unabhängig von der Teamgröße einsetzbar.

Warum wird dieses Tool eingesetzt?
Dies Tool wird verwendet, um gleich zu Beginn einer Retrospektive die Sichtweise jedes Einzelnen auf das Team oder auf jedes Teammitglied abzugleichen.

Wie läuft „Typisch wir/Typisch ich" ab?

1. **„Typisch wir"**
   Bei „Typisch wir" notiert jeder im ersten Schritt für sich alleine vier typische Beschreibungen für das anwesende Team:
   - Was ist absolut typisch für uns?
   - Mit welchen vier Begriffen würdest du unser Team jemand anderem beschreiben?
   - Was zeichnet uns aus?

   Dazu hat jeder zwei Minuten Zeit.
   Dann tauschen sich zwei bis drei Personen über ihre Notizen aus mit dem Ziel, diese zu kondensieren oder auch weitere Begriffe, die im Gespräch entstehen, hinzuzufügen. Dazu bekommen die Partner vier Minuten Zeit. Anschließend tauschen sich jeweils zwei Paare (vier bis sechs Leute) untereinander in gleicher Weise wie im zweiten Schritt aus. Auch dazu bekommen sie vier Minuten Zeit. Die Ergebnisse werden im Plenum besprochen und visualisiert.

2. „Typisch ich"
   Bei „Typisch ich" notiert jeder im ersten Schritt für sich alleine vier typische Beschreibungen über sich selbst im Team oder in einem anderen konkreten Kontext:
   - Was ist absolut typisch für mich?
   - Mit welchen vier Begriffen würden mich andere beschreiben?
   - Was zeichnet mich aus?

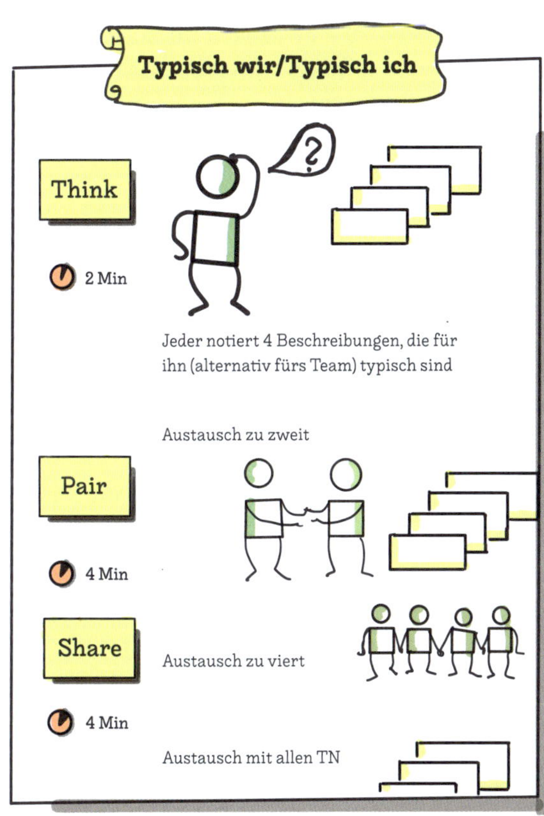

Dazu hat jeder zwei Minuten Zeit. Dann tauschen sich zwei bis drei Personen über ihre Notizen aus mit dem Ziel, zu dem Selbstbild ein Fremdbild durch die Kollegen hinzuzufügen: Was sieht mein Gesprächspartner an typischen Eigenschaften oder Verhaltensweisen? Dabei sollte der Fokus auf Stärken liegen. Dazu bekommen die Partner vier Minuten Zeit. Anschließend tauschen sich jeweils zwei Paare (vier bis sechs Leute) untereinander in gleicher Weise wie im zweiten Schritt aus. Auch dazu bekommen sie vier Minuten Zeit. Die Ergebnisse werden zu jeder Person im Plenum besprochen und visualisiert.

Welches sind typische Hürden und welche Tipps aus der Praxis helfen?

Je nach Reifegrad des Teams gibt es unterschiedliche Hürden:

Bei Teams in der Forming-Phase werden heikle Themen selten thematisiert. Als Moderator sind die Zwischentöne wichtig. Achtet auf die leise Kritik und ermutigt, diese als Entwicklungschance zu nutzen. Bei Storming-Teams ist es hingegen wichtiger, auf die Stärken zu achten und die Schwierigkeiten als Lernfelder zu reframen.

Wie funktioniert „Typisch wir/Typisch ich" in der Onlinevariante?

Ihr braucht für die Onlinevariante die Möglichkeit, Notizen zu teilen und Breakout Sessions zu erstellen. Startet im Plenum und lasst jeden für sich Notizen zu der Frage „Typisch wir?" oder „Typisch ich?" machen. Dann teilt ihr die Paare zum Austausch in Breakout Sessions ein. Im dritten Schritt fügt

ihr jeweils zwei Breakouts zusammen. Als Fazit erfolgt der Austausch im Plenum. Dabei werden alle Notizen zusammengetragen und geclustert.

Phase 2: Themen erheben

Teamkonto

Was ist ein Teamkonto?
Ein Teamkonto ist ein hervorragendes Instrument, um bei einem fortgeschrittenen Teamentwicklungsprozess Erkenntnisse über die Systemdynamik und den Beitrag jedes Einzelnen zum Team zu gewinnen. Gleichzeitig beinhaltet der Prozess ein intensives Feedback mit Selbst- und Fremdbildabgleich.

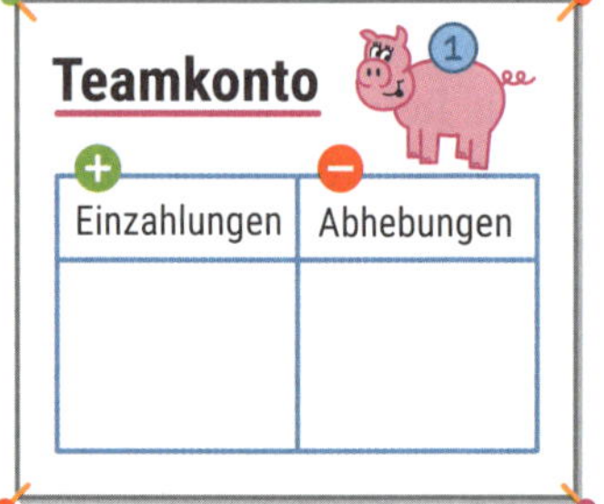

Wozu dient ein Teamkonto?
Dieses Retrospektiven-Format dient dazu, eine Bilanz der Zusammenarbeit zu ziehen. Ein Teamkonto ist ein komplexes, strukturiertes Verfahren, in dem die Teammitglieder ihre Zusammenarbeit reflektieren. Sie gleichen gegenseitig das Selbst- und Fremdbild jedes Einzelnen im Team ab und geben Feedback zu den individuellen Beiträgen der Einzelnen zum Team. Außerdem erklärt und veranschaulicht das Modell auf einprägsame Weise das systemische Ausgleichsprinzip in Teams. Dadurch verstehen die Teilnehmenden die Dynamik in ihrem Team und erkennen ihren eigenen Beitrag bzw. ihren Stand bei den Kollegen. Genau diese strukturierte Retrospektive ist wichtig, um agiler zu moderieren und dabei die Selbstreflexion zu steigern.

Nutzen und Ziele der Methode:

- Durch die Metapher des Teamkontos erkennen die Teammitglieder die Gruppendynamik des Ausgleichs.
- Das Team erarbeitet gemeinsam eine Definition und konkrete Beispiele zu positiven und negativen Beiträgen.
- Jeder Teilnehmer reflektiert anhand von Checklisten seinen eigenen Beitrag und dessen Auswirkungen.
- Durch den Selbst- und Fremdbildabgleich erhalten alle intensives Feedback zur Wahrnehmung der anderen Teammitglieder.
- Jeder erhält konkretes Feedback zu den Möglichkeiten, seinen Beitrag zum Team zu verbessern.
- Wünsche und Bedürfnisse der Teammitglieder werden sichtbar gemacht.
- Das Team lernt, welche Verhaltensweisen und Fähigkeiten zählen, die sonst oft nicht thematisiert werden.

Diese agile Moderationsmethode ist anschaulich und wirkungsvoll. Das Feedback wird konstruktiv und ausgeglichen gestaltet.

Warum wird ein Teamkonto eingesetzt?
Das Teamkonto wird verwendet, um einen gemeinsamen Erwartungsabgleich zu machen. Was versteht jeder unter Einzahlungen und Abhebungen und wie schätzt er sich selbst und die Kollegen im Team ein? Die Mitglieder eines Teams sind meist sehr unterschiedlich, doch jeder trägt auf seine Art dazu bei, dass ein Team funktioniert oder nicht. Deshalb lohnt sich ein genauerer Blick auf die so entstehende Teamdynamik.

Wie läuft es ab?

- Der Moderator erläutert die Metapher des Teamkontos anhand eines Girokontos (der Kunde muss erst einmal Einzahlungen leisten und nachweisen, bevor er einen

Dispokredit eingeräumt bekommt – Überziehungen kosten Zinsen etc.). Die Metapher wird auf ein imaginäres Teamkonto übertragen.

- Das Team sammelt per Zurufabfrage und Ergänzungen durch den Moderator Verhaltensweisen und Fähigkeiten, die als Einzahlungen und Abhebungen wahrgenommen werden.
- Anschließend teilt der Trainer das Team in Vierergruppen.

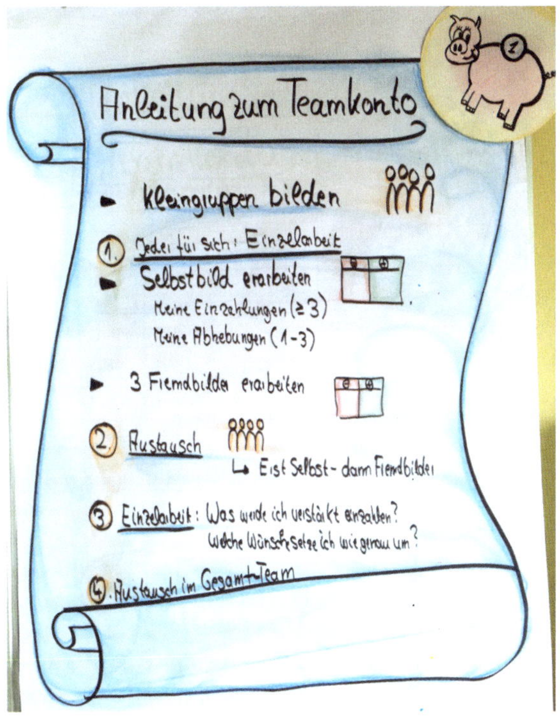

- Erst beschäftigt sich jeder Teilnehmer alleine mit seiner Selbsteinschätzung und notiert jeweils mindestens drei Einzahlungen und mindestens zwei Abhebungen. Es können gern fehlende Verhaltensweisen/Fähigkeiten ergänzt werden.
- Dazu bekommt jeder Teilnehmer fünf Minuten Zeit.
- Anschließend schätzt jeder die drei Kollegen und deren Kontobilanz ein und notiert die Einzahlungen und Abhebungen (mehr Einzahlungen!) jeweils pro Teamkollege. Zu den Abhebungen wird jeweils ein Wunsch formuliert. (Was wünscht sich derjenige stattdessen von dem Kollegen?)
- Dazu bekommt jeder Teilnehmer 20 Minuten Zeit.
- Nun werden die Selbst- und Fremdbilder nacheinander ausgetauscht. Gestartet wird jeweils mit dem Selbstbild, das jeder Teilnehmer vorliest. Dabei werden die Selbsteinschätzungen nicht diskutiert. Die Kollegen dürfen aber Verständnisfragen stellen. Danach stellen die anderen Teilnehmer der Gruppe reihum jeweils ihr Fremdbild des entsprechenden Kollegen vor. Auch hier gilt: Diskutiert wird zunächst nicht.
- Danach sammelt jeder Teilnehmer seine Checklisten ein, also sein Selbstbild und die drei Fremdbilder. In Einzelarbeit notiert er sein Fazit, für das er die beiden Fragen beantwortet:
  - Was werde ich ab sofort noch bewusster als Einzahlung auf das Konto leisten?
  - Welche Abhebung werde ich wie in einen Wunsch umwandeln?
- Das Fazit jedes Teammitglieds wird im Plenum ausgetauscht. Auch hier gilt es, Diskussionen zu vermeiden und nur Verständnisfragen zuzulassen.

Beispiele von + Einzahlungen aufs Teamkonto	Beispiele von – Abhebungen vom Teamkonto
▪ Ansprachen/Abschlüsse: Beiträge zur Zielerreichung ▪ Leistungsbeitrag ▪ Geteiltes Wissen und Erfahrungen ▪ Einsatzbereitschaft ▪ Zuverlässigkeit ▪ Gute Stimmung ▪ Hilfsbereitschaft ▪ Flexibilität ▪ Eingebrachte Ideen ▪ Positives Denken ▪ Verantwortungsübernahme ▪ Veränderungsbereitschaft ▪ Komplimente/Anerkennung geben ▪ Positives Feedback geben/Lob ▪ Zuverlässiges Handeln ▪ Präsenz (wenig Krankheitsausfälle) ▪ Übernahme von Verpflichtungen	▪ Vereinbarungen nicht einhalten ▪ Geringer Beitrag zur Zielerreichung ▪ Ausfälle/viele Fehltage ▪ Negatives und destruktives Denken ▪ Unflexibel agieren ▪ Anderen Vorwürfe machen ▪ Kritisches Feedback ▪ Verantwortung meiden ▪ Missachtung/Respektlosigkeit ▪ Ignoranz ▪ Andere belasten und ständig Aufmerksamkeit fordern ▪ Lästern ▪ Lügen ▪ Jammern/demotiviert sein ▪ Unaufmerksam gegenüber anderen ▪ Geringe Beteiligung an gemeinsamen Verpflichtungen (Aufräumen etc.) ▪ Fehler machen

Welches sind typische Hürden und welche Tipps aus der Praxis helfen?
Bei der Sammlung der Kontobewegungen ist es wichtig, die Begriffe zumindest mündlich näher zu definieren. Was versteht das Team oder jeder Einzelne unter Zuverlässigkeit oder Hilfsbereitschaft oder Respekt etc.? An welchem Verhalten wird das festgemacht? Genauso verhält es sich bei den Feedbacks: Regt die Teilnehmenden an, ihre Rückmeldungen näher zu beschreiben als beobachtbares Verhalten.

Wie funktioniert ein Teamkonto in der Onlinevariante?
Ihr könnt die Methode ebenso gut online durchführen. Dazu sammelt ihr die Einzahlungen und Abhebungen im Team, indem jeder seine Notizen dazugibt und ihr diese gemeinsam sortiert, besprecht und clustert.

Die Dreier- bis Vierergruppen schickt ihr dann für die Selbst- und Fremdbilder in Breakout Sessions/Gruppenräume und lasst das Fazit jedes Teilnehmers zum Schluss im Plenum mitteilen. Um das Teamgefühl herzustellen, könnt ihr einen gemeinsamen Teamtisch visualisieren, wie in Kapitel 2, S. 57, beschrieben.

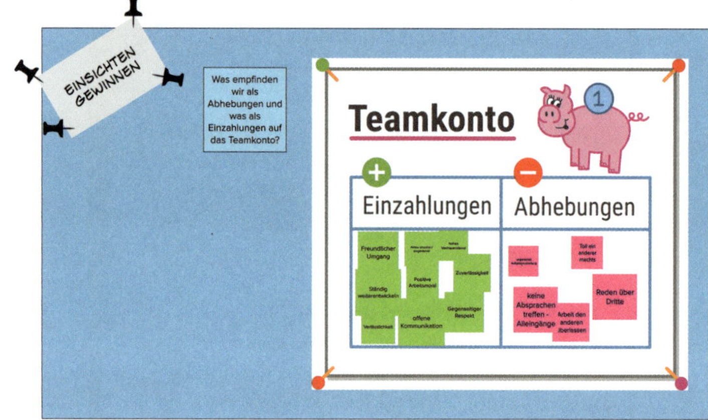

Heißluftballon

Was ist die Heißluftballon-Retro?
Die Heißluftballon-Retro eignet sich für Teams ab der Storming-Phase. Anhand der Metapher eines steigenden Heißluftballons werden die Zusammenarbeit und die Umfeldeinflüsse auf ein Team reflektiert und sichtbar gemacht.

Wozu dient sie?

Die Heißluftballon-Retro dient der Betrachtung der fördernden und hemmenden Aspekte, die in irgendeiner Weise auf das Team einwirken. Außerdem schärft die Methode die Orientierung und Ausrichtung auf die Strategie. Das Team reflektiert sowohl seine Vision und seine Ziele mit der Frage „Was lässt uns steigen?“ als auch seine Bremsklötze und Hemmnisse mit den Fragen „Was sind unsere Sandsäcke? Was hält uns am Boden?“. Durch die Metaphorik hat das Team sehr schnell gedankliche und emotionale Vorstellungen und Antworten auf die verschiedenen Fragen.

Gleichzeitig sorgt die Frage „Wo müssen wir mehr einheizen?“ für die Selbstwirksamkeit des Teams und verhindert Schuldzuweisungen.

Warum wird die Heißluftballon-Retro eingesetzt?

In der Alltagsroutine arbeitet das Team vorwiegend an operativen Themen und an der Kooperation untereinander. Von Zeit zu Zeit ist es deswegen wichtig, nicht nur im Team, sondern auch am Team zu arbeiten. Das Team betrachtet anhand des Ballons sich selbst aus einer Art Vogelperspektive und kann dadurch neue Erkenntnisse gewinnen.

Wie läuft sie ab?

- Zeichnet einen Heißluftballon auf ein Flipchart, eine Metawand oder ein Kollaborationsboard und fügt Wolken als Ziele und Sandsäcke als Hindernisse hinzu.
- Formuliert gemeinsam mit dem Team, welche strategischen Ziele auf den Wolken stehen sollen. Was ist die Ausrichtung des Ballons? Wohin will er aufsteigen?
- Dann lasst jedes Teammitglied für sich alleine zu folgenden Fragen Notes schreiben und stellt dazu den Timer auf fünf Minuten:
  - Was lässt uns steigen?
  - Was bringt uns vom Kurs ab?
  - Was hält uns am Boden oder zieht uns nach unten?
  - Wo müssen wir mehr einheizen?
- Wir nutzen gern unterschiedliche Farben für die Fragen, dann können die Teilnehmenden und später auch das Team die Notizen leichter den vier Fragen zuordnen.

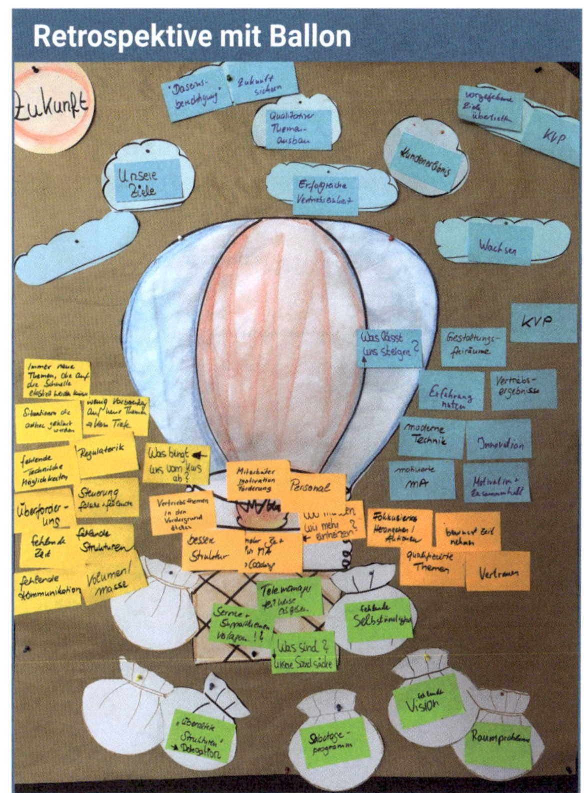

- Anschließend lasst ihr entweder die Notizen von jedem visualisieren und mit kurzer Erklärung präsentieren oder ihr lasst erst die Beiträge in Kleingruppen (zwei bis drei Teilnehmer) austauschen und diskutieren, bevor sie im Plenum erörtert werden.
- Nach dem Austausch entscheidet sich das Team für mindestens eine konkrete Handlung, ein Action-Item, zur Verbesserung der Zusammenarbeit, das bis zur nächsten Retro umgesetzt wird.

Welches sind typische Hürden und welche Tipps aus der Praxis helfen?
Je nach Teamklima ist es uns schon passiert, dass viel mehr Sandsäcke (Was zieht uns nach unten?) als andere Notizen beschrieben wurden und der Ballon zum Frustablassen von Themen genutzt wurde, die nicht im Einflussbereich des Teams lagen. Deswegen stellen wir gern die Frage nach Themen, die im Teamspielfeld liegen.

Wie funktioniert die Heißluftballon-Retro in der Onlinevariante?
Für die Onlinevariante des Ballons braucht ihr eine Plattform, auf der ihr den Ballon darstellen könnt und die Teilnehmenden Notes schreiben können. Dann funktioniert die Moderation ebenso wie in Präsenz.

Segelboot

Was ist die Segelboot-Retro?
Das Segelboot ist eine eingängige Metapher. Das Team kann sich schnell in die Situation, gemeinsam auf einer Reise zu sein, hineinversetzen und Analogien zur Zusammenarbeit darin finden.

Wozu dient sie?
Ähnlich wie der Ballon kann die Metapher für verschiedene Betrachtungen des Teams genutzt werden. Durch die Projektion auf eine fiktive Situation kommen oftmals Dinge ans Licht, die sonst nicht ausgesprochen werden. Situativ kann der Moderator die passenden zu einer Erkenntnis führenden Fragen stellen.

Warum wird die Segelboot-Retro eingesetzt?
Schiffe jeder Art verkörpern viele Aspekte eines Teams und eines Auftrags. Das Team bekommt eine neue Perspektive auf sich selbst und kann dissoziiert über Themen sprechen, die außerhalb des Tagesgeschäfts relevant sind.

Wie läuft sie ab?
- Zeichnet ein Schiff (je nach Team und Kontext kann auch ein Tanker, Schnellboot oder ein Ausflugsdampfer passender sein) auf ein Flipchart, eine Metawand oder online auf ein Kollaborationsboard und fügt einen Anker, einen Hafen etc. hinzu.
- Schmückt gemeinsam mit dem Team die Metapher aus.
- Dann lasst jedes Teammitglied für sich allein zu folgenden Fragen Notes schreiben und stellt dazu den Timer auf fünf Minuten:
  - Wo reisen wir hin? Was ist unser Ziel?
  - Was für ein Boot sind wir? Ein Tanker, ein Schnellboot, ein Segelboot, ein U-Boot?
  - Was gibt uns Fahrtwind?
  - Was bringt uns zum Kentern oder wirft Einzelne über Bord? .
  - Was verankert uns und gibt uns Halt?
  - Was bremst uns aus? Wo hängen wir fest?

  - Welchen sicheren Hafen können wir bei Sturm immer ansteuern?
- Wir nutzen gern unterschiedliche Farben für die Fragen, dann können die Teilnehmenden und später auch das Team die Notizen leichter den oben stehenden Fragen zuordnen.
- Anschließend lasst ihr entweder die Notizen von jedem visualisieren und mit kurzer Erklärung präsentieren oder ihr lasst erst die Beiträge in Kleingruppen (zwei bis drei Teilnehmer) austauschen und diskutieren, bevor sie im Plenum erörtert werden.
- Nach dem Austausch entscheidet sich das Team für mindestens eine konkrete Handlung, ein Action-Item, zur Verbesserung der Zusammenarbeit, das bis zur nächsten Retro umgesetzt wird.

Welches sind typische Hürden und welche Tipps aus der Praxis helfen?
Je nach Entwicklungsstufe und Kontext des Teams gibt es unterschiedliche Hürden:

Bei Teams in der Forming-Phase werden heikle Themen selten thematisiert. Als Moderator sind die Zwischentöne wichtig. Achtet auf die leise Kritik und ermutigt, diese als Entwicklungschance zu nutzen. Bei Storming-Teams ist es hingegen wichtiger, auf die Stärken zu achten und die Schwierigkeiten als Lernfelder zu reframen.

Wie funktioniert die Segelboot-Retro in der Onlinevariante?
Für die Onlinevariante des Segelboots braucht ihr eine Plattform, auf der ihr ein Schiff darstellen könnt und die Teilnehmenden Notes schreiben können. Dann funktioniert die Moderation ebenso wie in Präsenz. Bei einigen Plattformen gibt es bereits fertige Templates für Retrospektiven mit ähnlichen Metaphern (Boot, Flugzeug, …), die ihr nutzen könnt.

Retrospektive mit Segelboot

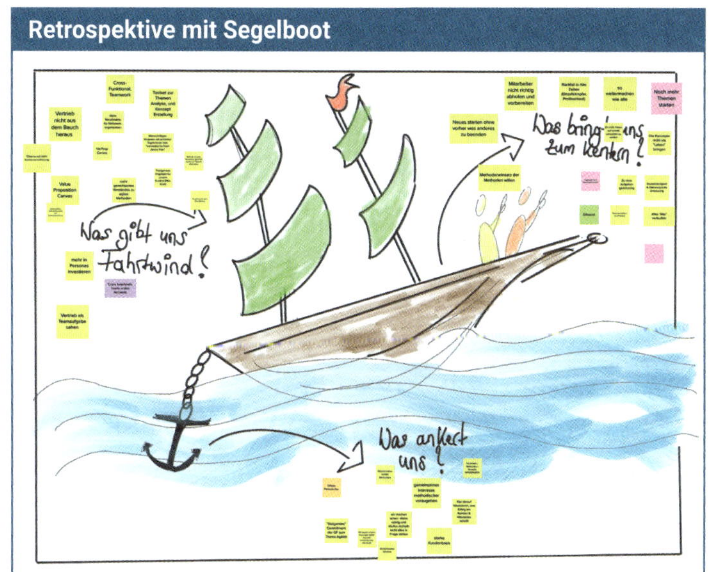

Wertschätzende Erkundung

Was ist eine wertschätzende Erkundung?
Die wertschätzende Erkundung ist eine Retrospektive, bei der das Team ausschließlich wertschätzend sich selbst und sein Umfeld betrachtet. Dabei sammelt das Team einzeln und gemeinsam alles Positive, Gute, Stärkende, Fördernde, Begeisternde etc.

Wozu dient wertschätzende Erkundung?
Die wertschätzende Erkundung dient der positiven Psychologie und deren Wirkung: Durch die konsequente Betrachtung der guten Seiten des Unternehmens, der Kunden, des

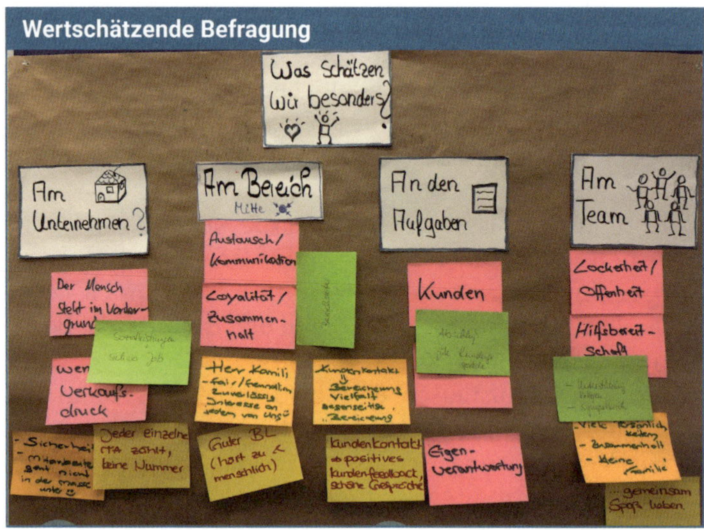

Wertschätzende Befragung

Teams und jedes Einzelnen wird das Team gestärkt und aufgerichtet. Oft sind wir zu sehr mit Mangel und Defiziten beschäftigt und werden blind für die positiven Seiten bzw. betrachten sie als selbstverständlich. Von Zeit zu Zeit ist deswegen der Blick auf die Sonnenseite absolut relevant.

Warum wird sie eingesetzt?
Schnelle, fokussierte und selbstverantwortliche Zusammenarbeit erzeugt viel Spannung bei jedem Individuum und in der Gruppe. Reine Wertschätzung und positives Feedback rufen Entspannung und Zufriedenheit hervor. Das tut nicht nur gut, sondern ist auch ein wichtiger Treibstoff für jede Entwicklung.

Wie läuft eine wertschätzende Erkundung ab?

- Der Moderator erläutert die Relevanz von positiver Psychologie und sorgt mit positiven Warm-ups für eine angenehme Atmosphäre. Wichtig ist, dass der Moderator selbst sehr wertschätzend mit dem Team und sich selbst umgeht und positive Formulierungen nutzt.
- Dazu visualisiert er die Bereiche/Themen/Umfeldfaktoren, die betrachtet werden:
  Was schätzen/mögen/lieben/achten/bewundern/genießen/respektieren wir/ich
  - an unseren Kunden/unserem Markt,
  - an unserer Organisation,
  - an unserem Team,
  - an jedem Einzelnen.
- Teilt das Team in Zweier- oder Dreiergruppen auf und lasst die Partner sich gegenseitig interviewen zu den vorher gesammelten Perspektiven. Der Interviewer fragt mehrfach nach: „Was schätzt du noch? Was magst du außerdem? Was begeistert dich?“
  Pro Interview sollen sich die Partner 20 Minuten Zeit nehmen.

- Danach wird gewechselt, bis jeder jeden zu allen Themen interviewt hat und alle Antworten aufgeschrieben worden sind.
- Alternativ könnt ihr Think-Pair-Share moderieren: Dazu schreibt jeder seine Antworten alleine in der Stille auf, danach tauschen sich zwei aus, dann vier und schließlich wird alles im Plenum auf dem Board visualisiert.
- Die Übungspartner stellen gegenseitig ihre Antworten vor und visualisieren diese auf dem Wertschätzungsboard.
- Lasst anschließend die vielen positiven Perspektiven im Team wirken, ohne die Dinge zu zerreden.

Welches sind typische Hürden und welche Tipps aus der Praxis helfen?
Oft ist es zunächst schwierig, in die positive Betrachtung zu kommen, vor allem wenn vorher viele Spannungen aufgebaut worden sind. Das Team braucht etwas Zeit, um sich auf diese Betrachtungsweise voll und ganz einzulassen. Nehmt bei dieser Methode das Tempo bewusst heraus!

Wie funktioniert wertschätzende Erkundung in der Onlinevariante?
In der Onlinevariante sammelt ihr die Themen im Plenum und schickt dann die Interviewpartner in Breakout Sessions. Für die Erkundung braucht ihr eine Plattform, auf der ihr alles visualisieren könnt und die Teilnehmenden Notes schreiben können. Dann funktioniert die Moderation ebenso wie in Präsenz. Bei einigen Plattformen gibt es bereits fertige Templates für Retrospektiven mit ähnlichen Metaphern (Boot, Flugzeug …), die ihr nutzen könnt.

Wertespinne

Was ist eine Retro mit der Wertespinne?
Eine Retrospektive mit der Wertespinne ist eine gute Methode, um die agilen Werte und Prinzipien im Team einzuführen, sie bewusst zu reflektieren. Durch die Einschätzung, wie weit die Werte gelebt werden, reflektiert das Team sein Mindset und seine Handlungen und kann sich weiterentwickeln.

Wert	Prinzipien	Handlungen
Commitment, Selbstverpflichtung	Selbstorganisation, Sinnhaftigkeit, Ergebnisorientierung	Stärkenorientierte Autonomie ist im Team möglich und wird gestärkt. Das Team zieht Aufgaben (Pull-Prinzip) und lebt rollengebundene Selbstorganisation. Jeder versteht den Purpose und den Nutzen für das Gemeinwohl und jeden Einzelnen.
Fokus	Maximiere die Menge nicht getaner Arbeit (da nicht notwendig); iteratives Arbeiten mit Timeboxing	Das Team reduziert Verschwendung und konzentriert sich auf Wertschöpfung durch Kundenfokus. Jeder engagiert sich für schnelle Ergebnisse.
Offenheit	Transparenz, Neues lernen, sagen statt fragen	Das Team macht den Workflow transparent. Neue Praktiken werden ausprobiert. Das Teamklima lässt es zu, dass jeder seine Meinung direkt sagt.

Wert	Prinzipien	Handlungen
Mut	Experimente, Fehlerfreude	Das Team lebt Fehlerfreude und fördert Experimente und Risikofreude.
Respekt	Vielfalt, Diversity, Growth Mindset	Das Team akzeptiert sich in seiner Unterschiedlichkeit. Vielfalt durch konvergente und divergente Denker, Alter, Geschlecht, Kompetenzen etc. wird als Vorteil betrachtet.
Kommunikation, Kollaboration	Netzwerken, aktive Einbindung, Review	Das Team bindet Kunden und Stakeholder aktiv ein. Es gestaltet Reviews mit Kunden. Es vernetzt sich innerhalb und außerhalb der Organisation.
Rückmeldung, Reflexion	Feedback, Retrospektive, Vertrauen und Konfliktbereitschaft	Das Team lebt eine gute Feedback-Kultur. Lösungen statt Schuldfragen stehen im Fokus. Retrospektiven werden im regelmäßigen Turnus durchgeführt.
Einfachheit	Babyschritte, Anpassung, Inkremente	Arbeitspakete werden in kleine Schritte heruntergebrochen. Die Teilprodukte (Inkremente) werden bewertet und optimiert.

Wozu dient die Wertespinne?
Um Werte in der Übersicht für sich selbst oder auch in einem Team zu reflektieren, eignet sich die Wertespinne. Zu allen acht Werten kann sich ein Einzelner oder ein Team auf einer Skala von eins (kaum gelebt und umgesetzt) bis fünf (vollständig gelebt und umgesetzt) einschätzen.

Ihr könnt die Werte schon in der Anfangsphase als Orientierung für die Ausrichtung einführen und sie von Zeit zu Zeit immer wieder reflektieren und einschätzen. Wie gut leben wir die Werte? Durch welche Handlungen hauchen wir ihnen Leben ein? Was würden andere bemerken und über uns sagen?

Werte werden sehr unterschiedlich interpretiert und verstanden. Deswegen ist die genauere Betrachtung anhand des agilen Verständnisses wichtig, bevor das Team seine eigenen Interpretationen in die Begriffe hineinlegt.

Warum wird die Wertespinne eingesetzt?
Werte sind innere Motivatoren und Handlungsimpulse des Teams. Um als Team flexibel, innovativ und kundenzentriert zu handeln, sind die acht agilen Werte aus dem Agilen Manifest eine fruchtbare Basis.

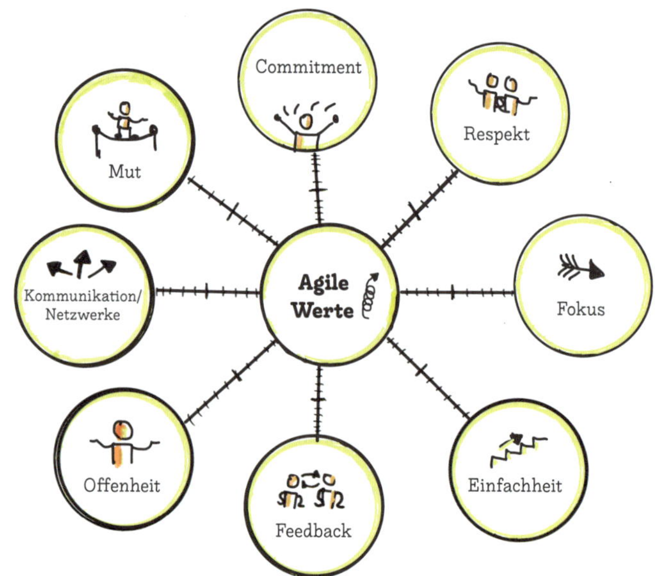

Wie läuft sie ab?

- Zeichnet eine Wertespinne auf ein Flipchart, eine Metawand oder ein Kollaborationsboard. Platziert dafür die acht Werte in einem Kreis und fügt zu jedem Wert eine Skala von null bis zehn. Null bedeutet, wir handeln nach diesem Wert noch gar nicht, und die Zehn, er wird vollständig gelebt.
- Visualisiert eine Tabelle oder gebt jedem eine Liste mit den Werten, Prinzipien und Handlungen, wie sie im agilen Manifest definiert worden sind. Damit alle wissen, was sich hinter den Begriffen Mut, Respekt, Fokus etc. verbirgt. Formuliert gemeinsam mit dem Team, welche Handlungen sich daraus für das Team und die Zusammenarbeit ergeben.
- Verteilt dann an jedes Teammitglied Klebepunkte einer Farbe und lasst jeden die acht Werte auf der Skala einschätzen: „Wie gut leben wir diesen Wert im Team? Wie stark handeln wir in der Zusammenarbeit danach?“
- Wenn alle ihre Punkte auf die acht Skalen geklebt haben, lasst das Team das Ergebnis betrachten und selbst analysieren:
  - Was fällt uns an dem Ergebnis auf?
  - Welche Werte leben wir schon ausgeprägt?
  - Welche Werte können wir noch stärken?
- Anschließend lasst ihr jedes Teammitglied zwei Hebelwerte wählen und konkrete Handlungen dazu notieren: „Welche zwei Hebelwerte findest du für uns als Team am wichtigsten, um uns in der agilen Zusammenarbeit weiterzuentwickeln? Welche Handlungen würden diese jeweils stärken?“ Jeder formuliert zu den beiden Hebelwerten Handlungen als Arbeitspaket und hängt diese zu dem Wert.
- Nach dem Austausch entscheidet sich das Team für mindestens eine konkrete Handlung, ein Action-Item, zur Verbesserung der Zusammenarbeit, das bis zur nächsten Retro umgesetzt wird.

Welches sind typische Hürden und welche Tipps aus der Praxis helfen?

Teams neigen dazu, sich nach anderen, vor allem informellen Führern im Team, zu orientieren. Für eine ehrlichere Einschätzung lassen wir die Punkte vorher mit dem Skalenwert beschriften: Bevor die Punkte auf die Spinne geklebt werden, bittet ihr jeden Teilnehmer, auf seine Punkte den Skalenwert zu notieren, bevor die Punkte im Plenum visualisiert werden.

Wie funktioniert die Wertespinne in der Onlinevariante?

Für die Onlinevariante der Wertespinne braucht ihr eine Plattform, auf der ihr die Werte mit den Skalierungen darstellen könnt und die Teilnehmenden Notes schreiben und Punkte verteilen können. Dann funktioniert die Moderation ebenso wie in Präsenz. Für die verdeckte Skalierung könnt ihr die Teilnehmenden die Punkte vorher mit dem Wert beschreiben oder gleich Icons mit Zahlen auf die Spinne ziehen lassen.

Stärken stärken

Was ist eine Retro mit „Stärken stärken“?

„Stärken stärken“ ist eine konstruktive Feedback-Methode. Die Stärken werden ausgesprochen. Die Optimierungsthemen werden umgedeutet in Verhaltensweisen, die auf den Stärken aufbauen.

Wozu dient sie?

Wir nutzen diese Variante der Retrospektive, da sie Feedback unserer Erfahrung nach wirklich konstruktiv macht und beim Gegenüber Resonanz erzeugt. Dadurch werden tatsächlich zielgerichtete und wirksame Impulse gesetzt, die einen Menschen in seiner Selbsterkenntnis und Entwicklung weiterbringen können. Der Dreh beim „Stärken stärken“-Feedback besteht im Reframing, sprich der Umdeutung der Kritikpunkte oder Wünsche des Feedback-Gebers in eine zielgerichtete Botschaft. Statt Kritik zu verpacken, wird das „Stattdessen“-Verhalten verbalisiert.

Warum wird sie eingesetzt?

Die Feedback-Debatte ist seit vielen Jahren ein beliebtes und heiß umstrittenes Thema. Die einen schwören auf direkte und kritische Rückmeldungen, um beim Gegenüber die Entwicklung anzustoßen und blinde Flecken bewusst zu machen. Die anderen warnen vor negativem Feedback und betonen den Schaden, der angerichtet werden kann. Beide Thesen sind unseres Erachtens wichtig und beachtenswert. Gerade die agile Moderation braucht eine Variante, die beide Ansätze auf gute Weise integriert, denn wir wollen im agilen Kontext schnell und konstruktiv auf den Punkt kommen.

Wie läuft sie ab?

- Visualisiert eine Tabelle mit Stärken und „Stärken stärken“ und überlegt mit dem Team gemeinsam, ob ihr zusätzlich bestimmte Feedback-Bereiche (Aufgabenverteilung, Umgang miteinander, Ergebnisorientierung, Abstimmung) definiert.
- Lasst jeden alle Stärken notieren und dann im Plenum untereinander austauschen:
  „Welche Stärken, Fähigkeiten, Kompetenzen, Erfahrungen etc. haben wir als Team?“
- Anschließend lasst jeden einzeln Notizen machen zu der Frage:
  „Was können wir noch stärken, ergänzen, mehr machen, ausweiten ..., um noch besser, effektiver, zufriedener, balancierter, fokussierter zu werden?“
- Auch diese Antworten werden im Plenum ausgetauscht, geclustert und priorisiert.
- Mindestens eine konkrete Handlung wird bis zur nächsten Retro vereinbart und umgesetzt.

Welches sind typische Hürden und welche Tipps aus der Praxis helfen?

Um die Stärken zu stärken und keine Defizite zu formulieren, braucht das Team Übung im Umdeuten und in positiver Formulierung. „Welche bereits vorhandenen Stärken, Fähigkeiten, Erfahrungen helfen uns, noch besser zu werden oder Schwierigkeiten zu bewältigen?“

Wie funktioniert Stärken stärken in der Onlinevariante?

Die Methode funktioniert auch ohne Breakout Sessions und Kollaborationsboard. Es reichen ein Videochat und ein einfaches Whiteboard. In der Einzelarbeit kann jeder seine Notizen zu den Stärken und zu „Stärken stärken“ handschriftlich machen und dann im Plenum vorlesen. Ein Moderator kann alles auf dem Whiteboard notieren und visualisieren.

Teamometer

Was ist ein Teamometer?

Ein Teamometer ist eine Einschätzung des Teams zu seinem Reifegrad bezogen auf die Teamentwicklung. Folgende Teamreifegrade werden dabei unterschieden:

- Wilde Horde: Die wilde Horde ist eine Ansammlung von Einzelkämpfern, die zusammengewürfelt worden ist. Es gibt keine Führung, keine Absprachen, keine gemeinsame Ausrichtung etc. Jeder macht, was er will und für richtig hält.

- Pseudoteam: Bei einem Pseudoteam hat die Organisation entschieden, in Teamstrukturen zu arbeiten. Es soll ein Team sein und entsprechend möchte die Führung eine Zusammenarbeit der Beteiligten. Es gibt aber weder Teamrollen noch Teamstrukturen noch gemeinsame Ziele. Es herrscht Unklarheit darüber, was das Team als solches und was jeder allein entscheiden und umsetzen soll.
- Gruppe: In einer Gruppe wird jeder einzeln von der Führungskraft geführt. Es gibt strikte Vorgaben und klare Anordnungen durch die Leitung. So sind Absprachen untereinander nicht unbedingt erforderlich.
- Team: Es gibt gemeinsame Ziele und eine gemeinsame Ausrichtung auf eine Teamvision. Aufgaben werden stärkenorientiert untereinander verteilt und Einzelbedürfnisse integriert. Jeder übernimmt Verantwortung für die Ergebnisse. Das Team ist stolz auf sein Klima.
- Spitzenteam/agiles Team: Zum Erreichen der Ziele werden die Rollen und Aufgaben den Fähigkeiten und Ressourcen entsprechend optimal verteilt. Das Team tauscht sich stetig aus, um die Zusammenarbeit, Ergebnisorientierung und Effizienz zu optimieren. Erst ein Spitzenteam kann ein agiles Team werden! Ohne stetige Absprachen und die Arbeit am Team wird keine Selbstorganisation auf Dauer gelingen!

Wozu dient das Teamometer?

Das Teamometer dient zum einen zur Reflexion des Teamzustands jedes Einzelnen und des gesamten Teams. Zum anderen macht es die möglichen Reifegrade von Teams bewusst und zeigt die Möglichkeiten der Kooperation auf. Wenn sich eine Gruppe zu einem Team entwickeln soll und will, wird durch das Teamometer klar, wie wichtig die Absprachen und Rollen sind, um nicht in den schlechteren Reifegrad des Pseudoteams zu geraten. Ein Team zu entwickeln bedeutet viel Arbeit und klare Rahmenbedingungen. Auch ein Spitzenteam entsteht nur durch stetigen Austausch und Reflexion. Agile Teams müssen diese Stufen durchlaufen bzw. sie sind gefordert, erst zum Spitzenteam zu werden, bevor sie wahrhaft agil arbeiten können.

Warum wird das Teamometer eingesetzt?

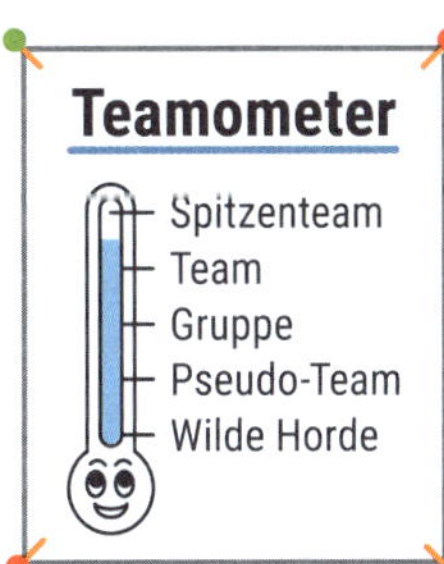

Mit der einfachen Metapher des Teamometers erkennt das Team, wo es zurzeit steht, wie die unterschiedlichen Perspektiven der einzelnen Teammitglieder sind und wohin es sich noch entwickeln kann. Es erfasst die Voraussetzungen für Agilität.

Wie läuft es ab?

- Zeichnet das Teamometer oder nutzt unsere Vorlage.
- Definiert gemeinsam mit dem Team die Stufen und erläutert dazu die entsprechenden Handlungen und Rahmenbedingungen. Lasst für jede Stufe Beispiele finden und erzählt euch untereinander Geschichten zu den verschiedenen Reifegraden.
- Verteilt dann an jedes Teammitglied Klebepunkte in drei Farbe und lasst jeden auf dem Teamometer den Grad zu drei Fragen (jeder Frage wird eine Farbe zugeordnet) einschätzen:
  - „Wo stehen wir aktuell?"
  - „Wo standen wir vor einem halben Jahr?"
  - „Wohin können wir uns realistisch entwickeln im nächsten halben Jahr?"
- Wenn alle ihre Punkte zu den drei Fragen aufgeklebt haben, lasst das Team das Ergebnis betrachten und selbst analysieren:

- „Was fällt uns an dem Ergebnis auf?“
- „Wie war unsere Entwicklung?“
- „Wohin können wir uns entwickeln?“

- Anschließend lasst ihr jedes Teammitglied konkrete Handlungen als Arbeitspaket notieren und hängt diese zu dem Teamometer.
- Nach dem Austausch entscheidet sich das Team für mindestens eine konkrete Handlung, ein Action-Item, zur Verbesserung der Zusammenarbeit, das bis zur nächsten Retro umgesetzt wird.

Welches sind typische Hürden und welche Tipps aus der Praxis helfen?
Teams neigen dazu, sich nach anderen, vor allen informellen Führern im Team, zu orientieren. Für eine ehrlichere Einschätzung lassen wir die Punkte vorher mit dem Skalenwert beschriften: Bevor die Punkte aufgeklebt werden, bittet ihr jeden Teilnehmer, auf seine Punkte den Teamometer-Grad zu notieren, bevor die Punkte im Plenum visualisiert werden.

Wie funktioniert das Teamometer in der Onlinevariante?
Für die Onlinevariante des Teamometers braucht ihr eine Plattform, auf der ihr es darstellen könnt und die Teilnehmenden Notes schreiben und Punkte verteilen können. Dann funktioniert die Moderation ebenso wie in Präsenz. Für die verdeckte Skalierung könnt ihr die Teilnehmenden die Punkte vorher mit dem Wert beschreiben oder gleich Icons mit Zahlen auf die Gradzahl ziehen lassen.

Phase 3: Einsichten gewinnen

Fünf-Finger-Retro

Was ist die Fünf-Finger-Retro?
Die Fünf-Finger-Retro ist ein Feedback-Format für ein Team, das bereits mit Kritik umgehen kann. Bei dieser Methode werden positive und negative Themen angesprochen.

Wozu dient die Fünf-Finger-Retro?
Das Feedback kann sowohl als Feedback-Gesprächsstruktur im Einzelfeedback eingesetzt werden als auch im Team.

- Top: Stärken, Highlights, Positives, Kompetenzen, Erfolge etc.
- Achtung: Gefahren, Risiken, Stolpersteine etc.
- Fuck-ups: Was ist schiefgelaufen? Fehler, Versagen, Verletzungen, Missachtungen etc.
- Beziehungsebene: Wie war unsere Zusammenarbeit? Nähe? Abstimmung? Wertschätzung? Umgang mit Unterschieden?
- Zu kurz gekommen: Was ist zu kurz gekommen? Was ist aus dem Fokus geraten?

Warum wird sie eingesetzt?
Wir setzen die Fünf-Finger-Methode bei fortgeschrittenen Teams ein, die sowohl von Fuck-ups als auch von der Beziehungsebene konstruktiv sprechen können und deren Vertrauen zueinander als Fundament tragfähig ist. Bei unsicheren oder unreifen Teams ist die Methode nicht zu empfehlen, da schnell Anschuldigungen oder Rechtfertigungen kommen, die eher schwächen als stärken.

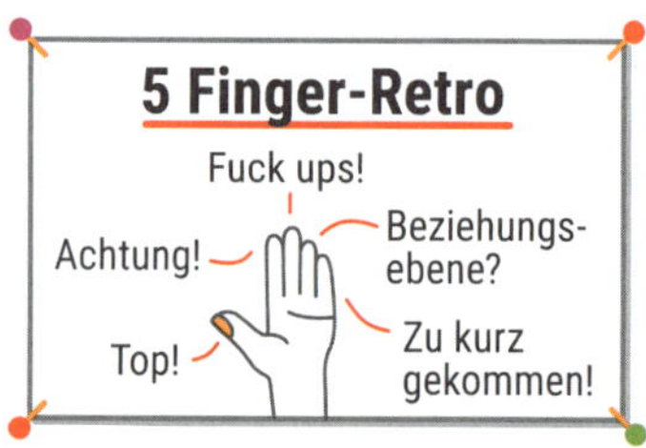

Wie läuft eine Fünf-Finger-Retro ab?

- Wir nutzen die Fünf-Finger-Methode entweder gezeichnet auf einem Flipchart oder einfach die fünf Finger der Hand ohne zusätzliche Visualisierung.
- Entweder teilt ihr das Team in Kleingruppen oder Paare ein, die sich untereinander nach dieser Methode Feedback geben, oder ihr wendet sie als Teamfeedback an:
  Daumen: Was war top?
  Zeigefinger: Achtung!
  Mittelfinger: Fuck-ups!
  Ringfinger: Beziehungsebene!
  Kleiner Finger: Zu kurz gekommen!
- Lasst zu allen fünf Fragen jeweils konkrete Beispiele finden und formulieren.
- Lasst jeden als Fazit einen Wunsch und einen eigenen Beitrag formulieren:
  - „Was wünsche ich mir von dir/vom Team, um unsere Zusammenarbeit zu stärken?“
  - „Was werde ich konkret dazu beitragen, um unsere Zusammenarbeit zu stärken?“

Welches sind typische Hürden und welche Tipps aus der Praxis helfen?

Um konstruktiv zu bleiben, braucht das Team sowohl Übung darin, Ich-Botschaften zu formulieren, als auch eine gute Vertrauensbasis untereinander. Als Moderator könnt ihr vor der Session erst einmal Übungen zu Ich-Botschaften anleiten.

Wie funktioniert die Fünf-Finger-Retro in der Onlinevariante?

Die Methode funktioniert auch ohne Breakout Sessions und Kollaborationsboard. Es reichen ein Videochat und die fünf Finger eurer Hand.

SWOT

Was ist die SWOT-Retro?

Team-SWOT eignet sich hervorragend als Tool für Retrospektiven. Ihr erhaltet ein komplexes Eigenbild des Teams zu seinen Stärken und Potenzialen im Unternehmen und am Markt. Es werden die Stärken (Strengths), Schwächen (Weaknesses), Gefahren (Threats) und die daraus resultierenden Chancen (Opportunities) reflektiert. Die SWOT-Analyse ist ein gängiges betriebswirtschaftliches Verfahren der Unternehmensberatung. Das Team nutzt dieses Verfahren in abgeänderter Form als komplexes Reflexionstool. Es macht sich Gedanken über die Stärken, Schwächen, Gefahren und Chancen des gesamten Teams im Unternehmen/am Markt. Darauf aufbauend wird das Team angeleitet, ein Reframing (Umdeuten) der Schwächen und Risiken in Chancen und Möglichkeiten durchzuführen.

Wozu dient die SWOT-Retro?

Team-SWOT ist geeignet, um in einem Teamprozess über die Stärken und Potenziale des Teams im Unternehmen bzw. am Markt zu reflektieren. Daraus werden Chancen und Entwicklungsfelder erarbeitet. Gerade in der agilen Moderation geht es um eine ständige Reflexion des Teams hinsichtlich seiner Verbesserungspotenziale aus Kundensicht.

Das Tool lässt sich bereits in einer fortgeschrittenen Forming-Phase der Teamentwicklung erfolgreich einsetzen.

Der Ablauf und die Inhalte des Team-SWOT ermöglichen dem Team,

- ein strukturiertes Reflexionstool für das gesamte Team zu nutzen;
- sich die Stärken, Schwächen, Gefahren und Chancen bewusst zu machen;

- gemeinsam die Schwächen und Risiken in Chancen umzuwandeln;
- Stärken und Chancen zu stärken;
- sich ungenutzte Potenziale bewusst zu machen;
- die Relevanz des eigenen Beitrags zum Ganzen zu erkennen.

Warum wird die SWOT-Retro eingesetzt?
Die SWOT-Analyse in ihrer ursprünglichen Form ist ein wichtiges Instrument des strategischen Managements und zugleich Grundlage vieler Marketingstrategien. Wir haben dieses Instrument umgewandelt in ein Tool zur strukturierten Reflexion über das Team in seinem Umfeld und als komplexes Feedback-Instrument der Teammitglieder untereinander.

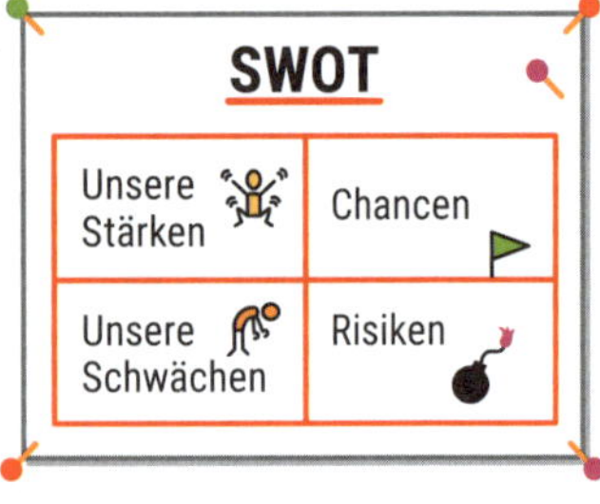

Die SWOT-Analyse bietet gegenüber den herkömmlichen Stärken-Schwächen-Profilen zwei weitere wichtige Dimensionen. Es werden sowohl die Gefahren (Hindernisse, Stolpersteine, externe Einflüsse ...) betrachtet und eingeschätzt als auch die Chancen (Möglichkeiten, ungenutzte Potenziale, Entwicklungsfelder ...) eruiert und bewertet. Daraus ergibt sich eine komplexe und vor allem konstruktive Reflexion.

Wie läuft sie ab?
Führt die SWOT-Analyse als strategisches Managementverfahren ein und erläutert den Nutzen für eine komplexe Reflexion. Erklärt die Abkürzungen und definiert gemeinsam mit dem Team die Begriffe Stärken, Schwächen, Gefahren und Chancen.

Nach der gemeinsamen Definition der vier Felder der SWOT-Analyse teilt ihr das Team in Kleingruppen von vier bis fünf Teilnehmern auf.

Jede Kleingruppe erarbeitet innerhalb von 30 Minuten eine SWOT-Analyse anhand der Definitionen für das Team. Die Ergebnisse der Reflexion zu den vier Feldern werden auf Moderationskarten von jeder Kleingruppe gesammelt. Nach 30 Minuten bittet ihr die Gruppen wieder zurück ins Plenum.

Die Ergebnisse werden ergänzend präsentiert, das heißt, jede Gruppe pinnt nur die Karten (Ergebnisse/Bewertungen) an die Metawand, die von den vorherigen Gruppen noch nicht genannt worden sind.

Nachdem alle Gruppen ihre Ergebnisse präsentiert haben, leitet ihr eine strukturierte Ergebnisbetrachtung an:

- Welche Stärken zeichnen das Team in seinem Umfeld aus?
- Worauf kann sich das Team immer verlassen?
- Was funktioniert besonders gut?
- Worauf sind alle stolz?

Um die Schwächen und Risiken umzudeuten und daraus resultierende Chancen zu erkennen, stellt ihr dem Team folgende Fragen:

- Welche Stärken helfen dem Team für die Bewältigung der Gefahren?
- Welche Chancen resultieren aus den Schwächen?
- Welche ungenutzten Potenziale verbergen sich in den Schwächen?
- Welche Ziele verbergen sich hinter den Hürden und Hindernissen, die ihre gerade wahrnehmt? Wenn ihr mit der folgenden Haltung „Probleme sind Ziele, die gerade Kopfstand machen“ nachdenkt, dann könnt ihr das wahr-

genommene Problem in ein erwünschtes Ziel umdeuten und damit wieder lösungsorientiert denken und handeln.
- Welches sind die wichtigsten Entwicklungsfelder, die das Team aktiv optimieren möchte?

Haltet alle Antworten auf einer Metawand fest. Dazu könnt ihr die Fragen schon im Vorfeld notieren und die Antworten aus dem Plenum mitschreiben. Aus den Antworten entstehen potenzielle Handlungs-/Entwicklungsfelder des Teams. Die Handlungsfelder werden in einem Aktionsplan festgehalten.

Welches sind typische Hürden und welche Tipps aus der Praxis helfen?
Bei den Stärken und Schwächen ist es wichtig, mehr Stärken als Schwächen zu identifizieren und zu visualisieren. Bei den Chancen und Gefahren nehmt unbedingt die Perspektive von außen mit dazu: Welche Chancen und Gefahren kommen vom Markt, den Kunden, der Digitalisierung etc. auf uns zu?

Wie funktioniert die SWOT-Retro in der Onlinevariante?
Für die Onlinevariante der SWOT braucht ihr eine Plattform, auf der ihr die Felder darstellen könnt und die Teilnehmenden Notes schreiben können. Dann funktioniert die Moderation ebenso wie in Präsenz. Bei einigen Plattformen gibt es bereits fertige Templates für SWOT.

Teamphasen

Was sind die Teamphasen als Retro?
Die Teamphasen sind für Teams sehr erhellend, um Dynamiken zu verstehen und mit Spannungen besser umgehen zu lernen. Wenn ein Team die typischen Entwicklungsphasen erfasst, die Bruce Tuckman schon in den 1960er-Jahren beschrieben hat, dann werden typische Dynamiken und Phänomene verstanden und akzeptiert.

Folgende typische Merkmale haben Teams in den vier Phasen:

- **Stufe 1 – Forming**
  - Mäßiger Arbeitseifer bei hohen Erwartungen
  - Ängste: Wo ist mein Platz in der Gruppe? Was wird von mir erwartet?
  - Abtasten der Situation und der Zentralfiguren
  - Abhängigkeit von Autorität und Hierarchie
  - Bedürfnis, sich in die Gruppe einzugliedern und eine bestimmte Position einzunehmen
- **Stufe 2 – Storming**
  - Wahrnehmen der Diskrepanz zwischen Hoffnungen und Realität
  - Unzufriedenheit wegen der eigenen Autoritätsabhängigkeit
  - Frust: Streit um Ziele, Aufgaben und Aktionspläne
  - Gefühle von Verwirrung und Inkompetenz
  - Negative Reaktionen gegenüber Leitern und anderen Teilnehmern
  - Konkurrenz um Machtpositionen und/oder Aufmerksamkeit
  - Erleben von Polaritäten: Abhängigkeit und Gegenabhängigkeit
  - Gruppenentwicklung
- **Stufe 3 – Norming**
  - Abnehmen der Unzufriedenheit
  - Überbrücken der Kluft zwischen Erwartungen und Realität
  - Überwinden von Polarisierungen und Schuldzuweisungen
  - Entwickeln von Übereinstimmung, Vertrauen, Hilfsbereitschaft und Respekt
  - Entwickeln von Selbstvertrauen und Zuversicht

   - Offener Umgang miteinander und vermehrtes Feedback
   - Teilen von Verantwortung und Kontrolle
   - Gebrauch einer Teamsprache
- **Stufe 4 – Performing**
   - Freude darüber, im Team mitarbeiten zu können
   - Kooperatives und eng ineinander verzahntes Arbeiten von Plenum und Untergruppen
   - „Gemeinsam sind wir stark“-Erlebnis
   - Selbstbewusstes Herangehen an die Aufgaben
   - Stolz auf erfolgreich gelöste Aufgaben
   - Hohes Leistungsniveau

Wozu dienen die Teamphasen?

Teams brauchen je nach Phase unterschiedliche Führung und Hilfestellung. In der Teambildungsphase, dem Forming, braucht das Team ausreichend Zeit, um eine stabile Grundlage zu schaffen. Je klarer im Forming für Transparenz der Aufgaben, Rollen und die Richtung gesorgt wird, desto schneller wird das Team eigenverantwortlich handeln und entscheiden können. Folgende Themen gilt es zu klären sowie einen gemeinsamen Konsens herzustellen und beispielsweise mit dem Team-Canvas (S. 164 ff.) transparent zu gestalten:

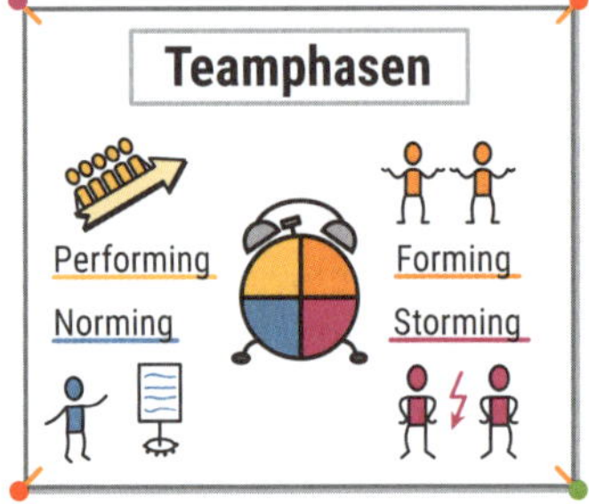

- Auftrag und Beitrag des Teams zur Mission und zur Vision
- Ziele und Erfolgskriterien (KPIs, OKRs etc.)
- Stärkenorientierte Rollen im Team
- Vereinbarungen zur Zusammenarbeit
- Arbeitsprinzipien und Methoden/Frameworks

In der folgenden Storming-Phase braucht das Team situativ notwendige Führung von oben oder von der Seite. Storming ist wichtig, damit das Team lernt, Positionen, Konflikte und Störungen miteinander zu klären. Das steigert die Problemlösungskompetenz und fördert den konstruktiven Umgang mit Unterschiedlichkeiten, reduziert aber anschließend das hierarchische Führungsverhalten drastisch. Sobald das Team in der Norming-Phase ist und eigene Vereinbarungen trifft, um seine bisherige Performance zu optimieren, ist es ohne Hierarchien effektiver. Gebt dem Team klare Entscheidungs- und Handlungsfreiräume. Fördert, dass zumindest ein Kernteam lange zusammenbleibt und sich gut kennenlernen kann. Bildet kleine Teams (sieben plus/minus zwei Personen) und zerlegt große. Regt auch zur Bildung von Tandems und Trios an.

Warum werden die Teamphasen eingesetzt?

Teamphasen werden verwendet, um Teams zu helfen, ihre eigene Phase zu erkennen und Handlungen daraus abzuleiten.

Wie laufen sie ab?

- Zeichnet die Teamphasen oder nutzt unsere Vorlage.
- Definiert gemeinsam mit dem Team die Phasen und erläutert dazu die entsprechenden Handlungen und Rahmenbedingungen. Lasst für jede Stufe Beispiele finden und erzählt euch untereinander Geschichten zu den verschiedenen Reifegraden. Macht dem Team klar, dass die Phasen nicht übersprungen werden können, sondern eine nach der anderen durchlaufen wird. Je nachdem, wie gut und schnell die Bedarfe der Phase erfüllt werden, desto schneller kommt das Team voran.

- Verteilt dann an jedes Teammitglied Klebepunkte und lasst jeden die Phase auf dem Vordruck einschätzen:
  - „Wo stehen wir aktuell?"
  - „Wohin können wir uns realistisch entwickeln im nächsten halben Jahr?"
- Anschließend lasst jedes Teammitglied konkrete Handlungen als Arbeitspakete notieren.
- Nach dem Austausch entscheidet sich das Team für mindestens eine konkrete Handlung, ein Action-Item, zur Weiterentwicklung, das bis zur nächsten Retro umgesetzt wird.

Welches sind typische Hürden und welche Tipps aus der Praxis helfen?
Teams neigen dazu, sich nach anderen, vor allen informellen Führern im Team, zu orientieren. Für eine ehrlichere Einschätzung lassen wir die Punkte vorher mit der entsprechenden Phase beschriften: Bevor die Punkte aufgeklebt werden, bittet ihr jeden Teilnehmer, vorher auf seine Punkte die Phase zu notieren, bevor die Punkte im Plenum visualisiert werden.

Wie funktionieren die Teamphasen in der Onlinevariante?
Für die Onlinevariante der Teamphasen braucht ihr eine Plattform, auf der ihr die Phasen darstellen könnt und die Teilnehmenden Notes schreiben und Punkte verteilen können. Dann funktioniert die Moderation ebenso wie in Präsenz.

Fünf Whys

Was ist die Fünf-Why-Methode?
Die fünf Whys dienen dazu, Hintergründe zu verstehen. Entgegen der üblichen Lösungsfokussierung im Coaching wird bei dieser Methode konsequent nach den Ursachen von Problemen, Hindernissen, Verhaltensweisen etc. gefragt.

Wozu dient sie?
Bei Retrospektiven geht es in Phase 3 darum, die Beweggründe zu verstehen. In erster Linie wollt ihr damit verhindern, zu oberflächliche und damit nicht wirksame Lösungen zu vereinbaren. Wie es Kinder natürlicherweise tun, hinterfragen wir bei der Methode jede Antwort fünfmal ganz neugierig: „Warum ist das so?" Damit kommt ihr an die Wurzel des Themas und versteht die wirklichen Ursachen und Zusammenhänge.

Warum wird die Fünf-Why-Methode eingesetzt?
Wenn wir zu schnell in Lösungen denken, ohne die wirklichen Ursachen zu verstehen, werden die Maßnahmen nicht helfen, das Problem zu beheben. Das Thema ist wie die Blüte einer Seerose: Sie sticht uns ins Auge und fordert unsere Aufmerksamkeit. Doch wir können die Blüte nicht pflegen und schöner machen, indem wir ihr Nährstoffe zufügen, wir müssen an die Wurzel der Seerose kommen. Nur dort können wir etwas verändern.

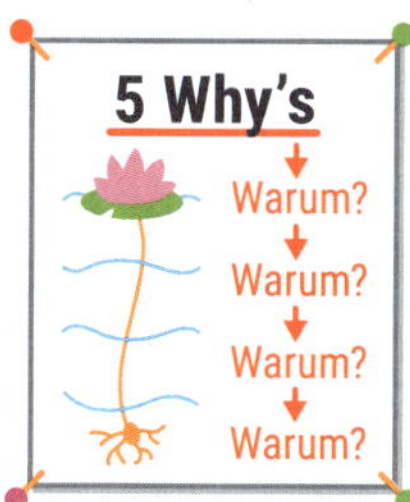

Wie läuft die Fünf-Why-Methode ab?
- In Phase 2 der Retro habt ihr mit dem Team Themen gesammelt, die gerade anstehen, und Hindernisse erkundet.
- Die Hindernisse werden geclustert und priorisiert.
- Mit einem bis drei Hindernissen leitet ihr jetzt die Fünf-Why-Methode an. Erläutert dazu dem Team anhand eines Beispiels die Methode und ihre Wirkung:

Problem: Das Inkrement war im Review nicht fertiggestellt und vorführbar.

1. Warum? Das Team ist in den letzten beiden Tagen nicht fertig geworden.
2. Warum? Es fehlten wichtige Angaben von einem anderen Team.
3. Warum? Die Zusammenarbeit mit diesem Team ist immer wieder gestört, wodurch Tasks blockiert sind.
4. Warum? Dieses Team hat eigene Prioritäten, es gibt keinen gemeinsamen Workflow.
5. Warum? Die Teams arbeiten nicht koordinativ zusammen und nutzen kein gemeinsames Board oder Ähnliches.

Erst zu dem fünften „Warum?“ kann eine Lösung gefunden werden, die das Problem wirklich beheben wird.

- Startet nun entweder im Plenum mit der ersten Frage und lasst im Team Antworten dazu notieren oder teilt das Team in zwei bis drei Kleingruppen auf, die mit derselben Frage in die fünf Whys gehen und die Antworten dazu aufschreiben.
- Die Wurzeln des Problems werden dann im Plenum ausgetauscht und Lösungen besprochen.
- Das Team vereinbart ein bis zwei Handlungen zur wirksamen Lösung der „Wurzelursachen“.

Welches sind typische Hürden und welche Tipps aus der Praxis helfen?

Teams neigen sehr schnell dazu, Probleme bei anderen zu verorten. Wenn ihr dann in die Warum-Fragen eintaucht, bekommt ihr lediglich Antworten, die außerhalb des Spielfelds des Teams sind. Wir geben den Teams den Hinweis, dass sie immer wieder zu ihrem eigenen Handlungsrahmen zurückkommen sollen, auch wenn, wie im Beispiel beschrieben, die Probleme mit Schnittstellen zu tun haben.

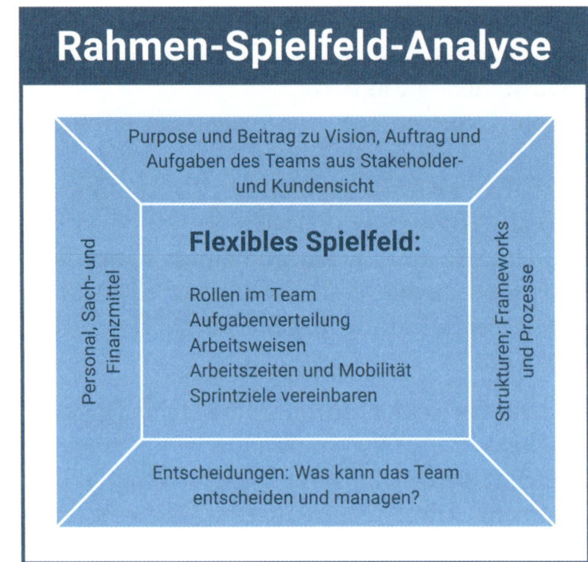

Das Team kann zumindest Lösungen initiieren, die auch auf die Schnittstellen einwirken.

Wir nutzen die Rahmen-Spielfeld-Analyse und erläutern, dass das Team ausschließlich Antworten innerhalb des eigenen Spielfelds finden soll.

Wie funktioniert die Fünf-Why-Methode in der Onlinevariante?

Die Methode funktioniert auch ohne Breakout Sessions und Kollaborationsboard. Es reichen ein Videochat und ein einfaches Whiteboard. In der Einzelarbeit oder in den Kleingruppen können die Notizen zu den fünf Why-Antworten handschriftlich notiert und dann im Plenum vorgelesen oder in die Kamera gehalten werden. Ein Moderator notiert und visualisiert dann alles auf dem Whiteboard.

Fünf Dysfunktionen

Was sind die fünf Dysfunktionen?
Patrick Lencioni beschreibt in seinem Buch „Die 5 Dysfunktionen eines Teams“ eindrücklich typische Dysfunktionen von Teams. Sie helfen, einige Arten von Konflikten und Störungen einzuordnen und zu verstehen, worum es dabei im Grunde geht. Wenn keiner im Team heikle Themen anspricht, deutet das vor allem auf die ersten drei Dysfunktionen hin: fehlende Offenheit, Scheinharmonie und Zweideutigkeit. Leidet euer Team an diesen Krankheiten, wird es in jedem Fall auch die anderen beiden Symptome mehr oder weniger ausgeprägt zeigen: nämlich niedrige Standards und Dominanz von Ego und Status.

- **Dysfunktion: fehlendes Vertrauen**
  Keiner wagt es, über seine Schwächen und Befürchtungen zu sprechen. Fehler werden vertuscht, Meinungen werden nicht offen geäußert.
- **Dysfunktion: fehlende Konfliktbereitschaft**
  Die Konflikte werden unter den Teppich gekehrt. Nach außen herrscht eine trügerische Harmonie. Wenn man fragt, sagen alle, es gäbe keine Probleme. Nur die Stimmung im Team passt nicht zu der Aussage.
- **Dysfunktion: fehlendes Engagement**
  In vielen Teams fühlen sich Mitarbeiter nicht verantwortlich. Sie denken: „Warum soll ich mich engagieren, ist ja nicht mein Bier?“ Sie stimmen der gemeinsamen Sache nicht richtig zu und können damit ihre eigenen Bedürfnisse und Interessen über die Sache stellen.
- **Dysfunktion: fehlende Verantwortungsübernahme**
  Die dritte Dysfunktion führt unmittelbar zur vierten. Wer sich nicht auf das Team einlässt, nimmt sich auch nicht gegenseitig in die Verpflichtung. Ich mische mich bei den anderen und deren Leistung lieber nicht ein. Das ist eine im Team verbreitete Haltung.
- **Dysfunktion: fehlende Ergebnisorientierung**
  Wenn es wichtiger ist, die eigene Stellung zu sichern, als das Unternehmensziel zu erreichen, wirkt die fünfte Dysfunktion. Ellbogen werden ausgefahren und eigene Ziele auch auf Kosten der anderen durchgesetzt. Ziele sind immer schwerer zu formulieren, nicht eindeutige Ziele eher die Regel als die Ausnahme.

Wozu dienen sie?
Zu jeder Dysfunktion existiert eine passende Funktion, zu jeder Funktion gibt es entsprechende Lösungsansätze. Wenn ihr die Dysfunktionen kennt und identifiziert, könnt ihr mit dem Team die Funktionen aufbauen und stärken.

- Funktion **Vertrauen:** Nur wenn Menschen offen miteinander umgehen, ihre Stärken leben können, aber auch über Schwächen sprechen dürfen, entsteht Vertrauen. Sorgt für Vertrauen, indem ihr selbst als leuchtendes Beispiel vorangeht und auch Fehler und Schwächen thematisiert. Meinungsverschiedenheiten sind wichtig, denn nur durch Querdenken und unterschiedliche Perspektiven wird Bestehendes hinterfragt oder werden kreative Ideen entwickelt. Manchmal kann ein Profiling-System helfen, um Unterschiedlichkeiten leichter zu besprechen. Nutzt dazu ausgewählte Profiling-Systeme.
- Funktion **Konfliktbereitschaft:** Um Vertrauen aufzubauen, braucht es aber auch die Sicherheit, dass Störungen wie Konflikte oder Einwände offen thematisiert werden können. Statt Scheinharmonie braucht es eine angemessene Konfliktbereitschaft. Dabei darf es allerdings nie um Rechthaberei oder Schwarz-Weiß-Denken gehen. Die alte Metapher „Konflikte sind das Salz in der Suppe“ drückt es treffend aus. Zu wenig Salz macht die Suppe fad und langweilig. Zu viel Salz ist ungesund und schmeckt nicht. Wie können aus Konflikten Potenziale

entstehen? Das Ziel ist nicht unbedingt der Konsens. Manchmal geht es darum, Konflikte und Meinungsverschiedenheiten als solche stehen zu lassen, auszuhalten oder als normal zu begreifen.

- Funktion **Selbstverpflichtung:** Hier gilt es, die Zustimmung zu stärken. Eine klare Verpflichtung zu der gemeinsamen Sache bedeutet auch, einmal eigene Interessen unterzuordnen. Diese Funktion hat viel mit Werten und Motiven zu tun. Die eigenen Werte und Motive müssen zu den Teamzielen passen. Es darf zum Beispiel niemand das Erreichen eines Ego-Karriereziels als wichtiger als das Teamziel definieren. Entweder das eigene Motiv und die damit verbundenen Ziele können umgedeutet werden oder die Konsequenz ist das Verlassen des Teams.
- Funktion **gegenseitige Verantwortlichkeit:** Jeder ist nicht nur für sich selbst verantwortlich, sondern auch für die anderen. Das bedeutet, dass der Blick über den Tellerrand jederzeit notwendig – und keinesfalls eine Einmischung ist. Hier gilt es, alte Glaubenssätze aufzulösen, vor allem auch bei Teams, die sich gar nicht als Team sehen, etwa Abteilungs- oder Bereichsleiter, die vor allem ihr eigenes Team im Blick haben, dabei sind sie selbst auch eines.
- Funktion **Ergebnisorientierung:** Je klarer und eindeutiger die Ziele und die Ergebnisse sind, desto geringer können Status und Ego wuchern. Das hört sich leichter an, als es ist, denn während sich quantitative Ziele noch einigermaßen leicht benennen lassen, sind qualitative oft kaum fassbar. Steigt auf intrinsisch motivierte und kurzzyklische Ziele mit Innovationscharakter wie OKRs um.

Warum werden sie eingesetzt?
Die fünf Dysfunktionen werden verwendet, um Teamdynamiken und Zusammenhänge zu verstehen und die stärkenden Funktionen zu fördern.

Wie läuft es ab?

- Visualisiert die Dysfunktionen und die dazugehörigen Funktionen oder nutzt unsere Vorlage.
- Definiert gemeinsam mit dem Team die Dysfunktionen und erläutert dazu die entsprechenden Handlungen und Rahmenbedingungen. Lasst für jede Dysfunktion Beispiele finden und erzählt euch untereinander Geschichten zu den verschiedenen Ebenen. Macht dem Team klar, dass die Dysfunktionen einander bedingen und Vertrauen die Basis ist.
- Verteilt an jedes Teammitglied rote und grüne Klebepunkte und lasst jede Dysfunktion einschätzen:
  - „Was empfinde ich bei uns im Team als grün = im gesunden Bereich/funktional?"

  - „Was empfinde ich bei uns im Team als rot = im ungesunden Bereich/dysfunktional?“
- Tauscht die Einschätzungen im Team aus und benennt konkrete Situationen für die grünen und roten Bewertungen.
- Jeder notiert Handlungen für Bereiche, die vorwiegend rote Punkte erhalten haben.
- Nach dem Austausch entscheidet sich das Team für mindestens eine konkrete Handlung, ein Action-Item, zur Weiterentwicklung der Funktionen, das bis zur nächsten Retro umgesetzt wird.

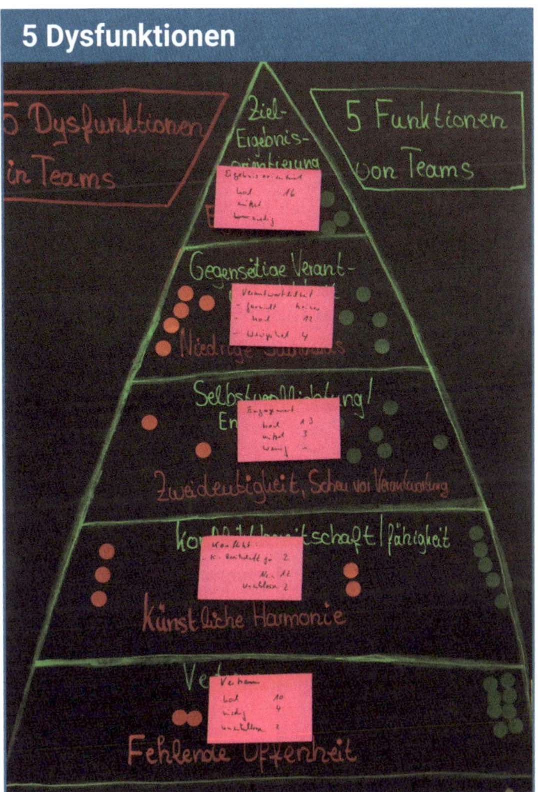

Welches sind typische Hürden und welche Tipps aus der Praxis helfen?

Bei den Dysfunktionen ist es besonders wichtig, Schuldzuweisungen zu vermeiden und sich nicht gegenseitig Fehler in die Schuhe zu schieben. Trefft in jedem Fall zu Beginn der Retro entsprechende Vereinbarungen im Team.

Wie funktionieren sie in der Onlinevariante?

Für die Onlinevariante der Dysfunktionen braucht ihr eine Plattform, auf der ihr die Dysfunktionen und Funktionen darstellen könnt und die Teilnehmenden Notes schreiben und Punkte verteilen können. Dann funktioniert die Moderation ebenso wie in Präsenz.

6.3 Lean Coffee

Was sind Lean Coffees?
Lean Cafés sind offene Meetings, die für alle Interessenten der Organisation zugänglich sind und bei denen Themen in einer strukturierten Art gemeinsam diskutiert werden. Es gibt weder eine Agenda noch Ziele. Die Teilnehmenden selbst bilden durch die Struktur die Agenda.

Wozu dienen Lean Coffees?
Lean Cafés sind ähnlich wie Open-Space-Events für die Organisation eine wichtige Plattform, um hierarchie- und bereichsübergreifend Themen zu diskutieren, welche die Teilnehmenden interessieren. Lean Cafés können auch außerhalb einer Organisation auf freien Plattformen stattfinden. Es sind geschützte Räume: Alles, was dort besprochen wird, bleibt auch dort.

Warum werden sie eingesetzt?
Durch die Struktur der Diskussionen tauschen sich die Teilnehmenden frei von Position und Hintergründen zu den von ihnen selbst vorgeschlagenen Themen miteinander aus und organisieren sich dabei selbstständig. Der Facilitator erläutert lediglich den Rahmen. Alles andere steuern die Teilnehmenden selbst und erleben damit eine Form des Selbstmanagements und der Struktur, die keiner Führung im klassischen Sinne bedarf und trotzdem Ergebnisse bringt und Austausch befeuert.

Wie laufen Lean Coffees ab?
- Die Einladung erfolgt durch eine Ankündigung, die jedem Mitarbeiter zugänglich ist.
- Das Meeting wird zwischen ein und zwei Stunden angesetzt. Jeder bringt die Themen mit, die er besprechen möchte.
- Die Teilnehmerzahl ist nach oben hin begrenzt.
- Der Facilitator erläutert den Ablauf und bereitet das Board vor:
  Die Themen werden in Spalte A gesammelt, geclustert und priorisiert. Je nach Zeitdauer des Meetings können x Themen diskutiert werden. Jedes Thema erhält genau sieben Minuten Diskussionszeit.

- Nach der Themensammlung wird durch Voting priorisiert und entsprechend die Reihenfolge der Themen visualisiert.
- Sobald ein Thema dran ist, wird es in die zweite Spalte (in Diskussion) gezogen und der Timer auf sieben Minuten gestellt. Es wird per Daumen hoch oder runter entschieden, ob das Thema noch einmal zwei bis drei Minuten länger diskutiert oder in die Spalte „erledigt“ verschoben wird.
- Dann erhalten die Teilnehmenden kurz Zeit, ihre Aha-Erlebnisse zu notieren (eine Minute).
- So wird mit jedem Thema innerhalb der Zeitschiene weitergemacht.

Welche typischen Hürden gibt es?
Die Themen werden meistens nur mit einem kurzen Stichwort in der Sammlung beschrieben. Dadurch gibt es oft Missverständnisse, was das Thema beinhaltet. Achtet bei der Sammlung und Clusterung auf präzise Betitelung der Themen.

Wenn die Gruppe mehr als sieben Minuten Diskussionszeit möchte, fallen automatisch Themen weg. Das muss der Facilitator klar kommunizieren.

Welche Tipps und Tricks aus der Praxis helfen?
Unserer Erfahrung nach sollte die Gruppe nicht zu groß sein und möglichst heterogen. Bei weniger als sieben Teilnehmern fehlen die Dynamik und der flächendeckende Austausch und bei mehr als 30 Teilnehmern bietet sich zu wenig Möglichkeit, sich aktiv zu beteiligen.

Wie funktionieren Lean Coffees in der Onlinevariante?
Lean Cafés funktionieren sehr gut in der Onlinevariante. Die Sprecher können sich im Chat schreiben, wer als Nächster seinen Beitrag einbringen will – so kann sich die Reihenfolge selbst steuern und nicht nur die Lautesten finden Gehör.

Für das Kanban-Board ist eine Onlineplattform erforderlich oder zumindest ein Whiteboard, auf dem alle die Themen auf digitalen Post-its notieren können.

6.4 Teamentwicklungen

Was sind Teamentwicklungen?

Teamentwicklungen sind Workshops, die meist über zwei bis drei Tage außerhalb der normalen Arbeitsumgebung stattfinden. Das Team nimmt sich in einer schönen und kreativen Umgebung die Zeit, um gemeinsam den vergangenen Zeitraum, ähnlich wie in der Retrospektive, zu reflektieren und sich auf die Zukunft und die neuen Ziele und Herausforderungen auszurichten. Vor allem agile Teams haben besondere Herausforderungen zu meistern und brauchen deshalb regelmäßig Zeit und Raum, um sich darauf adäquat vorzubereiten.

Folgende fünf Herausforderungen haben agile Teams zu bewältigen, bei denen Teamentwicklungen das Mittel der Wahl sind:

- Die stetigen Transformationsprozesse verlangen hohe Veränderungs- und Anpassungsleistungen von agilen Teams. Das erzeugt natürlicherweise Spannungen, die eine regelmäßige Entspannung benötigen. Findet die Entladung nicht statt, wird die „Über-Spannung" zwangsläufig zur Eskalation führen. Das kann sich in Form von Konflikten, Stresssymptomen oder Widerstand ausdrücken.
- Resilienz (Wachsen und Gedeihen trotz widriger Umstände) ist immer wichtiger als Kompetenz und zählt zu den besonderen Fähigkeiten, die agile Teams erlernen müssen.
- Die wachsenden Leistungsanforderungen und Wachstumsziele in Unternehmen sollen von Spitzenteams sogar noch übertroffen werden.
- Die steigende Fluktuation vor allem von Fach- und Führungskräften, unter anderem durch die Wechselbereitschaft zugunsten der eigenen Karriere, sorgt durch die daraus resultierenden personellen Veränderungen für ein Sinken des natürlich wachsenden „Wir-Gefühls". Dem soll durch Teamentwicklungen und Retrospektiven entgegengewirkt werden.
- Erstaunlicherweise schwächen sogar die flacher werdenden Hierarchien das Gemeinschaftsgefühl durch weniger klare Zugehörigkeiten und Ordnung. „Hierarchie ordnet den festen Platz in der Gruppe, wodurch diese als Ganzes stabilisiert wird", sagt der französische Soziologe und Ethnologe Georges Balandier. „Fallen diese Strukturen weg, steigt die Komplexität des Beziehungssystems und die Gruppenidentität sinkt."

Wozu dienen Teamentwicklungen?

Alle genannten Herausforderungen können das „Wir-Gefühl" schwächen. Genau dieses „Wir-Gefühl" ist allerdings wichtig, um komplexe Leistungsanforderungen im agilen Wandel aufrechtzuerhalten und wettbewerbs- und anpassungsfähig zu bleiben. Gut entwickelte agile Teams mit einer starken Gemeinschaftskultur sind im Vergleich resilienter, leistungsfähiger und stressresistenter. Die Neurowissenschaft hat nachgewiesen, dass positive Bindungen das Belohnungszentrum aktivieren, in dem dann Endorphine produziert werden, die nicht nur glücklich machen, sondern auch das Stressempfinden reduzieren.

Team- und Gruppencoaching hat unter anderem die Aufgabe, dieses „Wir-Gefühl" wiederherzustellen bzw. zu stabilisieren. Neben der Führungskraft als Coach des Teams ist es sinnvoll, in regelmäßigen Abständen einen neutralen, erfahrenen Teamcoach als Moderator einzusetzen. Er schafft durch die Aufmerksamkeit auf das Wir, die Aufgaben und das Individuum einen Rahmen, innerhalb dessen das Team die nächsten Entwicklungsschritte gehen kann.

Warum werden Teamentwicklungen eingesetzt?
Ein Team braucht in der Anfangszeit sehr viel Führung und Coaching, um nach der ersten Phase des Zusammenfindens und Kennenlernens (Forming) und der zweiten Entwicklungsstufe der Auseinandersetzung und Positionierung (Storming) auch wirkliche Teamwerte und eigene Normen und Strukturen zu erschaffen und die leistungsstarke Performing-Phase zu erreichen. Nach erfolgreicher Reifung und regelmäßiger Reflexion kann sich das Team zum High-Performing-Team mausern. Die nächste Stufe ist das agile Team, das selbstorganisiert entscheidet und handelt. Damit diese Entwicklung stattfinden kann, ist es wichtig, fortlaufend zu reflektieren, Erfolge zu feiern und sich an Höchstleistungen anderer zu messen. Das Gesamtergebnis muss dabei immer klar von jedem Einzelnen abhängen. Individuelle Beiträge müssen erkennbar und unersetzlich sein. Auch der Wettbewerb mit anderen Vergleichsgruppen regt die Leistung an. Diese Investition in gute Moderation und Coaching durch externe Teamentwickler lohnt sich.

Wie laufen sie ab?
Der Teamcoach/Teamentwickler klärt den Auftrag gut mit der Führung und dem Team und konzipiert die Teamentwicklung entlang des Bedarfs des Teams. Es gibt keine einheitliche Vorgehensweise. Alle beschriebenen Retrospektiven-Tools können für eine Teamentwicklung eingesetzt werden, nur sind viel mehr Zeit und Muße nötig, um die Themen ausführlicher und tiefergehend zu bearbeiten.

Der Teamcoach hat dabei folgende Aufgaben:

- Er hilft durch seine neutrale Position in der Moderation, die Ressourcen des Teams bewusst und nutzbar zu machen.
- Er unterstützt das Team darin, sinnvolle Vereinbarungen zur konstruktiven und effizienten Zusammenarbeit zu treffen.
- Er lenkt zu konsequentem Lösungsdenken. Konflikte und Probleme werden als Lernaufgaben betrachtet und gelöst.
- Er unterstützt das Team in proaktivem Handeln. Ziele und Visionen des Unternehmens werden mit den Zielen der einzelnen Teammitglieder verknüpft.
- Er hilft, gegenseitige Erwartungen und Führungserwartungen zu klären, damit Vertrauen und Offenheit untereinander entstehen können.
- Er vermittelt bei Konflikten und hilft durch die Sichtbarmachung der individuellen Verhaltensprofile (z. B: Riemann Thomann, DISG, MBTI), mehr Verständnis füreinander zu entwickeln.
- Er hilft, die individuellen und die gemeinsamen Werte als innere Motivatoren bewusst zu machen und im Arbeitsalltag zu verwirklichen bzw. danach zu handeln.
- Er regt Prozessoptimierung und Aufgabenverteilung nach den Fähigkeiten und Potenzialen der Einzelnen an. Dazu ist es hilfreich, wenn der Coach die Prozesse und Aufgaben kennt und Branchenkenntnis aufweist.

Der Coach fordert und fördert das Team darin, sich in allen fünf Leistungsprinzipien, die ein „High Performing-" oder ein agiles Team auszeichnen, zu reflektieren und weiterzuentwickeln.

Welche typischen Hürden gibt es?
Erfahrene Teamcoaches sind eine Investition des Unternehmens. Als Teamcoaches werden fast ausschließlich externe Anbieter gebucht, weil die externe, neutrale Sicht im Hinblick auf eventuell notwendige Konfliktvermittlung oder das Erkennen und Bearbeiten systemischer Störungen eine Voraussetzung für den Erfolg ist. So wirkungsvoll ein Teamcoaching sein kann (und manchmal schon zwei Tage Teamworkshop mit einem Nachhaltungstag ausreichend für Entwicklungsschritte sein können), so kann sich die Wirkung bei unerfahrenen Coaches auch ins Gegenteil kehren.

Gefahren bei unerfahrenen Coaches oder unklaren Teamcoaching-Aufträgen

- Immunisierung des Teams gegenüber Teamcoaching: Wenn Vereinbarungen getroffen werden, die nicht eingehalten und nachgehalten werden, entsteht bei den Teams eine Abwehrhaltung oder Ignoranz gegenüber weiteren Coachingmaßnahmen.
- Konflikte eskalieren, weil aus diversen Gründen keine Vermittlung funktioniert.
- Das Team nutzt die Maßnahme, um sich über schlechte Rahmenbedingungen und Probleme des Unternehmens zu beschweren, und steigert sich in eine Opfer- und Ohnmachtshaltung hinein.
- Eine schwache Teamleitung delegiert eigene Defizite an den Coach und schwächt ihre Führungsrolle damit noch mehr.
- Aufgaben und Prozesse werden neu strukturiert, passen aber nicht zu der Realität des Teams.
- Der Coach führt eine oberflächliche Motivationsveranstaltung durch und inszeniert sich selbst, was im Nachhinein keine positive und nachhaltige Wirkung zeigt.

Teamcoaching kann keine fachlichen Defizite des Teams ausgleichen. Auch eine schwache oder unerfahrene Teamführung aufgrund unklarer Rollen und Zuständigkeiten, die das Team nicht der Entwicklung angemessen fördert und fordert, wird durch Teamcoaching nicht kompensiert. Genauso wenig können schlechte Rahmenbedingungen wie Personalmangel, Wettbewerbsschwierigkeiten, systemische Störungen oder Ähnliches beeinflusst werden. Auch eine zu heterogene Zusammensetzung des Teams mit fehlender Teamfähigkeit Einzelner verhindert die Entwicklung zum echten Spitzenteam.

Der Teamcoach sollte in der Auftragsklärung und Bedarfsanalyse die Rahmenbedingungen erfragen und wenn möglich das Team im Arbeitsalltag erleben. Außerdem ist eine anonyme Befragung aller Beteiligten zum Ist- und Soll-Zustand des Teams hinsichtlich der fünf Leistungsprinzipien (siehe Grafik) hilfreich.

Wie funktionieren Teamentwicklungen in der Onlinevariante?

Teamentwicklungen gehen genauso gut online mit den entsprechenden interaktiven Plattformen und einem Videocall. Nur bei Konflikten und emotionalen Eskalationen raten wir dringend von der Onlinevariante ab. Angestaute Emotionen können viel besser durch körperliche Nähe und das damit verbundene Sicherheitsgefühl aufgefangen werden. Versucht in so einem Fall, immer die Präsenzveranstaltung durchzusetzen.

7 Wirksame Verhaltensrollen für mehr Beteiligung und Verantwortungsübernahme

Ihr wollt mehr proaktive Beteiligung jedes Einzelnen in Meetings? Eine andere Gruppendynamik täte dem Team gut statt der gleichen Argumente und Perspektiven der üblichen Protagonisten? Euer Ziel ist 100 Prozent Verantwortungsübernahme der Teilnehmenden für die Ergebnisse statt „Command and Control"? Die Zauberformel heißt Pull-Rollen. Es ist erstaunlich, wie es uns anscheinend mühelos gelingt, andere Sicht- und Verhaltensweisen zu zeigen, sobald wir eine andere Rolle einnehmen – jedoch nur dann, wenn wir uns emotional auch damit identifizieren können.

7.1 Metamorphose durch Rollen

Die vermutlich drastischste Metamorphose erleben wir als werdende Mütter oder Väter. Auf mysteriöse Weise entwickelt unsere Psyche mit dieser neuen Lebensrolle auch völlig neue Fähigkeiten. Wir kommen mit halb so viel Schlaf aus, nehmen unsere Umgebung anders wahr, unsere Sinne schärfen sich und unser Gefühlsleben schlägt Purzelbäume. Nicht so drastisch, aber dennoch offensichtlich, ist die veränderte Denk- und Handlungslogik, wenn wir im Beruf eine neue Rolle einnehmen. Erst kürzlich konnte ich diesen Wandel bei der Ausbildung interner Vertriebscoaches beobachten. Allein schon durch die neue Rolle entwickelten die sieben Innendienstmitarbeiter eine völlig neue Sichtweise, nicht nur auf ihre Kollegen, sondern auf den ganzen Vertrieb. Sie entdeckten bei sich Fähigkeiten und Sichtweisen, die sie vorher niemals vermutet hätten. Menschen wohnt ein natürliches Talent inne, das sie in unterschiedliche Rollen schlüpfen lässt. Vorausgesetzt wir können uns gut damit identifizieren, werden wir innerhalb von Minuten zum Kunden oder zur Führungskraft und können durch dessen Brille eine Entscheidung treffen. Sobald wir uns mit ihr identifizieren können, betrachten

Ursachen des Rollenphänomens

Die Ursache dieses Phänomens liegt in unseren Wahrnehmungsfiltern; wir filtern stets und ständig eine Unmenge von Informationen, die über unsere Sinne in uns einströmen. Dazu dienen Filtersysteme, die jene unzähligen Informationen zielgerichtet je nach Fokus sieben. Lasst mich das anhand einer kleinen Reflexion aufzeigen: Während ihr diese Zeilen lest, nehmt ihr vermutlich nicht gleichzeitig bewusst wahr, wie euer Herz schlägt und es stets in seinem unverkennbaren Rhythmus Blut durch euren Körper pumpt. Möglicherweise spürt ihr auch nicht, wie sich eure Bauchdecke sanft bei jedem Atemzug hebt und senkt und sich euer Brustkorb bei jedem Einatmen weitet und beim Ausatmen wieder zusammenzieht. Erst jetzt, wenn ich euch durch meine Worte dorthin lenke, nehmt ihr das bewusst wahr. Wir fokussieren automatisch unsere Aufmerksamkeit und blenden die anderen Informationen dementsprechend aus. Ähnlich funktioniert unser Wahrnehmungsfilter bei Rollen, mit denen wir uns emotional und rational identifizieren können. Augenblicklich sieben wir die Infos neu und verhalten uns infolgedessen adäquat zur Rolle anders.

wir die Welt anders, eben durch die Augen dieser fiktiven Person. So können uns Rollen buchstäblich Flügel verleihen und uns über unser konditioniertes Wahrnehmen und Denken hinauswachsen lassen. Wie kommt das?

7.2 Pull-Rollen: agile Moderation von Meetings und Workshops

Diese menschliche Fähigkeit können wir verstärkt in Meetings und Workshops nutzen. Das Team definiert dazu gemeinsam funktionale Rollen, um den typischen Hindernissen wie ausufernden Diskussionen, miesem Zeitmanagement, langweiligen Beiträgen oder einseitigen Dynamiken entgegenzuwirken. Eure Meetings und Workshops werden dynamischer, die Beiträge interessanter und die Beteiligung steigt augenblicklich. Um das zu erreichen, werden gemeinsam die dazu relevanten Rollen ausgewählt und beschrieben: Welches sind die Aufgaben des Rolleninhabers? Wann und wie greift er ein? Welche Sichtweise nimmt er ein und wie sorgt er für gute Effekte?

Pull statt Push!

Voraussetzung für die Wirksamkeit in Richtung Selbstverantwortung ist das „Pull“ der Rollen zu Beginn oder während jeder Zusammenkunft. Agile Moderation bedeutet: Die Teilnehmenden ziehen sich die Rolle, die sie favorisieren. Wenn ein Team mit den funktionalen Rollen startet, empfehle ich die stärkenorientierte Wahl, bei fortgeschrittenen und reifen Teams eignen sich neue und bisher ungeübte Rollen besonders gut zur eigenen Weiterentwicklung.

Agile Moderation von Rollen – Anleitung:

1. Reflektiert mit dem Team oder den Workshopteilnehmern typische Hürden, die die Effektivität der Zusammenkunft: ausufernde Diskussionen, langweilige Beiträge, einseitige Sichtweisen, mangelnde Konfliktbereitschaft, eintönige Abläufe etc.
2. Definiert Rollen, die diese Hürden aus dem Weg räumen. Fokusbeschleuniger achten auf den richtigen Fokus, Andersdenker nehmen bewusst andere Sichtweisen ein, Prinzipienwächter achten auf die Einhaltung von Arbeitsprinzipien und Vereinbarungen … Benennt die Rollen und beschreibt die Aufgaben und Verhaltensweisen.
3. Um Zeit zu sparen, nutze ich in Workshops bereits beschriebene Rollenaufsteller und lasse die Teilnehmenden wählen, welche sie relevant finden und einnehmen möchten.
4. Nutzt Aufsteller (wie Namensschilder) oder Anstecker, um kenntlich zu machen, wer welche Rolle einnimmt. Wichtig: Es reicht, nur wenige relevante Rollen zu verteilen.
5. Fragt als Moderatoren am Anfang die Rolleninhaber nach deren Beitrag. Schon nach kurzer Zeit sind die Rollen so verinnerlicht, dass die Personen sich aus ihrer Perspektive heraus aktiv einbringen.

7.3 Bewährte Meeting-/Workshoprollen für agile Moderation

Meetingrollen

Fokusbeschleuniger:in

Aufgabe:
- Achte während des Meetings/des Workshops auf den vereinbarten Fokus.

To-do:
- Heb deine Rollenkarte hoch und gib der Gruppe ein Signal, sobald du den Eindruck hast, eine Diskussion/Übung oder ein Beitrag lenkt vom Ziel ab.
- Auch wenn ein:e Teilnehmer:in zu ausführlich seine:ihre Beiträge gestaltet, gibst du einen Hinweis.

Ideengeber:in

Aufgabe:
- Achte während des Meetings/des Workshops auf neue Perspektiven und schenke neue Ideen.

To-do:
- Heb deine Rollenkarte hoch und gib der Gruppe ein Signal, sobald du eine neue Idee hast.
- Denk kreativ und äußere jede wilde Idee – alles ist richtig!

Andersdenker:in

Aufgabe:
- Achte während des Meetings/des Workshops auf neue Perspektiven und hinterfrage die Gruppenmeinung.

To-do:
- Heb deine Rollenkarte hoch und gib der Gruppe ein Signal, sobald du den Eindruck hast, eine Diskussion/Gruppenmeinung ist zu einseitig und konsensorientiert.
- Sei unbequem und hinterfrage die Entscheidungen und Meinungen, wenn du den Eindruck hast, es gibt eine sinnvolle und wichtige andere Perspektive oder Denkweise.

Persona Kunde:Kundin

Aufgabe:
- Nimm während des Meetings/des Workshops immer wieder die charakteristische Kund:innensicht ein und betrachte die Entscheidungen aus der Brille des Kunden:der Kundin.

To-do:
- Heb deine Rollenkarte hoch und gib der Gruppe ein Signal, sobald du den Eindruck hast, dass die Kund:innensichtweise und der Kund:innennutzen nicht mehr im Fokus ist.
- Gib der Gruppe bei wichtigen Beschlüssen Feedback aus der Kund:innensicht.

Konsensfinder:in

Aufgabe:
- Achte während des Meetings/des Workshops auf verbindende Elemente und Einigungsvorschläge

To-do:
- Heb deine Rollenkarte hoch und gib der Gruppe ein Signal, sobald du den Eindruck hast, eine Diskussion/Gruppenmeinung braucht Konsensorientierung.
- Mach Vorschläge zur Einigung und sorge für das Commitment aller Beteiligten.

Persona Stakeholder

Aufgabe:
- Nimm während des Meetings/des Workshops immer wieder die charakteristische Stakeholder-Sicht ein und betrachte die Entscheidungen aus der Brille des Stakeholders.

To-do:
- Heb deine Rollenkarte hoch und gib der Gruppe ein Signal, sobald du den Eindruck hast, dass die Stakeholder-Sichtweise für das Ziel relevant ist.
- Gib der Gruppe bei wichtigen Beschlüssen Feedback aus der Stakeholderperspektive.

Prinzipienwächter:in

Aufgabe:
- Achte während des Meetings/des Workshops auf die vereinbarten Werte und Arbeitsprinzipien.

To-do:
- Heb deine Rollenkarte hoch und gib der Gruppe ein Signal, sobald du den Eindruck hast, eine Diskussion, ein Verhalten oder ein Beitrag entspricht nicht den vereinbarten Werten und Prinzipien.
- Auch wenn der Umgang miteinander nicht mehr den Vereinbarungen entspricht oder nicht alle Meinungen eingeholt und gehört werden.

Time-Keeper

Aufgabe:
- Achte während des Meetings/des Workshops immer auf die Einhaltung der Zeit und fordere Timeboxing und Einhaltung dessen ein.

To-do:
- Heb deine Rollenkarte hoch bzw. stelle eine Uhr und gib der Gruppe ein Signal, sobald die Zeit nicht eingehalten wird.

Moderator:in

Aufgabe:
- Nimm während des Meetings/des Workshops die Rolle der:des Moderierenden ein.

To-do:
- Moderiere das Meeting oder den Beitrag. Du bist für die Methoden verantwortlich und dafür, dass alle Beiträge gehört werden. Für die Ergebnisse und Inhalte sind die Teilnehmer:innen verantwortlich.
- Visualisiere alle Beiträge und schlage Methoden vor, mit denen das Team ein gewünschtes Ergebnis erzielen kann.

Stärkenfinder:in

Aufgabe:
- Finde bei jedem:jeder Teilnehmer:in in Übungen Stärken heraus und sprich sie aus oder schreibe sie auf.
- Melde auch dem Team/der Gruppe Stärken zurück (schnelle Entscheidungsfindung, konstruktive Diskussionen, zuhören, beteiligen etc.).

Pausenhüter:in

Aufgabe:
- Stimme mit der Gruppe Pausen ab und sorge für Einhaltung der Zeit (Start und Ende).
- Sorge außerdem für Aktivierung zwischendurch (Frischluft, kleine Übungen zur geistigen Fitness).

Facilitator

Aufgabe:
- Beobachte die Gruppe und deren Interaktionen. Überlege, was für die Selbstorganisation und Dynamik des Teams hilfreich und stärkend sein kann.

To-do:
- Heb deine Rollenkarte hoch und gib der Gruppe Hinweise, wie sie ein Thema oder eine Aufgabe besser lösen können.
- Gestalte bei Bedarf einen Rahmen, innerhalb dessen die Teilnehmer zu tragfähigen Lösungen kommen können.
- Stell den Teilnehmer:innen bei Bedarf Methoden oder Hinweise zur Verfügung, mit denen Sie Aufgaben effektiv bearbeiten können.

Hindernis-Aufspürer:in

Aufgabe:
- Überlege, welche Hindernisse auftreten könnten, und bring diese mit ein.

To-do:
- Heb deine Rollenkarte hoch und gib der Gruppe Hinweise, welche Hindernisse du dabei aufspürst oder kennst.
- Gib Hinweise, diese Hindernisse zu überwinden und als Chance zu nutzen.
- Frage bei den anderen nach, wie sie solche Hindernisse überwinden konnten.

8 Konfliktmanagement in Interaktionen

8.1 Die vier Widerstände

Wie bereits im „Agilen Kulturwandel“ beschrieben ist Widerstand ein wichtiger Botschafter in Veränderungsprozessen und zeigt euch die Richtung der erforderlichen Entwicklung an. Ich erinnere mich noch sehr gut an eine Zeit, in der ich wegen starker Nackenprobleme einen persönlichen Fitnesstrainer auf Rezept verschrieben bekam. Ich trainierte mindestens einmal wöchentlich mit ihm. Jedes Training verfluchte ich ihn (zumindest innerlich) und schwor mir, nie wieder dorthin zu gehen; er forderte mich jedes Mal über meine Grenze hinaus. Trotz des massiven Widerstands und der Diskussionen mit ihm blieb ich dabei und merkte wöchentlich Fortschritte in meiner Halswirbelsäule. Nach sechs Monaten Training war ich nicht nur schmerzfrei, sondern insgesamt fit und durchtrainiert.

Jede echte Entwicklung geht mit Widerständen einher. Der Umgang und die Mischung aus Fördern und Fordern entscheiden darüber, ob der Widerstand zum Scheitern oder zu Wachstum führt.

In meiner Praxis als Teamentwicklerin habe ich über die Jahre vorwiegend folgende vier Widerstandsarten erlebt und entsprechend unterteilt. Der Umgang mit ihnen unterscheidet sich je nach Ursache und Botschaft. Entschlüsselt also erst die Ursachen und leitet dann passende Handlungen ab.

Dysfunktionswiderstand

- Wenn Störungen in einem Team überhandnehmen und dadurch Perfomance und Funktionalität beeinträchtigt sind, sprechen wir von Dysfunktionen. Das Team leidet sozusagen an diversen Krankheiten, die es schwächen. Dysfunktionale Teams sind derart mit ihren Störungen beschäftigt, dass sie wenig Energie für Veränderungen zur Verfügung haben. Die „Störungen nehmen Vorrang“, wie Ruth Cohn treffend formuliert hat, sie ziehen die Aufmerksamkeit der Beteiligten magnetisch an. Wie in Kapitel 6.2, S. 245 beschrieben gibt es nach Patrick Lencioni fünf typische Dysfunktionen von Teams.
- Jedes Team hat die eine oder andere Dysfunktion. Das ist in der Zusammenarbeit ganz natürlich und sogar förderlich, vorausgesetzt, es findet eine konstruktive Auseinandersetzung damit statt sowie eine gemeinsame Weiterentwicklung. Wenn die Störungen allerdings missachtet werden und ein gesundes Maß übersteigen, dann leidet die gesamte Teamperformance darunter.
- Regelmäßige Retrospektiven schützen Teams vor dysfunktionalen Störungen. Nehmt euch als Team ab und zu die Zeit, um über Störungen zu sprechen und gute Vereinbarungen miteinander zu treffen.
- Agile Teams leben von Unterschiedlichkeiten und nutzen sie, doch die Heterogenität darf dabei nicht zu groß werden. Die meisten Menschen streben nach Kohärenz und einem gewissen Grad an Homogenität. Wie in der Grafik verdeutlicht, ist eine gute Mischung entschei-

dend für die Leistungsfähigkeit und dementsprechend auch für die Veränderungsbereitschaft.

- Bei dysfunktionalen Teams ist es wie bei einem kranken Organismus. Erst muss dieser wieder gesund werden, bevor er zu neuen Leistungen und Entwicklungen bereit ist. Analysiert mit dem Team die Dysfunktionen und findet gemeinsam Wege in die Funktionalität.

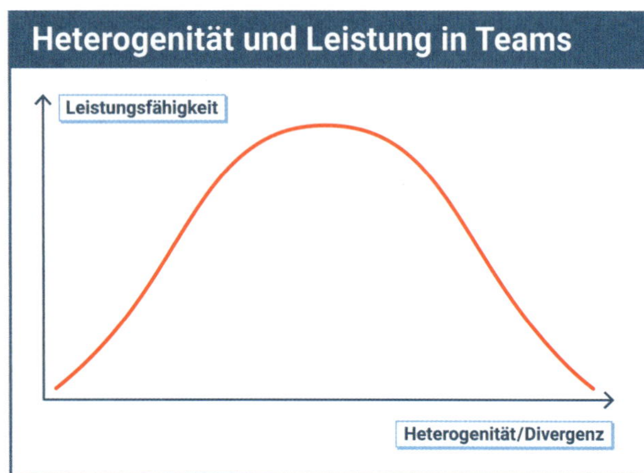

Interessenwiderstand

- Wenn die Interessen und Bedürfnisse Einzelner oder mehrerer in einer Veränderung nicht mehr erfüllt werden, entsteht Widerstand. Unternehmen sind Zweckgemeinschaften und Mitarbeiter sind nur so lange motiviert und engagiert, wie ihre grundlegenden Interessen und Bedürfnisse auch innerhalb der Arbeitssituation erfüllbar sind. Wenn sich durch die Veränderungen beispielsweise Aufgaben oder Rahmenbedingungen verschlechtern, ist Widerstand vorprogrammiert. Klassische Vertriebler sind es gewohnt, ihre eigenen Kundenkontakte zu pflegen. Sie lebten lang und gut vom Empfehlungsmanagement und einem treuen Kundenstamm. Wenn der Vertrieb agiler werden will und dadurch teamorientierter arbeitet, wird das vermutlich den Interessen des einen oder anderen Innen- und Außendienstmitarbeiters widersprechen und Widerstand erzeugen.
- Sucht gemeinsam nach Lösungen. Im genannten Beispiel wechselte einer der Innendienstmitarbeiter in das Großkundenteam. Dort hatte die Firma entschieden, weiterhin die Eins-zu-eins-Beziehung zu pflegen, da Großkunden individuelle Prozesse und Abläufe erforderten. Andere Mitarbeiter gewöhnten sich nach einem halben Jahr an die Umstellung und fanden sogar Gefallen an den unterschiedlichen Kontakten und den damit einhergehenden abwechslungsreichen Gesprächspartnern und Anliegen.

Überforderungswiderstand

- Kennt ihr Vertriebsteams, die unterfordert sind oder sich sogar langweilen? Ehrlich gesagt begegnete mir früher dieses „Boreout“-Phänomen ab und zu bei meinen Vertriebscoachings oder Teamentwicklungen. Seit vielen Jahren bin ich verstärkt mit dem Gegenteil konfrontiert: Teams, die am Rande ihrer Kapazität arbeiten und das Gefühl haben, niemals fertig zu werden. Sie verlassen den Arbeitsplatz mit 50 unbeantworteten E-Mails und 20 nicht getätigten Rückrufen, ganz zu schweigen von den aktiven Kundenansprachen, die wöchentlich hinten herunterfallen. Hand aufs Herz: Wie begeistert wärt ihr, lieber Leser, in so einer Situation Veränderungen mitzugestalten, eure Arbeitsroutinen zu hinterfragen und Neues zu integrieren? Viel wahrscheinlicher würdet ihr doch über den unpassenden Zeitpunkt fluchen und euch fragen, wie ihr das auch noch bewältigen sollt.

- Überforderungswiderstand ist ein Schrei nach Hilfestellung und Unterstützung. Hier helfen nur kleine Schritte mit viel Ermutigung und schnellen Erfolgen. Die Stressoren müssen aufgedeckt, geklärt und beseitigt werden, bevor die Bereitschaft zur nächsten Veränderung oder Entwicklung wieder wächst.

Einwandwiderstand

Einwände sind verunglückte Fragen! Jeder Verkäufer hat in diversen Verkaufsschulungen gelernt und bestenfalls verinnerlicht: Einwände sind auch Interessenbekundungen des Kunden. Unser Gegenüber gibt uns die Chance, den Nutzen des Produkts näher zu erläutern. So verhält es sich im Grunde auch mit dem Einwandwiderstand. Hinter dieser Art von Widerstand verbirgt sich die wichtige Frage nach dem Nutzen oder Sinn der Veränderung. Hört bei Einwänden gut zu, erkennt die Frage hinter dem Einwand. Beantwortet diese nutzenorientiert oder noch besser: Helft dem Fragesteller, selbst eine Antwort zu finden. „Der Wurm muss dem Fisch schmecken, nicht dem Angler." Warum soll ein Team seine Arbeitsweise verändern und sich in unsicheres Fahrwasser von Experimenten wagen? Was bringt das dem Unternehmen, dem Vertrieb, dem Kunden und jedem einzelnen Mitarbeiter? Nur wenn ihr für diese berechtigten und wichtigen Fragen adressatengerechte Antworten findet, werden Teams bereit sein, ihre seichten und sicheren Fahrwasser zu verlassen und sich in das unsichere Feld der Lernzone zu begeben.

8.2 Haltung des Trainers/Facilitators

Zum einen ist es gut, die Art des Widerstands zu verstehen, und zum anderen ist die Haltung entscheidend. Fangt an, Widerstände zu lieben und sie als wesentlichen Anteil jeder Veränderung zu betrachten. Ohne Widerstand gibt es keine Veränderung. Wenn es wirklich ans Eingemachte geht und Menschen ihre Komfortzone verlassen, gehören sie schlichtweg dazu. Entscheidend ist unsere Haltung als Begleiter dieser Veränderung.

Die fünf Grundsätze zum Umgang mit Widerstand

Folgende einfache und doch entscheidende Grundsätze helfen Begleitern, eine konstruktive und lösungsorientierte Haltung gegenüber jeder Art von Widerstand zu entwickeln:

1. Veränderung ohne Widerstand ist oft keine: Wenn ein Team in Transformationsprozessen ohne Murren und Hürden reagiert, werde ich misstrauisch: Meistens ist das ein Zeichen von Immunität, das Team umschifft die Veränderung und hat gute Strategien entwickelt, Veränderungen zu vermeiden.
2. Widerstände enthalten wichtige Botschaften. Deswegen begrüße ich sie und ermutige diejenigen, die den Mut haben, den Widerstand zu thematisieren oder auf andere Art zu zeigen. Dadurch kann das Thema angesprochen, die Botschaften und Bedürfnisse können verstanden und gelöst werden.
3. Als Begleiter jeder Art ist es empfehlenswert, mit dem Widerstand zu gehen und nicht gegen ihn: Das bedeutet, den Widerstandsgeber innerlich radikal zu akzeptieren und ihm offen Interesse entgegenzubringen. Wenn wir uns dagegenstellen, wird der Widerstand nur exponentiell verstärkt und richtet sich gegen den Begleiter. Die Botschaft dahinter ist kaum noch zu entschlüsseln.
4. Auch Ignoranz und ein Darüberhinweggehen machen es schlimmer und führen zur Verschärfung des Widerstands. Sprecht eure Hypothesen aus und fragt offen und interessiert nach.
5. Auch wenn ihr die ersten Widerstände verstanden und gelöst oder gelindert habt, werden weitere folgen. Alles, was wir als Begleiter tun, hilft, Widerstände als Teil von Prozessen zu verstehen und sie in die Entwicklung zu integrieren.

8.3 Spannungen in Form eskalierender Konflikte in Meetings oder Workshops

Bei Meetings oder Workshops können sich Situationen ergeben, in denen sich Spannungen in Form von Konflikten entladen. Als Trainer oder Moderator geht es in dem Moment weniger um die Mediation und Klärung des Konflikts, sondern in erster Linie um die Umlenkung der Spannung in eine konstruktive Richtung und deren Entladung. Im Nachgang kann dann über eine Konfliktmoderation, Mediation oder ein Teamcoaching nachgedacht werden, doch in diesem Moment ist etwas anderes dringlicher.

Ich nutze dazu am liebsten den Zauberstab, den ich vor vielen Jahren bei einer Teamcoaching-Ausbildung bei Dr. Heike Baader gelernt habe.

Zauberstab bei Eskalationen

Der Zauberstab ist eine schöne Metapher und beschreibt in fünf wirksamen Schritten den konkreten Umgang mit Eskalationen in Meetings oder Workshops. Unter Eskalationen verstehe ich Spannungen oder Konflikte, die sich in einer Zusammenkunft entladen und die Aufmerksamkeit der Teilnehmer auf sich ziehen und absorbieren. Das Gefährliche an solchen Entladungen ist die Bedrohung des sicheren Raums, der in Meetings oder Workshops für alle Teilnehmer relevant ist. Ohne einen sicheren Raum ziehen sich Menschen, zumindest innerlich, zurück und Offenheit und Vertrauen werden massiv gestört. Hier ist der Moderator gefordert, sofort zu reagieren und die Entladung in eine konstruktive Form umzulenken. Wie ein Blitzableiter muss das schnell und mit klarer Ausrichtung vonstattengehen, um für alle Anwesenden wieder einen psychologisch sicheren Raum zu schaffen.

1. **Schritt:**
   Innere Haltung des Trainers: Der Trainer braucht ein inneres HURRA-Gefühl, HURRA, dass sich die Spannung entlädt und zeigt, HURRA für das Vertrauen, dies hier zu zeigen, und die Chance, sie zu lösen!
2. **Schritt:**
   STOP! Der Moderator setzt ein beherztes und klares STOP-Signal. Hier muss die Energie des Trainers stärker sein als die Spannungsenergie. Das ist entscheidend, die Aufmerksamkeit der Anwesenden folgt immer der führenden Energie im Raum. In Präsenzveranstaltungen kann der Trainer auf die Teilnehmenden zugehen und körperlich die Aufmerksamkeit auf sich ziehen. Virtuell macht er es durch Stimmeinsatz, laut und energisch oder verbunden mit einem Klatschen oder Pfeifen nimmt er wieder die Bühne ein. Freude oder Humor funktioniert sehr gut.
3. **Schritt:**
   Wertschätzungspumpe: Auf den Schreck und das bedrohliche Gefühl, das Entladungen auslösen können, braucht die Gruppe jetzt einen Gegenpool. Der beste Gegenpool ist Wertschätzung. Pumpt gleich nach dem STOP-Signal eure Wertschätzung in die Gruppe: „Danke für eure Offenheit"; „Wie engagiert ihr euch einbringt und die Situation verbessern wollt"; „Klasse, wie viel Vertrauen im Raum ist, damit sich dies zeigen kann" etc.

4. **Schritt:**
   Energie umlenken: Gleich nach der Wertschätzungspumpe kommt die Umlenkung der Energie. Jetzt geht es um eine konstruktive Lösung, an der alle beteiligt sind. Das kann eine Kartenabfrage sein, bei der jeder drei Lösungsideen zur Spannung aufschreibt, oder eine Kaffeepause, in der jeder einen kurzen Spaziergang macht und mit einer Idee zur Klärung zurückkommt, oder eine Kleingruppenübung, in der die Teilnehmenden zu zweit oder zu dritt ein oder zwei Wünsche an die Gruppe oder an den Trainer aufschreiben.
5. **Schritt:**
   Wenn eine Mediation oder ein Teamcoaching (je nach Anzahl der Betroffenen) erforderlich ist, kann dieses im letzten Schritt terminiert werden. Holt euch die Bestätigung der Gruppe ein, jetzt mit dem eigentlichen Thema wieder fortfahren zu können. Fragt, ob alle einverstanden und bei der Sache sind: Störungen haben Vorrang, ist das Motto, doch nur Störungen, die auch die Gruppe betreffen. Lasst nicht zu, dass Einzelne mit ihren Befindlichkeiten die Aufmerksamkeit der Gruppe für sich nutzen. Dem müsst ihr klar einen Riegel vorschieben, um den sicheren Raum der Gruppe zu bewahren.

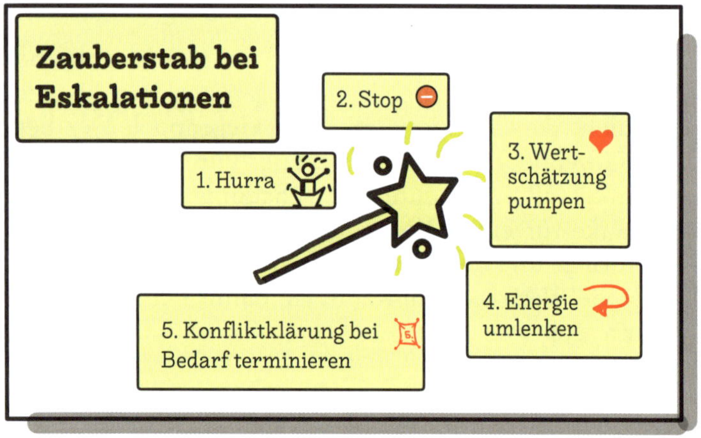

Zauberstab bei Eskalationen
1. Hurra
2. Stop
3. Wertschätzung pumpen
4. Energie umlenken
5. Konfliktklärung bei Bedarf terminieren

8.4 Hinweise beim Umgang mit unterschiedlichen Störungen

In der folgenden Übersicht habe ich aus diversen Trainings, eigenen Erfahrungen und Trainerbüchern praktische Tipps zum Umgang mit Störungen in Meetings und Workshops zusammengestellt.

Störung 1: „Das funktioniert (bei uns) doch nicht."
Mögliche Moderatorreaktionen:

- „Du bist besorgt/skeptisch, dass die Umsetzung schwierig werden könnte?" (aktives Zuhören), danach weiter mit „Wie sehen das die anderen?" (Publikum einbinden)
- „Was konkret funktioniert nicht?" (Fragetechnik: Konkretisierungsfrage)
- „Aus welchem Grund nicht?" (Mit Fragetechnik hinterfragen)
- „Was habt ihr/die Organisation bislang dafür getan, dass es nicht funktioniert?" (Fragetechnik: konfrontieren)

Störung 2: „Das haben wir noch nie so gemacht!"
Mögliche Moderatorreaktionen:

- „Du hast Bedenken, dass es nicht funktionieren könnte?" (Aktives Zuhören)
- „Was konkret habt ihr bislang gemacht?" (Konkretisierungsfrage)

- „Heißt das, dass ihr es von vornherein gar nicht probieren möchtet?“ (Fragetechnik)

Störung 3: Teilnehmer kommt verspätet.
Mögliche Moderatorreaktionen:

- Freundlich/beiläufig zunicken und weiter im Text gehen (nicht zur Störung werden lassen).
- Wenn Teilnehmer schon abgelenkt sind: „Guten Morgen Max, hier rechts ist noch Platz“ oder „… in der Mitte links ist noch ein Platz. Wir sind gerade bei …“ (ein Halbsatz, sachlich antworten), dann zügig weiter im Text.

Störung 4: Undefinierbare Unruhe
Mögliche Moderatorreaktionen:

- „Ich habe den Eindruck, dass es momentan etwas unruhig wird (Metakommunikation). Woran liegt das?“
- „Ich habe den Eindruck, dass unser Thema im Moment etwas zweitrangig ist. Deshalb bitte ich euch (= jeden), im Rahmen eines ‚Blitzlichts‘ kurz zu sagen, was euch gerade beschäftigt.“ (Blitzlicht)

Störung 5: Zwei Zuhörer beginnen ausufernde Zweierdiskussion.
Mögliche Moderatorreaktionen:

- „Ich sehe, ihr seid bei diesem Thema sehr engagiert (Würdigung). Mit Blick auf die Zeit und unser zu erreichendes Ziel … ist mir wichtig, dass wir einen Schritt weitergehen.“ (Vorschläge machen)
- „Max, du hältst X für richtig. Bei dir, Marta, höre ich Skepsis heraus (Zusammenfassung). Was meinen die anderen?“ (Publikum einbinden)
- „Ich würde gern die wichtigsten Punkte für alle festhalten. Max, wie kann ich dein Argument in einem Halbsatz notieren? Deine Sichtweise, Marta?“ (Visualisieren)

Störung 6: „Die Kollegen und ich haben schon immer gesagt, dass das auf keinen Fall eine Lösung ist.“
Mögliche Moderatorreaktionen:

- „Du bist skeptisch, ob diese Lösung umsetzbar ist? (aktives Zuhören) Wie sehen das die anderen?“ (Publikum einbinden)
- „Ich höre bei euch Bedenken, stimmt das? (Aktives Zuhören) Ich möchte das für alle notieren: Welches sind die kritischen Punkte, die wir nicht aus den Augen verlieren dürfen?“ (Visualisieren)
- „Aus welchen Gründen funktioniert das nicht?“ oder „Welche Meinung haben du und deine Kollegen dazu?“ (Fragetechnik, Konkretisierungsfragen)
- „Welche Kollegen?“ (Fragetechnik)

Störung 7: „Also ich hatte eigentlich erwartet, dass wir …“ (enttäuschte Erwartung).
Mögliche Moderatorreaktionen:

- „Du bist mit anderen Erwartungen hierhergekommen und jetzt etwas enttäuscht?“ (aktives Zuhören) „Vor dem Hintergrund, dass XY heute das Ziel ist – was genau ist jetzt dein Anliegen?“ (Fragetechnik)
- „Ich höre etwas Enttäuschung, weil dir XY wichtig gewesen wäre?“ (Aktives Zuhören), „Für wen ist das noch wichtig?“ (Publikum einbinden). Viele Meldungen: gegebenenfalls Agenda ändern. Wenig Zustimmung: „Diese Frage scheint für die Gruppe hier und heute weniger wichtig. Was machen wir jetzt mit deinem Anliegen?“ (Fragetechnik)

Störung 8: „Also, bei uns im Bereich ist das so …" (Vielredner).
Mögliche Moderatorreaktionen:

- „Danke für deinen Beitrag, Marta (Würdigung). Mir ist es wichtig, in der verbleibenden Zeit noch die Meinungen anderer Teilnehmer zu hören." (Ich-Botschaft) An die anderen gerichtet: „Was sind eure Erfahrungen/Vorschläge/Empfehlungen/Meinungen dazu?"
- „Moment bitte, Max. An deinen Erfahrungen bin ich sehr interessiert (Würdigung). Zeit für Austausch habe ich am Ende des Vortrags eingeplant (sachlich argumentieren). Ist es für dich in Ordnung, deine Erfahrungen später einzubringen?"

Störung 9: „Das Ganze interessiert mich herzlich wenig. Ich bin nicht freiwillig hier, das kannst du mir glauben!"
Mögliche Moderatorreaktionen:

- „Was müsste an dem Thema, der Aufgabe, anders sein, damit du mit an Bord bist?" (Fragetechnik, einbinden)
- „Es tut mir leid, wenn du dich für das Thema nicht interessierst (Würdigung). Wer von euch wurde noch geschickt und ist nicht freiwillig gekommen?" (Publikum einbinden), „Was müssen wir tun, damit dein Interesse wächst?" (Fragetechnik) oder „Ich habe einen Auftrag von …, diese Vorgaben müssen wir also respektieren" (sachlich argumentieren). „Was brauchst du, um dich einlassen zu können?"
- „Es tut mir leid, wenn ich für dein Anliegen hier und jetzt nichts anbieten kann (Ich-Botschaft). Vielleicht ist es sinnvoller für dich, die Zeit anders zu nutzen" (Vorschläge machen). „Tut mir leid, das ist alles, was ich dir anbieten kann."

Störung 10: Der ausschweifende Experte. Seine Beiträge sind kleine Vorträge.
Mögliche Moderatorreaktionen:

- „Großartig, ich sehe, du verfügst über enorme Expertise". (Würdigung)
- „Danke für deinen Beitrag (Würdigung). Was genau ist deine Frage?" (Fragetechnik, Konkretisierungsfrage) oder „Wie kann ich das in einem Satz notieren?" (Visualisieren)
- „Das hört sich interessant an (Würdigung). Aus meiner Sicht führt es etwas an unserem gesteckten Ziel vorbei (sachlich argumentieren). Was meint die Gruppe? Wer möchte diesen Aspekt dennoch weiter vertiefen?" (Publikum einbinden)

Störung 11: Persönliche Angriffe wie zum Beispiel: „Das weiß mittlerweile jedes Kind."
Mögliche Moderatorreaktionen:

- Zwischenruf (sofern einmalig) ignorieren.
- „Für dich sind die Informationen nicht neu und du wünschst dir schnelleres Vorgehen?" (Aktives Zuhören)
- „Verstehe ich dich richtig, du bist etwas irritiert über …?" (Aktives Zuhören)
- „Was meinst du damit?" oder „Was ist der Hintergrund deiner Anmerkung?" (Fragetechnik)

Störung 12: Zwischenrufe wie zum Beispiel: „X ist aber besser."
Mögliche Moderatorreaktionen:

- Zwischenruf (sofern einmalig) ignorieren.
- „Du bist skeptisch, dass …?" (Aktives Zuhören)
- „Das ist ein interessanter Standpunkt (Würdigung). Möchtest du das etwas genauer erläutern?" (Fragetechnik)
- „Wie sieht das die Gruppe?" (Publikum einbinden)

Störung 13: „Ich bin eigentlich gekommen, um von dir als Experte etwas zu lernen. Was soll jetzt die Zeitverschwendung mit deiner Frage nach unseren Erfahrungen? Fang doch lieber gleich mit dem Stoff an!" (Kompetenzcheck)
Mögliche Moderatorreaktionen:

- „Ich höre da Ungeduld …?" (Aktives Zuhören). „Ich bin davon ausgegangen, auch ganz viel Expertise im Publikum zu haben (kontern). Wie sehen das die anderen?" (Publikum einbinden)
- „Schön, dass du dich auf meinen Input freust!" (umdeuten). „Der beginnt in zehn Minuten. Ich bitte dich kurz um Geduld."
- „Verstehe ich dich richtig, dass die Erfahrungen der anderen Teilnehmer für dich nicht von Interesse sind?" (Kontern)

Störung 14: „Also kürzlich fand ein Vortrag zu einem ähnlichen Thema statt und da hat der Referent das Gegenteil behauptet." (Kompetenzcheck)
Mögliche Moderatorreaktionen:

- „Du bist irritiert über widersprüchliche Aussagen?" (aktives Zuhören). „Was genau hat der andere Referent gesagt?" (Fragetechnik)
- „Wem willst du jetzt eher glauben?" (Kontern)
- „Ich hoffe, dass du jetzt gleich meinen Ausführungen mehr Glauben schenken wirst. Was konkret brauchst du dafür?" (Humor, Konkretisierungsfrage)

Stichwortverzeichnis

Ausgewählte Quellenangaben

Csíkszentmihályi, Mihály: Flow im Beruf – Das Geheimnis des Glücks am Arbeitsplatz, 2014.

Hofert, Svenja; Thonet, Claudia: Der agile Kulturwandel, 2018.

Lencioni, Patrick: Die 5 Dysfunktionen eines Teams, 2014.

Oestereich, Bernd; Schröder, Claudia: Das kollegial geführte Unternehmen, 2016.

Mezick, Daniel; Pfeffer, Joachim; Sasse, Miriam: Das OpenSpace Agility Handbuch, 2019.